中华伦理
源远流长
车方古磬
泽让万方

《中华伦理范畴丛书》总序

张立文

"内修则外理，形端则影直"。由山东曲阜孔子研究院发起编纂《中华伦理范畴》丛书，准备从中华民族传统伦理道德中撷取60个重要德目，并对每个德目自甲骨金文以至现代，进行全面系统研究，以凸显其文本之梳理、明演变之理路、释现代之意义，立撰者之诠释的价值。撰写者探赜索隐，钩深致远，编纂者孜孜矻矻，兀兀穷年，为弘扬中华伦理精神和道德建设做出了贡献。

一、

何谓伦理？何谓道德？讲中华伦理不能不明乎此。从词源涵义来看，伦的本义是辈、类的意思。《说文》："伦，辈也。从人，侖声。一曰道也。"段玉裁注："伦，引申之谓'同类之次曰辈'。"《礼记·曲礼下》："儗人必于其伦。"郑玄注："伦，犹类也。"理的本意是条理，引申为道理。《说文》："理，治玉也。从玉，里声。"《说文解字系传校勘记》引徐锴说："物之脉理惟玉最密，故从玉。"理的本义是指玉、石的纹理。工匠依玉石的固有纹理，加以剖析雕琢，便是治玉，或曰理玉。天有天理，地有地理，人有人理，社会有条理，人事有事理，各有其理，便引申为原理。伦理的义蕴便是指事物的道理。《礼记·乐记》："乐者通伦理者也。"郑玄注："伦犹类也，理分也。"①即为伦

# 《中华伦理范畴》丛书编委会

主　任：傅永聚
副主任：孙文亮　张洪海
编　委：成积春　陈　东　马士远　任怀国　修建军
　　　　曹　莉　王东波　李　建　王幕东　周海生
　　　　滕新才　曾　超　曾　毅　曾振宇　傅礼白
　　　　仝晰纲　查昌国　于云翰　张　涛　项永琴
　　　　李玉洁　任亮直　柴洪全　董　伟　孔繁岭
　　　　陈新钢　李秀英　郑治文　刘厚琴　李绍强
　　　　张亚宁　陈紫天　刘　智　朱爱军　赵东玉
　　　　李健胜　冀运鲁　邱仁富　齐金江　王汉苗
　　　　王　苏　张　淼　刘振佳　冯宗国　孔德立
　　　　刘　伟　孔祥安　魏衍华　王淑琴　王曰美
　　　　何爱霞　李方安　孙俊才　张生珍　赵　华
　　　　赵溢阳　张纹华
总　编：傅永聚　韩钟文　曾振宇
副总编：胡钦晓　成积春　陈　东

第二函主编：傅永聚　成积春　齐金江

国家社会科学基金项目

《中华伦理智慧与当代心态伦理研究》(07BZX048)

结题成果之一

# 公

冀运鲁　邱仁富　齐金江

中国社会科学出版社

## 图书在版编目(CIP)数据

中华伦理范畴丛书. 第2函 / 傅永聚等主编. —北京：中国社会科学出版社, 2012.12
ISBN 978-7-5161-0803-1

Ⅰ.①中… Ⅱ.①傅… Ⅲ.①伦理学—研究—中国 Ⅳ.①B82-092

中国版本图书馆 CIP 数据核字 (2012) 第 079380 号

| 出 版 人 | 赵剑英 |
| --- | --- |
| 责任编辑 | 冯春凤 |
| 责任校对 | 林福国等 |
| 责任印制 | 王炳图 |

| 出　版 | 中国社会科学出版社 |
| --- | --- |
| 社　址 | 北京鼓楼西大街甲158号（邮编100720） |
| 网　址 | http://www.csspw.cn |
| | 中文域名：中国社科网　010-64070619 |
| 发行部 | 010-84083685 |
| 门市部 | 010-84029450 |
| 经　销 | 新华书店及其他书店 |
| 印　刷 | 北京华联印刷有限公司 |
| 装　订 | 北京华联印刷有限公司 |
| 版　次 | 2012年12月第1版 |
| 印　次 | 2012年12月第1次印刷 |
| 开　本 | 880×1230　1/32 |
| 总印张 | 130.125 |
| 插　页 | 2 |
| 总字数 | 3336千字 |
| 总定价 | 390.00元（全九册） |

凡购买中国社会科学出版社图书，如有质量问题请与本社联系调换
电话：010-64009791
版权所有　侵权必究

# 《中华伦理范畴》丛书总序

## 张立文

"内修则外理，形端则影直。"由山东曲阜孔子研究院发起编纂《中华伦理范畴》丛书，准备从中华民族传统伦理道德中撷取60个重要德目，并对每个德目自甲骨金文以至现代，进行全面系统研究，以凸显集文本之梳理、明演变之理路、辨现代之意义、立撰者之诠释的价值。撰写者探赜索隐，钩深致远，编纂者孜孜矻矻，兀兀穷年，为弘扬中华伦理精神和道德建设作出了贡献。

一

何谓伦理？何谓道德？讲中华伦理不能不明乎此。从词源涵义来看，伦的本义是辈、类的意思。《说文》："伦，辈也。从人，仑声。一曰道也。"段玉裁注：伦，引申之谓"同类之次曰辈"。《礼记·曲礼下》："儗人必于其伦。"郑玄注："伦，犹类也。"理的本义是条理，引申为道理。《说文》："理，治玉也。从玉，里声。"《说文解字系传校勘记》引徐锴说："物之脉理唯玉最密，故从玉。"理的本义是指玉、石的纹理。工匠依玉石的固有纹理，加以剖析雕琢，便是治玉，或曰理玉。天有天理，地有地理，人有人理，社会有条理，人事有事理，各有其理，便引申为原理。伦理的义蕴便是指人、事、物的道理。《礼记·乐记》："乐者通伦理者也。"郑玄注："伦犹类也,理分也。"① 即为伦类理分。

在一般意义上,伦理与道德紧密联系,伦理以道德为自己的研究对象,道德通过伦理而呈现,道的初义是指道路,《说文》:"道,所行道也……一达谓之道。"道是人所经行的通达一定目的地的道路。道既是主体实存的人行走出来的,也是指引主体实存要到达一定地方而不发生偏差的必经之路,由此而引申为一种必然趋势,或人们必须遵守的原则和原理;道有起点和终点,其间有一定距离的路程,而引申为事物变化运动的过程。道的这种隐然的可被引申的可能性,随着人们在社会实践中对主体和客体体认的加深,道的隐然的内涵亦渐渐显示出来,而成为中华民族哲学思想的最重要的范畴。

道无见于甲骨文而见于金文,德有见于甲骨。② 金文《毛公鼎》在甲骨文"𢾓"(郭沫若:《殷契粹编》八六四,1937 年拓本)的基础上加"心"字,作"𢛳"。假如说甲骨文德意蕴着循行而前视,或行走而上视,那么,金文德字意味着人对自身行为和视觉认知的深入,譬如视什么?如何走?到那里?都与能想能思的心相联系,古人以心为五官之君,受心的支配,故演为《毛公鼎》的字形,于是《秦公钟》便作"德",即为德字;又舍"彳",《侯马盟书》作"𢜫",《令狐君壶》作"𢚩","悳"或"惪"字,即古之德字。由"德"与"惪"的分别,《说文》训德为"升",属彳部。段玉裁《说文解字注》:"升当作登。《辵部》曰:'迁,登也。'此当同之……今俗谓用力徙前曰德,古语也。"又《说

---

① 《乐记》,《礼记正义》卷 37,《十三经注疏》,中华书局 1980 年版,第 1528 页。

② 参见拙著《和合学概论——21 世纪文化战略的构想》,首都师范大学出版社 1996 年版,第 684 页。

文·心部》训"悳，外得于人，内得于己也。从直从心。"德与悳同。《礼记·曲礼上》："道德仁义，非礼不成。"《韩非子·五蠹》："上古竞于道德，中世出于智谋，当今争于气力。"既有通物得理之意，又有协调人间修德的竞争之意。

追究伦理道德之词源含义，是为了明伦理道德意义之真。然由于时代的差异，价值观念的不同，各理解者、诠释者见仁见智，各说齐陈。或谓道德是指"人类现实生活中由经济关系所决定，用善恶标准去评价，依靠社会舆论、内心信念和传统习惯来维持的一类社会现象"[1]；或谓"道德是行为原则及其具体运用的总称"[2]；或谓"道德则就个人体现伦理规范的主体与精神意义而言"，"道德则重个人意志的选择"，"道德可视为社会伦理的个体化与人格化"[3]；或谓道德是"一种社会意识形式，是规定人们的共同生活和行为、调整人际之间和个人与社会之间的关系的原则、规范的总和"[4]。各人依据自己的体认，而有其合理性和时代的需要，但都就人与人、人与社会的关系来规定道德的内涵。

就伦理而言，或谓伦理是表示有关道德的理论，伦理学是以道德作为自己的研究对象的科学。[5] 或谓"伦理学（ethǒs）是哲学的一个分支。它研究什么是道德上的善与恶、是与非。伦理学的同义语是道德哲学。它的任务是分析、评价并发展规范的道德标准，以处理各种道德问题"[6]；或谓伦理就人类社会中人际关

---

[1] 罗国杰主编《伦理学》，人民出版社1989年版，第7页。
[2] 张岱年：《中国伦理思想研究》，上海人民出版社1989年版，第3页。
[3] 成中英：《中国伦理精神的历史建构序》，江苏人民出版社1992年版，第2页。
[4] 黄楠森、夏甄陶主编《人学词典》，中国国际广播出版社1990年版，第423页。
[5] 罗国杰主编《伦理学》，人民出版社1989年版，第4页。
[6] 《简明不列颠百科全书》第五卷，中国大百科全书出版社1986年版，第456页。

系的内在秩序而言，它侧重社会秩序的规范，可视为个体道德的社会化与共识化；①或谓伦理学是哲学的一个分支学科，即关于道德的科学。伦理是中国古代用以概括人与人之间的道德原则和规范的。②这些规定涉及社会秩序的规范和人与人之间的道德原则，以及善与恶、是与非的道德标准等问题，有其合理性；又以伦理学是哲学的分支学科，乃是根据学科分类来规定，它不属于伦理学内涵的表述。

现代西方伦理学，学派纷呈。如胡塞尔、舍勒、哈特曼的现象学价值伦理学；海德格尔、萨特的存在主义伦理学；弗洛伊德的精神分析伦理学；詹姆士、杜威的实用主义伦理学；鲍恩、弗留耶林、布莱特曼、霍金的人格主义伦理学；马里坦的新托马斯主义伦理学；弗罗姆的人道主义伦理学；弗莱彻尔的境遇伦理学；斯金纳的行为技术伦理学；马斯洛的自我实现伦理学。③就伦理学的方法而言，自英国亨利·西季威克1874年出版《伦理学方法》以来，它作为确证和建构伦理精神的价值合理性方法，说明伦理精神价值合理性方法的核心是价值选择和主体行为的程序合理性，是人们据以确定"应当"做什么或什么为"正当"的合理程序。西季威克所阐述的"自我本位"的价值合理性方法曾是英语世界中影响最大的道德哲学文献。然而，马克斯·韦伯《新教伦理与资本主义精神》的出版，却为确证伦理精神的价值合理性提供一种超越西季威克的新视野、新方法。韦伯认为，确证伦理精神价值合理性的标准和方法，是伦理与经济、社会发展的关系，以及主体所遵循的普遍的行为准则。这样便转西

---

① 成中英：《中国伦理精神的历史建构序》，江苏人民出版社1992年版，第2页。

② 《中国大百科全书·哲学卷》，中国大百科全书出版社1987年版，第515页。

③ 参见万俊人《现代西方伦理学史》，北京大学出版社1992年版。

季威克式行为的目的或效果的合理性为韦伯式的主体所遵循的行为准则的普遍性及其合理性,即转"伦理本位"为"关系本位"。被称为第二次世界大战后伦理学、政治哲学领域中最重要的理论著作的约翰·罗尔斯的《正义论》,他要在伦理与政治、伦理与经济等关系中建构"正义",作为社会的共同准则的普遍价值合理性。由于规则的普遍性与合理性,都必须在"关系"中确立,使罗尔斯陷入了两难;他在价值合理性的确证上超越了自我本位的抽象,却陷入了关系本位的抽象;他追求某种现实的具体,却陷入历史的抽象。这种"关系抽象",也是现代西方伦理学的价值方法内在的局限。针对这种局限,阿拉斯戴尔·麦金太尔诘难:"谁之正义?何种合理性?"麦金太尔认为,在历史传统和现实生活中,存在多种对立的正义和互竞的合理性,正义和合理性是一个历史的概念,没有超越一定历史传统的正义和共同体的普遍价值。伦理价值及其合理性,关键是主体的道德品质(美德),否则一定价值都不能成为行为准则。麦金太尔认为,罗尔斯的正义论缺乏人格或品质的解释力,传统的多样性使正义和价值合理性也具有多样性。尽管麦氏试图解构罗氏以正义为一种伦理价值的普遍性和合理性,即现实的合理性,而寻求真正的合理性,但麦氏自己却从罗氏的现实的"关系抽象"走入了历史的"关系抽象",最后回归亚里士多德以"美德"确证价值的合理性和现实性。[①]

21世纪的伦理学和伦理精神的价值合理性,应度越人类本位主义的存在主义的、精神分析的、实用主义的、人格主义的、新托马斯主义的、人道主义的、行为技术的、自我实现的伦理学,这种伦理学是在人类中心主义的观照下,把人与政治、经济、宗

---

[①] 参见樊浩《伦理精神的价值生态》,中国社会科学出版社2001年版,第2—7页。

教、人际的关系合理性作为伦理精神价值；也要度越伦理精神的价值合理性的利己主义、直觉主义、功利主义的"自我本位"，以及"关系本位"的伦理学方法。之所以要度越，是因为其"天地万物与吾一体"的观念的缺失，是"天地之塞，吾其体；天地之帅，吾其性。民吾同胞，物吾与也"① 伦理价值合理性的丧失，而要建构"天人和合"，"天人共和乐"的伦理精神的价值合理性。

笔者曾在《和合学概论——21世纪文化战略的构想》一书中，提出道德和合与和合伦理学，便是企图弥补这些缺失，建构自然、社会、人际、心灵、文明间融突的和合伦理精神的价值合理性。在道德和合与和合伦理学的视阈中，道德不仅是人与人、人与社会、人的心灵及文明间关系伦理精神原则和行为规范，而且是人与宇宙自然间关系的伦理精神原则和行为规范。基于此，笔者规定道德是指协调、和谐人与自然、人与社会、人与人、人的心灵、不同文明间融突而和合的总和。

道德与伦理，两者不离不杂。伦理是指人与自然、人与社会、人与人、人的心灵、各文明间关系的伦辈差分中而成的次序和谐的道德、理则价值的合理性的和合。如孟子说："人吃饱了，穿暖了，住得安逸了，如果没有教育，就与禽兽差不多。"圣人为此而忧虑，便派契做司徒的官，来管理教育，用人之所以为人的伦理价值合理性和行为规范来教化人民。"教以人伦：父子有亲，君臣有义，夫妇有别，长幼有序，朋友有信。"② 父子、君臣、夫妇、长幼、朋友的辈分及其之间的差分，这便是伦辈或"名分"；亲、义、别、序、信，这就是伦辈之间关系的理则、道理或规范，它体现了伦理关系及其行为的价值合理性和中华民族的伦理精神。

---

① 《正蒙·乾称篇》，《张载集》，中华书局1978年版，第62页。
② 《滕文公上》，《孟子集注》卷五，世界书局1936年版，第39页。

## 二

中华民族伦理精神的价值合理性的合理性，就在于与时偕行的社会历史发展中，以其伦理精神价值的具体合理性适应现实社会的伦理道德的需要。现实应然需要的，就是合理的；但合理的，不一定就是现实需要的。中华伦理精神的价值合理性是在现实社会不断发展中不断丰富完善的。

（一）道废与伦理

伦理道德是现实社会政治、经济、文化精神之本，本立则道生；现实社会政治、经济、文化精神废，即断裂，则"道"亦废。由于其道废，使社会政治、经济、文化破缺和动乱，社会失序、政治失衡、伦理失理、道德失德，便要求建设伦理精神和行为规范。老子说："大道废，有仁义。""六亲不和，有孝慈，国家昏乱，有忠臣。"① 大道被废弃，才有仁义道德的建构；父子、兄弟、夫妇的不和睦，才要求孝慈道德的建构；国家陷于动乱，就需要有忠臣的道德。这里仁义、孝慈、忠是为了化解大道废、六亲不和、国家昏乱的道德伦理缺失和紧张的需要，这种需要是伦理精神的价值合理性应有之义。所以老子表述为"失道而后德，失德而后仁，失仁而后义，失义而后礼"②。这个失道、失德、失仁、失义的次序，不一定合理，但由其缺失而需要弥补、重建，这是与价值合理性相符合的。

孔老时处"礼崩乐坏"的时代，社会无序，伦理错位，臣弑其君，子弑其父，重利轻义。孔子对于这种违反伦理道德和礼

---

① 《老子》第18章。
② 《老子》第38章。

乐典章的事件，非常气愤：是可忍，孰不可忍！他要求做君主的要像君主的样子，做臣子的要像做臣子样子，做父亲的要像做父亲的样子，做儿子的要像做儿子的样子。这就是说君君、臣臣、父父、子子，各行其道，各尽其责，各安其位，各守其礼，这便是其伦辈名分的价值合理性。孔子对于传统伦理道德的破坏、断裂，既表示了强烈的不满，又显示了严重的忧患。作为当时维护国家秩序的典章制度的礼乐，既是社会伦理精神的体现，亦是人们行为规范。鲁大夫季孙氏僭用天子的礼乐。按当时的规定奏乐舞蹈，天子为八佾64人，诸侯六佾48人，大夫四佾32人（佾，朱熹注："舞列也，天子八，诸侯六，大夫四，士二。每佾人数，如其佾数，或曰每佾八人，未详孰是。"一是每佾人数与佾数相等；二是每佾人数固定为八人，不受佾数而变化。现一般采用后说，并以服虔《左传解谊》："天子八人，诸侯六八，大夫四八，士二八"为是）。季氏作为大夫只能用四佾，而他"八佾舞于庭"，是严重违制的行为。同时仲孙、叔孙、季孙三家，在祭祀祖先时僭用天子的礼，唱着只有天子祭祀时才能唱的《雍》这篇诗来撤除祭品。这是违反伦理精神和行为规范的非合理性的活动，孔子对此持严肃的批判态度，而试图重建伦理精神和道德价值的合理性。为此，孔子重视"正名"，他在回答子路治国以什么为先时说，要以纠正名分上的不合理为先，这是因为"名不正，则言不顺；言不顺，则事不成；事不成；则礼乐不兴；礼乐不兴，则刑罚不中；刑罚不中，则民无所措手足"①。名分上的不合理性就是指当时"礼崩乐坏"的季氏八佾舞于庭、觚不觚、君臣父子等违戾礼乐价值的不合理性的行为活动，这就造成了言语不顺理、事业不成功、礼乐不兴盛、刑罚不得当、人民的手足无所措的情境，社会就不会和谐安定。

---

① 《子路》，《论语集注》卷七，世界书局1936年版，第54页。

(二) 治心与治身

老子、孔子用正、负不同的方面批判"礼崩乐坏"的典章制度和伦理道德的价值不合理性，并从不同方面试图建构伦理精神和行为规范的价值合理性。尽管他们各自作出了努力和贡献，但无能为力作出超越时代情势的改变，因而当时收效甚微。然而随着时代的发展，孔子儒家的伦理精神和行为规范逐渐显现其价值的合理性。

就德礼教化与法律刑政而言，孔子做了一个诠释："子曰：道之以政，齐之以刑，民免而无耻；道之以德，齐之以礼，有耻且格"①。"道"作"导"，引导；政指法制禁令；礼指制度品节。《礼记·缁衣篇》载，子曰："夫民，教之以德，齐之以礼，则民有格心；教之以政，齐之以刑，则民有遁心。"管理国家和人民，以政法来引导，用刑罚来齐一，人民只是避免罪恶，而没有廉耻心；用道德来教导，以礼乐来齐一，人民不但有廉耻心，而且人心归服。"为政以德，譬如北辰，居其所而众星共之。"②以道德来管理国政，就好像北斗星一样，众星都围绕着它，归顺它。意谓用道德价值力量来感化人民，而不用繁刑重罚，人民自然归顺。

政刑是外在法制禁令和刑罚，属于他律，是对于人民违犯法制禁令行为的处理，刑罚加诸身，要受皮肉之苦，人们不再受牢狱之苦而逃避犯罪，可能起到治身的功效，但不能治心，没有道德的廉耻心，就没有道德礼教的自觉，还可能重新犯罪或作出违反典章制度、伦理道德的事。德礼的教化和引导，是培养人民道德操行品节的自觉性，使其自觉向善，自然不会作出触犯法制禁

---

① 《为政》，《论语集注》卷一，世界书局1936年版，第4—5页。
② 同上。

令和违戾礼乐制度的行为,自觉做到非礼勿视,非礼勿听,非礼勿言,非礼勿动,便能"克己复礼为仁"①。克制自己,使自己的视听言动都符合礼,就是仁。克制自己就属于自律,自律依靠道德自觉,而不靠他律法制禁令;克制自己是治心,树立善的道德伦理价值观,法制禁令只能治身,治身并不能辨别善恶是非,而不能不作出违反礼乐的行为;治心是治内,心是视听言动行为活动的支配者,有仁爱之心,有"己所不欲,勿施于人"的善心,这是根本、大本。治身是治外,外受制于内,所以治身相对治心而言是枝叶,根深叶茂,根固枝壮。这就是为什么需要培育伦理精神、行为规范的价值合理性的所在。

(三) 民族与世界

在当前经济全球化,技术一体化、网络普及化的情境下,西方强势文化以各种形式、无孔不入地横扫全球,东方及其他地区在西方强势文化的冲击下,逐渐被边缘化,乃至丧失了本民族传统文字语言,一些国家、民族在实行言语文字改革的旗号下,走向西化,造成本民族传统文化的断裂,年青一代根本看不懂本国、本民族古代语言文字、经典文本、史事记载。一个民族、国家的思想灵魂的载体,民族精神的传承,自立的根本,是与这个国家、民族的固有传统文化分不开的。民族传统文化载体的丧失和断裂,随之而来的是这个民族的民族精神和民族之魂的沦丧,民族之根的枯萎。一个无根的民族,无民族精神的民族,无民族之魂的民族,只能成为强势民族的附庸,其民族精神、民族之魂也会被强势民族精神、民族之魂所代替。从世界多元文化而言,这种趋势的持续,是可悲的。

一个无文化之根的民族,其价值观念、伦理道德、思维方

---

① 《颜渊》,《论语集注》卷六,世界书局 1936 年版,第 49 页。

式，乃至风俗习惯（包括传统节日）都可能被强势文化的价值观念、伦理道德、思维方式、风俗习惯所代替。当下所说的与世界接轨，实乃与西方强势文化接轨，这种接轨的结果，若按西方二元对立的思维定势来观照，必然导致非此即彼、你死我活的格局，强势文化要吃掉、消灭弱势文化，名之曰生存竞争，适者生存，为其强食弱肉的合理性作论证。民族精神、民族之魂，是这个民族之所以成为这个民族的根本标志，是这个民族主体性的凸显。世界是多元的，民族文化是多彩的。在世界文化的百花园中，多元民族文化竞放异彩，构成了绚丽多姿、生气盎然境域。这就是说，各民族文化思想、价值观念、伦理道德、思维方式、风俗习惯都是世界百花园中的一员或一份子，尽管当前有大小、强弱、盛衰之别，但应该互相尊重、谅解、友好、帮助，做到和生和长、和立和达。假如世界文化百花园中只有一花独放，只有一种文化思想、价值观念、伦理道德、思维方式、风俗习惯，那么，这个世界就是"声一无听，色一无文，味一无果，物一不讲"[①]的世界，不仅是可悲的，而且必走向毁灭。从这个意义上说，民族的即是合理的，多元的即是合法的。换言之，民族的即是世界的，世界的即是民族的，若无民族的也即无世界的。这就是民族精神和行为规范的价值合理性。

（四）传统与现代

自近代以降，西方列强疯狂地、卑鄙地侵略中华民族。中华民族出于人道主义的要求而抵制鸦片毒品贸易，西方列强竟然发动鸦片战争，中国被迫签订丧权辱国的不平等条约。此后各西方列强纷纷发动侵略战争，迫使清政府签订一个又一个丧权辱国的不平等条约，这就极大地刺痛中华民族，一批具有"国家兴亡，

---

① 《郑语》，《国语集解》卷十六，北京，中华书局2002年版，第472页。

匹夫有责"的使命感和担当感的有识之士,为救国救民,由君主立宪的变法而转为推翻君主专制的革命,他们的思想武器既有"中体西用"的,也有"西体中用"的。到了五四运动,他们在西方科学和民主的旗帜下,提出了"打倒孔家店"和"文学革命"、"道德革命"的口号,激烈地批判和打倒孔子和传统文化,这样便掀起了古今、中西、新旧之辩,实即传统与现代的论争。

陈独秀以非此即彼、二元对立的思维,提出:"要拥护那德先生,便不得不反对孔教、礼法、贞节、旧伦理、旧政治;要拥护那赛先生,就不得不反对旧艺术、旧宗教;要拥护德先生又要拥护赛先生,便不得不反对国粹和旧文学。"① 在左拥护、右拥护西方科学和民主的同时,便已承诺了西方科学和民主伦理精神和行为规范的价值合理性和合法性,否定了中华民族传统文化思想、伦理道德、文学艺术、政治礼法的价值合理性。在西方科学和民主的热潮中,中华民族的传统文化,特别是儒学面临着情感化的无情的打倒和批判。鲁迅在《狂人日记》中说:我翻开历史一查,"每页上都写着'仁义道德'几个字。我横竖睡不着,仔细看了半夜,才从字缝里看出字来,满本都写着两个字是'吃人'!"为此,打"孔家店"的老英雄吴虞便说:"孔二先生的礼教讲到极点,就非杀人吃人不成功,真是惨酷极了!一部历史里面,讲道德说仁义的人,时机一到,他就直接间接的都会吃起人肉来了。"② 中华民族传统的"仁义道德",不仅不具有价值合理性,而且是杀人吃人的"软刀子"和凶手!

在这种情境下,人们不可避免地把中华民族传统的"仁义道德"与西方现代的科学民主对立起来,在此两者之间,只能

---

① 陈独秀:《陈独秀文章选编》,三联书店1984年版,第317页。
② 《对于礼孔问题之我见》、《吴虞集》,四川人民出版社1985年版,第241页。

采取拥护一方而反对另一方的立场,而不能有其他选择,这就使中华民族自身的主体文化受到无情的炮轰。然而破了所谓"旧伦理"、"旧文学"、"国粹"、"旧艺术",由什么新伦理、新国粹、新艺术等来代替?其实文化、伦理、礼乐、文学、艺术就像黄河之水,大化流行,生生不息。传统文化的破坏,就像黄河的断流,不流的黄河就不成为黄河,中华民族丧失了传统文化,亦即不成为中华民族。民族文化是一个民族的标志和符号,是这个民族的民族精神的表现,是这个民族的民族之魂的载体。中华民族与其自身传统文化、伦理道德、价值观念、行为方式、风俗习惯等的关系,犹如人自身与其影子的关系,我们不能做"出卖影子的人"。德国一个年青人为了从魔术师那里换取"福神的钱袋",他出卖了自身无价之宝的影子,他虽然得到了用之不竭的钱袋,在金榻上睡觉,人们称他为伯爵先生,挽着美人的手臂散步,但他见不得阳光、月光乃至灯光,当人们发现他没有影子时,就会离开他,孩子们非难他,把他看成是没有影子的怪物。他终日忧心忡忡,毫无快乐可言,也失去了一切幸福,最后他宁愿放弃一切,不惜任何代价也要把影子赎回来。① 我出生在浙江温州,少时候大人告诉我们小孩,千万不要丢掉自己的影子,若丢了影子,就是给魔鬼摄去了,人就死了。所以小孩们在有光地方走路,总要回头看看自己的影子在还不在。这个"故事"启示我们:人不能为了钱财而出卖影子,换言之,一个民族也不能为了某种利益的需要而丢掉传统文化、民族之魂。

其实,一个民族的传统文化、民族精神、民族之魂已潜移默化地渗透到这个民族大众的血液里、行为中。它像孔子所说的

---

① [德]阿德贝尔特·封·沙米索(1781—1838)是德国浪漫主义作家。《出卖影子的人》(原名《彼得·史勒密的奇怪故事》),人民文学出版社1987年版。

"不舍昼夜"地与时偕行，不断地呒吸中外古今的文化资源，融突而和合为新思想、新观念或新儒学等。从"逝者如斯夫"来观照，每个阶段、时期的文化，都既是传统的又是现代的，至今概莫能外。因此，传统与现代决非断裂的两橛，亦非无关联的两极。传统与现代的核心及其关节点是人，"人是会自我创造的和合存在"。当现代人在体认传统文化、解读传统文本、诠释话题故事时，就赋予了传统文化、传统文本、话题故事现代性，从这个意义上说，传统的即是现代的，传统的伦理精神和行为规范便蕴涵着现代的价值合理性。

在道废与伦理、治心与治身、民族与世界、传统与现代的相对相关、冲突融合中，显示了中华民族伦理精神和行为规范价值的现代性、合理性和适应性。这就是说，虽然为道屡迁，但能唯变所适。中华民族的伦理精神和行为规范在与时偕行的诠释中，不断地开出新意蕴、新内涵，而成为当今需弘扬的伦理精神和行为规范。

## 三

中华民族伦理精神和行为规范既在现代理性法庭上宣布了自己价值的合理性，那么，价值合理性必须在伦理精神和行为规范中寻找自己适当的或应有的位置，以表现自己的内涵、性质、价值和功能。山东曲阜孔子研究院发起编纂《中华伦理范畴》丛书，从中华民族伦理道德中撷取仁爱忠恕礼义、廉耻中信和合、善勇敬慈诚德、孝悌勤俭修志、圣公洁贞敏惠、乐毅庄正平温、友强容智道顺、良格省新恭直、博节健实恒明、忧质行美刚气等60个德目进行探讨研究，有致广大而尽精微之志，求弘道统而高素质之效，其志其效可敬可佩。

作为总序，不可能简述此60个德目，而只能从中华民族伦理范畴的"竖观"、"横观"、"合观"的"三观"中,呈现中华民族伦理精神和60个德目的特质:即伦理范畴的逻辑结构性,范畴的思维整体性,范畴的形态动静性,范畴历时同时的融合性,范畴的内涵生生性,构成了中华民族伦理精神和行为规范价值合理性的谱系和血脉。

(一) 伦理范畴的逻辑结构性

伦理范畴的逻辑结构,并非是观念、心意识或瞬间的杜撰,也非凭空的想象,而是中华民族长期对于人与自然(宇宙)、人与社会、人与人、人的心灵之间融突以及其互相交往活动的协调、和谐的体认,是对于国与国、民族与民族、文明与文明之间交往活动融突而后和合、平衡协调处置的体悟,而后提升为伦理概念范畴。

中华民族伦理范畴尽管多元多样,但有其一定的逻辑结构。所谓逻辑结构是指中华民族概念范畴的逻辑发展及诸范畴间内在的联系,是在一定社会经济、政治、文化、思维结构中,所构建的相对稳定的结构方式。[①] 伦理作为一种理论思维形态和行为交往规范,是凭借概念、范畴、模型等逻辑结构形式,有序地整合各信息的智能过程。伦理概念既显现了生存世界事物元素的类别形态,又体现了意义世界意义主体的价值追求,这才是合理的,才能在逻辑世界(可能世界)中现实地存在着,并释放其虚拟功能。范畴是概念的类,它间接地显现生存世界事物类别之间的关系,体现意义世界中的价值追求,呈现逻辑世界中的合用原则。伦理范畴只有满足两方面需求,才是合用的:一是在体认上显现了事物类别形态间的关系网络;二是在践行上体现了意义主体对价值的追求。否则范畴将被主体从智能活动中淘汰出去,成

---

① 参见拙著《中国哲学逻辑结构论》,中国社会科学出版社1989年版,2002年修订版,第1—57页。

为纯粹的、历史的文字形式。

中华民族伦理精神和行为规范价值合理性宗旨，是止于和合、和谐。和合、和谐是伦理精神的价值核心。由此核心而展开伦理范畴的逻辑次序，按照和合学的"三观"法，伦理范畴是遵循人心——家庭——人际——社会——世界——自然的顺序逻辑系统。《大学》"在明明德，在亲民，在止于至善"三纲领和格物、致知、诚意、正心、修身、齐家、治国、平天下八条目中，其修身以上属内圣修养功夫，正心以上又可作为所以修身的内容和根据，修身以下是外王功夫，是可践履的措施。修身是从内圣至外王的中介，它把内圣与外王"直通"起来，而没有"曲成"的意蕴。诚意、正心是修心的伦理范畴。

人心是中华民族伦理范畴逻辑结构顺序的起点、关键点。朱熹认为君主正心就能正朝廷，朝廷正就能正百官，百官正就能正万民，万民正就能正天下。淳熙十五年（1188），朱熹借"入对"之机，要讲"正心诚意"，朋友们劝戒说"'正心诚意'之论，上所厌闻，戒勿以为言，先生曰：'吾生平所学，惟此四字，岂可隐默以欺吾君乎！'"[①] 朱熹认为帝王的心术是天下万事的大根本，国家盛衰、政治好坏、社会邪正均取决于帝王的心术。他说："人主之心一正，则天下之事无有不正，人主之心一邪，则天下之事无有不邪。如表端而影直，源浊而流污，其理必然者。"[②] 又说："故人主之心正，则天下之事无一不出于正，人主之心不正，则天下之事无一得由于正。"[③] 朱熹出于忧患意识，而直指正君心，以此为大根本。对于每个人来说，心也是自己为人处事的大根本，心的邪正、善恶是支配自己行为活动的原动

---

[①] 黄宗羲：《晦翁学案》，《宋元学案》卷四十八，第1498页。

[②] 《己酉拟上封事》、《朱熹集》卷十二，四川教育出版社1996年版，第490—491页。

[③] 《戊申封事》、《朱熹集》卷十一，第462页。

力,心善而行善,心正而行正,心邪而行邪,心恶而行恶。

孟子从性善出发,主张"人皆有不忍人之心,先王有不忍人之心,斯有不忍人之政"①。什么是不忍人之心?孟子举例说,有人突然看见一个小孩要跌到井里去,人人都会有同情心,这种怵惕恻隐的心,不是为了与小孩的父母结交,也不是为了在乡里朋友中博取名誉,亦不是厌恶小孩的哭声,而是出于每个人都普遍具有的怜恤别人的心情。这样看来,如果一个人没有同情心、羞耻心、辞让心、是非心,简直不是个人。此四心依次便是仁、义、礼、智的萌芽。这是从尽心知性、存心养性的视阈来讲心的。心应具有仁、义、礼、智、正、诚、爱、志、善的伦理道德范畴。这些范畴既是人的心性修养,也是处理人与自然、社会、人际、心灵、文明间交往的原则、规范。

仁与义,是指族类情感与合宜理性。中华民族生存方式是在族类群体性交往活动中实现族类亲情或泛爱众,"人皆有不忍人之心",便是仁者爱人的世俗族类情感的内在心性根据。人从自我主体或类主体出发,施爱于他者或天地万物,构成他者和天地万物一体之仁的系统。在人类仁爱的情感中,蕴涵着人在天地万物中主体伦理价值的实现。义是指个体和类主体施爱于自我、他人、自然、社会、文明的"合当如此"和有序有度的合宜,是伦理价值的合理性。此其一。其二,仁与义是指为人的价值取向与为我的价值取向。仁为爱人,爱他人、他家、他国。义是端正自我,注重自我道德、人格、情操的修养。从伦理精神来观,仁是由内在心性外推,由己及人及物,义是由外在需求而内化端正自我。其三,仁与义是指理想人格与价值标准。作为仁人在任何情况下都不违仁,乃至"杀身成仁"。义是当个体利益与整体利益发生冲突时,为实现伦理价值理想,而"舍生取义"。

---

① 《公孙丑上》,《孟子集注》卷三,世界书局1936年版,第24页。

诚,《大学》讲诚意、意诚。朱熹注:"诚,实也。意者,心之所发也。"他在《中庸》注中说:"诚者,真实无忘之谓。"人之伦理道德意识应是诚实不欺之心,即真心,从真心出发而有真言、真行,而无谎言、欺诈。无论是程颐说诚应"实有是心",还是王守仁说的"此心真切",都是指真心实意。

真诚的伦理精神是止于善。朱熹说:"实于为善,实于不为恶,便是诚。"① 真实无妄的心,即是善心。孔子讲"己所不欲,勿施于人"的心,孟子讲的四端之心,皆为善心,而与邪恶之心相冲突。而需改恶从善,"化性起伪",以达人心和善。

人生于父母,与父母有着不可分的血缘基因的关系,便构成一个家庭。家庭内父母、兄弟、姐妹、夫妇、子女的交往是最频繁的、最亲密的,因为人一生下来,便首先面对家庭成员,并成为家庭中的一员,形成家庭成员间的伦理关系。一个人的意诚、心正、身修的道德节操品行,首先便体现在家庭伦理的行为规范之中。"商契能和合五教,以保于百姓者也。"② 契是商的始祖,帝喾的儿子,舜时佐禹治水有功,封为司徒。五教是指"父义、母慈、兄友、弟恭、子孝,内平外成","舜臣尧……举八元,使布五教于四方,父义、母慈、兄友、弟恭、子孝"③。于是孝、悌、恭、慈、友、贞等,意蕴着家庭伦理精神和行为规范的价值合理性。

伦理范畴的逻辑结构由人心和善到家庭和睦,推演到人际和顺。孟子讲:"人之有道也,饱食暖衣,逸居而无教,则近于禽兽。圣人忧之,使契为司徒,教以人伦:父子有亲,君臣有义,夫妇有别,长幼有序,朋友有信。"④ 此意蕴亦见于《尚书·舜

---

① 《朱子语类》卷六十九。
② 《郑语》,《国语集解》卷十六,中华书局2002年版,第466页。
③ 《左传》文公十八年,《春秋左传注》,中华书局2002年版,第638页。
④ 《滕文公上》,《孟子集注》卷五,世界书局1936年版,第39页。

典》："契，百姓不亲，五品不逊，汝作司徒，敬敷五教，在宽。"这样便从家庭的父子、兄弟、夫妇关系扩大为君臣、朋友、老幼的人际交往活动的伦理关系及其道德原则和行为规范，君臣关系是父子关系的扩展，所以父、君对子、臣是义，子、臣对父、君是孝、忠。在家为孝子，在国为忠臣，"孝子出忠臣"。在这里仁义礼智既是心的修养，也体现为人际关系的行为规范。"子张问仁于孔子。孔子曰：'能行五者于天下为仁矣。''请问之。'曰：'恭、宽、信、敏、惠。恭则不侮，宽则得众，信则人任焉，敏则有功，惠则足以使人。'"① 此五德目作为仁的伦理精神和道德规范的体现，仁由心的修养，行之家庭，进而人际之仁；孝由家庭的伦理行为规范，而推之敬的人际伦理；孝若作为能养父母来理解，就与犬马无别，其别在于孝敬。敬作为伦理道德规范，既是对父母的，也是对他人的、社会的。

人际的伦理道德关系，构成一个社会的基本关系，仁、义、礼、智、信伦理道德进入社会，也成为社会的伦理原则和行为规范。孔子和孟子都认为治理国家社会最佳选择是德治。"以德服人者，中心悦而诚服也。"② 德治的核心是"仁政"，孟子认为，如果"以不忍人之心，行不忍人之政，治天下可运之掌上"。③ "仁政"根本措施是"制民之产"，使民有恒产而有恒心，即给人民五亩之宅，种桑树，养家畜，50和70岁就可以衣帛食肉了，物质生活就有了保障，此其一；其二，"王如施仁政于民，省刑罚，薄税敛，深耕易耨"④；其三，如行仁政，便会成为世人所归，"今王发政施仁，使天下仕者皆欲立于王之朝，耕者皆欲耕于王之野，商贾皆欲藏于王之市，行旅者皆欲出于王之涂，

---

① 《阳货》，《论语集注》卷九，世界书局1936，第74页。
② 《公孙丑上》，《孟子集注》卷三，第23页。
③ 同上书，第25页。
④ 《梁惠王上》，《孟子集注》卷一，第4页。

天下之欲疾其君者皆欲赴愬于王。其若是,孰能御之!"①仕者、耕者、商贾、行旅等都到齐国发展,齐国便可迅速强大起来;其四,加强伦理道德教化。"谨庠序之教,申之以孝悌之义,颁白者不负于戴于道路矣"②,"壮者以暇日修其孝悌忠信,入以事其父兄,出以事其长上"③。这样,人民安居乐业,遵道守礼,社会安定和谐。

《管子》认为,国家社会的倾与正、危与安、灭与复同伦理道德有重要关系,被视为国之四维。"国有四维,一维绝则倾,二维绝则危,三维绝则覆,四维绝则灭……何谓四维,一曰礼,二曰义,三曰廉,四曰耻。"④"四维张,则君令行","四维不张,国乃灭亡"⑤。四维乃国家命运所系,所以"守国之度,在饰四维"⑥。这是国家社会和谐稳定、长治久安的保证。

伦理的范畴逻辑结构由治国而进入平天下。"天下"观念,可理解为当今的"世界"。汉语世界是从佛教语汇中吸收来的,梵文为loka,音译"路迦"。《楞严经》四,"何名为众生世界?世为迁流,界为方位。"世即为过去、未来、现在三世,界为东南西北、东南、西南、东北、西北、上下,是时间和空间的概念,相当于宇宙的概念;后汉语习用为空间的概念,相当于天下。世界(天下)是由各地区、各国、各民族、各种族组成的,它们之间尽管存在强弱贫富、社会制度、价值观念、宗教信仰、风俗习惯等的差分和冲突,而需要遵循国际道义规范。得道多助,失道寡助。国际道义即国际伦理要公平、正义、和平、合

---

① 《梁惠王上》,《孟子集注》卷一,第7页。
② 同上书,第8页。
③ 同上书,第4页。
④ 《牧民》,《管子校正》卷一,世界书局1936年版,第1页。
⑤ 同上。
⑥ 同上。

作。不杀人的仁恕伦理，不偷盗的公平伦理，不说谎的诚信伦理，不奸淫的平等伦理，以建构和谐世界。

人类世界和谐的和，即口吃粟，"民以食为天"，人人有饭吃，天下就太平；谐，从言皆声，可理解为人人能发声讲话，天下就安定。前者是人的生存权，后者是言论自由权。两者具备，在古代就可谓和谐世界。然而近代以来，人类对宇宙自然征伐加剧，使自然天地不堪重负，生态失去了平衡，造成环境污染，资源匮乏，土地沙化，疾病肆虐，天灾频发，人与自然的冲突愈来愈尖锐。人与宇宙自然应该建构道德的、中庸的、仁爱的、和美的伦理规范，在天地万物与吾一体的视阈中，"仁民爱物"，"民吾同胞，物吾与也"①。天为父，地为母，天地宇宙自然是养育人类的父母，人类也应以对待自己的父母一样对待宇宙自然，在自然伦理、环境伦理、生态伦理中，规范人类行为，建构天人共和共乐的和美天地自然。

伦理范畴的各德目，可按其性质、内涵、特点、功能，依逻辑层次安置。在整个逻辑结构层次间可以交叉互通；在一个逻辑结构层次内既有中华伦理精神德目，也有伦理行为规范德目，以及道德节操、品格、修养等德目。

（二）伦理范畴的思维整体性

中华伦理范畴的思维整体性是指以某个范畴为核心，以表现思维主体与思维对象内在整体或外在整体的概念范畴群或概念范畴之网，进而凸显思维主体与思维对象内在和外在的规定、关系以及其间的互相联系、渗透、会通、融突等形式。由于伦理范畴的性质、功能的差分，可以构成几个概念范畴群，诸概念范畴群的殊途同归，分殊而理一，构成中华伦理范畴的整体性。

---

① 《正蒙·乾称篇》，《张载集》，中华书局1978年版，第62页。

中华伦理范畴思维整体性的根据,是天地万物与吾一体的整体性思维模型,它纵贯、横摄、和合由人心到自然六个逻辑结构层次;它沉潜于中华民族心灵结构、价值观念、伦理道德、审美意识、行为规范、风俗习惯之内,表现在主体的对象化与对象的主体化之中。这种伦理范畴的整体性的思维模式,在伦理主体的客体化与客体的伦理主体化,人的对象化、物化与对象、物的人化,即在人化与物化中,把伦理主体与客体、对象、自然圆融起来,使客体、对象、自然具有了人的形式,于是天地自然便是人化了的天地自然,从而使中华伦理范畴具有天地万物与吾一体的整体性,因此,中华伦理范畴能贯通、圆融为整体。

范畴的思维整体性,并非排斥思维差分性,物以类聚,人以群分,群分才有类聚,群分是类聚的体现,类聚是群分的归宿。60德目可分为六个逻辑结构层次,此六个逻辑结构层次即构成六个群。如人心伦理范畴目群的爱、良(知)、耻、善、志、毅、格、省、正(心)、省、诚、乐、圣、忧等;家庭伦理范畴德目群的孝、悌、慈、敬、勤、俭、友、贞、温等;人际伦理范畴德目群的仁、义、礼、智、信、恭、宽、敏、惠、恕、直、中、宽等;社会伦理范畴德目群的忠、廉、德、公、洁、庄、勇、节、健、实、恒、明、质、行、刚、气等;世界伦理范畴德目群的和、合、强、美等;自然伦理范畴德目群的顺、道、和等。这种德目群的划分是相对的,而非绝对,其间许多伦理范畴德目是互渗、互补、互换、互转的,譬如善作为善心、善意、善良、善动机是心的伦理范畴,作为善行、善处、善举、善事便是家庭、人际、社会、世界的伦理范畴;又譬如和,作为人心伦理范畴为和善,作为家庭伦理范畴要和睦,作为人际伦理范畴为和顺,作为社会伦理范畴为和谐,作为世界伦理范畴为和平,作为自然宇宙伦理范畴为和美。和美即是各美其美,美人之美,美美与共,天人和美的境界,这是和的终极价值和终极境界。

由此群分伦理范畴，方聚为整体性的类的伦理范畴系统，这种系统的思维形式，彰显了中华伦理范畴的思维整体性。

（三）伦理范畴的形态动静性

如果说中华伦理范畴的逻辑结构性，揭示了伦理范畴之间的关系、性质及其逻辑次序、结构方式，直面逻辑意蕴；伦理范畴的思维整体性，呈现伦理范畴内在与外在德目群以及其间的互相联系、渗透、会通、融突的形式，直面思维模式，那么，伦理范畴的形态动静性，是指伦理范畴一种存有的状态，它直面状态形式。

中华伦理范畴随着历史时代的发展，变动不居，为道屡迁，呈显为四种形态：动态形式，静态形式，内动外静形式，内静外动形式。

就"气"伦理范畴而言，殷商至春秋，气是云气、阴阳之气、冲气，具有自然性，伦理性缺失。因而许慎《说文解字》释为："气，云气也，象形。"云气之形较云轻微，其流动如野马流水，多层重叠。甲骨文气亦可训为乞求、迄至、终迄等意思。气后来作氣，《说文》释："氣，馈客刍米也，从米气声。"馈客刍米，是天子待诸侯之礼。《左传》认为气导致其他事物的变化，分为阴、阳、风、雨、晦、明六气，过了便生寒、热、末、腹、惑、心疾病，以六气解释自然、社会、人生各种现象产生的原因，从中寻求其间联系的秩序，避免失序。《国语》认为阴阳二气失序，就会发生地震等灾异，乃至亡国。战国时，气由自然性向伦理性转变，如果说儒家孔子以气为血气、气息的话，那么，孟子提出"浩然之气"，它与"义"、"道"相配合，它集义所生，具有伦理道德意蕴，主体通过"善养"的道德修养，来充实扩充，以塞于天地之间。它既是动态形成，亦是内动外动形式。

秦汉时期，《黄帝内经》、《淮南子》、扬雄、张衡、王充等继承先秦气的自然性，而发为元气、精气，探索阴阳调和的原理，基本属内静外动形式。《淮南子》认为阴阳、天地及人的形、气、神的合和协调是万物和人发展变化的原因。"执中含和"是社会稳定、人民和谐的原则。董仲舒认为气既具有自然性，亦具有情感性、道德性，"阴阳之气，在上天，亦在人。在人者为好恶喜怒，在天者为暖清寒暑。"① 从人体结构看，腰之上下分阳阴；从伦理精神言，阳气"博爱而容众"，阴气"立严而成功"。"君臣、父子、夫妇之义，皆取诸阴阳之道。"② 其间虽有阳贵阴贱、阳尊阴卑之别，但最终要达到阴阳"中和"的境界。"中和"是天地间终极的伦理精神。扬雄认为人性善恶混，修善为善人，修恶为恶人，"气也者，所以适善恶之马也与？"③。去恶从善，要依阴阳之气的变化而修身养性。

魏晋南北朝时期，气继续沿着自然性和伦理性演化外，由于受玄学、佛教、道教的横向影响，气的涵义向生命本原、物的实质、行气养生、道德修养乃至入禅工夫开展。隋唐时，佛道日盛，儒教渐衰。然而从王通到韩愈、柳宗元、刘禹锡，他们把气纳入伦理道德领域，凸显"和气"、"灵气"、"正气"、刚健纯粹之气的伦理精神。

宋元明时，是中国学术思想的"造极期"。理既是天地万物的终极根据，又是人类社会的终极伦理。程（颐）朱（熹）虽以理先气后，但气是理的挂搭处、安顿处。二程（程颢、程颐）认为，气有清浊、善恶、纯繁之分，"唯人气最清"，但人的气

---

① 《如天之为》，《春秋繁露义证》卷十七，中华书局1992年版，第463页。
② 《基义》，《春秋繁露义证》卷十二，中华书局1992年版，第350页。
③ 《修身》，《法言义疏》五，中华书局1987年版，第85页。

质有柔刚。由于"气有善、不善"①。不善的就是恶气。人的道德品质的善恶便来源于气禀，禀得至清之气为圣人，禀得至浊之气为愚人。但人可以通过学习，改变气质，复性为善。朱熹绍承二程，认为阴阳之气，变化无穷，其动静、屈伸、往来、升降、浮沉之性未尝一日相无。气蕴含著清浊、昏明、纯驳的成分，禀清明之气而无物欲之累为圣人，禀清明之气而未纯全而微有物欲之累为贤人，禀昏浊之气而又为物欲所蔽为愚、为不肖。圣贤愚之分决定于禀气不同，人之伦理精神、道德行为规范亦来自先验的禀气。元代许衡学本程朱，他认为阴阳之气表现为五行之气，体现天地之德，五行之性。天地阴阳五行之气有仁义礼智信五德、五性，人相应地有五德和君臣、父子、夫妇、长幼、朋友五伦：仁是温和慈爱，义是决断合宜，礼是敬重为长，智是分辨是非，信是诚实无欺。人的伦理道德品格来自气禀。吴澄学本程朱，他认为人因阴阳五行之气而有形，形之中具有"阴阳五行之理，以为健顺五常之性"（《答田副使二书》，《吴文正公集》）。五常指仁义礼智信道德规范，以及君臣、父子、兄弟、夫妇、朋友五行之理。五常中仁、礼为健、为阳，义、智为顺、为阴，信兼两者之性。五行之理中君、父、兄、夫为尊、为阳，臣、子、弟、妇为卑、为阴，朋友兼两者之理。以阴阳五行之气探究五常五伦道德精神及其行为规范。

　　明清时，程朱道学来自心学和气学两方面的挑战。湛若水批评朱熹把道心与人心二分的观点，认为"人心道心，只是一心"，那种把道心说成出乎天理之正，人心出乎形气之私是不对的。论心，是就心与气不离而言，道心是指形气之心得其正而已，不是别有一心。王守仁集两宋以来心学之大成，以"良知"为心之本体，以心的良知论气，认为"元

---

① 《河南程氏遗书》卷二十一下，中华书局1981年版，第274页。

气、元精、元神"三位一体,构成气为良知流行动静的思想,良知是一种伦理精神和道德意识,良知只是一种未发之中的状态,静而生阴,动而生阳,阴阳一气也,动静一理也,良知蕴含动静阴阳,元气作为良知的流行,或为善,或为恶,受志的制约,志立气和,养育灵明之气,去昏浊习气,便能神气清明,心与万物同体,良知湛然灵觉,而达仁人圣人道德终极价值境界。

王廷相继承张载"太虚即气"的思想,批评程朱理本论。他认为气为造化的宗枢,气有阴阳动静,它是万物的根源,有气有天地,有天地而有夫妇、父子、君臣,然后才有名教道德的建立。吴廷翰批评程朱陆王,认为人为气化所生,气凝为体质为人形,凝为条理为人性,"性之为气,则仁义礼知之灵觉精纯者是已"[①]。仁义礼智的灵觉既是阴阳之气,亦是道德精神,所以他说:"天为阴阳,则地为柔刚,人为仁义,本一气也。"[②] 天地人三才为气,阴阳、柔刚、仁义本于气。王夫之集气学之大成,"理即是气之理,气当得如此便是理,理不先而气不后,天之道惟其气之善,是以理之善"[③]。气是根源范畴,源枯河干,无气即无心性天理。阴阳浑合、交感,合为一气,气有动静,动静为气之几,方动而静,方静而动,静者静动,非不动。气处于变化日新之中,"气日新,故性亦日新"[④]。气规定着人性的善恶价值。人性即气质之性,气是人的生命之源,质是气在人身的凝结,气无不善,性无不善;质有清浊厚薄不同,所以有性善与不

---

① 《吉斋漫录》卷上,《吴廷翰集》,中华书局1984年版,第24页。
② 同上书,第17页。
③ 《读四书大全说》卷十,《船山全书》第六册,岳麓书社1991年版,第1052页。
④ 《读四书大全说》卷七,《船山全书》第六册,岳麓书社1991年版,第860页。

善之别。王夫之以气为核心,诠释人性的伦理道德之理。戴震接着王夫之讲:"气化流行,生生不息,仁也。"① 气化生人物以后,而各有其性,并有偏全、厚薄、清浊、昏明之别,气是人性的来源和根据,有仁的伦理精神,便互涵为义、礼、智、诚伦理道德和行为规范。这便是戴震所说的以"理言"与以"德言",前者指仁义礼之仁,后者指智仁勇之仁,其实为一。

中华伦理范畴是动中有静,静中有动,动为静动,静为动静,动静互涵、互渗、互补、互济,而使中华伦理范畴结构、内涵、形态通达完满境界。

(四)伦理范畴历时同时的融合性

中华伦理范畴的形态动静性,侧重于范畴历时态的演化,其纵观与横观、历时态与同时态是互相融合、互相促进,而达相得益彰的状态。伦理各范畴之间上下左右、纵横异同,错综复杂,构成一网状形态,网上的每个纽结,都是上下左右的凝聚点、联络点、驿站,再由此凝聚点、联络点、驿站向四周辐射、扩散,构成一畅通无阻、四通八达的范畴逻辑之网。从这个意义上说,伦理范畴是人们对于宇宙、社会、人际、心灵之间关系长期生命体认的结晶,是对于个人、家庭、国家、民族之间关系深沉智慧洞见的提升。

每个伦理范畴的形态动静运动,都处于历时态和同时态之中。历时态和同时态可以养育、发展、丰富伦理范畴,也可以使其破坏、废弃、断裂。因而协调、融突好伦理与政治、经济、文化的关系,理性地调整、平衡好伦理范畴之网各方面关系,是使伦理范畴在历时和同时态中不遭破坏、废弃、断裂的措施。在这里,协调、融突、调整、平衡、蕴含价值观念、思维方法,由于

---

① 《仁义礼智》,《孟子字义疏证》卷下,中华书局1961年版,第48页。

价值观念和思维方法的偏激,亦会造成伦理道德范畴被批判、扔掉、打倒,导致中华伦理精神沦丧、行为规范迷失,乃至人们手足无所措,礼仪之邦而无礼仪的状况。

礼作为伦理范畴,是在历时性和同时性中得以体现的,礼的起源,历来众说纷纭:一是事神致福说。许慎《说文解字》:"礼,履也,所以事神致福也。"《礼记·礼运》认为礼之初是致其敬于鬼神,王国维诠释为"奉神之酒醴谓之醴","奉神人之事通谓之礼"①。礼是奉神致福的祭祀行为,祭祀鬼神的仪式,有一定礼仪之规,后便约定俗成为礼。二是礼尚往来说。《礼记·曲礼》:"礼尚往来,往而不来非礼也,来而不往亦非礼也。人有礼则安,无礼则危。"② 礼尚往来包含"礼物"和"礼仪"两个层面,礼物往来是物品交易活动,礼仪是交往规范。三是周公制礼作乐说。孔子说,殷因于夏礼,周因于殷礼,可见夏商已有其礼,周公在损益夏商之礼后而作周礼。四是礼皆出于性。栗谷(李珥)在《圣学辑要》中引周行已的话:"礼经三百,威仪三千,皆出于性。"③ 礼出于本真的人性,而非出于伪装饰情或礼品交换行为。礼在历时性和同时性中都有不同的体认,但一般都把它作为礼仪行为规范。

孔子处"礼崩乐坏"的时代,礼仪行为规范遭严重破坏,不仅礼乐征伐自诸侯出,而且子弑父、弟弑兄等违礼的行为层出不穷,致使孔子是可忍,孰不可忍!在这个同时态中,本来作为"天之经也,地之义也,民之行也","上下之纪,天地之经纬

---

① 王国维:《释礼》,《观堂集林》卷六,《王国维遗书》(一),上海古籍书店1983年版,第15页。

② 《曲礼上》,《礼记正义》卷一,中华书局1980年版,第1231—1232页。

③ 《圣学辑要》(二),《栗谷全书》(一)卷二十,韩国成均馆大学校大东文化研究院1985年版,第442页。

也，民之所以生也"的礼，已与揖让、周旋之礼有别。前者已超越礼的形式，即仪的揖让、周旋的层次，而提升为天经地义、民之所以生的形而上的终极层次，赋予礼以终极价值。孔子是在这样的时态中，体认礼的价值，呼喊不可"违礼"。然而，礼作为"国之干"也好，"身之干"也好，"所以正民"也好，都是主体人外在的东西，是以外在的力量规定礼的性质、作用、功能，以及主体人应如何的行为规范，并非出于主体人自身的自觉。为了使外在的礼的行为规范成为主体人的自觉的行为活动，必须获得内在伦理精神、道德意识的支撑，于是孔子援入仁的伦理道德范畴，并以仁为礼的本质的体现。"子曰：'人而不仁，如礼何？'"[①] 无仁，如何来对待礼仪制度，这是化解外在违礼行为与内在道德意识分裂、紧张的一种选择，只有把道德意识与行为规范、内与外、仁与礼融合起来，置于同时态的状态中，礼才能转化为一种主体自觉的道德行为。孔子说："克己复礼为仁，一日克己复礼，天下归仁焉。为仁由己，而由人乎哉？"[②] 一切违礼的行为都出于某种私利、权力、功利的欲望，克制自己的欲望，使自己的行为自觉地符合礼，凡非礼的都不去视听言动，就是仁，这样仁与礼圆融。既然实践仁的道德全凭自己的自觉，那么，实践礼的道德规范也出于自己的自觉。这样，外在礼的他律性同时也具有了内在的道德自律性。

仁与礼在同时态的互渗、互补中，又在历时态的演变中，获得了丰富和发展。孟子绍承孔子，他把仁义礼智都纳入伦理精神、道德意识中。他认为"人皆有不忍人之心"，所谓不忍人之心是指人人皆有怵惕恻隐的心。由此看来如果一个人没有恻隐心、羞恶心、辞让心、是非心，简直就不像个人，"恻隐

---

① 《八佾》，《论语集注》卷二，世界书局1936年版，第9页。
② 《颜渊》，《论语集注》卷六，第49页。

之心，仁之端也；羞恶之心，义之端也；辞让之心，礼之端也；是非之心，智之端也"[1]。礼作为辞让之心，是人作为一个人所不能欠缺的，否则就是"非人也"，这就是说，礼的伦理精神是"人皆有"的道德心，是人性所本有的。礼的辞让之心的自然流出，即是主体道德心自觉又自然的表现。这样孔子的"仁者爱人"和孟子的"人皆有不忍人之心"，在"礼崩乐坏"、天下无道的情境下，为"复礼"的合法性、合理性作了理论的诠释。

如果说孟子从人性善的价值观出发，导向内律与外律、仁与礼的圆融，那么，荀子从人性恶的价值观出发，导向外律的礼与法的圆融。这种圆融，孟子实以仁节礼，仁体礼用；荀子援法入儒，以儒为宗，以礼统法。荀子认为礼有五方面的性质和功能：（1）作为行为规范而言，礼是衡量人之好坏的标准，国家有道无道的尺度，治国的规矩。他说："礼者，人主之所以为群臣寸、尺、寻、丈检式也。"[2]"礼之所以正国也，譬之犹衡之于轻重，犹绳墨之于曲直也，犹规矩之于方圆也，既错之而人莫之能诬也。"[3]"隆礼贵义者其国治，简礼贱义者其国乱。"[4]这是国家强弱的根本；从这个意义上说，礼是政事的指导，是处理国政的指导原则："礼者，政之面挽也。为政不以礼，政不行矣。"[5]（2）作为伦理道德而言，礼体现了伦理精神和道德行为。"礼也者，贵者敬焉，老者孝焉，长者弟焉，幼者慈焉，贱者惠焉。"[6]在人伦关系上，对贵、老、长、幼、贱者，要尊敬、孝顺、敬

---

[1]《公孙丑上》，《孟子集注》卷三，世界书局1936年版，第25页。
[2]《儒效》，《荀子新注》，第111页。
[3]《王霸》，《荀子新注》，第171页。
[4]《议兵》，《荀子新注》，第233页。
[5]《大略》，《荀子新注》，第445页。
[6] 同上书，第442页。

爱、慈爱、恩惠，体现了忠孝仁义的道德原则，并使之定位，"礼以定伦"①，即指君臣、父子、兄弟、夫妇之伦，都能遵守符合其伦的道德规范；(3) 作为礼的性质来看，"礼有三本，天地者，生之本也。先祖者，类之本也。君师者，治之本也。"② 三者是生存、人类、治国的根本。礼有三本而有分与别，"辨莫大于分，分莫大于礼，礼莫大于圣王"③。人与人之间的分别，最重要的是礼，即等级名分。"礼也者，理之不可易者也。乐合同，礼别异。"④ 礼体现着贵贱上下的等级差分，这是其不可改变的原则。这个不可易者，便是终极之道。"礼者，人道之极也。"⑤ (4) 作为可操作的礼仪制度，包括婚、葬、祭等各种礼仪，如"亲近之礼"，男子亲自到女方迎娶的礼节。"丧礼者，以生者饰死者也。"⑥ 但"五十不成丧，七十唯衰存"⑦。(5) 作为礼与法的关系来看，"礼义生而制法度"⑧。"明礼义以化之，起法正以治之。"⑨ 以礼义变化本性的恶，兴起人为的善，并以法度来治理。治国的根本原则，在礼与法，"明德慎罚，国家既治四海平"⑩。礼法兼施，"隆礼尊贤而王，重法爱民而霸"⑪。前者可以称王于天下，后者可以称霸于诸侯。这种礼法融合的礼治模式，开出汉代"霸王道杂之"的"汉家制度"，凸显了中华

---

① 《致士》，《荀子新注》，第 226 页。
② 《礼论》，《荀子新注》，第 310 页。
③ 《非相》，《荀子新注》，第 56 页。
④ 《乐论》，《荀子新注》，第 338 页。
⑤ 《礼论》，《荀子新注》，第 314 页。
⑥ 同上书，第 322 页。
⑦ 《大略》，《荀子新注》，第 442 页。
⑧ 《性恶》，《荀子新注》，第 393 页。
⑨ 《性恶》，《荀子新注》，第 395 页。
⑩ 《成相》，《荀子新注》，第 416 页。
⑪ 《天论》，《荀子新注》，第 277 页。

伦理范畴历时态与同时态的融合性。

(五) 伦理范畴的内涵生生性

中华伦理范畴大化流行,生生不息。"天地之大德曰生","生生之谓易"。天地间最根本、最伟大的德性,就是生生。生生是为变易,生生的变易是新事物、新生命不断的化生。换言之,即是中华伦理新范畴的化生和范畴新内涵的开出。

从孔子"仁"的伦理范畴新内涵的开出表层结构的具体意义,深层结构的义理意义及整体结构的真实意义来看仁内涵的生生性。就表层结构而言,仁是爱人,《论语》"爱人"三见,讲治国要爱护百姓,君子学道则爱人,其基本语义是人与人之间关系的一种行为规范或道德标准。进而如何实践"仁者爱人",孔子要求从自己做起,"为仁由己",从正面说自己"欲立"、"欲达",也使别人"立"和"达";从负面说,"己所不欲,勿施于人"。"己欲"与"己所不欲","立人达人"与"勿施于人",从正负两个方面说明实践"仁者爱人"的要求。

"为仁由己",要求每个人要"克己",即约束自己,使自己的视听言动合乎礼,这便是仁,如何进行仁的道德修养?从正面说"刚毅木讷近仁"[①],是正面的应然价值判断,从负面说"巧言令色,鲜矣仁"[②],这是负面的不应然价值判断。由自己的道德修养"仁",推致家庭的父子、兄弟、夫妇之间,便是"孝弟也者,其为仁之本与"[③],再由家庭推致天下,"能行五者于天下为仁矣"[④]。此五者便是指恭、宽、信、敏、惠。构成了从约束自我—家庭—社会—天下的道德行为规范。仁便从内在的道德意

---

① 《子路》,《论语集注》卷七,世界书局1936年版,第58页。
② 《学而》,《论语集注》卷一,第1页。
③ 同上。
④ 《阳货》,《论语集注》卷九,第74页。

识和伦理精神转化为伦理道德行为规范，这是一个从内到外的化生过程。

"仁"从表层结构的具体意义而开出深层结构的义理意义，是把孔子仁的伦理精神和行为规范从句法和语义层面超越出来，置于宏观的时代思潮之中，来透视微观伦理范畴义理。仁是孔子思想的核心范畴，它与各伦理范畴联结，由各纽结而构成网状形式，抓住网上的纲领，便可把孔子思想提摄起来，也可以进一步体认仁的伦理价值。譬如说仁与礼融合渗透，礼的尚别尊分、亲亲贵贵的意蕴作用于仁，使仁在处理人与人之间关系，便不能普遍地、无差等地贯彻"仁者爱人"的"泛爱众"的伦理精神，而受到墨子的批评。从范畴的联系中，反求伦理范畴的涵义，更能体贴伦理范畴真义。

从伦理范畴的网状结构贴近其真义，开展为从时代思潮的整体联系中体贴其意蕴，体现伦理范畴内涵的吐故纳新，新意蕴化生。譬如《国语》讲："杀身以成志，仁也。"① 孔子说："志士仁人，无求生以害仁，有杀身以成仁。"② 又《左传》僖公三十三年载："德以治民，君请用之；臣闻之：'出门如宾，承事如祭，仁之则也'。"③ 孔子说："出门如见大宾，使民如承大祭。"④ 再《国语》载："重耳告舅犯。舅犯曰：'不可，亡人无亲，信仁以为亲……'"⑤ 孔子说："君子笃于亲，则民兴于仁。"⑥ 由此可见，孔子"仁"的学说是与时代政治、经济、礼乐制度相联系，是当时一种社会思潮的呈现；是在"礼崩乐坏"

---

① 《晋语二》，《国语集解》卷八，中华书局2002年版，第280页。
② 《卫灵公》，《论语集注》卷八，世界书局1936年版，第66页。
③ 《春秋左传注》，中华书局1981年版，第1108页。
④ 《颜渊》，《论语集注》卷六，世界书局1936年版，第49页。
⑤ 《晋语二》，《国语集解》卷八，中华书局2002年版，第295页。
⑥ 《泰伯》，《论语集注》卷四，世界书局1936年版，第32页。

的冲突中，企图援仁复礼，重建伦理精神、礼乐制度的努力；孔子仁的义理智慧在时代的振荡中获得新生命。

"仁"再由深层结构的义理意义而开出整体结构的真实意义。"仁"作为伦理范畴，在与时偕行的大浪中，被冲刷、淘尽了一切外在的面具和装饰，而显露出真实的相貌。战国初，墨子从两个方面批评孔子"仁"的思想。《墨子·非儒下》载："儒者曰：'亲亲有术，尊贤有等，言亲疏尊卑之异也。'"① 施仁有此异，则爱人有差等。结果是"各爱其家，不爱异家"，"各爱其国，不爱异国"。这种异，便是有别，别则"相恶"，故此，墨子主张"兼相爱"，"兼即仁矣，义矣"②。"别"与"兼"，为孔墨仁学之分。另墨子认为，儒者以古言古服合乎礼，然后仁。他主张"仁人之事者，必务求兴天下之利，除天下之害"③。礼之道义与兴利除害的功利之分。在这里，墨子所批评的是孔子仁的深层结构的义理意义，但从表层结构的具体意义来看，孔子的"泛爱从"与墨子的"兼相爱"并无语义上的差别。

孟子对墨子的批评提出反批评："杨氏为我，是无君也；墨氏兼爱，是无父也。无父无君，是禽兽也。"④ 说明为什么爱有差等亲疏之别。荀子亦认为，"贵贱有等，则令行而不流；亲疏有分，则施行而不悖……故仁者仁此者也"⑤。批评墨子"有见于齐，无见于畸"⑥ 之失。秦的速亡，仁的伦理精神获得了价值合理性的论证。两宋时，伦理精神和道德规范提升为道德形而上

---

① 《晋语二》，《国语集解》卷八，中华书局2002年版，第295页。
② 《兼爱下》，《墨子校注》卷四，中华书局1993年版，第178页。
③ 《非乐上》，《墨子校注》卷八，第379页。
④ 《滕文公下》，《孟子集注》卷六，世界书局1936年版，第48页。
⑤ 《君子》，《荀子新注》，中华书局1979年版，第408页。
⑥ 《天论》，《荀子新注》，第280页。

学,仁在生生不息中获得新义。理学的开山周敦颐说:"天以阳生万物,以阴成万物。生,仁也;成,义也。"① 仁育万物,而有生意。程颢说:"万物之生意最可观,此元者善之长也,斯所谓仁也。"② 仁所体现的万物生命的生意,是天地生生之理的所以然,于是他把仁放大,以体验仁者以天地万物为一体的境界。朱熹集周敦颐、张载、二程道学之大成,发为"仁也者,天地所以生物之心,而人物之所得以为心者也"③。如桃仁、杏仁,此仁即为桃、杏生命之源,亦是桃、杏之所以为桃、杏的根据。这种伦理范畴生生不息的新意,是伦理精神和道德价值合理性生命力的体现,是伦理范畴的内涵生生性呈现。

中华伦理范畴在和合学"竖观"、"横观"、"合观"的视野下,其逻辑的结构性、思维的整体性、形态的动静性、历时同时态的融合性、内涵的生生性都得到了充分的展示,中华民族伦理精神和道德行为规范的价值合理性也得到了完善的说明。《中华伦理范畴》丛书的出版,将为弘扬中华民族传统文化,实现中华民族伟大复兴作出贡献,这也是一项利在当代,功在后世的重大文化工程。

是为序。

2006 年 8 月 30 日
于中国人民大学孔子研究院

---

① 《顺化》,《周敦颐集》卷二,中华书局1984年版,第22页。
② 《河南程氏遗书》卷十一,《二程集》,中华书局1981年版,第120页。
③ 《克斋记》,《朱文公文集》卷七十七。

# 《中华伦理范畴》第二函前言

傅永聚　齐金江

中华文化是伦理型文化。以儒家伦理道德为显著特色的中华伦理是中华民族文化和精神的内核与载体，是中华民族五千年生生不息、绵延峥嵘的源头活水；在建设有中国特色的社会主义事业进程中，继承和弘扬中华民族优秀的伦理道德，是建设中华民族共有精神家园的重要切入点，是全面实现社会和谐的重要保障；从当代中华民族生存的国际环境看，中华伦理是东方文化和智慧的杰出代表，是在多元文化相互激荡、多元思想猛烈交锋的新的历史条件下，保持中华民族强大竞争力和凝聚力，促进中华民族和平发展，实现中华民族伟大复兴的强大思想武器和坚实基础。

一，以儒家伦理道德为显著特色的中华伦理是中华民族文化与精神的内核与载体，是中华民族五千年生生不息、绵延峥嵘的源头活水。

中国是世界文明古国之一，且是文明唯一不曾中断者。中华民族从诞生之日起就十分注重伦理道德建设，使民族文化具有伦理型的典型特征。先秦时期伟大的思想家老子、孔子、孟子、荀子等都曾为中华伦理的价值体系构建作出了重大贡献。尤其是孔子，其思想积极入世，以仁为核心，以和为贵，以礼为约束，以道德高尚的君子人格为楷模，其影响跨越时空，成为中华礼乐文化的重要根据、价值观念的是非标准和伦理道德的规范所在。孔子是当之无愧的中华文化符号,他的一系列思想构成中华文化的基本精神。汉代以来,孔子为代表的儒家思想成为中华主流文化,儒家的伦理道德遂成为中华民族传统文化的主干。中国统一稳定、疆域辽阔、经济发达、文明先进,曾领先世界文明两千年。中华影响远播海外。受中华伦理道德熏陶培育成长起来的政治家、文学家、军事家、思想家、教育家如群星璀璨,民族英雄凛然千古,成为炎黄子孙千秋万代的丰碑。只是在近代,由于资本主义和帝国主义列强的侵略,民族灾难深重,我们才暂时落伍了。19—20世纪中叶中华民族所受的苦难和耻辱,在世界民族史上是罕见的。但中华民族一直在反抗、在斗争。历经磨难而不亡,说明我们的民族有一种坚韧不拔、自强不息的精神。

人类历史的发展是不平衡的,跳跃性的,先进变落后,落后变先进也是一种历史规律。"雄鸡一唱天下白"。中国共产党领导新中国成立,中国人民站起来了!尤其是改革开放以来,在邓小平理论指引下中国发展迅速,综合国力增强,政治、经济地位发生了翻天覆地的变化,中国人民正在信心百倍地建设现代化社会主义。强大的政治、经济呼吁强大的文化,呼吁人的高尚道德的养成。通过弘扬中华民族优秀的伦理道德,提升国人素质,优化国人形象,确立优秀伦理道德在华人文化中的特色地位,可以得到不同文化背景、不同宗教信仰的群体的共同认可。这对于发扬光大中华文化、实现祖国统一大业、实现中华民族的伟大复兴都具有重要的现实意义和深远的历史意义。

二、在建设有中国特色的社会主义事业进程中,继承和弘扬中华民族优秀的伦理道德,是建设中华民族共有精神家园的重要切入点,是全面实现社会和谐的重要保障。

近代以来,中国饱受西方列强侵凌,经济落后,积贫积弱,传统文化一时成为替罪之羊。在全盘西化、民族虚无主义妖雾迷漫之时,嘲笑、批判、搞倒搞臭传统文化一度成为最革命、最时髦的心态。从盲目不加分析地打倒孔家店，到"文化大革命"破四旧、批林批孔，人们在干着挖掘自己民族文化之根的傻事。"文化大革命"过后，一代人的道德品质沦丧，几代人的道德品质受损，礼仪之邦一时间竟要从礼仪 ABC 起补课。尤其近几十年来，由于西方强势文化携其具有鲜明征服特色的价值观念不断有意识地涌入，中华民族传统的道德伦理受到猛烈的冲击，社会上下思想领域中普遍存在着信仰失范、价值观念扭曲、道德滑坡、精神迷惘和庸俗主义、世俗化盛行、拜金主义泛滥等一系列问题。对此，党和国家领导人一直给予高度重视，屡屡发出警语。

早在改革开放之初，邓小平同志就严厉地指出："一些青年男女盲目地羡慕资本主义国家，有些人在同外国人交往中甚至不顾自己的国格和人格，这种情况必须引起我们的认真注意。我们一定要教育好我们的后一代，一定要从各方面采取有效的措施，搞好我们的社会风气，打击那些严重败坏社会风气的恶劣行为"[1]；"如果中国不尊重自己，中国就站不住，国格没有了，关系太大了"[2]；"中国人要有自信心，自卑没有出路"[3]；他反复强调物质文明与精神文明一起抓，两手都要硬，否则，"风气如果坏下去，经济搞成功又有什么意义？"

江泽民同志十分重视用中华优秀传统道德伦理教育下一代，他说："在抓紧社会主义物质文明建设的同时，必须抓紧社会主义精神文明建设，坚决纠正一手硬、一手软的状况"[4]；"必须继承和发扬民族优秀文化传统而又充分体现社会主义时代精神，立

---

[1] 《邓小平文选》第 2 卷，第 177 页。
[2] 《邓小平文选》第 3 卷，第 332 页。
[3] 同上书，第 326 页。
[4] 《在党的十三届四中全会上的讲话》，载《江泽民文选》第 1 卷，第 61 页。

足本国而又充分吸收世界文化优秀成果,不允许搞民族虚无主义和全盘西化"[1];"任何情况下,都不能以牺牲精神文明为代价去换取经济的一时发展"[2];"保持和发扬自己民族的文化特色,才能真正立足于世界民族之林。我们能不能继承和发扬中华民族的优秀文化传统,吸收世界各国的优秀文化成果,建设有中国特色的社会主义文化,这是事关中华民族振兴的大问题,事关建设有中国特色社会主义事业取得全面胜利的大问题"[3]。

胡锦涛总书记更是从中华民族优秀传统文化中汲取营养,提出了科学发展观、以人为本、社会主义和谐社会建设的一系列重要理念,尤其是社会主义荣辱观的提出,在全社会和全体公民中引起强烈反响。以热爱祖国为荣,以危害祖国为耻;以服务人民为荣,以背离人民为耻;以崇尚科学为荣,以愚昧无知为耻;以辛勤劳动为荣,以好逸恶劳为耻;以团结互助为荣,以损人利己为耻;以诚实守信为荣,以见利忘义为耻;以遵纪守法为荣,以违法乱纪为耻;以艰苦奋斗为荣,以骄奢淫逸为耻。"八荣八耻"是中国传统文化价值的进一步发展,现实性和可操作性很强。对于全社会,特别是青少年思想道德教育意义重大。十七大正式提出了建设中华民族共有精神家园的宏伟历史任务,而中华优秀传统伦理道德就是我们的民族之根。

我在8年前写过一篇文章,名字叫"日积一善,渐成圣贤",这句话今天仍不过时。人的潜意识中亦即本性中总有为恶的一面。换句话说,人是既可以为恶也可以为善的。一个人一生当中,一点坏事也没有做过的,可以说没有;但所做的坏事好事

---

[1] 《当代中国共产党人的庄严使命》,载《江泽民文选》第1卷,第158页。
[2] 《正确处理社会主义现代化建设中若干重大关系》,载《江泽民文选》第1卷,第74页。
[3] 《宣传思想战线的主要任务》,载《江泽民文选》第1卷,第507页。

总有一个比例。就社会上的芸芸众生来说，完完全全的君子可能一个也找不到，但基本上属于君子的或基本上属于小人的有一个明显的界限。人生一世，所做的好事多，就基本上是个好人；而所做的恶事多，就基本上是个坏人。我们每人每天都在做事，为自己，为他人，为社会，为人类。在做每一件事情之前，你是怎么想的？是想做善事还是做恶事？是一种什么心态支配着你去做成善事或者是恶事，这就牵涉一个人的道德修养水平，牵涉人生观、价值观这个根本问题。法律是刚性的他律，舆论监督是柔性的他律，而道德修养属于自律。具体到每一个人，自律永远是道德修养的基础，也是他律的基础。自律受法律的威慑，但更重要的是内里自觉修养的功夫。因此，儒家伦理所揭示的仁义礼智、忠孝廉耻、和合勇毅等一整套人之为人的大道理就成为流传千古的向善弃恶的道德规范。日积一善，慢慢接近于道德高尚的境界；日为一恶，就会不断向小人的队伍靠拢。诚然，让每个人都成为君子是不现实的；但是，通过优秀伦理文化的教育和普及，不断提高绝大多数人的"君子化"水平则是可能的，也是现实的。季羡林先生说过一句非常中肯的话："能为国家、为人民、为他人着想而遏制自己本性的，就是有道德的人。能够百分之六十为他人着想百分之四十为自己着想，就是一个及格的好人。"[①]语重心长，应该引起人们的深思。

三、从当代中华民族生存的国际环境看，中华伦理是东方文化和智慧的杰出代表，是在多元文化相互激荡、多元思想猛烈交锋的新的历史条件下，保持中华民族强大竞争力和凝聚力、促进中华民族和平发展、实现中华民族伟大复兴的强大思想武器和坚实基础。

当今世界，既有多元化、多极化的客观需求，又有强权独

---

[①] 季羡林：《季羡林谈人生》，当代中国出版社2006年版，第6页。

霸、政治高压、经济封锁和文化扩张的客观现实。这就是中华民族走向现代化所面临的国际生存环境。你必须强大，可人家不愿看到你强大，而压制你强大的武器不仅有政治的、经济的，更有文化的、思想的。在这种环境下，民族精神、民族文化越来越成为一个民族赖以生存和发展的精神支柱。精神颓废、委靡不振的民族必然失去其自主、独立、生存的资格，必然走向衰亡。儒家思想在其2500年的发展中，孕育了中华民族精神，担当了建构民族主题精神的重任，它以和合发展、生生不息的生命与生存智慧维系着中华民族的绵延和发展，影响着东方文化体系的形成壮大，成为东方文化智慧的杰出代表。这是其他三大文明古国的精神传统所不能比拟的。孔子与穆罕默德、耶稣和释迦牟尼一起被称为缔造世界文化的"四圣哲"和世界名人之首。孔子既属于中国，也属于世界，他的思想既是历史的又是跨时代的。在多元文化并行，多种思想激烈交锋的时代背景下，儒家文化就是中华民族的声音，就是文化对话的资格。在文化传播的态度上，既要主张"拿来主义"，又要力行"送去主义"，现在我们国家设立在世界上的250多所孔子学院，就是主动送出去的例证。当然，孔子学院主要发挥的是语言传播的功能，今后应加强孔子思想传播的内容。因为思想传播比语言传播更为深邃。

中华传统伦理思想内涵丰富，包罗万象。我们对前人的研究进行了系统的反思和归纳，将其总结为64个德目，即仁、爱、忠、恕、礼、义、廉、耻、中、信、和、合、诚、德、孝、悌、勤、俭、修、志、圣、公、洁、贞、庄、正、平、温、友、强、容、智、道、顺、良、格、博、节、健、实、恒、明、忧、廉、行、美、刚、气、善、勇、敬、慈、敏、惠、乐、毅、省、新、恭、直、慎、雅、理、利（见《联合日报》2006年8月10日第3版）。首批选取了仁、和、信、孝、廉、耻、义、善、慈、俭等10个德目进行研究，已由中国社会科学出版社于2006年12

月出版发行。

《中华伦理范畴》第一函甫出，学术界给予了鼎力支持和高度评价。著名国学大师季羡林先生在301医院抱病亲笔为之题词：中华伦理，源远流长；东方智慧，泽被万方；并委托秘书打电话给总编，说"感谢你们为中华民族文化复兴事业做了一件大好事"。中国人民大学著名学者张立文先生冒着酷暑、挥汗如雨，一气呵成洋洋两万多字的长文，称"《中华伦理范畴》丛书从中华民族传统伦理道德中撷取六十多个重要德目，并对每个德目自甲骨文以至现代，进行全面系统研究，以凸显集文本之梳理，明演变之理路，辨现代之意义，立撰者之诠释的价值，撰写者探赜索隐，钩沉致远，编纂者孜孜矻矻，兀兀穷年"；"这是一项利在当代、功在后世的文化工程，将对进一步证实中华伦理精神的价值合理性产生深远的影响，并对弘扬中华民族传统文化，实现中华民族伟大复兴作出应有的贡献"。原中共中央政治局委员、国务院副总理谷牧、姜春云和原国务委员王丙乾纷纷致函祝贺，认为"《中华伦理范畴》丛书的出版发行，对于弘扬中华民族精神，提高民族人文素质，全面翔实地展现中华民族的优秀传统伦理道德，积极推进社会主义道德建设具有重要的现实意义"。国际儒联主席叶选平先生慨然为丛书题写了书名。台湾著名学者刘又铭、张丽珠、郭梨华等在《光明日报》上撰写文章，认为："中华传统伦理文化源远流长，《中华伦理范畴》丛书对六十多个范畴进行系统的梳理和研究，气势磅礴，意义深远实乃填补学界空白之作"；"《中华伦理范畴》丛书的第一函出版发行，令人鼓舞"；"《中华伦理范畴》付梓印行，实乃学界盛事，作者打通中西之隔，超越唯物论与唯心论之争，高屋建瓴，条分缕析，用力之勤，令人感佩"。主流媒体分别以《海峡两岸学者笔谈中华伦理范畴》、《人能弘道、非道弘人》、《弘儒学之道、为生民立命》和《人文学者为生民立命的人间情怀》等为题发表了评论。《中华伦理范畴》丛书已经先后获得济宁市 2007 年社会科学优秀成果一等奖；山东省高校 2007 年社会科学优秀成果一等奖和山东省 2008 年哲学社会科学优秀成果一等奖。所有这些荣誉都给我们这个学术团队的辛勤劳动以充分肯定，也坚定了我们迅速编撰第二函的决心。我们接着精选了节、智、明、谦、美、正、中、乐、公等 9 个基本范畴，按照第一函的体例，对这 9 个伦理范畴的含义、实质及在历史上的发生、演变进行了系统的介绍、阐述和论证，力求完整地呈现出它们本来的面目、意义和社会价值。

——关于"节"。节可称为节操，包含气节和操守两个方面的内容。在《易·序卦》中，"其于木也，为坚多节"。可见节对于良木的重要作用，它可以连接并加固植物的各个部分，使植物变得更加坚韧，而不易弯曲、折断。由于节的特殊地位，"节"通常用来形容人坚韧不拔、高风亮节、不屈不挠的高贵品格。左思《咏史》中"功成耻受赏，高节卓不群"就反映了人心不为名利、爵位所动的精神品质和道德修养。高尚的节操被历朝历代所肯定和赞赏，载入史册，流芳百世。节操与仁义、信义、忠义、廉耻等伦理概念紧密联系在一起，它们之间的内涵相互渗透、相互补充，为"节"的内容注入了丰富而新鲜的血液和生机。节操作为一种思想观念，在秦统一以后才逐步显现，先秦时期那些为国君、宗族效命的思想如殉君、死节、侠义等意识逐渐扩大为民族主义、爱国主义以及遵纪守法等思想，气节、节操与坚持正义、英勇不屈、洁身自好、品行端正等优秀品格联系在一起。在儒学成为中国主流文化后，在其日益影响下，节操观念不断发展和修缮，成为中华传统伦理范畴之一。节操的思想自古有之，考诸历史典籍，孔子、孟子等先期儒学大师未明确提出"节"的概念，直到北宋时期，程颐开始提出"节"，并对"节"从贞节的角度进行阐述，指出"饿死事小，失节事大"，其中的"节"就包含了人诸多的道德层面。历经宋元理学家的提倡和赞颂，明清时期的贞节观念逐步浓厚，贞节观成为束缚古代妇女自由的枷锁和镣铐，影响深远。各类古籍直接论述气节、操守的相对较少，只散见于典籍中的一些名人笔记，例如苏武："屈节辱命，虽生，何面目以归汉"[1]；颜真卿："吾守吾节，死而后已"[2]；韩愈："士穷乃见节义"[3]；刘禹锡："烈士之所以异于恒人，以其仗节以死谊也"[4]；苏轼："豪杰之士，必有过人之节"[5]；欧阳修："廉耻，士君子之大节"[6]；文天祥："时穷节乃见，一一垂丹青"[7]。节操包含仁、义、忠、信、廉、耻等诸多内容，它是一个综合性很强的范畴，不成一个完备的系统。概括来讲，节操观念是具有仁、义、忠、信、廉、耻等内容的儒家伦理范畴，它形成于先秦秦汉时期，贯穿于整个中国传统社会，无论治世还是乱世，它拥有强大的张力和表现力，凝聚着中华民族思想文化的精华，涵盖了传统文化最有价值的核心范畴。节操在中国古代法律伦理化的过程中，被吸收融入许多法律规定中，如有人叛国投敌，亲属要受到惩处；贪赃枉法，最高可处以死刑。在传统中国，利用伦理道德约束的氛围和有关法律规定，使人们自觉或不自觉地受到节操观念的影响，保持高尚的气节操守受世人仰慕、失节则受万世万代唾弃的思想深入人们的心灵之中，士大夫对自己的气节与名节尤为爱惜，看得宝贵，认为此"节"关乎当下和身后名，把它看得比性命还要重要。节操观念在现代

---

[1] 《汉书·苏建传附苏武传》。
[2] 《旧唐书·颜真卿传》。
[3] 《柳子厚墓志铭》。
[4] 《上杜司徒书》。
[5] 《留侯论》。
[6] 《廉耻说》。
[7] 《正气歌》。

社会可以发挥它道德约束的巨大作用。在社会舆论方面,坚持爱国主义、民族气节、廉洁奉公可敬,让人人都认同缺乏职业道德、丧失气节可耻,并由此形成浓厚的社会氛围,不仅中国要建设法治化社会,也要以德治为补充和依托,弘扬高尚的道德操守、民族气节与高度的社会责任感。

——关于"智"。其基本的含义是智慧、聪明。《说文》云:"智,识词也。从白,从亏,从知。"《释名》曰:"智,知也,无所不知也。"仁、义、礼、智、信是儒家伦理学说的重要内容,孔子说:"仁者安仁,知者利仁。"子贡说:"学不厌,智也;教不悔,仁也。"《孙子兵法》云:"将言,智、信、仁、勇、严也。"孟子说:"是非之心,智也。"智是社会生产力不断发展的产物,智包含人对是非对错的分辨能力,战争中所表现出的机智和谋略,也是智的一种,智也是"知",知识之意。《论语·子罕》曰:"智者不惑,仁者不忧,勇者不惧。"孟子认为"仁义礼智根于心"。智与仁义、诚信、勇、勤等概念和范畴紧密联系,儒、道、法、兵、名、墨家都在不同程度上分别论述了"智"的内涵和外延。《中庸》云:"好学近乎知(智),力行近乎仁,知耻近乎勇。"认为智、仁、勇是"天下之达德"。在中国古代的兵法中,"智"占据了重要的内容,智对战争的胜负起了决定性作用,"兵不厌诈"与指挥者的智慧是分不开的,兵道即诡道,更充分说明了智的变化性对指导战争的积极作用。战时要把握战争的规律,创造有利于己方的作战阵容,即时掌控敌方的兵事变更,争取战斗的主动权。春秋战国是百家争鸣、众家之智角逐历史舞台的重要时期,从那时起,中国的智谋文化开始萌动,并逐渐成长和发展,智观念的形成与发展,推动了我国思想文化的发展与繁荣,奠定了古代科技的良好基础,对当时社会改革的深入与进步起到了有效且有力的作用。战国时期,养士风气日浓,出现了许多著名的有识之士和纵横家,如惠施、苏秦等。

汉代崇尚智的学者如司马迁、刘向等，他们在书中褒扬了许多智慧之士，三国时期的诸葛亮与周瑜是智慧的使者与化身，明清是充满智慧的时代，当时的文人学者、贤哲仁人、能工巧匠不绝于世，出现了《益智编》、《智品》、《经世奇谋》、《智囊》四大智书，《智囊自叙》认为："人有智犹地有水，地无水则为焦土，人无智则为行尸。智用于人，犹水行于地，地势坳则水满之，人事坳则智满之。"到了近代，有识之士为开发民智进行了艰苦卓绝的努力和改革，严复认为鼓民力、开民智、新民德三者为自强之道。维新派与洋务派不断认识到开民智的重要意义，加强学校的教育。新文化运动的倡导者与共产党人更是在开发民智，提高国民文化素质上作出了努力和改革。智对于现代社会的意义不言而喻，人类的智慧在社会生产力的发展中起到了重要作用，智在现代人际交往、现代商战、现代法制建设等诸多方面有其独特的地位和意义。智不是孤立的世界，现代的智要与普遍的社会道德、仁义联系起来，才能发挥它积极的作用，创造出更多的社会价值。

——关于"明"。"明"，由日月二字组成。《易·系辞下》云："日往则月来，月往则日来，日月相推而明生焉。""明"，就是在日月的照耀下，世界一片光明的意思。古人把清楚明白的事物称为"明"，把显著的、一目了然的事物称为"明"，把站高看远之人称为"明"。《尚书·太甲》云："视远惟明。"人们把看透事物的本质称为"明察秋毫"，把能够认识事物本质的人称为"贤明"，或尊称为"明公"，把能够勤于国务、明辨是非的帝王称为"明君"。"明"在社会生活中的引申义就是说，所有的人和事物，都在日月的照耀下，明明白白，一目了然。它是儒家伦理学说的重要内容，是几千年来中国人民的渴望和追求。儒家学说对"明"有深刻的理解和认识，自儒家学说的先驱周公至明清儒家学者，都对"明"做了阐释。儒家的经典《尚书》

中记载了"明德慎罚"、"明四目、达四聪"、"视远惟明"、"圣人不以独见为明"等观念，孔子则提出"举直错诸枉，则民服；举枉错诸直，则民不服"，汉代董仲舒，宋代的二程、朱熹，明代的王阳明皆在先秦儒家"明"观念的基础上，对"明"进一步阐述，但总的说来，是希望国家政务都处在光明正大之中。"明"既包括"明德"、"明君"，也包括吏治清明、军纪严明等。"明德"就是要修己、正己，"明君"就是要明察狱讼。"明"体现在国家官员的任用方面，就是必须要任人唯贤，以保证吏治的清明。吏治清明、择贤而任，是儒学的重要内容。军纪严明也是古代"明"观念的重要内容，中国最早的兵书《司马法》提出，军中号令要严明，长官要有仁爱之心的兵学原则。《孙子兵法》更是强调了军纪严明的主张。到了近代，当西方资本主义列强用洋枪大炮轰开古老中国的大门时，一部分先知先觉的中国人开始清醒，他们意识到：中国要想富强，必须走西方之路。林则徐、龚自珍、魏源等提出"明耻"观念，康、梁变法提出"君主立宪"的主张，这都体现出近代中国知识分子的"明"的思想，但并未提出以民主制代替专制的主张。中国资产阶级革命运动兴起后，主张以暴力推翻专制，孙中山先生更是提出了"天下为公"、"主权在民"的思想。革命党人的"公理之未明，以革命明之"的理论对几千年封建专制统治下的中国是空前的，想通过"主权在民"实现政府的廉明、官吏的清明、财政的透明，这与封建社会的"明君"、"明臣"是完全不同的概念，他们代表了近代先进中国人的"明"的思想。现代中国在改革开放的大背景下，更需要"明"的观念。特别是对于权钱交易、暗箱操作、"官本位"等社会不良风气的抵制，更是需要树立"明"的观念和"明"的行为，呼唤"明"的思想和作风，这才是建立现代文明社会的途径。

——关于"谦"。其基本的含义是谦让。谦让之德是一种道德自律，是处世原则的重要部分。它要求人们在道德标准上严于律己，宽以待人；在人际交往中要尊重他人，要有卑己尊人的态度和行为。谦让之德不仅是儒家伦理范畴的组成部分，也是中华民族璀璨的传统文化特征之一。《周易·谦卦》以卑释谦："谦谦君子，卑以自牧也。"朱熹释之："大抵人多见得在己则高，在人则卑。谦则抑己之高而卑以下人，便是平也。"① 由此可见，谦让可以理解为较低并谦虚地评价自己，同时对别人的心理和行为要较高地看待。《尚书·大禹谟》中说："满招损，谦受益，时乃天道。"其中的"谦"含有谦逊戒盈的内容。"谦"也通"慊"，有满足、满意的意思。《大学》云"所谓诚其意者，毋自欺也，如恶恶臭，如好好色，此之谓自谦"。"谦"不仅是一种伦理范畴，它也是一个哲学概念，中国人历来追求的"谦谦君子"之崇高人格，实际上是积极进取与谦虚自抑的完美结合。《周易》中说："谦：亨，君子有终"，"初六：谦谦君子，用涉大川，吉。"《老子》说："持而盈之，不如其已；揣而锐之，不可长保。金玉满堂，莫之能守；富贵而骄，自遗其咎。功遂身退，天之道也。"② 其意是，碗里装满了水，不如停止下来；尖利的金属，难保长久；金玉满堂，没有守得住的；富贵而骄傲，等于自己招灾；功成名就，退位收敛，这是符合自然规律的。他告诫人们要虚己游世，谦虚恭让，方能长久。孔子说："君子有九思；视思明，听思聪，色思温，貌思恭……"③ 大意是说，君子在修身达己的过程中，常要考虑容貌态度是不是谦虚恭敬，并论证了谦虚恭敬与礼的密切关系，"恭而无礼则劳，慎而无礼则葸，勇而无礼则乱，直而无礼则绞"④。《国语》中晋文公说：

---

① 《朱子语类》卷七十。
② 《老子》第九章。
③ 《论语·季氏》。
④ 《论语·泰伯》。

"夫赵衰三让不失义。让，推贤也。义，广德也。德广贤至，又何患矣。请令衰也从子。"赵衰数次谦让不失仁义，且有助于国家选贤任能，是个人美德与魅力的一种彰显形式。孟子说："无恻隐之心，非人也；无羞恶之心，非人也；无辞让之心，非人也；无是非之心，非人也。"[1] 王符认为谦让的品质是人之安身立命的重要依据，"内不敢傲于室家，外不敢慢于士大夫，见贱如贵，视少如长"[2]。谦让与个人修身、政治素养方方面面的紧密联系，更说明了其在中华传统文化中的特殊地位和社会价值。谦让的态度有利于冲淡人际交往中的各方面冲突，促进团队精神的形成，进一步增强群体和各阶层间的凝聚力。儒学认为谦让是一切道德观念的基础，"让，德之主也。让之谓懿德"[3]。谦让之德对推进我国道德环境建设，形成和谐而文明的社会氛围有积极的作用。《菜根谭》认为："处世让一步为高，退步即进步的张本；待人宽一分是福，利人实利己是根基。"可见谦让的美德能构筑起和睦温馨的人际往来之桥，通过对"谦"的体悟，人类必能通向和谐而幸福的家园。

——关于"美"。其基本的含义是"以美立善"的伦理美。作为伦理美的"美"是一种"宜人之美"，即从审美角度出发而阐发出对人的"终极关怀"，它指向人的现实生活，与人的生命、生活休戚相关。"美"成为追求人类合规律的自觉与自由的和谐统一，人的社会活动应是"合乎人性"的，能够充分引起精神愉悦、审美情趣的美好享受与舒适体验。中华民族的"美"、"善"观念是从图腾崇拜以及巫术礼仪与原始歌舞中萌发诞生的。"美"、"善"观念在"以人和神"中萌动，在"神人

---

[1] 《孟子·公孙丑上》。
[2] （汉）王符：《潜夫论·交际》。
[3] 《左传·昭公十年》。

以和"中孕育,在"以众为观"中萌芽。《论语》中写道:"知者乐水,仁者乐山。知者动,仁者静。知者乐,仁者寿。"在其中孔子充分阐述了一种自然的审美情感,在《论语·八佾》中"子谓韶,'尽美矣,又尽善也。'谓武,'尽美矣,未尽善也。'"子曰:"里仁为美。择不处仁,焉得知?"孟子将性善之美、浩然正气、充实之美和与民同乐等方面归纳阐释,引发了人们对美、善至高境界的追求与向往。道法自然、上善若水、大音希声、虚壹而静的道德修养无一不探到美与善的丰富实质,美的内涵与外延包罗万象,"天地有大美而不言","乐行而志清,礼修而行成,耳目聪明,血气和平,移风易俗,天下皆宁,美善相乐"。董仲舒在《俞序》中引世子的话说:"圣人之德,莫美于恕。"同时他也论及了道德之美:"五帝三皇之治天下……民修德而美好","士者,天之股肱也。其德茂美不可名以一时之事","德不匡运周遍,则美不能黄。美不能黄,则四方不能往","此言德滋美而性滋微也"。董仲舒把德与美联系起来,德之美,即德之善。《淮南子》曰:"当今之世,丑必托善以自解,邪必蒙正以自辟。"因此,书中认为假、丑、恶,应予以揭露,同时在社会上提倡真、善、美,期待建立起真、善、美基础上的伦理美。伦理美的核心是"真"而不是"伪",是"质"而不是"文"。中国传统伦理美思想是以儒、道、墨、法等各家伦理道德传统为主要内容的伦理美思想与行为规范的总和。它不仅影响了中国历代人们的价值观念与行为方式,同时也成为衡量人们行为的准则与分辨德行修养的客观依据。修身内省、完善人格、重视情操的伦理美思想,有利于构建和谐社会和人们自我价值的提升,追求人际关系的和谐和强调人伦关系中的"美",有助于社会良好道德氛围的塑造,"天人合一"的伦理美能够保持人与自然的和谐共存,"贵中尚和"、"协和万邦"的伦理美思想是指导和谐社会、恰当处理各类关系的道德准则,"志存高远"、"自强不息"、"修己以敬"等伦理美观念丰富了人们的思想视野与道德境界。

——关于"正"。"正"与"中"、"直"意义相近,常与"邪"对举。其原初含义为走直路,其基本含义为正中、平正、不偏斜,合规范、合标准,纯正不杂,使端正、治理、修正等。其中正中、平正、不偏斜具有本体意义,治理、修正则具有方法意义。在中华传统伦理道德中,"正"既是个人身心修养的内容与方法,也是处理人与人、人与社会关系的原则和规范,在修身、齐家、治国三个层面有着不同的伦理意蕴。我国先民很早就有"正"的观念,而尧、舜、禹、汤、周文王、周武王自律、躬行、示范、用贤、惩恶的言行可视为"正"范畴的萌芽。"正"的范畴是在殷周之际的社会变革中伴随着西周伦理思想的建立而产生的,西周伦理思想中敬德、克己、用贤等思想可视为"正"范畴的源头。春秋战国时期,百家争鸣,儒、墨、道、法各学派在修身、齐家、治国方面有着不同的见解,从而丰富了正的思想。《大学》从理论上揭示了修身、齐家、治国的内在逻辑联系,使正的思想得以系统化。秦汉以降,"罢黜百家,独尊儒术",赋予先秦儒家正心、正己、正人、正名思想以正统地位,其在修心、修身、齐家、治国方面的作用,被历代思想家所阐发,从而使正的思想得以发展和完善。与此同时,司马迁、诸葛亮、魏征、王安石、岳飞、文天祥、郑成功、谭嗣同、孙中山等志士仁人用自己的正言正行,甚至生命诠释了正的含义。历经变迁,"正"范畴在今天对民众、对国家依然具有重要的现实意义,具体表现在儒家"正己正人"的德治传统与以德治国方略,"正己率民"的官德思想与党员领导干部的思想道德建设,"尚贤"传统与党的干部队伍建设,孔子"正名"思想与社会的可持续发展,传统正气观与新时代的党风建设等方面。

——关于"中"。对于"中"字的含义,学术界有不同的诠释。《说文》曰:"内也。从口、丨,上下通。"王筠《文字蒙求》曰:"中,以口象四方,以丨界其中央。"唐兰《殷墟文字记》说最早的"中"是社会中的徽帜,古代有大事则建"中"以聚众。王国维《观塘集林》释"中"为古代投壶盛筹码的器皿。郭沫若在《金文诂林》中认为"一竖象矢,一圈示的",像射箭命中之说。还有人认为是古战场中王公将帅用以指挥作战的旗鼓合体物之象形。可以看出的是,早在原始氏族社会时期就有了"中"的观念,在这种观念中,蕴涵了一种因力而中的价值取向,是部众必须依附听从的权威和统治,具有政治、军事、文化思想上的统率作用,进而意味着一切行为必须依附的标准所在。当然,这种观念仅仅表现为一种传统习惯而已,人们还没有把"中"上升到伦理道德的范畴。后来随着社会的发展,"中"就逐渐用来规范人们的思想行为。到了三代时期,执中的王道思想开始形成。三代相传的要点,就在于"执中"的王道思想。到了商代,"中"已然被作为一种美德要求于民,同时,也预示着后世"忠"字出现的契机。周朝进一步发展了"中"的思想,明确提出了"德中"的概念。周公把"中"纳入"德"作为施政方针,周公的"中德"思想,主要包括明德和慎罚两个方面。在孔子以前,中的观念在中国古代文化中早已形成了传统。虽然他们还没有将"中"和"庸"连缀使用,但我们已可以看出两个字字义的高度契合性。孔子则正式提出了"中庸"的伦理范畴,他视"中庸"为"至德"。这种"至德"首先体现为公允地坚守中正的原则,以无过无不及为特征。纵观中庸问题的发展历史,我们可以对中庸之道作如下概括:中庸之道是儒家的最高哲学范畴,是儒家的道德准则和思想方法。首先,中庸是一种"至德"。中庸的核心是"诚",作为德行规范,广泛作用于社会、思想道德以及自然各领域。其功用则表现为"正己"、"正人"和"成己"、"成物"。"诚"在中庸中有两大特质:一是由下而上,为天人合一之道;一是由内而外,为内圣外王之道。作为德行理论,中庸之道教育人们进行自我修养,把自己培养成至仁、至诚、至善、至德、至道、至圣、合内外之道的理想人格和理想人物,以达到"致中和,天地位焉,万物育焉"天人合一的境界。其次,中庸之道作为一种思想方法,它含有"尚中"、"尚和"两个方面。"尚中",即崇尚中正不偏之意。它既是一种方法原则,又包含对行为结果的要求。"尚和",强调矛盾事物的统一、和谐。"尚和"还含有"中和"的意义。其中,"和"是"中"的目标和结果,"中"是"和"的前提和保证;无"中"便无"和","中"与"和"互相联系、相互依存。但是,"和"仅体现了事物的表层状态,而"中"则作为事物的本质和精神内藏于事物之中。《中庸》认为:"中也者,天下之大本也;和也者,天下之达道也。"又认为:"致中和,天地位焉,万物育焉。"由此可知,中庸之道亦是中和之道,然而亦为天地之道,亦为人行事之道。它合一天人,使自然界和人类社会和谐无间,从亲亲之仁出发,以人的道德自律为途径,以"致中和"为其宗旨,最终达到内圣外王的理想境界。中庸之道作为一种政治与道德形态,对于中国社会的和谐和发展以及维系几千年的统一,起到了极其重要的作用。因而,行中庸,执中道,致中和,便成为中国传统文化的核心内容之一,中庸思想、中和情结,时时刻刻地影响着我们个人和社会。今天,我们全面而客观地评价中庸之道,深刻地理解和把握其合理内容及实质,汲取其思想精华,对于推动当今中国现代化的进程和社会主义道德建设有重要的意义。同时,当今世界,在全球一体化的发展趋势之下,中庸思想和价值观对全球化的价值思维也有着指导意义。

——关于"乐"。乐是一种心理状态,包括人的内心、人与人、人与自然和社会的幸福情感交流。如何看待幸福快乐即幸福快乐观是人生观系统中关于幸福快乐的根本观点和看法,也是产生并形成幸福快乐感的关键。迄今虽然中国伦理思想家对幸福快乐的理解见仁见智，但他们对如何达到和实现幸福快乐这种完满状态，却作过大量的思考。他们探讨了义利、理欲、苦乐、荣辱等幸福维度，并由此构成了不同历史时期各具特色的幸福快乐论。先秦时期，既有儒家以道德理性满足为乐的道义幸福快乐论，又有墨家以利他为乐和法家以建功立业为乐的幸福快乐论，还有道家以无为自由为乐的自然幸福快乐论。汉代儒家董仲舒强化了道德理性对于幸福的决定性，强调了以纲常秩序为美的道义幸福快乐论。魏晋玄学家主张以性情自然、精神自由、行为放达为乐的自然幸福快乐论。宋明理学家片面深化了道德理想主义，其幸福内涵的价值取向完全抛弃了感性幸福，走向了纯粹的道德理性单维。晚明时期出现了彰显自我的幸福快乐论。清代思想家在批判宋明理学家极端道义幸福论的基础上，重构了理欲、义利、公私关系，形成了多维度均衡的幸福快乐论。近代，面对救亡图存的历史重任，新学家提倡道德革命，借鉴西方的幸福快乐论和功利主义等思想形成了求乐免苦的幸福快乐论，但并没有从根本上背离传统幸福快乐论的大方向。

儒家所倡导的道义幸福快乐论在中国传统伦理文化中占有统治地位，对中国人追求幸福快乐生活的影响最为深远，并与以苦为人生起点的西方伦理观相判别。从先秦时期的孔子、孟子，到宋明时期的程颐、程颢、朱熹、陆九渊、王阳明，都思考了获得幸福快乐的方式和途径，都认为幸福快乐必须内求于己。除了追问幸福的含义以及实现幸福的方法外，儒家对于德与福之关系的思考也是不绝如缕的。首先，儒家坚持以高尚为乐，认为乐于行道，乐于助人，才能有君子道德的造诣，达到心灵和谐的境界；其次，儒家在强调道德幸福和精神幸福的同时，也特别强调社会的共同幸福，认为自我独乐不如"天下皆悦"，力倡"先天下之忧而忧，后天下之乐而乐"，所谓修身、齐家、治国、平天下之理论，其旨亦在求得普天下人的共同幸福快乐。因而儒家就建立了道德、精神的快乐与普天下人的共同快乐两个方面的幸福快乐标准。儒家强调人如果没有理性和美德就不会有幸福快乐，认为幸福快乐就在于善行，就在于为社会整体利益而行动之同时，又强调为完善德行而"一箪食，一瓢饮"的乐道精神，注重个人德行的完善和人生的不朽以及强调平治天下的大志与追求社会的共同幸福快乐，把个人的幸福快乐包容于普天下民众的幸福快乐之中。儒家传统幸福快乐观在诠释幸福的内涵上不仅仅重视人的主观内在感受，更重视个人幸福同自然、他人、社会的相互关联，这与现代和谐社会思想的理路是基本一致的，对今天的人生和社会依然颇具启迪意义。

——关于"公"。重视"公"是中华伦理的一个重要特征，"先公后私"、"崇公抑私"已经成为中华伦理的基本道德要求。"公"作为一种道德理念，不仅贯穿于中华传统伦理的过去、现在和将来，而且在某种程度上已经内化到中华民族的集体记忆中，成为中华伦理道德的一大特色。正如刘畅先生所说的那样："崇公抑私，是传统文化中最活跃的思想因子，公私观念，是古代思想史中至关重要的论证母题，相对于其他范畴来说，具有提纲挈领的意义，牵一发而动全身。"[①] 因而，探究"公"范畴的内涵及其发展历程对于研究中国伦理思想有重要意义。"公"观念不仅对中国古代社会产生了重要影响，即便在当今社会，"公"观念也没有褪色，反而显示出强大的生命力，获得了新的生长点。"公天下"的理念是中国社会的崇高理想，早在先秦时期"公天下"的观念就已经萌芽，比如《慎子·威德》写道："故立天子以为天下，非立天下以为天子也；立国君以为国，非

---

[①] 刘畅：《中国公私观念研究综述》，《南开学报》（哲社版）2003年第4期。

立国以为君也。"慎子的意思很明白，那就是立君为公，应该以天下为公。这一思想和明末清初思想家王夫之的"不以天下私一人"具有异曲同工之妙。"公天下"的理想被后世思想家不断提及，《礼记·礼运》描绘的那个"天下为公"的大同世界是对"公天下"的最好诠释。唐太宗所说："故知君人者，以天下为公，无私于物。"① 柳宗元认为秦设郡县乃是公天下的行为："然而公天下之端，自秦始。"② 顾炎武强调"合天下之私以成天下之公"；王夫之反对"家天下"，主张"公天下"，认为"天下非一姓之私"，应"不以天下私一人"。近代以来，"天下为公"的思想仍然备受推崇，众所周知，"天下为公"是孙中山先生毕生奋斗的最高理想。尽管这些关于"公天下"或"天下为公"的思想论述的角度和具体内涵有差异，但是毫无疑问都表达了对"公天下"的向往。既然公私问题如此重要，历代思想家自然非常重视，几乎历史上重要的思想家都对公私问题发表过自己的看法。也正因为公私问题在漫长的历史中不断被探讨辨析，所以"公"观念的内涵也随着时代发展不断被赋予新的内容，呈现出历史演变的阶段性。可以说，我国社会思想的发展史，就是公私关系的历史，是公、私观念产生、发展、嬗变及辨别的过程。"公"观念的发展大致经历了形成、发展、激荡、转型等几个时期。邓小平继承并发展了马克思主义公私观。为了适应中国国情和时代要求，邓小平突破传统，对公私问题进行了深入思考，开创性地提出了共同富裕的思想。他指出："社会主义的本质就是解放生产力，发展生产力，消灭剥削，消除两极分化，最终达到共同富裕。"③ 但是在此过程中又不可能平均发展，所以要一部

---

① （唐）吴兢：《贞观政要·公平第十六》，裴汝诚等译注《贞观政要译注》，上海古籍出版社2007年版，第154页。
② 《封建论》，载《柳河东全集》，中国书店1991年版，第34页。
③ 《邓小平文选》第3卷，人民出版社1993年版，第373页。

分人先富起来,以先富带动后富,他还强调在这一过程中要兼顾公平与效率。江泽民、胡锦涛等对"公"观念也有很多论述。江泽民在继承邓小平的经济共同富裕的基础上,开创性地提出了精神层面的共同富裕。进入21世纪以来,公观念又有进一步的发展,特别是和谐社会思想的提出是对传统公观念的一大突破。党的十六届六中全会提出要"按照民主法治、公平正义、诚信友爱、充满活力、安定有序、人与自然和谐相处"①的原则来建设社会主义和谐社会,民主原则的提出体现了以民为本的思想,"公平正义"则体现了对公平的追求,这标志着从原来注重效率逐渐向注重公平的重大转向,是对"公"思想的又一个重大突破。

到此,《中华伦理范畴》已经相继出版了19个德目,它们之间既是相对独立的,又是紧密联系的,构成一个完整的体系。为了共同的目标,每一卷的作者都勤勤恳恳、呕心沥血,付出了艰辛的劳动,在此谨向他们致以深深的谢意!

正当《中华伦理范畴》第二函杀青之际,世界陷入了次贷危机的泥沼之中。次贷危机,其实是一场信誉危机,本质上仍是伦理道德的危机。惊恐之中,重温1988年1月诺贝尔物理奖获得者、瑞典科学家汉内斯·阿尔文的"人类要生存下去,就应该回到25个世纪前,去汲取孔子的智慧"的演讲和镌刻在联合国大厅里的孔老夫子的"己所不欲,勿施于人"、"己欲立而立人,己欲达而达人"的教诲,应该给人们一些启迪吧!

《中华伦理范畴》总结的是中华民族千百年来所继承和弘扬的做人的大道理。它是每一个想做君子而不想做小人的人的道德约束和修养圭臬。伦理道德虽然并称,但道德主要是每个人内心

---

① 《中共中央关于构建社会主义和谐社会若干重大问题的决定》,人民出版社2006年版,第5页。

的活动，而伦理有为全社会的人规范行为的作用。因此，普及中华民族优秀伦理，对于全社会成员的道德自律既具有普遍的指导作用，又具有某种意义上的他律作用。有自律和他律两个方面的保障，国人的素质才会提高。

让我们每个人都明白做人的道理，用中华民族优秀的传统伦理去规范一言一行，努力去做一个道德高尚的人。每个人都从身边的小事做起，从自身做起；多做善事，少做乃至不做恶事。

愿我们共勉。

戊子隆冬于曲园寒舍

# 目 录

**导言——"公"范畴的内涵及其发展演变** …………………（1）
  一 "公"的基本内涵 ……………………………………（1）
  二 "公"与几组范畴的关系 ……………………………（19）
  三 "公"观念的发展演变历程 …………………………（25）
**第一章 先秦时期儒家的"公"观念** ………………………（38）
  第一节 孔子"天下为公"的追求 ……………………（39）
    一 先公后私的道德诉求：雨我公田，遂及我私 …（39）
    二 孔子政治伦理思想中的"公"观念 ……………（43）
    三 对公平、公正的追求 ……………………………（55）
  第二节 孟子以性善论为基础的"公"观念 …………（67）
    一 孟子的"公"观念与人性论之关系 ……………（69）
    二 义利之辩与公私观 ………………………………（74）
    三 对公平、公正之追求 ……………………………（81）
  第三节 荀子以性恶论为基础的"公"观念 …………（86）
    一 公私观的人性论基础——性恶论 ………………（87）
    二 以公私论义利的开端——君子之能
      以公义胜私欲也 ……………………………………（95）
    三 性恶论与公私、义利之关系 ……………………（103）
**第二章 先秦其他诸子的"公"观念** ………………………（114）
  第一节 墨家"举公义，辟私怨"的崇公抑私思想 …（114）
    一 以义利论公私 ……………………………………（115）
    二 对公平、公正的追求——兼爱 …………………（120）

1

第二节　老庄天道自然之"公" …………………… (134)
　　　一　天道自然之"公" ………………………………… (135)
　　　二　人性自然说影响下的公私观 …………………… (138)
　　　三　有无之辩与以无私以成其私 …………………… (143)
第三章　法家任法去私的"公"观念 …………………… (157)
　　第一节　前期法家的"公"观念 …………………… (161)
　　　一　前期法家的人性论与"公"观念之关系 ……… (161)
　　　二　任法去私，至公大定 …………………………… (167)
　　第二节　管子任公而不任私的"公"观念 ………… (172)
　　　一　人性论与义利公私 ……………………………… (175)
　　　二　法治与公 ………………………………………… (180)
　　　三　管子经济领域的公平、公正观 ………………… (192)
　　第三节　《韩非子》和《吕氏春秋》的"公"观念 … (196)
　　　一　《韩非子》：废私立公 ………………………… (197)
　　　二　《吕氏春秋》：公则天下平，平得于公 ……… (210)
第四章　两汉时期的"公"观念 ………………………… (215)
　　第一节　西汉初期的"公"观念 …………………… (216)
　　　一　陆贾：怀仁仗义即为公 ………………………… (216)
　　　二　贾谊：兼覆无私谓之公，反公为私 …………… (220)
　　　三　《礼记》：天下为公的理想 …………………… (223)
　　第二节　西汉中期的"公"观念 …………………… (226)
　　　一　董仲舒：正其谊不谋其利 ……………………… (226)
　　　二　司马迁：不以私害公 …………………………… (238)
　　第三节　东汉的"公"观念 ………………………… (243)
　　　一　王符：公正无私 ………………………………… (243)
　　　二　《太平经》：天地施化之公 …………………… (251)
第五章　魏晋隋唐的"公"观念 ………………………… (259)
　　第一节　傅玄的"公"观念 ………………………… (261)

2

一　息欲、明制 ……………………………………（261）
　　二　正心立公道 …………………………………（265）
　第二节　嵇康、王弼的"公"观念 …………………（271）
　　一　嵇康：以是非论公私 ………………………（271）
　　二　王弼：容公无私 ……………………………（277）
　第三节　贞观君臣的"公"观念 ……………………（284）
　　一　立君为公的思想 ……………………………（285）
　　二　天下画一，赏罚公正 ………………………（289）
　第四节　韩愈、柳宗元的"公"观念 ………………（295）
　　一　韩愈：以道统论公私 ………………………（295）
　　二　柳宗元：以封建郡县论公私 ………………（303）
第六章　宋元时期的"公"观念 ………………………（310）
　第一节　宋代前期的"公"观念 ……………………（311）
　　一　李觏：徇公不私 ……………………………（311）
　　二　周敦颐：圣人之道，至公而已 ……………（318）
　第二节　宋代中期的"公"观念 ……………………（323）
　　一　张载：以义理战退私己 ……………………（323）
　　二　二程：公只是仁之理，克尽己私乃成仁 …（330）
　第三节　南宋时期的"公"观念 ……………………（340）
　　一　朱熹：存天理，灭人欲 ……………………（341）
　　二　陈亮、叶适：公私合一 ……………………（350）
第七章　明清时期的"公"观念 ………………………（358）
　第一节　明代的"公"观念 …………………………（359）
　　一　王阳明：克除己私，廓然大公 ……………（359）
　　二　李贽：人必有私与公正平等 ………………（364）
　　三　吕坤：顺其天理自然之公 …………………（371）
　第二节　清代前期的"公"观念 ……………………（374）
　　一　颜李学派：正其谊谋其利，明其道计其功 …（374）

3

二　唐甄：抑富均平和天下为公 …………………（377）
　第三节　清代中期的"公"观念 ………………………（386）
第八章　明末清初诸儒对"公"观念的整合 ……………（393）
　第一节　黄宗羲的"公"观念 …………………………（394）
　　一　自私即公 ……………………………………（394）
　　二　"公天下"的思想 ……………………………（397）
　第二节　顾炎武的"公"观念 …………………………（407）
　　一　合天下之私以成天下之公 …………………（407）
　　二　天下国家之辨与天下为公 …………………（412）
　第三节　王夫之的"公"观念 …………………………（418）
　　一　人性论为基础的公私、理欲观 ……………（418）
　　二　公天下的思想：天下为公，君为私 ………（425）
第九章　近代以来中国社会"公"思想的嬗变 …………（435）
　第一节　太平天国关于"公"的思想 …………………（435）
　　一　太平天国"公"思想的由来 ………………（436）
　　二　太平天国的公有思想 ………………………（443）
　　三　太平天国的平均主义思想 …………………（446）
　　四　太平天国的公平思想 ………………………（448）
　　五　《资政新篇》中的公与私 …………………（449）
　　六　太平天国"公"思想的宿命及其
　　　　难以承担的历史使命 ………………………（451）
　第二节　康、梁的"公"思想 …………………………（452）
　　一　康有为的"公"思想 ………………………（452）
　　二　梁启超的"公"思想 ………………………（462）
　第三节　孙中山的"公"思想 …………………………（467）
　　一　平均地权 ……………………………………（468）
　　二　节制私有资本 ………………………………（469）
　　三　均权思想 ……………………………………（470）

四　人人平等思想 …………………………………… (471)
五　平等自由服从国家革命之需要 ………………… (472)

# 第十章　"五四"运动以来中国社会"公"思想的发展 …………………………………………… (474)

## 第一节　毛泽东的"公"思想 ……………………… (475)
一　毛泽东"公"思想的溯源 ……………………… (475)
二　公与私的对立统一关系 ………………………… (477)
三　毛泽东的政治公平思想 ………………………… (478)
四　毛泽东的经济公平思想 ………………………… (480)
五　毛泽东的社会公平思想 ………………………… (485)
六　毛泽东的国家平等思想 ………………………… (491)

## 第二节　邓小平的"公"思想 ……………………… (493)
一　邓小平的公有与私有思想 ……………………… (495)
二　邓小平的效率与公平思想 ……………………… (499)
三　邓小平的共同富裕思想 ………………………… (501)

## 第三节　江泽民的"公"思想 ……………………… (502)
一　公平标准的提出 ………………………………… (503)
二　把反对平均主义与两极分化结合起来 ………… (504)
三　坚持公有制为主体，大力发展私营企业 ……… (505)
四　把按劳分配与按生产要素分配有机结合 ……… (507)
五　实现共同富裕 …………………………………… (508)
六　政务公开 ………………………………………… (509)

## 第四节　十六大以来关于"公"内涵的新拓展 …… (510)
一　更加注重公平正义 ……………………………… (511)
二　效率与公平同步进行 …………………………… (513)
三　教育公平新发展 ………………………………… (514)

**参考文献** ……………………………………………… (516)

# 导　言
## ——"公"范畴的内涵及其发展演变

重视"公"是中华伦理的一个重要特征,"先公后私"、"崇公抑私"已经成为中华伦理的基本道德要求。"公"作为一种道德理念,不仅贯穿于中华传统伦理的过去、现在和将来,而且在某种程度上已经内化到中华民族的集体记忆中,成为中华伦理道德的一大特色。正如刘畅先生所说的那样,"崇公抑私,是传统文化中最活跃的思想因子,公私观念,是古代思想史中至关重要的论证母题,相对于其他范畴来说,具有提纲挈领的意义,牵一发而动全身"。① 因而,探究"公"范畴的内涵及其发展历程对于研究中国伦理思想具有重要意义,"公"观念对中国古代社会产生了重要影响,即便在当今社会,"公"观念也没有褪色,反而显示出强大的生命力,获得了新的生长点。正是基于此种意义,本书选取"公"观念作为探讨的主题,通过梳理"公"观念的思想内蕴及其发展、嬗变,探究反思其得失,并发掘其中的有益资源加以弘扬,为今天的和谐社会建设提供有意义的借鉴。

## 一　"公"的基本内涵

对"公"的解释,历来众说纷纭,莫衷一是。不同时代的

---

① 刘畅:《中国公私观念研究综述》,《南开学报》(哲社版)2003年第4期。

人们对"公"的内涵理解不同,即便是同一时期的人们对其内涵的理解也大相径庭。因为内涵界定的差异,历史上出现了很多的争论。为了弄清"公"范畴内涵的发展演变,在展开本文的论述之前,有必要首先梳理历史上学者们对"公"的解释,进而界定本文所要论述的"公"的具体内涵。

关于传统范畴的解释,必须追本溯源,探究其客观意义,同时,传统范畴,尤其是伦理文化范畴,又离不开人的理解,所以还应体现人的主体性,也就是要把社会背景、社会思潮等人的因素融入范畴的理解之中,做到主客体相统一。张立文先生曾指出:"中国传统范畴解释学的宗旨,乃是在主体与客体的联结中,主体性解释能如实反映客体的内容,即主观的解释与客观内容相符合。"[①] 我们对"公"的内涵的分析正是遵循这一原则展开的。具体而言,就是在梳理历史上关于"公"的不同观点时,既要考虑"公"字本身客观存在的内蕴,又要考虑不同时代背景、不同思想家的思想状况等主观因素。

早期人们主要从字形的角度探究"公"的意义。这种方法的学理基础是汉字独特的造字法。刘畅先生指出:"公私观念的特殊性首先在于,它是一组由两个汉字组成的反义对举的思想范畴。而字义溯源又是一切古典文化所遵循的规范。于是,字义构形溯源,自然成为研究的起点。"[②]正因如此,从字形和造字法入手探究"公"的内涵不失为一种有效的途径。

"公"字最早见于甲骨文,为"㘴"。对甲骨文中的"公"字的意思,历来有不同的看法。刘畅先生曾总结出前辈学者对甲

---

① 张立文:《中国哲学范畴发展史》(天道篇),中国人民大学出版社1988年版,第9页。

② 刘畅:《中国公私观念研究综述》,《南开学报》(哲社版)2003年第4期。

骨文中的"公"范畴的七种不同理解,分别是:①

(1)像瓮口之形,当为"瓮"的本字,卜辞借用为王公之公。徐中舒认为:"公象瓮形,在古代大家经常要围在瓮旁取酒共饮,故公得以引申为公私之公。私是农具,像耒粗之粗形,是农夫用以耕作,作为自己的私有工具,故私得以引申为公私之私。"②

(2)从八从口,构形不明,意思为"先公",是一种爵位。③

(3)用作地名,"才公"。④

(4)公宫,宫室名,就是大众之宫。⑤

(5)指某些辈分的亲属。⑥

(6)指祖先。⑦

(7)指事字。上面的"八"为开的意思,是通路的象形;下面的"口"表示场所、广场,从举行公众祭祀的广场之意引申出"公"字。⑧

从某种角度讲上述各种解释都是有其道理的,但是这些解释大都是指具体物象,笔者以为其实甲骨文时代"公"的抽象意义已经萌芽,此时的"公"已经有平分之义了。众所周知,物质基础和社会生产活动是汉字造字的源头,因而我们不妨从文字的社会物质基础入手进行解读。正如姜亮夫所说:"从汉文字的形态而论,汉字是以'象形'的,甚至于是'绘画'的为基

---

① 刘畅:《古文〈尚书·周官〉"以公灭私"辨析》,载刘泽华等《公私观念与中国社会》,中国人民大学出版社2003年版,第79—81页。
② 徐中舒:《徐中舒历史论文选集》,中华书局1998年版,第1441页。
③ 赵诚:《甲骨文简明词典》,中华书局1988年版,第227页。
④ 同上。
⑤ 徐中舒:《甲骨文字典》,四川辞书出版社1990年版,第72页。
⑥ 陈梦家:《殷墟卜辞综述》,《考古学报》1956年第2期。
⑦ 胡厚宣:《临淄孙氏旧藏甲骨文字考辨》,《文物》1973年第9期。
⑧ 《广汉和辞典》(上),大修馆书店昭和56年版,第287页。

础。……不论一个什么字，表实物的、有形可象的，当然莫不'象'之；即无形可象之字，亦设法以具体实在事物指示之、象征之、推测之，疏说之。所以一切'会意''形声'乃至'转注''假借'，莫不有其以物质为基础的含义，都是以物质为基础的表达法。"① 本文正是沿着这一思路，以物质基础为原点来探讨"公"的内涵的。

　　甲骨文中"公"字的产生与人类早期社会的生存方式有密切关系。获取食物，填饱肚子是人们最基本的活动，原始社会时期，人们得到食物后平均分配，每个人都可以获得一份，这就是"公"的造字的物质基础和社会思想基础。那时的人们不知有私，虽然在甲骨文已经存在"厶"，但是那时的"厶"与公私之"私"的意义大不相同，甲骨文"厶"是耕地工具耜的象形，徐中舒说："私是农具……像耒耜之耜形，是农夫用以耕作，作为自己私有的工具，故私得引申为公私之私。"② 当然上古时期人们还没有产生"私"观念，所以由工具之"厶"引申为公私之"私"是后来的事情了。所以先有"公"而后有"私"。韩非以"厶"解释"公"，认为先有"厶"而后有"公"是不符合逻辑的。

　　从字形上看，甲骨文中的"公"字从"八"从"口"。所谓"八"，《说文解字》曰："八，别也。象分别相。背之形，凡八之属皆从八。"③ 许慎认为"八"表示两人相背离之意。笔者以为，这种说法有偏差，其实"八"在甲骨文中就像两个人的手臂同时在向自己怀中钩某种东西，也就是要把同一个物品分给两个人，于是就有了分开、一分为二的意思。"八"的这种意义

---

① 姜亮夫：《古文字学》，浙江人民出版社1984年版，第67页。
② 徐中舒：《怎样考释古文字》，《徐中舒历史论文选辑》，中华书局1998年版，第33页。
③ 许慎：《说文解字》，中华书局1963年版，第28页。

在其他以"八"为部首的字中也有体现。比如"分"字就是从"八"从"刀",而上面的"八"表示要将物品一分为二给予两个人,而一分为二的办法是下面加一把"刀",表示用刀切开。"公"字下面的"口"表示吃饭进食之口,用以指代食物或其他物品。"八"与"口"结合所成的"公"就像两只手要把一个物体从中分开,给予两人食用,因而应该是表示平分食物的意思。这样一来,"公"就包含了平分之义,后世公平、公正之义正是由此引申出来的。

随着汉字的演变,"公"字的形态逐渐发生变化,金文中"公"的形体与甲骨文中基本相同,为"公",但是到了"小篆"中,"公"字下面的部首就由"口"变成"厶"了,随着形体的变化,其意义也就变成"与私相悖"了。这一变化是在从西周到春秋战国的漫长历史过程中逐步完成的。

西周时期,"公"的意义还是比较具体的,比如公事、公室、公卿等,如"言私其豵,献豜于公"①"中行告公用圭"② 中的"公"指的是王公或公室。"公"的这一意义在西周时出现比较多,比如《周易·小过》的"公弋取彼在穴"以及《古文尚书·金縢》中的"二公曰:'我其为王穆卜。'周公曰:'未可以戚我先王。'"中的"公"都是指"王公"。因为"公"有"公室"、"王公"的意思,所以又被引申为国家、公事。比如《诗经·召南·羔羊》"退食自公,委蛇委蛇"的"公"就是指朝廷、国家;再如《诗经·召南·小星》"肃肃宵征,夙夜在公"中的"公"是"公事"、"国家之事"的意思。

西周时期还开始出现了"公"与"私"对举的情况。当然这与"私"观念的盛行及"私"字的大量出现有关。"私"最初的

---

① 《诗经·豳风》。
② 《周易·益·爻辞》。

意义是表示人身份的称谓，如称呼贵族、卿大夫等小宗为"私家"。有时"私"也可以指地位比较低下的人，如《诗经·嵩高》："王命傅御，迁其私人。"毛传曰："私人，谓之家人也。""私"的另一含义是"个人的"，如《诗经·大田》："雨我公田，遂及我私。"此处的"私"具体指的是私田。值得注意的是这里"公"与"私"开始对举，从而开启了数千年的公私之辩。总体来说，西周时期"公"、"私"范畴主要用于指代社会身份、物品等比较具体的物象，但是到了春秋战国时期，这组概念的内涵和外延都大大扩展了，逐步引申出一些比较抽象的意义。①

到了春秋战国时期，篆书中的"公"字形体发生了较大的变化，下面的"口"字成了"厶"字。随着形体的变化，"公"的内涵也有了新的发展，而且人们也开始对"公"、"私"进行界定。最早从文字学角度对"公"作出明确界定的是韩非，他对"公"字的界定是以对"厶"的界定为前提的。《韩非子·五蠹》说："古者仓颉之作书也，自环者谓之厶，背厶谓之公。"韩非是从象形的角度解释"厶"字的。从象形的角度看，"厶"就好像把物品向自己身边圈占。许慎认同"自营为厶"的说法，但是又增加了新的意义，认为"厶"有"奸衺"之意。《说文》说："厶，奸衺也。韩非曰：'苍颉作字，自营为厶。'"② 这里需要提醒注意的是，在许慎看来，"私"不同于"厶"，因为他对"私"另有解释："禾也，从禾厶声。北道名禾主人曰私主人。"③ 段玉裁更明确地指出了这一点："古只作厶，不作私。"他还指出后来由于假借的原因才以"私"代"厶"了："盖禾有名私者也，今则假私为公厶。仓颉作字，自营为厶，背厶为公。"

---

① 此处分析参考了刘泽华《春秋战国的"立公灭私"观念与社会整合》，载刘泽华主编《公私观念与中国社会》，中国人民大学出版社2003年版，第3页。
② 许慎：《说文解字》，中华书局1963年版，第189页。
③ 同上书，第144页。

"背厶谓之公",既然"厶"为自环,也就是占为己有的意思,那么与之意义相背的"公"其意义当为不占为己有,许慎据此又发挥出了"平分"之意。他在《说文解字》中解释"公"说:"平分也。从八从厶。八,犹背也。韩非曰:'背厶为公'。"① 蒋昌荣教授对此有精辟的分析:"能够'平分'的是什么?能够'平分'的只能是'物'和能够按'物'的方式被'分'的东西,而'自环者',即圈占者,亦即不愿把有限好处'平分'与人的独占者。'平分'物的'平分者',在把'公'理解为对'物'的'平分'这一状态下,显然已把自身放在分物者和持物者的位置,因而其自身已在此成为以'物'为生的持物者。这样,'公',即是'平分',即是以天下之福利归于天下。……'平分'和'自环'可以说是中国文化'公''私'观的核心意义。中国文化的权力体制和个人德性境界与以这种'平分'和'自环'的公私界分观为基础的'道'、'理'论构成了不可割解的表里关系。"②

韩非的界定开启了公私对立的先河,许慎又加以强化,从此,中国思想界围绕公私问题展开了永不停歇的辩论。后世大多都认同公私对立的观点,应该灭私立公。如《尚书》提出:"以公灭私,民其允怀。"《慎子》说:"凡立公,所以弃私也。"西晋傅玄也在《傅子》中说:"私不去则公道亡。"不仅如此,公私还成为辨别人品格的标准,朱熹说:"君子小人趣向不同,公私之间而已。"③

春秋战国时期,除了与私相悖之意外,"公"还发展出了新的意义。如"公正"、"公平"、"公法"、"公道"等。这些新的意义已经超越了先前指代具体物品的"公",成为具有抽象意义

---

① 许慎:《说文解字》,中华书局1963年版,第28页。
② 蒋荣昌:《中国文化的公私观》,《西南民族学院学报》1998年第8期。
③ 朱熹:《论语集注·里仁第四》卷四,齐鲁书社1992年版,第33页。

的伦理道德范畴,并进而发展成衡量人的价值的尺度。刘泽华《春秋战国的"立公灭私"观念与社会整合》一文曾概括出这一时期"公"衍生出的新意①。主要有如下五种。

其一,公道。"公道"一词在春秋战国时期出现的频率很高,几乎诸子都有论及。最早把"公"与"道"连在一起的是老子。《老子·十六章》说:"知常容,容乃公,公乃王,王乃天,天乃道,道乃久,没身不殆。"虽然老子尚未明确提出"公道"一词,但是毕竟沟通了"公"与"道"。更重要的是老子指出了"公"乃是实现"道"的必由之路,后世指代"公平、公正的道理"之"公道"正是由此发展衍生而来的。《庄子》进一步把"公"与"道"联系起来,认为"道"的外在体现就是公,也就是公正无私。"阴阳者,气之大者也,道者为之公。"②与此相似,《管子·任法》则把"公"与"大道"相对应。"任公而不任私,任大道而不任小物。""不任私",就是"公",反之,如果任私就背离了"公道"了。《管子·明法》说:"然则喜赏恶罚之人离公道而行私术矣。"可见,管子所说的"公道"和现在的公道的意义基本相同了。荀子在《君道》篇中指出只有行公道才能堵塞行私之路。"公道达而私门塞矣。"荀子还指出"公道"与"义"是相通的,二者都有"胜人之道"的意思,《强国》篇说:"公道通义之可以相兼容者,是胜人之道也。"法家的商鞅则视政治法度和准则为"公道",他说:"变法易俗而明公道。"③除此之外,"公道"一词还指公共道路,如《韩非子·内储说上》的"殷之法,弃灰于公道者断其手"。这

---

① 刘泽华:《春秋战国的"立公灭私"观念与社会整合》,刘泽华:《公私观念与中国社会》,中国人民大学出版社2003年版,第5—10页。

② 《庄子·大宗师》,曹础基:《庄子浅注》,中华书局1982年版,第110页。

③ 《韩非子·奸劫弑臣》,张觉:《韩非子校注》,岳麓书社2006年版。

里的"公道"就不具有伦理内蕴,是公共道路。这一意义至今仍保留在民间口语中,民间有的地方把公众使用的马路称之为"公道"。这一时期还出现了与"公道"意义相近的"公理"一词,如《管子·形势解》说:"行天道,出公理。"管子认为公理源于天道,这和庄子所说的"公"是"道"的体现意思非常接近了。正如刘泽华所说:"公理一词在先秦虽然还不普及,但其所表达的公共性与'公道'一词的含义几乎是一样的。公道与公理在社会层面上所指的内容基本是一致的,都是指人们应遵从的社会公共性原则和准则。"①

其二,公法。刘泽华指出,这一意义的出现与春秋战国时期的法治运动有密切关系。"在理论上'公'与'法'常常是互相定义、互相规定、互相体现,相辅相成。法是公的条文化规定,公是法的灵魂。"管子最早提出了"公法"的概念,而且多次强调公法对于防止私曲的意义,如"公法行而私曲止","公法废而私曲行"②,"私说日益,而公法日损"③,"私情行而公法毁"④,"请谒任举,以乱公法"⑤,"民倍公法而趋有势,如此,则悫愿之人失其职,而廉洁治人失其治"⑥。法家的另一位大师韩非在《韩非子·有度》中

---

① 刘泽华:《春秋战国的"立公灭私"观念与社会整合》,载刘泽华主编《公私观念与中国社会》,中国人民大学出版社2003年版,第6页。
② 《管子·五辅》,黎翔凤校注,梁运华整理:《管子校注》,中华书局2004年版,第192页。
③ 《管子·任法》,黎翔凤校注,梁运华整理:《管子校注》,中华书局2004年版,第911页。
④ 《管子·八观》,黎翔凤校注,梁运华整理:《管子校注》,中华书局2004年版,第272页。
⑤ 《管子·任法》,黎翔凤校注,梁运华整理:《管子校注》,中华书局2004年版,第911页。
⑥ 《管子·明法解》,黎翔凤校注,梁运华整理:《管子校注》,中华书局2004年版,第1215页。

更把"公法"能否畅通,提高到关系国家安危兴亡的高度。"当今之时能去私曲就公法者,民安而国治。"此外尹文子、晏子等人也有这方面的论述。

其三,公器。《庄子·天运》首先提出了"公器"的概念,"名,公器也"。① 刘泽华指出所谓公器指"社会交往中的各种标准性的共享器,如度、量、衡、货币、契约,更为抽象化的则是名分与公共概念等。标准性的器物体现着'公'"。比如《荀子·君道》说:"探筹、投钩者,所以为公也。"《慎子·威德》也说:"蓍龟所以立公识也,权衡所以立公正也,书契所以立公信也,度量所以立公审也。"②

其四,公心。春秋战国诸子认为"公心"乃是实现"公"的基底。《荀子·正名》说要做到公正无私,应该"以仁心说,以学心听,以公心辨"。《吕氏春秋·序意》也指出如果私心太重,就没有办法实现公,不公则容易招致灾祸。"夫私视使目盲,私听使耳聋,私虑使心狂,三者皆私设精则智无由公。智不公,则福日衰,灾日隆。"③

其五,公正、中正之义。刘泽华指出,"公正"与"中正"相近、相通。"公正无私"与"中正无私"成为政治行事和道德的最高准则。《管子·宙合》指出中正乃是治国之本。"中正者,治之本也。"④ 如能做到公正,那么"一言得而天下服,一言定

---

① 《庄子·天运》,曹础基:《庄子浅注》,中华书局1982年版,第217页。

② 《慎子·威德》,钱熙祚校,收入《诸子集成》第五册,中华书局1986年版,第2—3页。

③ 《吕氏春秋·序意》,陈奇猷校译《吕氏春秋校释》,学林出版社1984年版,第648页。

④ 《管子·宙合》,黎翔凤校注,梁运华整理:《管子校注》,中华书局2004年版,第230页。

而天下听,公之谓也"①。既然公正事关重大,人们应该"中正而无私",②要做到"毋以私好恶害公正"③。反之,"操持不正,则听治不公"④。刘泽华还指出,在先秦诸子那里"公正"与"正义"也是相近和相通的。比如"君必明法正义,若悬权衡以称轻重,所以一群臣也"⑤。荀子说:"正利而为之事,正义而为之行。"⑥"正义之臣设,则朝廷不颇。"⑦

除了刘泽华所总结的这五种意义,笔者以为"公"还有"公义"、"公利"、"公家"、"公德"、"公天下"、"天下为公"的意思。

其一,公义。墨子最早提出"公义"这一概念。《墨子·尚贤》说:"举公义,辟私怨。"所谓公义就是要抛却私欲、私心,使自己的行为符合公共的、大众的、集体的利益。《荀子·修身》说:"君子之能以公义胜私欲也。"如果不能做到以公义胜私欲就是不义。《国语·楚语上》说:"夫私欲弘侈,则德义鲜少。"《逸周书·官人解》说:"多私者不义。"不行公义还容易招致祸乱,比如《韩非子·外储说上》也指出:"私义行则乱,公义行则治。"

---

① 《管子·内业》,黎翔凤校注,梁运华整理:《管子校注》,中华书局2004年版,第937页。

② 《管子·五辅》,黎翔凤校注,梁运华整理:《管子校注》,中华书局2004年版,第198页。

③ 《管子·桓公问》,黎翔凤校注,梁运华整理:《管子校注》,中华书局2004年版,第1047页。

④ 《管子·版法解》,黎翔凤校注,梁运华整理:《管子校注》,中华书局2004年版,第1196页。

⑤ 《艺文类聚》卷54引申不害语,(唐)欧阳询等编,汪绍楹校订《艺文类聚》,上海古籍出版社1965年版。

⑥ 《荀子·正名》,(清)王先谦撰,沈啸寰、王星贤点校《荀子集解》,中华书局1988年版。

⑦ 《荀子·臣道》,(清)王先谦撰,沈啸寰、王星贤点校《荀子集解》,中华书局1988年版。

11

其二,公利。所谓"公利",《韩非子·八说》有解释:"匹夫有私便,人主有公利。不作而养足,不仕而名显,此私便也。息文学而明法度,塞私便而一功劳,此公利也。"韩非子把公利与私便对举,认为私便是不劳而谋取名利的行为,而公利是对君主而言的,指君主要明法度,公正无私。韩非子还认为只有灭除私利才能捍卫公利,"为公者必利,不为公者必害"[①]"私行而公利灭也"[②]。《管子·禁藏》中也说:"民多私利者其国贫。"正因为能否处理好公利、私利的关系事关国家的兴衰,所以荀子发出了"志爱公利"[③]的倡导。

其三,公家。两周时期以宗法为立国之本,宗法制度下有小宗、大宗之别,小宗为"私家",大宗为"公家"。诸侯相对于周王的"大宗"而言是"小宗",是"私",而相对于卿大夫而言就又成了"大宗"和"公"。不仅在周王朝内如此,在诸侯国内部也就有了"公"(公家)和"私"(私家)之别。"公家"与"私家"其实是一组相对而言的伦理范畴。孔子"张公室,抑私门"的主张其实就是要求抑制"私家"势力对"公家"的侵犯。台湾学者黄俊杰认为《诗经·豳风》中的"言私其豵,献豜于公"之"公"与"私"就是指"公家"与"私家"。[④]由于"公家"所代表的往往是比较广泛的利益,所以后来演变成了国家、社会、集体的代名词,至今仍广泛使用。

其四,公德。公乃"公德"之义,与"私德"相对应。虽

---

① 《韩非子·外储说右上》,张觉:《韩非子校注》,岳麓书社2006年版。
② 《韩非子·五蠹》,张觉:《韩非子校注》,岳麓书社2006年版。
③ 《荀子·赋篇》,(清)王先谦撰,沈啸寰、王星贤点校《荀子集解》,中华书局1988年版。
④ 黄俊杰:《东亚近世儒者对"公""私"领域分际的思考:从孟子与桃应的对话出发》,载《公私领域新探:东亚与西方观点之比较》,华东师范大学出版社2008年版,第87页。

然先秦诸子并未明确谈到"公德"一词,但这并不代表他们没有关注过这一问题。孔子和韩非曾经讨论过的"父偷羊,子证之"的故事探讨的就是"公德"问题。孔子主张"父子相隐",在孔子看来,"百善孝为先",也就是说是"私德"高于"公德";而韩非则认为公德与私德是互不相容的,比如父子伦理和君臣伦理之间的矛盾:"君之直臣,父之暴子。父之孝子,君之背臣。"① 既然二者有矛盾,那么当二者发生冲突时,就要以公德为优,否则如果放任私德流布,就会导致法令废弛,公义不行。

其五,公天下或天下为公。"公天下"的理念是中国社会的崇高理想,早在先秦时期"公天下"的观念就已经萌芽,比如《慎子·威德》说:"故立天子以为天下,非立天下以为天子也;立国君以为国,非立国以为君也。"② 慎子的意思很明白,那就是立君为公,应该以天下为公。这一思想和明末清初思想家王夫之的"不以天下私一人"具有异曲同工之妙。"公天下"的理想被后世思想家不断提及,《礼记·礼运》描绘的那个"天下为公"的大同世界是对"公天下"的最好诠释。唐太宗所说:"故知君人者,以天下为公,无私于物。"③ 柳宗元认为秦设郡县乃是公天下的行为:"然而公天下之端,自秦始。"④ 顾炎武强调"合天下之私以成天下之公"⑤;王夫之反对"家天下",主张"公天下",认为"天下非一姓之私",不

---

① 《韩非子·五蠹》,张觉:《韩非子校注》,岳麓书社2006年版。
② 《慎子·威德》,钱熙祚校,收入《诸子集成》第五册,中华书局1986年版,第2页。
③ 《贞观政要·公平第十六》,(唐)吴兢撰、裴汝诚等译注《贞观政要译注》,上海古籍出版社2007年版。
④ 《封建论》,《柳河东全集》,中国书店1991年版,第34页。
⑤ 《日知录》卷三,《言私其豵》,栾保群、吕宗力校点本《日知录集释》,花山文艺出版社1990年版,第120页。

应"不以天下私一人"。近代以来,"天下为公"的思想仍然备受推崇,众所周知,"天下为公"是孙中山先生毕生奋斗的最高理想。尽管这些关于"公天下"或"天下为公"的思想论述的角度和具体内涵有差异,但是毫无疑问都表达了对"公天下"的向往。

由上可见,"公"的内涵是非常丰富的,基本奠定了后世"公"的内蕴,后世对"公"的内涵的探讨虽未停歇,但是大都不出以上范围。只是到了近代以来,随着资本主义的萌发和西方文化的传入,"公"才引入了"公德"[①]、"公领域"、"公共领域"等新内涵。和许多先进的思想一样,公德是通过日本传入中国的。

梁启超在流亡日本期间接受了日本学者福泽谕吉把道德分为"公德"与"私德"的看法,较早使用"公德"一词来论述公私关系。福泽谕吉认为:"凡属于内心活动的,如笃实、纯洁、谦逊、严肃等叫做私德";"与外界接触而表现于社交行为的,如廉耻、公平、正直、勇敢等叫做公德"[②]。

梁启超对福泽谕吉的思想进行了发挥,1902年他在《新民说·论公德》中给"公德"下了一个定义:"人人独善其身者谓之私德,人人相善其群者谓之公德。二者皆人生所不可缺之具也。无私德则不能立,合无量数卑污虚伪残忍愚懦之人,无以为国也;无公德则不能团,虽有无量数洁身自好廉谨良愿之人,仍无以为国也。"[③] 梁启超还进一步对"公德"进行了诠释,认为

---

[①] 先秦有的"公"也有公德的意思,但是和近代以来的"公德"有较大差异,而且由于没有明确提出公德一词,所以很多学者认为中国传统文化中没有"公德"的观念,因而本文将近现代意义上的"公德"视为新引进的意义。

[②] [日]福泽谕吉:《文明论概略》,商务印书馆1982年版,第73页。

[③] 梁启超:《论公德》,张品兴主编:《梁启超全集》,北京出版社1999年版,第661页。

"公德"乃是和群体、兴国家的必要条件:"公德者何?人群之所以为群,国家之所以为国,赖此德焉以成立者也。"① 他认为中国传统道德观历来只讲私德(个人道德)而不重公德(公共道德)。"我国民所最缺者,公德其一端也"②,"吾中国道德之发达,不可谓不早,虽然,偏于私德,而公德殆阙如"③。他指出中国伦理多为家族伦理和个人伦理,而国家伦理和社会伦理则不完备。"若中国之五伦,则唯于家族伦理稍为完整,至社会、国家伦理,不备滋多。此缺憾之必当补者也,皆由重私德轻公德所生之结果也。"④ 梁启超甚至认为缺乏公德是中国社会的一大缺陷:"我国民中无一人视国事如己事者,皆公德之大义未有发明故也。"⑤ 梁启超此说击中了中国传统文化"公德"意识不振的软肋。但是,梁启超的"公德"思想是在西方文化的契约精神影响下提出的,所以他所说的"公德"实质上是西方公共理性文化的产物。尽管如此,这种以西方文化语境论"公德"的做法对后世学者产生了重要影响,张想明指出:"许多学者受梁启超早期对公德私德认识的影响,主要也是在西方文化语境中把握公德私德含义及关系。认为公德体现的是一种契约精神和公共理性,是个体与团体的伦理关系,是人们在履行社会义务或涉及社会公共利益的活动中应当遵循的道德行为准则,它是与集体、社会、民族或国家有关的道德。"⑥ 比如,有学者认为公德是一种公共关怀,公共精神。"公德的本意,实际上是一种公共关

---

① 梁启超:《论公德》,张品兴主编:《梁启超全集》,北京出版社1999年版,第661页。
② 同上。
③ 同上。
④ 同上。
⑤ 同上书,第662页。
⑥ 张想明:《近年国内公德私德问题研究述评》,《孝感学院学报》2008年第4期。

怀，是一种公共精神，是超出个人的界限，关怀超出个人利益以外的公共领域的事情。这是公德最初的意义。这个意义集中的体现是政治。"① 笔者以为，梁任公对"公德"的界定毫无疑问是借鉴了西方的公共理性精神，但是梁任公毕竟国学根基异常深厚，所以他所说的"公德"也饱含中国本土精神，比如以"独善"和"相善"论公德和私德显然继承了儒家"穷则独善其身，达则兼济天下"的精神，更何况日本学者福泽谕吉的定义中就已经有了儒家的影子呢！

和梁启超同时代的严复也指出中国人只顾己私，缺乏公德。"夫今日中国之事，其可为太息流涕者，亦已多矣。而人心涣散，各顾己私，无护念同种忠君爱国之诚，最为哀痛。"② 不仅百年前的学者认为中国文化中缺乏公德意识，当代学者对此也深表忧虑，20 世纪 80 年代，台湾学界提出的"建立第六伦"的倡议就是因此而发起的。他们认为中国传统道德中的"五伦"关系即"父子有亲，君臣有义，夫妇有别，长幼有序，朋友有信"只是私德，中国社会根本不存在真正的公德。

但是也有学者对中国缺乏公德的说法表示质疑。"以家庭意识为本根的道德意识，把社会关系视为家庭关系，……政治伦理同于家庭伦理，治国的前提或本根是治家。那么，这种家族伦理在中国传统社会……应该属于公德范畴，因为其他一切道德范畴都是从其延伸出来的，或者说只有在符合家族伦理的前提下其他道德规范才有自身的合法性，……所以家族性的道德规范具有普遍性质，是属于第一阶次的公德范畴。"③ 笔者也认为中国本土并不缺乏"公德"观念，比如历史上关于"亲亲互隐"问题的

---

① 尤西林：《中国人的公德与私德》，《上海交通大学学报》（哲社版）2003 年第 6 期。
② 严复：《严复集》第 1 册，中华书局 1986 年版，第 73 页。
③ 张刚：《论中国传统私德和公德的关系》，《理论学刊》2007 年第 2 期。

争论，其本质上就是关于公德、私德的讨论。孔子认为"父偷羊，子证之"虽符合"公德"却违背了亲情伦理，所以他认为"父为子隐，子为父隐，直在其中矣"①，也就是说当公德与私德发生冲突时要以"私德"为优。这种现象以现代眼光来看或许是违背"公德"不合法制的，但是却符合儒家伦理要求。儒家伦理是以亲情伦理为基础建构起来的，在孔子看来，一切伦理都是亲情伦理的扩展与延伸，所以如果破坏了亲情伦理就动摇了儒家伦理的基础。对于同一个问题，韩非子认为作为儿子举报父亲"曲于父"，虽不符合私德的要求，但是这种"直于君"的行为却符合"公德"要求。韩非还指出，如果照孔子的逻辑以私德为重，就会导致"奸不上闻""鲁民易降北"的局面，如此一来，"社稷之福，必不几矣"。可见，面对公德与私德的激烈冲突，韩非主张以公德为尚，公德胜于私德。古代中国关于公德的讨论其实还有很多，比如孟子与桃应对话中谈到的"舜处置瞽叟杀人"的著名假设②，谈论的也是公德、私德关系问题。可见，中国古代并非没有"公德"观念，而是由于占主流地位的儒家更看重私德，而且又非常注重个体道德的修养，以致公德淹没在私德中了。

除了"公德"之义，"公共领域"是西方文化对"公"内涵的另一启发。西方文化中向来有区分公领域、私领域的传统，比如古代希腊人就对公、私领域进行了初步划分。德国哲学家尤根·哈贝马斯（Juergen Habermas）则全面论述了公共领域（publics phere）的思想。

  所谓"公共领域"，我们首先指我们的社会生活的一个

---

① 《论语·子路》，《论语集注》，齐鲁书社1992年版。
② 《孟子·尽心上》，朱熹：《孟子集注》，齐鲁书社1992年版。

领域,在这个领域中,像公共意见这样的事物能够形成。公共领域原则上向所有公民开放。公共领域的一部由各种对话构成,在这些对话中,作为私人的人们来到一起,形成了公众。那时,他们既不是作为商业或专业人士来处理私人行为,也不是作为合法团体接受国家官僚机构的法律规章的规约。当他们在非强制的情况下处理普遍利益问题时,公民们作为一个群体来行动;因此,这种行动具有这样的保障,即他们可以自由地集合和组合,可以自由地表达和公开他们的意见。当这个公众达到较大规模时,这种交往需要一定的传媒和影响的手段;今天,报纸和报刊、广播和电视就是这样的媒介。[①]

哈贝马斯所说的"公共领域"包含这样几个要素,即公众或公共群体、公众意见、公众媒介。哈贝马斯的"公共领域"思想传入中国后强烈冲击了中国传统的公私观念,拓展了传统"公"观念的内涵。

综上所述,"公"范畴的内涵十分丰富,既可以指代具体的物品,也可以指代抽象的伦理道德范畴。不仅如此,"公"范畴的内蕴还是动态的,随着时代发展而不断注入新的意义。正是基于以上原因,本文论述中的"公"并不包含"公"的所有内涵,而是选取伦理层面的某些意义进行探究阐发。而且由于"公"范畴是动态发展的,本文的论述还将根据时代特点对"公"的某些内蕴进行重点分析。尽管如此,"公"的如下几个意义基本是能贯穿全文的。

其一,无私,与私相悖。比如大公无私、公而忘私之"公"。

---

[①] [德]哈贝马斯:《公共领域》,汪晖、陈燕谷:《文化与公共性》,三联书店2005年版,第125—126页。

其二,公平、公正、公道。比如公正无私。

其三,公众的、共同的或集体的。比如公制、公器、公家、天下为公之"公"。

总之,本文将以上面几个基本意义为线索,将各个时代关于"公"观念的论述连串起来,以期描绘出"公"观念发展的轨迹。

## 二 "公"与几组范畴的关系

"公"观念不是一个独立的范畴,它不仅与私是一组孪生范畴,而且还与义利、利欲、群己等密切相关。公私关系又可以表现为不同的形态,或表现为义利之辩,或化身为公德与私德,或转型为群己关系。因而要探讨"公"观念,也离不开对这些范畴的探讨。

### (一)"公"观念与人性论

人性论在人的思想观念中至关重要,相对于其他伦理概念范畴,具有提纲挈领的意义。可以说古代思想家们关于公私关系、义利关系、理欲关系、群己关系的探讨大都是建构在人性论基础之上的,我们甚至可以说人性论是思想的罗盘,导引着其他思想、范畴发展的方向。"公"观念作为人类思想中重要的组成部分,也毫不例外地建构在人性论的基础之上。人性论不仅是"公"观念的理论基础,而且也是古代思想家们探讨"公"观念的基本出发点。正因为人性论会对"公"观念产生重要的影响,因而我们在探究中国的"公"观念的时候不能不谈及思想家们的人性学说。

人性是中外哲学家共同关心的问题,中国古代思想家和古希腊哲学家们都曾有过这方面的论述。古代关于人性的讨论,大都是围绕人性的善恶展开的,综观两千年思想史,大致有这样几种人性论。

其一,性善论。古希腊哲学家苏格拉底认为人的本性是善的;柏拉图早年主张性善论,把"善"看做是万物的本源,但在后期他转向性恶论。中国古代思想家最早论及人性的是孔子,他说:"性相近也,习相远也。"孔子并没明确说人性到底是善的还是恶的,这也正成为后来儒家内部人性论分裂的导火索。孟子从孔子"习相远也"出发,得出人性本善的结论,而荀子却从"性相近也"得出性恶论。《孟子·告子上》曰:"人性之善也,犹水之就下也。人无有不善,水无有不下。"孟子认为人性本善,之所以存在恶的一面是由于后天的习染不同造成的。孟子把人性之善视为一切美好价值观念的源头,既然人性至善,那么从本性上讲,人并不是生来就追求私利的,这样也就有了大公无私、公平、公正的可能性。可见,性善论是孟子"去私怀公"之公私论、"去利怀义"之义利观的理论基础。

其二,性恶论。古希腊神学哲学家奥古斯丁把人性看成是恶的。荀子也持人性本恶的观点,《荀子·性恶》说:"然则人之性恶明矣,其善者伪也。"荀子认为,性善论说法的根本错误在于不懂得"性伪之分",把属于后天"伪"的范畴的东西也归之于本然的人性了。正是基于性恶论,荀子指出礼仪起源于人有私欲,为了调和人的欲望、避免争斗,必须通过礼仪来"度量分界"。荀子的弟子韩非继承了性恶论,并加以改造,提出了性"自为"的人性学说。韩非认为人人都有"自为心",也就是"利欲之心",所以应该通过法治来约束人们。

其三,性有善有恶论。这种观点以古希腊哲学家毕达哥拉斯和战国思想家世硕以及汉代的扬雄为代表。世硕认为性有善有恶,据《论衡·本性》记载:"周人世硕,以为人性有善有恶,举人之善性,养而致之则善长;性恶,养而致之则恶长。如此,则性各有阴阳,善恶在所养焉。"汉代的扬雄也认为人有善的一面,也有恶的一面,他以"善恶混"概括这种现象,他在《法言·修身篇》里说:"人之性也,善恶混。修其善则为善人,修其恶则为恶人。"

其四,性无善恶论。这种观点以告子为代表。告子认为"生之谓性",因而"性无善无不善"。《孟子·告子上》说:"性犹湍水也,决诸东方则东流,决诸西方则西流。人性之无分于善于不善也,犹水之无分于东西也。"告子认为所谓"性"并不是人所独有的,就如"食"和"色",是万物的本性,是没有善恶之分的。

其五,人性自然说。老庄的"公"观念是以其"道"论为原点的,他们所说的"公"是天道自然之"公"。人性由天道滋生,所以是人的天性,是自然无为,本无善恶之分的。但是由于外界的诱惑人们产生了私欲,以致为外物所累,丧失了自然天性。为了重新找回人的自然天性,老庄主张无私无欲,让扭曲的人性"复归于朴"。

其六,性三品说。汉初的贾谊是性三品说的肇始者,他提出了"人性自然,材性三品"的看法。此后董仲舒进一步发挥,他融汇了孟子的性善论和荀子的性恶论,又发挥了孔子的"中人以上,可以语上也,中人以下,不可以语上也"[①]和"唯上智与下愚不移"[②]的思想,提出人性可分为三品:圣人之性、中民之性和斗筲之性。东汉思想家王充发展了董仲舒的性三品说,提出:中人性善恶混,中人以上者性善,中人以下者性恶。在前人的基础上,韩愈将性三品说系统化了,他在

---

[①] 《论语·雍也》,朱熹:《论语集注》,齐鲁书社1992年版,第56页。
[②] 《论语·阳货》,朱熹:《论语集注》,齐鲁书社1992年版,第174页。

《原性》中说："性之品有上中下三：上焉者，善焉而已矣；中焉者，可导而上下也；下焉者，恶焉而已矣。"① 持性三品说的思想家们大都认为，性上品者性本来就善，是大公无私的；性下品者性恶但朽木不可雕，只有性中品者可以通过教化使之公而忘私。

上述人性论在中国古代不断被继承演绎，已经成为贯穿伦理思想史的一根红线。以此线为轴探究古代的"公"观念，会给我们很多意想不到的收获。

（二）"公"观念与义利之辩

"义"与"公"，"利"与"私"是紧密相联的，常常被思想家们并举论述，可以说公私义利之辩是中国思想史的一个重要命题，不仅纵贯上下两千多年，而且还横贯儒、墨、道、法众家。

义利之辩是儒家一个永恒的话题，这个话题从孔子那里就开始了探讨。孔子主张"见利思义"，"义然后取"，反对"不以其道得之"和"不义而富且贵"的做法。孔子还把对待义利的态度作为辨别君子、小人的标准。"君子喻于义，小人喻于利"②，"君子义以为上"③、"君子义以为质。"④ 孔子对"义"的褒奖也表明孔子对"公"的推崇。

墨子也以义利论公私，他对当时人们自私自利的现象非常不满，所以他在《墨子·尚贤上》中提出了"举公义，辟私怨"的主张。墨家还进一步把"利"分为公利和私利，并指出所谓

---

① 《原性》，载马其昶校注，马茂元整理《韩昌黎文集校注》附录，上海古籍出版社1986年版，第20页。
② 《论语·里仁》，朱熹《论语集注》，齐鲁书社1992年版。
③ 《论语·阳货》，朱熹《论语集注》，齐鲁书社1992年版。
④ 《论语·卫灵公》，朱熹《论语集注》，齐鲁书社1992年版。

"义"就是符合公利的行为。"义,利也。"① 墨家要求人们"兴天下之利,除天下之害。"② 墨家重利,但又以"贵义"优先,并且把"义"提升为上天的意旨,认为上天具有大公无私的品格,它"欲人之相爱相利",这就要求人们遵从上天意旨,"兼相爱,交相利",而这种"兼相爱、交相利"正是一种公私兼顾的新型公私观。

老庄的义利观比较独特,他们主张义利双弃。老庄认为儒家提倡的仁义道德都是虚名,是惑乱天下,扭曲人之本性的骈姆枝指,所以老庄明确提出要"绝圣弃智"、"绝仁弃义"、"绝巧弃利"③。法家重利贱义,认为人们都有自私好利之心不仅不是坏事,反而能因势利导,利用人们追逐私利之心来教化管理。

义利之辩贯穿整个思想史,后世学者不断进行辨析,但是总体来说,不出上述几种观点。尽管各家对义利的看法不一致,但是他们大都认为义利与公私其实本为一体,因而义利关系也就是公私关系。宋代的程颐就非常明白地指出:"义与利只是个公与私也。"④ 张载也曾说:"义,公天下之利。"⑤ 既然义利之辩事关公私,我们要研究"公"观念就必然离不开对义利的分析。

(三)"公"观念与理欲之辩

理欲之辩是儒学尤其是理学的重要命题,它和公私问题有着密切的联系。理学家们认为,人们都是有欲望的,这是人的本

---

① 《墨子·经上》,(清)孙诒让著,孙以楷点校《墨子闲诂》,中华书局1986年版。
② 《墨子·兼爱下》,(清)孙诒让著,孙以楷点校《墨子闲诂》,中华书局1986年版。
③ 《老子·十九章》,见王弼《老子注》,载楼宇烈校释《王弼集校释》,中华书局1980年版。
④ 《河南程氏遗书》,《二程集》,中华书局1981年版。
⑤ 《正蒙·大易》,《张载集》,中华书局1978年版。

性，所以处理好人欲与天理的关系是非常重要的。早在先秦时期思想家们就注意到了这个问题，虽然历史上出现过像杨朱那样主张纵欲的观点，但是终非主流，更多的思想家主张抑制私欲。比如老子主张无欲、寡欲。"见素抱朴，少私寡欲。"[1] 他还认为无欲、寡欲是培养素朴境界的前提，"无名之朴，夫亦将不欲"[2]，"我无欲而民自朴"[3]。当然，老子所主张的无欲、寡欲和宋明理学所说的灭人欲是有很大差别的。老庄反对用礼仪来束缚人性，认为那种做法"违失性命之情"，所以老子要求人们剔除一切名利欲望之心，恢复人的自然本性，也就是复归到"见素抱朴，少私寡欲"[4] 的自然状态中去。而宋明理学的无欲、灭人欲是要消灭人的个体欲望而以遵从封建礼仪道德。程颐说："损人欲以复天理。"[5] 朱熹也说"修德之实，在乎去人欲，存天理。"[6] "存天理，灭人欲"的观点在宋明时期非常流行，甚至为统治者所提倡而上升到国家层面，但是由于这种观点极大地扼杀了人性，又走向了另一个极端。鉴于此，一些学者提出了比较折中的理欲观，主张理欲统一，以理节欲。比如明清之际的思想家们就强烈抨击程朱的论点，明确提出了"人欲正当处即是理，无欲又何理乎？"[7] 颜元则强调"理在欲中"。李贽则更激进地抨击程

---

[1] 《老子·十九章》，见王弼《老子注》，载楼宇烈校释《王弼集校释》，中华书局1980年版。

[2] 《老子·三十七章》，见王弼《老子注》，载楼宇烈校释《王弼集校释》，中华书局1980年版。

[3] 《老子·五十七章》，见王弼《老子注》，载楼宇烈校释《王弼集校释》，中华书局1980年版。

[4] 《老子·十九章》，见王弼《老子注》，载楼宇烈校释《王弼集校释》，中华书局1980年版。

[5] 《程氏易传·损》，《二程集》，中华书局1981年版。

[6] 《朱文公文集·与刘共父》，北京图书馆出版社2006年版。

[7] 《陈确集·与刘伯绳书》。

朱理学的禁欲主义，他说："人必有私而后其心乃见，若无私，则无心也。"①

（四）"公"观念与群己之辩

古代思想家们认为公私关系实际上是与群己关系密切相联系的，因为人是社会性的，是不能脱离他人而生存的群体动物。因而孔子对长沮、桀溺"辟世"的做法不以为然，"鸟兽不可与同群，吾非斯人之徒与而谁与"②？在儒家看来，先群后己就是"公"，先己后群则为"私"。《诗经·大田》所吟唱的："雨我公田，爱及我私"正是这种观念的形象体现。为"群"谋公利便是"公"，为己谋利便是"私"，因此儒家要求人们提高修养，"克己"以达到"仁"的最高境界，即"克己复礼以为仁"。所谓"克己"就是要"克去己私"，朱熹说："克己复礼，去其私而已矣。"③

## 三 "公"观念的发展演变历程

刘泽华说："公、私问题是中国历史过程中全局性的问题之一，它关系着社会关系和结构的整合，关系着国家、君主、社会、个人之间的价值取向和行为准则。关系着社会意识形态的规范和社会道德与价值体系的核心等重大问题。由于它的重要，因此又关系着政治乃至国家的兴衰和命运。"④ 既然公私问题如此重要，历代思想家自然非常重视，几乎历史上重要的思想家都对

---

① 《明灯道古录》。
② 《微子》。
③ 朱熹：《朱子语类》，中华书局1986年版，第2453页。
④ 刘泽华：《春秋战国的"立公灭私"观念与社会整合》，《公私观念与中国社会》，中国人民大学出版社2003年版，第1页。

公私问题发表过自己的看法。也正因为公私问题在漫长的历史中不断被探讨辨析，所以"公"观念的内涵也随着时代发展不断被赋予新的内容，呈现出历史演变的阶段性。可以说，我国社会思想的发展史，就是公私关系的历史，是公、私观念产生、发展、嬗变及其辨别的过程。"公"观念的发展大致经历了形成、发展、激荡、转型等几个时期。

（一）上古三代——"公"观念的萌芽和发展

前面讨论甲骨文时代"公"的内涵时，我们就曾提到早在原始社会人们就存在"公"观念的萌芽了。这种观念的产生与人类早期社会的生存方式有密切关系。为了基本的生存需要，人们像许多动物一样过着群居生活，获得食物，填饱肚子是人们最基本的活动。古时人们获得食物时平均分配，人人可以获得一份，这就是"公"观念萌芽的物质基础和社会基础。

到了传说中的三皇五帝时期，"公观念"已经深入人心。《礼记·礼运》的记载颇能说明这一点。"大道之行也，天下为公。选贤与能，讲信修睦，故人不独亲其亲，不独子其子，使老有所终，壮有所用，幼有所长，矜寡孤独废疾者，皆有所养。男有分，女有归。货恶其弃于地也，不必藏于己；力恶其不出于身也，不必为己。"在那个社会里，人们没有私心，以天下为公，天下和睦，世界大同。《礼记》关于天下为公的记载虽属后人猜想，但是也绝非毫无道理，尧舜禅让和大禹三过家门而不入的美谈便是很好的佐证。可见，"公"观念在上古社会已经深入人心了。

当社会进入"家天下"的时代，"公"观念进一步发展。人们依然向往天下为公的大同世界，但是也意识到了这种理想的不现实，所以他们的"公"观念也发生了细微的变化。他们首先承认了"私"存在的现实，要求人们"先公后私"。"雨我公田，遂及我私"① 正是这种观念的反映。

(二) 春秋战国——"公"观念的定型

春秋战国时期"公"观念得到了长足发展,"公"的大部分内涵在这一阶段基本都涉及了,可以说春秋战国时期是"公"观念的定型期。"公"观念之所以在这一阶段定型与这一时期的政治文化环境密不可分。春秋战国时期是中国古代社会的大变革时期,公私关系也经受了前所未有的冲击。这一时期最突出的莫过于"私"的观念日益强烈,人们为了争夺私利而奔走天下,一些利益集团甚至为私利而弑君、发动战争。面对如此情形,先秦诸子忧愤异常,他们从不同角度出发,倡导"公",对"私"进行了猛烈的抨击。尽管具体观点有差异,但不论是法家的"私者,乱天下者也"②,墨家的"举公义,辟私怨"③,还是儒家的"以公义胜私欲"④ 都是以"公"为大,将"私"视为万恶之源。

众所周知,儒家思想体系的核心是伦理思想,而儒家的"公"观念也主要体现在伦理思想中,这表现为个人伦理和国家或公共伦理两大方面,前者主要着眼于个人道德的完善和修养,后者主要表现于政治伦理中,即国家至上,在那个"朕即国家"的时代,国家至上自然也就演化成了对君主所代表的"公室"的尊重和维护。儒家的祖师孔子就是从这两个角度论述公私关系

---

① 《诗经·大田》,《毛诗正义》,北京大学出版社 1999 年版。
② 《管子·心术下》,黎翔凤校注,梁运华整理:《管子校注》,中华书局 2004 年版,第 557 页。
③ 《墨子·尚贤上》,(清)孙诒让著,孙以楷点校《墨子闲诂》,中华书局 1986 年版,第 42 页。
④ 《荀子·修身》,(清)王先谦撰,沈啸寰、王星贤点校《荀子集解》,中华书局 1988 年版。

的。个人伦理方面，孔子认为应做到"先公后私"和"见利思义"，而要做到这两点，就需要"克己复礼"；国家伦理层面，孔子提出"张公室，抑私门"和礼治的思想来应对公私颠倒的局面。除了伦理修养之外，孔子还非常注重社会经济领域的公平、公正，可以说对公平、公正的追求是孔子思想中的核心理念之一。

孔子之后的孟子、荀子则以人性论为基础论述公私关系。有意思的是二人虽然理论出发点不同，但是都得出重义轻利、崇公抑私的结论。孟子从性善论出发，提出了"去私怀公"、"去利怀义"的主张，而荀子以性恶论为基点得出了"君子之能以公义胜私欲"的结论。

春秋时期的另一显学墨学对"公"观念的阐述也是从义利之辩的角度展开的。墨家重视"利"，但是更以"贵义"为更高的品德。墨家还把"义"提升为上天的意旨，认为上天具有大公无私的品格，它要求人们"兼相爱、交相利"，这就是墨家提出的公私兼顾的新型公私观。

老庄道家作为别具特色的一个思想流派，对公私关系的看法也别出心裁。"道"是老庄哲学的最高范畴，因而老庄论公私是以道论为基础的。在老庄看来，"公"源于天，源于"道"，所以他们所说的"公"，从根本上说就是天道自然之公。

法家对"公"的论述是非常充分的，他们不仅对"公"的内涵作了明确界定，而且还拓展丰富了"公"的内涵。法家对公私关系的论述是以其人性自私、自为的人性论为基础的。因为人性自私、自为，所以法家提出既要满足人们的基本利益需求，又要因势利导，引导人们从自私走向无私。但是完全靠人们的自觉，是难以保证"公"不受私利损害的，因而还必须通过公法来保障社会的公平、公正。

总之，先秦时期关于公私关系的论述是非常丰富的，先秦诸子以人性为基础，通过义利之辩明晰了公私关系，发展了"公"观念的内涵，更重要的是"公"观念在这一时期得以定型，诸子所提倡的崇公抑私、重义轻利的思想也对后世影响深远。

（三）汉魏隋唐——"公"观念的平稳发展期

这一时期"公"观念的发展是比较平稳的，汉代思想家们关于"公"的论述不论是从道家思想出发立论，还是以儒家思想为指导，基本都是在先秦"公"思想的基础上进一步深耕细作，虽不断有新观念注入，却没有突破性的思想提出。尽管如此，此一时期还是有很多迥异于其他阶段的特色的，譬如魏晋时期的以玄学论公私，六朝时期的以佛老论公私，以及唐代韩愈的以道统论公私和柳宗元的以封建郡县论公私都有独到之处。

由于遭受了秦末战乱的破坏，刘邦建汉之后，民生凋敝，社会经济衰败，人口锐减，田园荒芜，社会物资极度短缺。面对如此情景，汉初统治者"以黄老无为而治之道为本"的思想为指导，采取了休养生息，自由放任的政策。因而，这一时期的公观念的探讨基本也都有黄老思想的影子，不论是黄老思想倾向比较明显的陆贾、《淮南子》，还是被认为儒家背景浓厚的贾谊都有对"清静无为"思想的阐发和运用，他们对公私关系的思考也包含在这种"无为而治"的思想之中。

经过几十年的发展，汉王朝的统治得以巩固，但是汉初分封的诸侯国日益威胁中央集权制，面对此种局面，汉儒们也从公私关系的角度作出了自己的思考。他们认为，诸侯为"私"，中央为"公"，诸侯兴乱就是以私犯公。所以他们主张加强中央集权制，抑制诸侯势力，终于在汉武帝时期实现了政治、经济、思想、文化的大一统局面。其中最具代表性的非董仲舒莫属，他以性三品说的人性论为基础，通过义利论述公私，提出了"正其谊不谋其利，明其道不计其功"的主张。不仅如此，他还提出立君为公与设君为民的思想,希望通过大一统来实现天下为公的理想。

东汉时期,"公"观念进一步发展,刘向、刘歆父子、马融、荀悦、王符等在这方面有所阐发。刘向认为立君为公,"明天命所授者博,非独一姓也"①;马融提出"不私而天下自公"②,他说:"忠者,中也,至公无私。天无私四时性,地无私万物生,人无私大亨贞。"③东汉王符则针对当时以门阀取士的现象提出了质疑,他在反对等级门第、反对宗族亲亲的基础上,提出以才能选士的主张,表达了下层文人对公平、公正的渴望。如果说以上所说大都是文人的"公"思想,那么《太平经》的"公"观念则代表了普通民众的心声。《太平经》提倡"天地施化"之公,主张立君为公,经济平均,还提出了朴素的平等思想。

魏晋时期士庶天隔、门第二品等明显不公导致财富分配不均、社会贫富悬殊,给社会带来巨大的危机。这种严重不公的现象引起了一些有识之士的担忧,他们提出一系列有见地的思想。总体来说,他们大都从"公私"关系的角度来寻找摆脱困境的出路。大致有三大方向,一是从传统儒家思想中寻找答案,比如魏晋时期的袁準、曹义、傅玄;二是从老庄道家思想中寻求出路,比如郭象、王弼、嵇康等人;三是在新崛起的佛家思想中苦苦寻觅,如僧肇、慧远等人。

袁準认为治国之本在"公",他在《贵公》中说:"治国之道万端,所以行之在一。一者何?曰公而已矣,唯公心而后可以有国,唯公心可以有家,唯公心可以有身。身也者,为国之本

---

① 《汉书·刘向传》。
② 《忠经·广至理》。
③ 《忠经·天地神明》。

也；公也者，为身之本也。"① 袁準还指出只有君主能以身作则，大公无私，人们才会有公心；魏国皇族曹义也说："兴化致治，不崇公抑囗（私），割囗（私）情以顺理，厉清议以督俗，明是非以宣教者，吾未见其功也。"②

以儒论公私，成就比较突出的当属傅玄。傅玄认为人们既"好善尚德"之善，又"贪荣重利"之恶，二者都是天生就有的，所以他主张在满足人们合理欲求的前提下剔除超乎常情的私欲。傅玄还提出了息欲和明制的具体方案："夫经国立功之道有二：一曰息欲，二曰明制。欲息制明，而天下定矣。"③ 在此基础上，傅玄又进一步提出了正心、立公道的思想。他认为至公无私是通天下的最高境界，只有至公无私才能附近怀远、枉直取正，从而达到天下归心的大治之境。要做到至公无私，需要培养"无忌心"，也就是公正无私之"公心"，傅玄认为只有拥有"无忌心"才能泰然处之，才不会为了私欲而作出不恰当的举动，所以"无忌心"是实现至公的必由之路。

魏晋时期"公"观念的最大的特色是以玄学和老庄论公私。魏晋时期，玄学盛行，成为当时主要的社会思潮。这种思潮影响了人们对公私的看法，当时的很多名士都以玄学论公私，嵇康、王弼就是其中的代表。具体来说，嵇康是以玄学论是非，进而又以是非论公私；王弼则是以老庄之学为理论指南来阐述公私关系。

589年隋文帝杨坚统一全国，结束了长达四百年的分裂局面。此后，中国历史进入一个比较繁荣昌盛的时期，尤其是到了唐代，接连出现了贞观之治和开元盛世两个政治清明，经济繁荣

---

① 《全晋文·袁子正书·贵公》。
② 曹义《至公论》，《全三国文》卷二十。
③ 《傅子·校工》。

的时期,封建社会发展到了鼎盛阶段。然而,国家的繁荣昌盛并未有让公私之辩中止。隋唐之际的王通提出了"无私至公"的观点,他说:"夫能遗其身,然后能无私,无私然后能至公,至公然后以天下为心矣,道可行矣。"① 我们注意到,王通已经摆脱了魏晋以老庄玄学论公私的模式,重新回到儒家的传统框架中来了。他开始提倡"道",到了韩愈那里则发展成了"道统",而且以之论公私。另一个与韩愈同时代的大家柳宗元虽然也是在儒家传统框架内论述公私问题,但是他另辟蹊径,以封建郡县论公私,影响深远。上述三位之外,贞观群臣对公私问题也有着深刻的见解,他们吸取了历史教训尤其是隋代迅速灭亡的教训,提出了立君为公的思想和通过"天下画一"保证社会公平、公正的观点。总起来说,隋唐时期扭转了魏晋以玄学为理论指南论公私的风尚,重新恢复了以儒学论公私的传统,当然由于时代的发展,他们对公私的具体看法已经不同于先秦两汉的儒家了。

(四)宋元理学——"公"观念的极端道德化时期

宋元时期,封建社会已经开始走下坡路,各种矛盾层出不穷,公私关系也日益尖锐。面对这种情形,宋元的思想家们忧心忡忡,提出了极端道德化的"存天理,灭人欲"主张,期望以此来调节公私关系,挽救日益衰落的王朝。

儒家向来主张重义轻利,孟子更是说"何必曰利",宋初的李觏认为孟子的这种看法是偏激的,利不仅是可以言说的,而且利还是仁义产生的基础,因而李觏既提倡重视公义,同时还强调要注重私利,提出了义利双行的义利观。尽管如此,李觏强烈反对损公肥私的极端功利主义,主张要"循公而灭私"。

早期理学家周敦颐论公私也是从人性论出发的,他认为恶乃

---

① 《文中子中说·魏相》。

是由于后天环境影响而造成的,为了防止人性之恶,所以要清静无欲。周敦颐认为无欲则能心如止水、行动公正,也只有做到"无欲",才能"静"、"明"、"通"、"直"、"溥"、"公",实现公正无私的关键在于无欲清静。

二程从人性推衍出灭私欲明天理的主张,并进而提出克己复礼乃成仁的思想。二程认为天理与私欲是二元对立的:"不是天理,便是私欲。……无人欲,即皆天理。"① 如果人欲横行就会迷失天理,因而只有克尽私欲才能明天理。"灭私欲,则天理自明。"② 二程从理欲之辩又进一步推衍出义利之辩,并指出义与利实则公与私。二程还进一步发挥了儒家"克己复礼以为仁"的思想,提出"克尽己私乃成仁"的观点。

朱熹是宋代理学的集大成者,继承了北宋程颢、程颐的理学思想。朱熹还发扬了二程对公私、理欲、义利等方面的思想,以天理人欲论公私,并希望通过公私义利之辩提高人的主体道德水平。朱熹认为"人心之公,每为私欲所蔽"③,所以朱熹提出以天理防止人欲。

(五) 明清——"公"观念的激荡期

明清时期是公私观念的激荡时期,这一时期最明显的特点是一大批特性独立的思想家的崛起,比如李贽、颜元、黄宗羲、顾炎武等,他们对传统的"公本位"的普遍价值提出了异议,大力提倡"私"。明清时期私观念的抬头具有思想启蒙的意义,纠

---

① 《河南程氏遗书》卷十五,《二程集》第一册,中华书局1981年版,第144页。
② 《河南程氏遗书》卷二十四,《二程集》第三册,中华书局1981年版,第312页。
③ 《朱子语类》卷十三,(宋)黎靖德编,王星贤点校《朱子语类》,中华书局1986年版,第225页。

正了两千多年来忽视个体之私的观念,形成了"合天下之私以成天下之公"的新型公私观念。

明代思想家王阳明基本继承了程朱理学的公私观,他提出了克除己私,廓然大公的思想。他认为私欲是产生善恶的源头,要想去恶存善就应该正本清源。王阳明认为应该从人欲入手,克去己私,以恢复心之本体:"使之皆有以克其私,去其蔽,以复其心体之同然。"① 李贽则强烈抨击程朱理学"存天理,灭私欲"的观念,他高扬私的价值,他认为:"夫私者,人之心也。人必有私,而后其心乃见。若无私,则无心也。"② 在李贽看来,"私"的正当性和合理性是毋庸置疑的。当然,李贽所说的"私"乃是基于人性的正当合理的需求,绝非那种损公肥私、损人利己的"私"。李贽提倡以人性之本真推行天下为公,他说:"以率性之真,推而扩之,与天下为公,乃谓之道。"③

明清鼎革之际,社会剧烈动荡,思想领域也异常活跃,公观念在这一时期也发生了具有转折意义的发展。如刘畅所说:"明末清初之际为公私观念发展史上的一大关键,其标志是出现了一大批以'私'为本的思想家。"④ 对"私"的突出强调以明末清初三大思想家黄宗羲、顾炎武、王夫之最具代表性。他们或认为自私即公,或提倡用私论,或认为私欲合理。这是明代以来资本主义萌芽在思想领域的反映。虽然他们强调"私",但是并未放弃"公"的道德理想,黄宗羲提出"自私即公",他还把这种思

---

① 《传习录上·答顾东桥书》,王阳明著,阎韬注评《传习录》,浙江古籍出版社 2001 年版,第 151 页。

② 《德业儒臣后论》,《藏书》卷三十二,中华书局 1959 年版,第 544 页。

③ 《答耿中丞》,《焚书》卷一,张建业主编:《李贽文集》(第一卷),北京燕山出版社 1998 年版,第 32 页。

④ 刘畅:《中国公私观念研究综述》,刘泽华、张荣明:《公私观念与中国社会》,中国人民大学出版社 2003 年版,第 378 页。

想升华到国家政治制度层面，认为君主专制制度乃是以"私"害"公"的根本，他提出君为私，民为公，天下为主，君为客，应当废除基于君主私心的"一家之法"，倡导为万民谋公利的"天下之法"，以实现公天下的理想。顾炎武肯定了"私"的合理性，认为不能通过"灭私"来实现"立公"，"强调要合天下之私以成天下之公"；王夫之反对"家天下"，主张"公天下"，认为"天下非一姓之私"，不应"不以天下私一人"，必须"循天下之公"。

当历史进入清代以后，"公"观念进一步发展。颜李学派以义利论公私，认为利有其存在的合理性，义利是统一的，进而提出了谋利计功的主张。唐甄则对封建等级制度提出了异议，他提出"抑尊格君"的政治主张，认为君主专制乃是天下之大害，提倡公天下。

（六）"公"观念的近代转型

随着资本主义萌发的发展和西学东渐，传统的"公"观念受到了强烈的冲击，思想家们开始重新审视传统公观念，并试图以西方思想改造之。这一时期的代表人物如康有为、孙中山、胡适等基本都受过西方文化的熏染，因而他们的公观念已经接近现代公私观，正是他们的努力为公观念的近代转型奠定了基础。

龚自珍在其《论私》中提出了人情怀私的观点。龚自珍还举出墨子、杨朱、《诗经》、《论语》的例子说明人可以先公后私、先私后公、公私并举、公私互举，但是天下根本就不存在所谓的大公无私。群体（公）与个体（私）关系上，龚自珍主张解其棕缚，解放个体。

康有为向往天下大同的世界，他认为实现大同的途径就是消除国家，成立世界之国。不仅如此，康有为在继承中国传统的"公天下"思想的同时又吸收了西方的议会民主思想，提出成立公议政府的思想。"康有为把设置一个世界性的'公议政府'作为走向大同的第一步。第二步是建立'公政府',通过裁军、消除国家、统一语言等方式促使世界走向统一。世界合并为一国之后,所有人都成为世界公民,选举世界议会代表,建立一个两院制的世界政府。建立'公养、公教、公恤'等公共服务机构。"[1]此外,康有为还引入了"公德"学说,他认为传统中国社会只有私德而没有公德,并对公德进行了界定,指出公德是立国之本,因而为了富国强国必须要建设新道德。

孙中山先生毕生为"天下为公"的理想而奋斗,在这一思想指导下,他提出了三民主义:民族、民权、民生。民族就是要反帝反封建;民生包括两项内容:一曰平均地权,二曰节制资本。民权主义就是要实现自由平等,使民众拥有管理国家的权利。

近代的公观念既有中国传统"公"观念的影子,又受到了西方文化的影响。无论是龚自珍的个性解放要求,还是康有为关于公德的论述以及孙中山先生的三民主义无一不是如此。正因如此,这一时期的"公"观念因而突破了传统"公"观念的框架,实现了向现代的转向。

(七)"公"观念的现代发展

五四以来,中国社会揭开了新的篇章,"公"观念也有了新的发展,最突出的莫过于马克思主义公思想传入中国社会,为中国传统"公"观念带来全新的变换。毛泽东突破传统公私观只强调"公"而忽略"私"的做法,认为公与私是矛盾的统一体,"崇公抑私"、"立公灭私"不符合矛盾的对立统一,正确的做法

---

[1] 肖俊:《萧公权眼中的康有为》,《佛山科学技术学院学报》(社科版) 2002年第4期。

应该是公私兼顾、公私统一。他指出:"公是对私来说的,私是对公来说的。公和私是对立的统一,不能有公无私,也不能有私无公。我们历来讲公私兼顾,早就说过没有什么大公无私,又说过先公后私。个人是集体的一分子,集体利益增加了,个人利益也随着改善了。"① 毛泽东还提出了政治公平和经济公平的思想。

邓小平继承并发展了马克思主义公私观。为了适应中国国情和时代要求,邓小平突破传统,对公私问题进行了深入思考,开创性地提出了共同富裕的思想。他说:"社会主义的本质,是解放生产力,发展生产力,消灭剥削,消除两极分化,最终达到共同富裕。"但是在此过程中又不可能平均发展,所以要一部分人先富起来,以先富带动后富,他还强调在这一过程中要兼顾公平与效率。

江泽民、胡锦涛等对"公"观念也有很多论述。江泽民在继承邓小平的经济共同富裕的基础上,开创性地提出了精神层面的共同富裕。进入新世纪以来,公观念又有进一步的发展,特别是和谐社会思想的提出是对传统公观念的一大突破。十六届六中全会提出要"按照民主法治、公平正义、诚信友爱、充满活力、安定有序、人与自然和谐相处"的原则来建设社会主义和谐社会,民主原则的提出体现了以民为本的思想,"公平正义"则体现了对公平的追求,这标志着从原来注重效率逐渐向注重公平的重大转向,是对"公"思想的又一个重大突破。

---

① 《毛泽东文集》第8卷,人民出版社1999年版,第134页。

# 第一章 先秦时期儒家的"公"观念

先秦时期,尤其是春秋战国时期是中国历史上"古今一大变革之社会"①,公私关系在这一阶段也经历了前所未有的冲击。"私"的观念逐渐强烈,大行其道,人们为了争夺私利而奔走天下,一些利益集团甚至为私利而弑君、发动战争。面对如此情形,先秦诸子忧愤异常,他们从不同角度出发,倡导"公",对"私"进行了猛烈的抨击。尽管具体观点有差异,但不论是法家的"私者,乱天下者也"②、墨家的"举公义,辟私怨"③,还是儒家的"以公义胜私欲"④,都是以"公"为大,将"私"视为万恶之源。面对这一公共议题,儒家的思想家们也有着深刻的思考。众所周知,儒家思想体系的核心是伦理思想,而儒家的"公"观念也主要体现在伦理思想中,这表现为个人伦理和国家或公共伦理两大方面,前者主要着眼于个人道德的完善和修养,后者主要表现在政治伦理中,即国家至上,在那个"朕即国家"的时代,国家至上自然也就演化成了对君主所代表的"公室"

---

① 《读史通鉴·叙论四》(万有文库本),商务印书馆1936年版,第667页。

② 《管子·心术下》,黎翔凤校注,梁运华整理:《管子校注》,中华书局2004年版。

③ 《墨子·尚贤上》,(清)孙诒让著,孙以楷点校《墨子闲诂》,(新编诸子集成第一辑),中华书局1986年版,第42页。

④ 《荀子·修身》(清)王先谦撰,沈啸寰、王星贤点校《荀子集解》,中华书局1988年版,第36页。

的尊重和维护。

## 第一节 孔子"天下为公"的追求

私有观念的兴起和蔓延对原来的社会秩序形成了严重冲击,随着历史的发展,尤其是到了孔子所生活的春秋时期,社会变革进一步加深,人们对私利的追求更是前所未有,社会出现了"礼崩乐坏"的局面,面对如此情形,孔子更加向往天下为公的大同世界,而且孔子的伟大之处正在于他不仅仅是"临渊羡鱼"式的空想,而是能以"知其不可而为之"的气魄奔走于诸侯,推广宣传他的思想学说。如上所述,孔子对"公"的追求也是从个人道德伦理和国家政治伦理两大层面展开的。

一 先公后私的道德诉求:雨我公田,遂及我私

孔子思想中,个人在面对公私关系时,应做到"先公后私"和"重义轻利",而要做到这两点,需要"克己复礼"。

(一)先公后私

孔子对"公"的追求是以肯定"私"为基础的。在孔子看来,趋利避害是人的本性,"夫凡人之情,见利莫能勿就,见害莫能勿避"[①]。因而孔子并不否定私利,而且还进一步肯定了私利的合理性,他说,"富与贵,是人之所欲也"、"贫与贱,是人之所恶也"[②]。孔子甚至说自己也会追求合理的利益,"富而可求也,虽执鞭之士,吾亦为之"[③]。但是如果人们为了追求个人私

---

[①] 《管子·禁藏》,黎翔凤校注,梁运华整理:《管子校注》,中华书局2004年版。

[②] 《论语·里仁》,朱熹:《论语集注》,齐鲁书社1992年版,第31页(本节以下所引《论语》都是引自该书)。

[③] 《述而》,朱熹:《论语集注》,齐鲁书社1992年版,第64页。

利而不顾伦理道德,那就是无法容忍的了。

孔子认为公私关系实际上是与群己关系密切相联系的,因为人是群体动物,是不能脱离他人而生存的。因而孔子对长沮、桀溺"辟世"的说法不以为然,"鸟兽不可与同群,吾非斯人之徒与而谁与?"① 在儒家看来,先群后己就是"公",先己后群则为"私"。《诗经·大田》所吟唱的:"雨我公田,爰及我私",正是这种观念的形象体现。

(二) 重义轻利

在儒家看来,"义"与"公","利"与"私"是紧密相联的,孔子开了义利与公私相联系的先河,后世儒家则继承了这一传统,这使得义利之辩成为儒家的一个永恒的命题。宋代的程颐就非常明白地指出:"义与利只是个公与私也"②,张载也曾说:"义,公天下之利。"③

孔子非常重视义利之辩。据张晓芒统计,《论语》中孔子谈及"义"的地方就达二十多次,并常常是义利对举④。孔子"义利之辩"的论述中对"义"的推崇也表明孔子对"公"的褒奖。

孔子重义轻利,但是他并没有否定私利的合理性。在孔子看来,问题不在于是否追求私利,而在于如何去追求,也就是说追求私利并不一定与道德相冲突。只要符合道德要求的私利是完全可以的。孔子反对的是那种"不以其道得之"⑤和"不义而富且贵"的做法,孔子赞赏的做法应该是"见利思义"、"义然

---

① 《微子》,朱熹:《论语集注》,齐鲁书社1992年版,第186页。
② 《河南程氏遗书》卷十七,《二程集》,中华书局1981年版,第176页。
③ 张载:《正蒙·大易》,《张载集》,中华书局1978年版,第50页。
④ 张晓芒:《孔墨公私观的不同走向》,载刘泽华主编《公私观念与中国社会》,中国人民大学出版社2003年版,第94页。
⑤ 《里仁》,朱熹:《论语集注》,齐鲁书社1992年版,第31页。

后取"①。

孔子认为，对待公私义利的不同态度能反映出一个人的道德修养。他对君子的定位是："君子义以为质，礼以行之，孙以出之，信以成之。君子哉！"② 朱熹《论语集注》注曰："义者制事之本，故以为质干，而行之必有节文，出之必以退逊，成之必在诚实，乃君子之道也。程子曰：'义以为质，如质干然，礼行此，逊出此，信成此，此四句只是一句，以义为本。'"义是君子之所以为君子的根本，也是与小人的根本区别："君子喻于义，小人喻于利。"③ 君子之所以为君子，就在于"君子义以为上"、"君子义以为质"。不仅如此，"君子之于天下也，无适也，无莫也，义之与比"④。也就是说，君子对于天下的事情没有一定的主张，一切行事只求合于义，君子的这种境界乃是真正的以公为本。像颜回那样不以私利为意的人可以说是君子的楷模，孔子非常赞赏地说："贤哉，回也！一箪食，一瓢饮，在陋巷。人不堪其忧，回也不改其乐。贤哉，回也！"⑤ 同样，对于一些唯利是图甚至助纣为虐的学生，孔子也毫不留情地予以批评，比如他的学生冉求附益之"富于周公"的季氏，而且还帮他敛财，孔子则非常气愤地说："非吾徒也。小子鸣鼓而攻之可也。"⑥

（三）"克己复礼"的公私伦理教育⑦

孔子非常推崇"公"和"义"，并把它们看成是人的最高修

---

① 《宪问》，朱熹：《论语集注》，齐鲁书社1992年版，第143页。
② 《卫灵公》，朱熹：《论语集注》，齐鲁书社1992年版，第159页。
③ 《里仁》，朱熹：《论语集注》，齐鲁书社1992年版，第35页。
④ 同上书，第33页。
⑤ 《雍也》，朱熹：《论语集注》，齐鲁书社1992年版，第53页。
⑥ 《先进》，朱熹：《论语集注》，齐鲁书社1992年版，第108页。
⑦ 本部分参考了罗近溪《经典诠释及其思想史意义——就"克己复礼"的诠释而谈》，《复旦大学学报》（哲社版）2006年第5期。

养的标准，但是如何让人们自觉遵守呢？在儒家看来，有德便是"公"，无德便是"私"，因此儒家要求人们提高修养，"克己复礼"以达到"仁"的最高境界："非礼勿视，非礼勿听，非礼勿言，非礼勿动。"①

后世对"克己复礼"的解释争议颇多，往往把"克己"与"复礼"解释为两个平行相对的方面。考察"克己复礼"的诠释争辩，对我们理解孔子的公私伦理有很重要的意义。东汉马融注"克"被释为"约"，意谓约束；"己"被释为"身"，意谓自身，"克己，约身"②。宋代的邢昺疏曰："克，约也；己，身也；复，反也。言能约身反礼，则为仁矣。"据1979年版《辞海》"克己复礼"条目引用黄侃《论语集解义疏》："克犹约也，复犹反也，言若能自约俭己身，返反于礼中，则为仁也。"

这里的"克己"并没有"克去己私"的确切含义。但是隋代刘炫之开创了宋儒释"克己"为"克去己私"之先河。刘炫之说："克训胜也，己谓身也。身有嗜欲，当以礼义齐之，嗜欲与礼义战，使礼义胜其嗜欲，身得归复于礼。如是乃为仁也。"

宋人继承了刘炫之的解释，以"私欲"来解释"己"字。譬如，程颢云："克己则私心去，自然能复礼。"③朱熹云："克，胜也。己，谓身之私欲也。复，反也。礼者，天理之节文也。为仁者，所以全其心之德也。盖心之全德，莫非天理，而亦不能不坏于人欲，故为仁者必有以胜私欲而复于礼"④"克己复礼，去其私而已矣。"⑤朱熹的这一解释成为后人解释的典范。但是到

---

① 《颜渊》，朱熹：《论语集注》，齐鲁书社1992年版，第115页。
② （魏）何晏：《论语集解》引马融注。
③ 程颐，程颢《二程集》，中华书局1981年版，第18页。
④ 朱熹：《论语集注》，齐鲁书社1992年版，第115页。
⑤ 朱熹：《朱子语类》，中华书局1986年版，第2453页。

了明代后期逐渐有学者对朱熹的说法提出了质疑。王畿说:"'克'是修治之义,'克己'犹云'修己',未可即以'己'为欲。'克己'之'己'即是'由己'之'己',本非二义。"① 这里将"克己"解释为"修己",意同"修身"。

综上所述,孔子所说的"克己复礼"主要是从修身方面说的,主要是教导人们要尽力克制自己的私心,实践礼的要求,唯有这样才能增强自己道德修养,培养理想的人格。孔子的"克己复礼"思想对后世产生了深远的影响,以致强调"私"对"公"的道德义务成为后世儒家的核心理念之一。

## 二 孔子政治伦理思想中的"公"观念

在孔子的思想中,"公"是其政治伦理的基本原则之一。孔子所生活的春秋时期是个大变革的时代,礼崩乐坏,私肥于公。面对如此情形,孔子提出了"张公室,抑私门"和礼治的思想来应对公私颠倒的局面。前者主要是为代表"公"的国君夺回权力,后者是要求各阶层都要遵守自己的行为规范,按礼的要求去行动。孔子强调臣民应该"事君以忠"、"事君尽礼"②,以礼为自己行动的指南,社会便能进入一个秩序井然的理想状态。"君君、臣臣、父父、子子","天下有道","天下为公"。但是,假如公私、礼仪的政治、伦理规范不被信守,社会就会陷入令人忧虑的混乱格局之中。

### (一) 张公室,抑私门

春秋时期是个大变革的时代,不仅表现在社会经济领域和政治领域,而且还表现在公和私所指的社会实体以及公私关系性质的变化。春秋时期"公"的一层含义是指国家、国君或国事,

---

① 《龙溪王先生全集》卷六《格物问答原旨》。
② 《八佾》,朱熹:《论语集注》,齐鲁书社1992年版,第26页。

与之相应,"私"指的是公卿大夫或小宗族的大夫之家。那么此时的公私关系也主要就是指国君及其所代表的公室与大夫及其所代表的世室的关系①。

商周鼎革之后,周武王和周公旦确立了宗法制和分封制的基本国策,大封诸侯,诸侯又可以在自己的统治范围内再分封公卿、大夫。公卿、大夫分封有自己的封邑,这样,诸侯相对于周王的"大宗"而言是"小宗",是"私",而相对于卿大夫而言就又成了"大宗"和"公",因而不仅在天下而且在诸侯国内部也就有了"公"("公家")和"私"("私家")之别。这一点先辈学者早就论及,侯外庐指出:"古代公、私的意义和现代不同。'公'是指的大氏族所有者,'私'是指小宗长所有者;'公'指国君以至国事,'私'指大夫以至家事,所谓'私肥于公',是政在大夫或'政将在家'的意思,私并不是私有土地的私,孔子'张公室',抑世室,就是为国君争权。"②

明了了公与私的所指及其关系,我们就可以进行更深入的讨论了。孔子所生活的春秋时期,"天下为公"的观念还比较流行,这一思想实际上是通过"立君为公"来实现的。周王朝是以等级制和宗法制为根本,周王及周王室具有至高无上的地位,人们认同"天下为公",但是这个"公"有一个具体的表现形式,那就是"立君为公",慎子说:"立天子以为天下,非立天子以为天子也。立国君以为国,非立国以为君也。"③可见,周王就代表天下、国家,就代表最大的"公",所谓"普天之下莫

---

① 刘宝才,王长坤:《儒法公私观简论》,载刘泽华等《公私观念与中国社会》,中国人民大学出版社2003年版,第42页。

② 侯外庐:《中国古代社会史论》,人民出版社1955年版,第85页。

③ 《慎子·威德》,钱熙祚校,收入《诸子集成》第五册,中华书局1986年版,第2页。

非王土,率土之滨莫非王臣"就是最形象的描述,因此,尊重和维护周王及其公室就是维护"公"。同样的道理,对于诸侯国的卿大夫们而言,尊重和维护自己的国君也是维护"公"。这一制度在西周前期实现的比较理想,但是,西周末期,随着周王权力的衰落,原来严格的宗法等级制度开始失去作用,周王所代表的"公"受到了前所未有的挑战,到春秋时期越演越烈,终于由"礼乐不兴"发展到"礼崩乐坏",原来"礼乐征伐自天子出"逐渐转变成"礼乐征伐自诸侯出",到了后来甚至发展到"礼乐征伐自大夫出",最终是"陪臣执国命"①。这种变化背后的根本原因显然要追溯到生产力的发展以及由此引起的社会关系的变化,侯外庐说:"春秋大夫和国君以及大夫和大夫之间的阶级内讧,说明了财产所有的变化,逐渐分散在占有土地生产资料的小宗族手里。但是这种变化(兼室、夺邑)通过春秋时代都在过渡的状态,没有形成'土地私有'的显族贵族,这是应当记取的。所以春秋时代的生产资料的所有形态,基本上还是继承'周公之藉',所起的变化乃是由大氏族向小宗族的土地所有。"②

其实"公"与"私"的争斗是贯穿于整个春秋战国的。从大的范围看,周王室衰微,周天子控制诸侯的权力也日益丧失。周王不仅经济上有求于诸侯,政治上也往往受诸侯的摆布。一些强大的诸侯国势力不断壮大,齐桓公、晋文公、宋襄公、秦穆公、楚庄王相继称雄,他们不再尊重周王室,甚至利用王室这个旗号,"挟天子以令诸侯",积极发展自己的势力。

从小的范围看,各诸侯国内亦是如此。以卿大夫为代表的"私家"不断侵蚀诸侯的"公室"。诸侯国内部的卿、大夫的势

---

① 《季氏》,朱熹:《论语集注》,齐鲁书社1992年版,第168页。
② 侯外庐:《中国古代社会史论》,人民出版社1955年版,第89页。

力也日益膨胀。他们统治的封邑，在诸侯国内俨然成为一个个割据独立的小国。不少"私家"成为拥有大量私产的富有者。如晋国的郤氏"其富半公室，其家半三军"[1]；鲁国的季氏"富于周公"[2]。有些势力强大的卿、大夫，如鲁国的三桓、齐国的田氏、晋国的韩赵魏三氏还操纵了诸侯国的政治，甚至一些战争、会盟等重大事件都由卿大夫决定。比如前559年，晋悼公会齐、宋、卫、郑、曹、莒、邾、滕、薛、杞等13国征秦，前555年晋平公会盟鲁、宋、卫、郑、曹、莒等12国伐齐，但是真正的决策者并不是晋悼公、晋平公，而是执政的大夫荀偃。跟从的也不是各国的国君，而是各国大夫，如鲁国的季孙宿、宋国的华元、郑国的子蟜等。战国时期，此风尤甚，即便在强大的齐国，随着田氏势力的日益壮大，也出现了"闻齐之有田文，不闻其有王也"[3]的局面。局势发展的结果，诸侯国的政权由公室向私家转移。田氏代齐、三家分晋就是春秋战国时期公室与私家之间展开激烈斗争的结果。

从文献记载来看，鲁国的家臣问题表现得最为突出。当时鲁国孟孙氏、叔孙氏、季孙氏三家把持政权，三家同为桓公之后，故称"三桓"，其中季氏实力又强于二家。后来经历了"三分公室"和"四分公室"之后，三桓尤其是季氏的权力达到了顶点，乘着掌权之机，不断进行损公肥私的活动。昭公二十五（前517）年，昭公因不堪季氏欺凌和专政，兴师讨伐季氏，结果季氏得孟孙氏、叔孙氏相助，反把昭公逐出国都，"鲁君于是乎失国，政在季氏"[4]，此后七年，鲁国无国君，由

---

[1] 《国语·晋语》，韦昭注《国语》，上海古籍出版社1995年版。
[2] 《先进》，朱熹：《论语集注》，齐鲁书社1992年版，第107页。
[3] 《史记·范雎列传》。
[4] 《左传·昭公三十年》，《春秋左传正义》，北京大学出版社1999年版。

三桓摄政。

面对各诸侯国政出多门,甚至大权旁落的现象,孔子忧心忡忡。在孔子看来,私门的无限扩大是以私侵公的行为,是不能容忍的。为了遏制这种局势,孔子提出"张公室,抑私门"的主张。公元前501年,在他担任鲁国司寇后,坚持贯彻"强公室,抑私门"政策,打击操纵国政的大夫的势力,一心想改变"礼乐征伐自大夫出"的局面。为了提高国君的权威,孔子提出"堕三都、抑三桓"的主张,结果遭到三家大夫的反对,最后以孔子的出游列国告终。

孔子不仅对大权旁落的现象十分不满,对私门僭越礼仪的行为也大为不满。《论语·八佾》记载的两件事颇能反映孔子对私门僭越礼仪的态度:"季氏旅于泰山。子谓冉有曰:'女弗能救与?'对曰:'不能。'子曰:'呜呼!曾谓泰山不如林放乎?'"鲁国掌权的季孙氏要"旅于泰山",这在孔子看来是僭越礼仪的大不敬行为,这是什么原因呢?原来自周代以来,只有一国中的最高统治者才能祭祀泰山,也就是说当时只有周天子才有资格祭祀泰山,诸侯是没有这种资格的,更不用说公卿大夫了,这已经成了不可逾越的规矩。"周礼在鲁",作为周公后裔的鲁国对这一规定严格遵守。但现在季孙氏竟然要去祭祀泰山,面对这种以私侵公、僭越礼法的行为,孔子想设法阻止,他问自己的学生、做季氏家臣的冉求。"女弗能救与?"冉求知道自己以一个家臣的力量,阻止不住季氏这种越礼行为,回答"不能"。孔子无奈地长叹一声说:"呜呼,曾谓泰山不如林放乎?"面对如此情形,孔子同样也是无能为力,他只能寄希望于泰山山神,认为其水平绝对不会降低到自己中等水平弟子林放的程度之下。季氏不懂礼。泰山山神却懂礼,自古祭祀天下山川大山,都是国君的权力。季氏身为臣子竟敢祭泰山山神,不是尊敬它,而是亵渎它,泰山山神绝不会降格接受季氏的崇拜。《史记》说"仲尼谶之",它体现出孔子反对礼坏乐崩,张公室,抑私门的政治思想①。

另一件事是孔子批评鲁国大夫季平子僭越礼仪用天子的乐舞"八佾舞于庭"②。孔子对此非常不满,他说:"是可忍也。孰不可忍也!"③ 为何孔子如此气愤呢?原来《周礼》规定,只有周天子才可以享用八佾,诸侯为六佾,卿大夫为四佾,士用二佾。季氏是正卿,只能用四佾。可是"私门"的力量增强了,卿大夫也想享受天子的待遇,于是他们就自行其是,越制享受,季氏不仅占有了"公室"的舞者,竟然把天子用来祭祀山川的八佾《大夏》之舞,拿来在自己的家庙里享用。在孔子看来,这种颠倒礼仪规范的行为非常可怕,它不仅破坏了君臣礼仪,而且还是"私门"侵蚀"公室"的表现。"是可忍孰不可忍"的评价,反映了孔子对此事的基本态度。其实这种僭越行为在当时是非常多的,就连鲁国国君鲁隐公也曾越礼享用天子之乐。《春秋公羊传》认为孔子在《春秋》隐公五年,在谈到鲁隐公使用六佾时就是用了春秋笔法来表达自己对鲁君的不满,《春秋》云:"初献六羽。"《公羊传》解释说:"六羽者何?舞也。初献六羽,何以书?讥。何讥尔?讥始僭诸公也。六羽之为僭奈何?天子八佾,诸公六,诸侯四。……僭诸公犹可言也,僭天子不可言也。"《公羊传》认为鲁君是诸侯,只能用四佾,而今"初献六羽",明显是僭越,因此《公羊传》认为孔子在这里是讥讽隐公带头不守礼节,鲁君以诸侯而僭天子,罪过很大,"僭诸公犹可言也,僭天子不可言也"。

孔子礼仪观念中很重要的一条就是"君君臣臣",他认为

---

① 骆承烈:《孔子与泰山》,2008年1月1日,中国泰山网(http://www.mount—tai.com.cn/2372.shtml)。

② 古时一佾八人,八佾就是六十四人。

③ 《八佾》,朱熹:《论语集注》,齐鲁书社1992年版,第19页。

"君臣之义，如之何其废之？"① 孔子认为人们应该遵守礼仪，行为上恪守自己的名分就是守"礼"，越出自己的名分就是违礼。因此，孔子不但对种种违礼僭越的行为进行了讥刺贬斥，而且还提出要通过礼治来恢复社会秩序。有人据此认为孔子希望倒退到西周，其实不然，孔子的"张公室，抑私门"实际上是和当时吴起、商鞅的"强公室，杜私门"一样，不仅不是倒退，反而是一种革新的手段，只不过由于孔子打着复归周礼的旗号，容易让人误解罢了。这一点，童书业先生曾谈到过，此处不再赘述②。

（二）礼治与公私

孔子认为以"礼"教化民众是协调公私、群己关系的有效途径。孔子认为，从国家层面来讲，要"为国以礼"③，因为"礼"可以起到重要作用："礼，经国家，定社稷，序人民，利后嗣也。"④ 既然礼如此重要，那么"礼"也有节制，因为过度强调"礼"也会有弊端，孔子借用有子的话说："礼之用，和为贵。先王之道，斯为美，小大由之。有所不行。知和而和，不以礼节之，亦不可行也。"⑤ 也就是说礼是圣人制定的人与人之间的礼仪规范，只因有了"礼"，人们之间才能和谐相处。然而，如果有人为了表面的和谐，便不用礼仪制度去规范人的行为，那也是有悖原则的。因为在孔子看来，如果失去礼仪的节制，就会倒向道德的对立面，他说："恭而无礼则劳，慎而无礼则葸，勇

---

① 《微子》，朱熹：《论语集注》，齐鲁书社1992年版，第187页。
② 童书业：《论孔子政治思想的进步面》，《文史哲》1961年第2期；又载《先秦七子思想研究》，中华书局2006年版，第45—46页。
③ 《先进》，朱熹：《论语集注》，齐鲁书社1992年版，第112页。
④ 《左传·隐公十一年》，《春秋左传正义》，北京大学出版社1999年版。
⑤ 《学而》，朱熹：《论语集注》，齐鲁书社1992年版，第6页。

而无礼则乱,直而无礼则绞。"①

但是孔子所生活的春秋时期,礼崩乐坏,面对这种局面,孔子一心想恢复周礼,再现周公礼治的辉煌。孔子认为西周是以礼治国的典范,"周监于二代,郁郁乎文哉!吾以周"②。孔子对周公的礼治更是推崇备至,在鲁国看到周代的《易象》和《鲁春秋》时,他赞叹道:"周礼尽在鲁矣,吾今乃知周公之德与周礼所王也。"③他甚至为梦不到周公而忧心忡忡:"甚矣吾衰也!久矣吾不复梦见周公。"④孔子对礼是非常重视的,仅《论语》中孔子谈及"礼"的地方就有43章,出现次数达75次之多⑤。为了实现这一理想,孔子提出了一系列的礼治思想。

对当政者而言,要做到以下几点:

其一,要"正名",即要制定并遵从一套礼仪规章制度。所谓"名之必可言也,言之必可行也"。名不正就会导致社会秩序的混乱,孔子打了一个非常形象的比喻说:"觚不觚,觚哉!觚哉!"⑥觚不像个觚了,这也算是觚吗?孔子慨叹当今事物名不符实,强烈要求"正名"。当时社会"君不君,臣不臣,父不父,子不子"的状况,是孔子所不能容忍的,他认为只有有了"名"才可以"拨乱世,反诸正"⑦。他所推崇的周礼就是因为

---

① 《泰伯》,朱熹:《论语集注》,齐鲁书社1992年版,第74页。
② 《八佾》,朱熹:《论语集注》,齐鲁书社1992年版,第24页。
③ 《左传·昭公二年》,《春秋左传正义》,北京大学出版社1999年版。
④ 《述而》,朱熹:《论语集注》,齐鲁书社1992年版,第62页。
⑤ 沈善洪、王凤贤:《中国伦理学说史》上册,浙江人民出版社1988年版,第117页。
⑥ 《雍也》,朱熹:《论语集注》,齐鲁书社1992年版,第58页。
⑦ 《公羊传·哀公十四年》,《春秋公羊传注疏》,北京大学出版社1999年版。

有一套可以"辨君臣上下长幼之位"、"别男女父子兄弟之亲"①的制度,所以是规范和维护社会秩序的理想制度。而周礼是已经存在的,人们所要做的只是正名:

> 子路曰:"卫君待子而为政,子将奚先?"子曰:"必也正名乎!"子路曰:"有是哉,子之迂也!奚其正?"子曰:"野哉,由也!君子于其所不知,盖阙如也。名不正,则言不顺;言不顺则事不成;事不成则礼乐不兴;礼乐不兴,则刑罚不中;刑罚不中,则民无所措手足。故君子名之必可言也,言之必可行也。"②

所谓"正名",就是要使"名"与"实"相符合,也就是要求每个人都要遵从合乎道德的礼仪标准。他甚至批评那些隐士破坏了礼仪:"长幼之节,不可废也;君臣之义,如之何其废之?欲洁其身而乱大伦。"

孔子推崇周礼,但这并不是说,孔子认为周礼是不可以改动的。他主张根据具体情况进行适当的改变,"殷因于夏礼,所损益,可知也,周因于殷礼,所损益,可知也;其或继周者,虽百世可知也"③。有人抓住"虽百世可知也"一语,认定孔子认为周礼是不可改变的,这是难以令人信服的。正如沈善洪、王凤贤所说:"因为这里,前提是肯定殷代沿袭夏礼,并对夏礼有所'损益';周代沿袭殷礼,并对殷礼有所'损益'。说的都是既有继承,又有修改和发展,怎么能得出周礼却是百世不变的结论呢?孔子的本意只是说,历代礼制的因革是有规律可循的,从

---

① 《礼记·哀公问》。
② 《子路》,朱熹:《论语集注》,齐鲁书社1992年版,第128页。
③ 《为政》,朱熹:《论语集注》,齐鲁书社1992年版,第17页。

夏、殷、周三代礼制的沿革情况中，可以推知以后发展变化的轮廓。"① 孔子认为礼仪的改变必须根据具体情形来决定，如果新的变化合乎道德要求那么是可以的，反之，还不如遵守原来的礼仪制度。他举了个例子说明了自己的这一论点："麻冕，礼也；今也纯，俭。吾从众。拜下，礼也；今拜乎上，泰也。虽违众，吾从下。"②

其二，要"修己以安百姓"③，也就是说当政者要提高自己的道德修养。孔子特别强调当政者要做到"修己"、"正身"，他说："苟正其身矣，于从政乎何有？不能正其身，如正人何？"④ 孔子作为"公"的主导力量，当政者能否"身正"是关系到国政能否治理、百姓能否稳定的大事情。他对鲁国的当权者季康子说："政者，正也。子帅以正，孰敢不正？"⑤ "政"的意思就是端正。作为官员自己带头端正，作出表率，谁人敢不走正道呢？有一次，季康子向孔子咨询通过刑罚治理国家的问题："如杀无道，以就有道，何如？"孔子指出："子为政，焉用杀？子欲善而民善矣。君子之德风，小人之德草。草上之风，必偃。"⑥ 可见，孔子反对依靠暴力手段"折民惟刑"，他认为当政者如果不用道德来感化老百姓，而采取暴力手段对待人们是行不通的。因为在孔子看来当政者就像是"风"，百姓就像是"草"，如果当政者能行善，老百姓自然就会跟着向善。而现在正是由于季康子没有对老百姓进行很好的教化引导，没有从根本上为百姓向善创

---

① 沈善洪，王凤贤：《中国伦理学说史》上册，浙江人民出版社1988年版，第118页。
② 《子罕》，朱熹：《论语集注》，齐鲁书社1992年版，第84页。
③ 《宪问》，朱熹：《论语集注》，齐鲁书社1992年版，第152页。
④ 《子路》，朱熹：《论语集注》，齐鲁书社1992年版，第132页。
⑤ 《颜渊》，朱熹：《论语集注》，齐鲁书社1992年版，第122页。
⑥ 同上书，第123页。

造条件，因此这完全是当政者本身的过失，根本不能归罪于老百姓。正所谓："其身正，不令而行；其身不正，虽令不行。"①

那么怎样才能做到"身正"呢？具体的做法不外乎提高为政的修养。在《论语·宪问》篇中，孔子和子路的一段对话说明了孔子的立场："子路问君子。子曰：'修己以敬。'曰：'修己以安人。'曰：'如斯而已乎？'曰：'修己以安百姓。'"尽管"修己以安百姓，尧、舜其犹病诸！"但是孔子认为当政者还是应该朝着这一方向努力。

当政者还应该以礼作为自己言行的标准。"君使臣以礼，臣事君以忠"②，"上好礼，则民莫敢不敬；上好义，则民莫敢不服；上好信，则民莫敢不用情。夫如是，则四方之民襁负其子而至矣，焉用稼？"③当政者的言行直接对百姓产生风向标的作用，当政者以礼为政，取信于民是非常重要的。当政者只有做到"好礼"、"好义"、"好信"，以礼为政，才能要求臣子和百姓"事君以忠"，"事君，敬其事而后其食"④。

其三，要"因民之所利而利之"⑤，就是说要让百姓生活富足，安居乐业。孔子是在和弟子谈论国家治理问题时提出这一看法的："因民之所利而利之。斯不亦惠而不费乎？"他要求当政者务必关注百姓的愿望和要求，尽可能满足民众最基本的物质利益需要。"子贡问政，子曰：'足食，足兵，民信之矣。'"⑥、"子适卫，冉有仆。子曰：'庶矣哉！'冉有曰：'既庶矣，又何

---

① 《子路》，朱熹：《论语集注》，齐鲁书社1992年版，第130页。
② 《八佾》，朱熹：《论语集注》，齐鲁书社1992年版，第26页。
③ 《子路》，朱熹：《论语集注》，齐鲁书社1992年版。
④ 《卫灵公》，朱熹：《论语集注》，齐鲁书社1992年版，第164页。
⑤ 《尧曰》，朱熹：《论语集注》，齐鲁书社1992年版，第200页。
⑥ 《颜渊》，朱熹：《论语集注》，齐鲁书社1992年版，第119页。

加焉?'曰:'富之.'"① 在孔子看来,百姓富足是维护社会稳定的最基本保障,更何况民众的利益和君主的利益,从根本上说是一致的。正如孔子的弟子有若所说:"百姓足,君孰与不足?百姓不足,君孰与足?"② 老百姓富足了,当政者也就富裕了,公私实为一个矛盾的统一体,富民、惠民的"公"在一定程度上也保全了"私"。

谢文郁认为孔子的这种看法可以称得上"公利"意识。在孔子的说法中,如果一个统治者为百姓谋取利益(公利),他的统治就会巩固起来,而他也就不会为了自己的统治(私利)而到处盘剥百姓。在统治者和被统治者之间的关系中,巩固统治是统治者的私利。但是,如果统治者能够做到"因民之所以利而利之",那么,他就能为人民带来"公利"。可见,在"惠而不费"这个命题里,"公利"和"私利"结合在一起了。这种结合有一个显著的特点,就是,出发点虽然是"私利",但由于引入了"公利"意识,"私利"反而得以充分实现。或者说,为了得到"私利",我们应该把目光放在"公利"之上。人的"公利"意识来自于对"私利"的深入反思。这种情况称为"见利思义"。这里,孔子提供了一种具体地认识"公利"的途径③。

其四,要以礼导民。当政者应该做到:"道之以政,齐之以刑,民免而无耻;道之以德,齐之以礼,有耻且格。"④ 这句话的意思是说,当政者如果使用政法来诱导百姓,使用刑法来整顿百姓,人民只是暂时地免于罪过,却没有廉耻之心;如果用道德

---

① 《子路》,朱熹:《论语集注》,齐鲁书社1992年版,第130页。
② 《颜渊》,朱熹:《论语集注》,齐鲁书社1992年版,第120页。
③ 谢文郁:《寻找善的定义:"义利之辩"和"因信称义"》,《世界哲学》2005年第4期。
④ 《为政》,朱熹:《论语集注》,齐鲁书社1992年版,第10页。

来诱导他们,使用礼教来整顿他们,那么就能收到人心归服的效果。对那些试图依靠暴力手段"折民惟刑"的做法,孔子提出严厉的批评。有一次,孔子听说晋国铸造刑鼎时,他说:

> 晋其亡乎!失其度矣。夫晋国将守唐叔之所受法度,以经纬其民,卿大夫以序守之。民是以能尊其贵,贵是以能守其业。贵贱不愆,所谓度也。文公是以作执秩之官,为被庐之法,以为盟主。今弃是度也,而为刑鼎,民在鼎矣,何以尊贵?贵何业之守?贵贱无序,何以为国?且夫宣子之刑,夷之蒐也,晋国之乱制也,若之何以为法?①

总之,在孔子看来,当政者如果能提高自身道德,那么就能实现安定有序的局面,这就是莫大的"公"。虽然孔子的出发点是维护宗法秩序,但是对于规范当政者的行为,维护人民利益还是有着重要意义的。

三 对公平、公正的追求

公平、公正是儒家伦理思想的重要组成部分,可以说对公平、公正的追求是孔子思想中的核心政治价值观之一。所谓政治价值观,"一般指的是社会成员对政治世界的看法,包括社会成员看待、评价某种政治系统及其政治活动的标准,以及由此形成的政治主体的价值观念和行为模式的选择标准。在某种政治文化影响下,社会成员在总体上都存在一种基本一致的政治价值观念,它直接影响着政治行为主体的政治信念、信仰和态度"。②学界往往将这种价值观的源头追溯到孔子三无私论,《礼记·孔

---

① 《左传·昭公二十九年》。
② 王惠岩:《政治学原理》,高等教育出版社1999年版,第240页。

子闲居》载:"子夏曰:'敢问何谓三无私?'孔子曰:'天无私覆,地无私载,日月无私照。奉斯三者以劳天下,此之谓三无私。'"

宋希仁说:"中国人很重公平、正义,自古论说者不少。诸子百家之论有所谓公,有所谓平,有所谓正,有所谓义。公、平、正、义虽然各有诠解,但又互相贯通。'公者比正','公则万事平';'义者正也''正者义之要';'公者以仁体之为无私,无私即为正'。"① "宽则得众,信则民任焉,敏则有功,公则说。"② 公平就会使百姓高兴,可以说,"公则说"的过程实际就是一个如何将公归结为"公利"的过程,体现的是如何以私从公③。孔子对公平的追求表现在对理想社会的追求,包括经济公平和政治公平两个方面。

(一)经济公平——均无贫

孔子在与弟子的一次对话中曾谈及自己的理想:"颜渊、季路侍。子曰:'盍各言尔志?'子路曰:'愿车马衣轻裘,与朋友共,敝之而无憾。'颜渊曰:'愿无伐善,无施劳。'子路曰:'愿闻子之志。'子曰:'老者安之,朋友信之,少者怀之。'"④可见,孔子向往的是一个安定、和谐的社会,在这个社会里,"天下为公,选贤与能,讲信修睦。故人不独亲其亲,不独子其子,使老有所终,壮有所用,幼有所长,矜寡孤独废疾者皆有所养,男有分,女有归。货恶其弃于地也,不必藏于己;力恶其不出于身也,不必为己。是故谋闭而不兴,盗窃乱贼而不作,故外

---

① 宋希仁:《戴文礼〈公平论〉序》,载戴文礼《公平论》,中国社会科学出版社1997年版。

② 《尧曰》,朱熹:《论语集注》,齐鲁书社1992年版,第199页。

③ 张晓芒:《孔墨公私观的不同走向》,刘泽华等著:《公私观念与中国社会》,中国人民大学出版社2003年版,第94页。

④ 《公冶长》,朱熹:《论语集注》,齐鲁书社1992年版,第47页。

户而不闭。是谓大同"①。但是在当时"王室衰微,诸侯争霸,公室卑弱,大夫兼并"的社会形势下,这是不可能实现的。尽管如此,孔子仍然以其"知其不可而为之"的精神执著地上下求索着。

孔子主张经济生活领域要力保公平。孔子说:"不患寡而患不均,不患贫而患不安。"对于这句,有些问题需要说明一下,西汉大儒董仲舒在《春秋繁露》一书引述这段话时将"寡""贫"二字换了个位置:"丘也闻有国有家者,不患贫而患不均,不患寡而患不安。"清代学者俞樾肯定了董仲舒的表述,并认为《论语》将"寡""贫"二字颠倒②。笔者以为这种看法是有道理的,正如朱熹所解释的:"寡谓民少,贫谓财乏,均谓各得其分,安谓上下相安。"③只有将"寡"与"贫"调换一下位置才能与后文的"均无贫,安无倾"相对应,而且这样也更合乎题旨:不担心贫困而担心不公正平均,不担忧百姓少而担忧上下不能相安。从这句话可以看出,孔子对春秋时期经济生活中的不公现象是比较担忧的,从这种担忧来看,孔子认为公平是极为重要的。孔子认为,贫富是相对的,人人都富有也就无所谓富,人人都贫穷亦无所谓贫,这也就是所谓的"均无贫"。这不是孔子担心的现象,他担心的是"不均",如果财富分配悬殊太不均衡,就会引起社会动荡,因而他要求当政者要合理照顾普通百姓的利益,尽最大努力做到均衡。有人把孔子的这种思想批为绝对平均主义,其实这是对孔子的极大误解,孔子是等级制和宗法制的赞同者,他不可能要求公卿王侯和平民百姓的绝对平等,孔子只是要求当政者不要只顾一己之私利,还应当注意社会的基本公平。

---

① 《礼记·礼运》,郑玄注,孔颖达、正义《礼记正义》,北京大学出版社1999年版。
② 俞樾:《古书疑义举例》,中华书局1956年版。
③ 朱熹:《四书集注》,齐鲁书社1992年版。

只有如此,才能维持安定的社会秩序。孔子的理想不过是"使富者足以示贵,而不至于骄;贫者足以养生,而不至于忧。以此为度而调均之,是以财不匮而上下相安"①。当政的公卿巨族可以富足但是不能骄横,而且要满足平民百姓实现最基本的生活需求,只有这样,才能上下相安、和谐相处。不仅如此,孔子还要求当政者要周济百姓,急百姓之所急:"君子周急不继富。"②

孔子还提出当政者要富民、养民、济民。孔子的富民思想在《论语·子路》中有很好的反映:"子适卫,冉有仆。子曰:'庶矣哉!'冉有曰:'既庶矣,又何加焉?'曰:'富之。'曰:'既富矣,又何加焉?'曰:'教之。'"孔子认为,当政者首先应该努力发展生产,让老百姓富足"足食,足兵,民信之矣!"③按孟子的说法,天下要归仁,当政者就应该采取措施让百姓有"恒产",才能有"恒心",才不会犯上作乱。如果民众的产业,"仰不足以事父母,俯不足以畜妻子;乐岁终身苦,凶年不免于死",那么社会就难以安定。这与管仲所说的"仓廪实而知礼节,衣食足则知荣辱"④有着相似的见解。在孔子看来财富是每个人都想追求的,但是要求之有道,不能不顾一切地疯狂追逐,不然,即便得来了也是可耻的:"富与贵是人之所欲也,不以其道得之,不处也。"⑤"邦无道,富且贵焉,耻也。"⑥孔子认为公卿大族无限度地追逐财富,盘剥百姓会招致百姓怨恨:"放于

---

① 《春秋繁露·度制》,(清)苏舆撰,钟哲点校《春秋繁露义证》,中华书局1992年版,第228页。
② 《雍也》,朱熹:《论语集注》,齐鲁书社1992年版,第51页。
③ 《子路》,朱熹:《论语集注》,齐鲁书社1992年版,第130页。
④ 《管子·牧民》,黎翔凤校注,梁运华整理:《管子校注》,中华书局2004年版。
⑤ 《里仁》,朱熹:《论语集注》,齐鲁书社1992年版,第31页。
⑥ 《泰伯》,朱熹:《论语集注》,齐鲁书社1992年版,第79页。

利而行,多怨。"① 如果这种怨恨积累久了就容易引起社会的混乱。因而他主张当政者要适当让利于百姓,努力做到社会的公平,他赞同子贡说的博施济众的做法:"子贡曰:'如有博施于民而能济众,何如?可谓仁乎?'子曰:'可事于仁?必也圣乎?尧、舜其犹病诸!'"②

(二)政治领域的公平

我们不妨还是从古人对孔子"有国有家者,不患贫而患不均,不患寡而患不安。盖均无贫,和无寡,安无倾"这句话的理解来讨论这个问题。孔安国解释这段话说:"国,诸侯也。家,卿大夫也。不患土地人民之寡少,患政治之不平均也。忧不能安民耳,民安则国富。"③包咸曰:"政教均平,则不患贫矣。上下和同,则不患寡矣。大小安宁,不倾危也。"④ 由此可见,孔子所说的"均"并不仅仅是经济领域的公平、公正,他还要求政治领域的平等公正。在孔子看来,只有政治领域和经济领域都有了基本的公正平等才能让民众满意,概言之就是"公则说"。根据刘宝楠的解释,"公则说"就是指的政教之公平:"是言政教宜公平也。公平则举措刑赏皆得其宜,民服于上,故'说'也。"⑤ 正如张连顺所说:"由所引古注可知,均不是指具体分配数额的绝对平均,而是指政治、政教即分配管理之原则的理性公道。""宽则得众,信则民任焉,敏则有功,公则说"中的"公,可谓'不患寡而患不均'的'均'概念之注脚,即指

---

① 《里仁》,朱熹:《论语集注》,齐鲁书社1992年版,第34页。
② 《雍也》,朱熹:《论语集注》,齐鲁书社1992年版,第59页。
③ 《论语集解义疏》,《四库全书》(195册),上海古籍出版社1988年版,第488页。
④ 同上。
⑤ (清)刘宝楠:《论语正义》,中华书局1954年版,第416页。

政治、政教之公平"。①

不仅孔子这句话里包含着政治公平、公正的思想,他的中庸思想中也蕴藏着公平、公正思想。孔子极为推崇"中庸"精神,他说:"中庸之为德也,甚至矣乎!民鲜久矣。"② 那么何为"中庸"?《中庸》首章说:"喜怒哀乐之未发,谓之中;发而皆中节,谓之和。中也者,天下之大本也;和也者,天下之达道也。致中和,天地位焉,万物育焉。"可见,在儒家看来"中和"是实现公正、和谐的关键。孔子认为只有不偏不倚,保持中庸之道才能做到公平、公正。他与子贡讨论过这一问题:"子贡问:'师与商也孰贤?'子曰:'师也过,商也不及。'曰:'然则师愈与?'子曰:'过犹不及。'"③ 师是子张,商是子夏,朱熹注解说:"子张才高意广,而好为苟难,故常过中。子夏笃信谨守,而规模狭隘,故常不及。"④ 孔子认为过和不及本质上相似,都是极其不公正的。正因为"过犹不及",所以孔子提出"中庸"思想。关于"中"的含义,孔子自己解释为"过犹不及"、"执两用中"、"中立不倚"。孔子还把中庸作为区分君子、小人的重要标志,他认为君子能随时做到适中,无过无不及:"君子中庸,小人反中庸。君子之中庸也,君子而时中;小人之中庸也,小人而无忌惮。"⑤

《尚书·大禹谟》云:"人心惟危,道心惟微,惟精惟一,允执厥中。"这是尧帝传舜帝,舜帝告诫大禹的一段治国心得,"允"字解释为"公平、得当","中"又有中正、公正之意。也

---

① 张连顺:《孔子"不患寡而患不均"的形上意义及现实意义》,《贵州大学学报》(社会科学版)2006年第5期。
② 《雍也》,朱熹:《论语集注》,齐鲁书社1992年版,第59页。
③ 《先进》,朱熹:《论语集注》,齐鲁书社1992年版,第107页。
④ 朱熹:《论语集注》,齐鲁书社1992年版,第107页。
⑤ 《中庸》第二章。

就是说当政者只有专心精诚,公平公正才能让社会安定和谐。孔子对这种"允执厥中"的方法十分赞赏:"舜其大知也与!舜好问而好察迩言,隐恶而扬善,执其两端,用其中于民,其斯以为舜乎!"① 因为用"执中"的方法处理人事是最公平合理的。

(三) 教育思想中的公平观——有教无类

在春秋以前,学在官府,天子与诸侯在国都设立"国学",中小贵族在自己管辖的地区设立"乡学"。一般平民百姓是没有机会进入官学的,只有贵族子弟才有在官学中受教育的机会。孔子开办私学,以"学在四夷"的行动打破了这种局面,冲破了"礼不下庶人"② 的等级制度,推动了教育向民间的推移,使更多的平民子弟受到教育,体现了古代朴素的教育公平思想。

孔子从人性论的角度指出:"性相近也,习相远也。"③ 朱熹《论语集注》解释这句话说:"人性皆善,而其类有善恶之殊者,气习之染也。故君子有教,则人皆可以复于善,而不当复论其类恶矣。"人性从本性上讲,是没有善恶之别的,只要能好好地教育,恶人也能恢复善的本性,就是说人的天赋素质是相近的,是没有阶级性的,个性差异是后天习染不同造成的,因而不论贵贱善恶,人人都可以接受教育,都可以养成"君子"的品德。正是在这种人性论的基础上,孔子提出了"有教无类"④ 的主张。皇侃《论语义疏》云:"人乃有贵贱,同宜资教,不可以其种类庶鄙而不教之也;教之则善,本无类也。"皇侃认为,人是没有尊卑贵贱差别的,之所以有区别,在于他们所接受的教育的不同,只要对他们进行教育,不论庶鄙都能变善。在"有教无类"思想的指导下,孔子设坛讲学,广收门徒,招收的学生不分地

---

① 《中庸》。
② 《礼记·曲礼》。
③ 《阳货》,朱熹:《论语集注》,齐鲁书社1992年版,第174页。
④ 《卫灵公》,朱熹:《论语集注》,齐鲁书社1992年版,第164页。

域，不分老少，不分华夷，不分等级、不分贫贱等，只要能"自行束脩"① 就来者不拒。他的弟子来自鲁、齐、宋、卫、秦、晋、陈、蔡、吴等不同国度，甚至还吸收了被中原人视为"蛮夷之邦"的楚人公孙龙。孔子的三千弟子，大多出身贫贱，如颜回"居陋巷，一箪食，一瓢饮"；子张乃鄙家子弟；闵子骞、子路乃食藿藜的"卞之野人"；曾参穷到"三年不举火，十年不制衣"的地步；子张出身于鲁之鄙家；原宪衣破冠敝，身居"上漏下湿"的"不堵之室"；子夏"家贫，衣若悬（玄）鹑"②、公冶长出身贫寒，靠打柴为生，甚至连曾做盗贼的颜涿聚也得以学在孔门，当然，也有像南宫适、孟懿子这样的富贵子弟。对如此驳杂的生源，南郭惠子曾讥笑说："夫子之门何其杂也?"子贡反驳说："君子正身以俟，欲来者不距（拒），欲去者不止。且夫良医之门多病人，隐括之侧多枉木，是以杂也。"③ 有教无类正是孔子"泛爱众而亲人"、"仁者爱人"思想的最好诠释。后世学者对此评价甚高，梁启超在《先秦政治思想史》中说："本其'有教无类'之精神，自缙绅子弟以至狙侩大盗，皆'归斯受之'。"当代学者冯友兰先生说："如此大招学生，不问身家，凡缴学费者即收，一律教以种种功课，教读各种名贵典籍，此实一大解放也。"④

孔子的教育公平思想还表现在教学相长、师生平等方面。孔子的"三人行，必有我师焉"以及"当仁不让于师"的精神都是师生平等思想的反映。孔子不仅是一个伟大的思想家，还是一个伟大的践行者，他在日常的教学中也努力实践着这些理念。他

---

① 《述而》，朱熹：《论语集注》，齐鲁书社1992年版，第63页。
② 《荀子·大略》。
③ 《荀子·法行》。
④ 冯友兰：《中国哲学史》（上），华东师范大学出版社2001年版，第45页。

与弟子的交流总能在平等民主的氛围中进行。"子路、曾皙、冉有、公西华侍坐。子曰：'以吾一日长乎尔，毋吾以也。居则曰："不吾知也！"如或知尔，则何以哉？'"① 孔子平等地看待自己的弟子，首先说自己只不过比弟子们年龄大些，不要因此把自己看得很了不起，语气谦和、亲切，努力打消学生的心理顾虑，从而打消了弟子们的思想顾虑，创造了一种民主、平等的对话氛围。在这样一种平等民主的气氛下，学生就敢想、敢说，勇于各抒己见了。

不仅如此，孔子还能平等地和学生交流自己的心得体会，比如孔子游北山时和自理、子贡、颜回的一段对话：

孔子北游于农山，子路、子贡、颜渊侍侧。孔子四望，喟然而叹曰："于斯致思，无所不至矣。二三子各言尔志，吾将择焉。"子路进曰："由愿得白羽若月，赤羽若日，钟鼓之音，上震于天，旌旗缤纷，下蟠于地，由当一队而敌之，必也攘地千里，搴旗执职，唯由能之，使二子者从我焉。"夫子曰："勇哉。"子贡复进曰："赐愿使齐楚合战于漭瀁之野，两垒相望，尘埃相接，挺刃交兵，赐著缟衣白冠，陈说其间，推论利害，释国之患，唯赐能之，使夫二子者从我焉。"夫子曰："辩哉。"颜回退而不对。孔子曰："回，来，汝奚独无愿乎？"颜回对曰："文武之事，则二子者，既言之矣，回何云焉。"孔子曰："虽然，各言尔志也，小子言之。"对曰："……千岁无战斗之患，则由无所施其勇，而赐无所用其辩矣。"夫子凛然曰："美哉！德也。"子路抗乎而对曰："夫子何选焉？"孔子曰："不伤财，不害

---

① 《先进》，朱熹：《论语集注》，齐鲁书社1992年版，第111页。

民，不繁词，则颜氏之子有矣。"①

孔子丝毫不摆老师的架子，他对每个人的理想都给予肯定，而且是根据每个学生的特点予以适当的评价，颜回犹豫不敢说，孔子热情地鼓励他。"各言尔志也，小子言之。"及时打消了他的顾虑，让每位学生都能畅所欲言，都能表达自己的想法。

更难能可贵的是孔子能虚心接受批评，真诚地承认自己的错误和不足。孔子听到别人提出不同的意见不仅不会恼怒，反而会非常高兴。"陈司败问：'昭公知礼乎？'孔子曰：'知礼。'孔子退，揖巫马期而进之，曰：'吾闻君子不党，君子亦党乎？君取于吴为同姓，谓之吴孟子。君而知礼，孰不知礼？'巫马期以告。子曰：'丘也幸，苟有过，人必知之。'"②再如《论语·阳货》："子之武城，闻弦歌之声，夫子莞尔而笑曰：'割鸡焉用牛刀？'子游曰：'昔者偃闻诸夫子曰，君子学道则爱人，小人学道则易使。'孔子曰：'二三子，偃之言是也。前言戏之耳。'"孔子认为治理武城这样一个小地方，根本用不着施行礼乐教育。但是听了子游的解释，他马上认识到自己的错误，并向子游道歉，承认子游的话是对的，刚才的话只是和他开个玩笑罢了。

颜回是孔子的得意门生，但是由于颜回从不向孔子提出不同意见，所以让孔子多少感到美中不足："回也非助我者也，于吾言无所不说。"③"吾与回言终日，不违如愚。"④ 在孔子看来，在真理面前，师生是平等的，学生可以"当仁，不让于师"⑤，这和西方智者亚里士多德的"吾爱吾师，吾更爱真理！"有着相

---

① （晋）王肃 等编：《孔子家语·致思》，上海古籍出版社1990年版。
② 《述而》，朱熹：《论语集注》，齐鲁书社1992年版，第71页。
③ 《先进》，朱熹：《论语集注》，齐鲁书社1992年版，第104页。
④ 《为政》，朱熹：《论语集注》，齐鲁书社1992年版，第13页。
⑤ 《卫灵公》，朱熹：《论语集注》，齐鲁书社1992年版，第164页。

同的风范。

(四) 实现公平、公正的途径——以公灭私,民其允怀

孔子为实现公平社会提出的解决方法是"以公灭私,民其允怀"①。孔颖达疏曰:"为政之法,以公平之心灭己之私欲。"孔子非常认同《尚书》的这种说法,认为该说法推崇"公"而贬抑"私",申明了公私之间的关系。

为了实现这种理想的公私状态,孔子提出了一些建议。

首先当政者应有仁德。孔子认为管理国家的工作者必须以仁德为指导思想,这样就会像北辰一样,处在它的位置上得到众星的拱卫:"为政以德,譬如北辰,居其所而众星共之。"② 这个德必须有高超的智慧,要兼顾社会各阶层的生存空间,生存利益,才能够得到社会各阶层认可,这不仅需要智慧,也需要仁德。那么当政者需要什么样的仁德呢?孔子认为当政者应具有五美。所谓五美,是孔子在与子张谈论从政者品德时提出的:

> 子张问于孔子曰:"何如斯可以从政矣?"子曰:"尊五美,屏四恶,斯可以从政矣。"子张曰:"何谓五美?"子曰:"君子惠而不费,劳而不怨,欲而不贪,泰而不骄,威而不猛。"③

"惠而不费"是指让百姓们得到恩惠而自己却无所耗费;"劳而不怨"是指只让民众做他们有能力承担的事,那么民众自然不会有怨恨;"欲而不贪"是指要追求仁德而不贪图财利;"泰而不骄"是指君子对人,无论多少,势力大小,都不怠慢他们,

---

① 《尚书·周官》。
② 《为政》,朱熹:《论语集注》,齐鲁书社1992年版,第9页。
③ 《尧曰》,朱熹:《论语集注》,齐鲁书社1992年版,第200页。

这样才能体现为政者品行的公正和谦逊;"威而不猛"是指为政者举止应显示其庄重威严,令人敬畏,但是不能以凶悍暴戾的手段对待百姓。只有拥有这五种美德,才能不徇私,不枉法,这才是正天下的基础。但是由于当政者总是先考虑自己和自己所属阶层的利益,孔子认为这便是"私",是为政的最大忌讳,因而为政首先要去私。如傅玄所说:"政在去私,私不去则公道亡;公道亡,则礼教无所立;礼教无所立,则刑罚不用情;刑罚不用情,而下从之者,未之有也。夫去私者,所以立公道也,惟公然后可正天下也。"①

其次,以"忠恕之道"作为行为准则。孔子的忠恕之道是解决己与人、公与私关系的一把利剑。《论语·卫灵公》篇载:"子贡问曰:'有一言而可以终身行之者乎?'子曰:'其恕乎!己所不欲,勿施于人。'"朱熹说:"尽己之谓忠,推己之谓恕。"由此可知,所谓"忠恕"既包括"己欲立而立人,己欲达而达人",又包含"己所不欲,勿施于人"两层意思。实际上不论"忠"还是"恕"都是与孔子之"道"紧密相联的,孔子对子贡说:"其恕乎,己所不欲,勿施于人。"②仲弓问"仁",孔子的回答也是"己所不欲,勿施于人"③,可见,"恕"与"仁"的密切关系,朱熹认为:"仁也。'能近取譬',恕也",就是说"仁"即"恕",而且孔子也说过"恕则仁也。"④两相印证,可知"恕"与"仁"的关系。曾子说得更明白:"夫子之道,忠恕而已矣!"⑤ 众所周知,孔子之道的核心是"仁",而曾子说孔子之道"忠恕而已"。综上可知,"忠恕"与"仁"之间存在着对

---

① 《傅子·问政》。
② 《卫灵公》,朱熹:《论语集注》,齐鲁书社1992年版,第161页。
③ 同上书,第159页。
④ 《大戴礼记》。
⑤ 《里仁》,朱熹:《论语集注》,齐鲁书社1992年版,第34页。

等关系,实际上,"忠"也罢,"恕"也罢,都是孔子之道的表现形式。孔子行仁之方,便在于以"忠恕"训"仁","如己之心,以推诸人,此求仁之道。故恕亦训仁,恕仁本一理"[①]。

孔子推崇"仁者爱人",但要做到并不容易,因为人人都有私心,为此,人们必须有"忠恕"之心,当然对于不同层次的人,"忠恕"的要求可以是不一样的。刘宝楠《论语正义》引程瑶田《论学小记·进德篇》说:"恕者行仁之方也,尧舜之仁,终身恕焉而已矣。勉然之恕,学者之行仁也。自然之恕,圣人之行仁也。能恕则仁矣。"[②] 不管什么层次的"忠恕",都是"仁"的表现形式,都是为处理好群己关系、公私关系,没有"忠恕"之心的人,难免会有私心,但是有"仁"在心,以"忠恕"之道来处理这些关系时就能为他人,为群体着想了,这便是"公"。总之,在孔子看来,个体总是要通过"忠恕"的过程,与他人、与社会整体进行沟通,才能成长为理想的道德主体。

## 第二节 孟子以性善论为基础的"公"观念

孟子(前372年—前289年),山东邹城人,名轲,字子舆,又字子车、子居。战国时期儒家代表人物之一。孟子师承子思,继承并发扬了儒家思想,提出了"仁政"学说和"性善"论观点,成为仅次于孔子的一代儒家宗师,有"亚圣"之称,与孔子并称为"孔孟"。

孟子所生活的战国时期,社会经济正急剧变化,社会结构和社会制度都处于变动之中。随着土地私有的发展,统治阶级内部为争夺私利矛盾日益尖锐化和复杂化,诸侯与诸侯之间,诸侯与

---

[①] 刘宝楠:《论语正义》,(十三经注疏本),中华书局1990年版。
[②] 同上。

大夫之间,大夫与大夫之间为了政治上、经济上的私利,展开了剧烈的斗争。到了战国中后期,七国兼并战争使战国中后期的政治形势也变得错综复杂,礼崩乐坏。顾炎武有一段比较形象的描述。"如春秋时,犹尊礼重信,而七国则绝不言礼与信矣,春秋时,犹宗周王,而七国则绝不言王矣。春秋时,犹严祭祀,重聘享,而七国则无其事矣,春秋时,犹论宗姓氏族,而七国则无一言及之矣。春秋时,犹宴会赋诗,而七国则不闻矣,春秋时,犹有赴告策书,而七国则无有矣。邦无定交,士无定主。此皆变于一百三十三年之间,史之阙文,而后人可以意推者也。不待始皇之并天下,而文武之道尽矣。"① 在这样一个社会剧烈动荡时期,思想却十分活跃,产生了如儒、法、道、墨等各种思想流派,他们著书讲学,互相论战,呈现出百家争鸣的局面。孟子以继承尧舜、文武、孔子之道自任,宣扬仁政、性善之论,奔走游说于诸侯间。

面对社会巨变,公私混淆的局面,孟子提出了自己对公私关系的看法。据刘畅先生统计,《孟子》中"公"字作为单个词(不含"公曰")共出现了4次,其基本含义一为"公事",二为"爵位"。"私"字出现了10次,除了《离娄子》中的"私妻子"指"偏爱"之外,其余均指"私人的"、"个人的",可见在孟子这里"公"还没有太抽象的意义,仅指"公事"或"爵位"②。尽管孟子的"公"意义还比较单纯,但这并不代表孟子没有复杂的"公平"、"公利"的思想。孟子不仅提出了系统的"公"观念,而且从人性论、义利观等多个角度阐述了自己对公私关系的看法。

---

① 《日知录集释》卷十三,花山文艺出版社1990年版,第585页。
② 刘畅:《古文〈尚书·周官〉"以公灭私"辨析》,载刘泽华主编《公私观念与中国社会》,中国人民大学出版社2003年版,第85—86页。

## 一　孟子的"公"观念与人性论之关系

人性的本质问题是中外哲学家共同关心的话题。例如古希腊哲学家苏格拉底认为人的本性是善的；柏拉图早年主张性善论，把"善"看做是万物的本源，但在后期他转向性恶论；神学哲学家奥古斯丁也把人性看成是恶的；毕达哥拉斯则认为人可善可恶。这一话题也是战国诸子热衷讨论的问题，并且形成四种基本的看法：以孟子为代表的性善论，以荀子为代表的性恶论，以告子为代表的性无善无不善论，以世硕为代表的性有善有恶论以及由老庄代表的人性自然论。

孔子是最早谈及人性的，他说："性相近也，习相远也。"但是孔子并没有展开讨论人性到底是善的还是恶的，这也正是后来儒家内部人性论分裂的导火索。孟子从正面切入理解孔子的这句话，在反驳告子的"生之谓性"和"性无善无不善论"的基础上提出的性善论。

> 告子曰："性犹湍水也，决诸东方则东流，决诸西方则西流。人性之无分于善与不善也，犹水之无分于东西也。"孟子曰："水信无分于东西，无分于上下乎？人性之善也，犹水之就下也。人无有不善，水无有不下。"①
>
> 告子曰："生之谓性。"孟子曰："生之谓性也，犹白之谓白与？"曰："然。""白羽之白也，犹白雪之白；白雪之白，犹白玉之白与？"曰："然。""然则犬之性犹牛之性；牛之性犹人之性与？"②

---

① 《告子上》，朱熹：《孟子集注》，齐鲁书社1992年版，第155页。
② 同上书，第156页。

告子认为所谓"性"并不是人所独有的,就如"食"和"色",是万物的本性,是没有善恶之分的。孟子显然不同意告子的这种观点,他以流水喻人性,认为就像"水无不下","人无不善"。孟子还指出犬牛之性可以相似,但绝不与人性相似:"如使口之于味也,其性与人殊,若犬、马之与我不同类也。"① 孟子认为犬马等动物和人不属于同类,人和动物的区别在于:"恻隐之心,人皆有之。羞恶之心,人皆有之。恭敬之心,人皆有之。是非之心,人皆有之。恻隐之心,仁也。羞恶之心,义也。恭敬之心,礼也。是非之心,智也。仁、义、礼、智,非由外铄我也,我固有之也,弗思耳矣。"② 如果连这些基本的仁义礼智都没有,那就不能称之为人了。

孟子认为"恻隐之心,羞恶之心,辞让之心,是非之心",乃人之四心,"人皆有之",是天生就有的,"人之所以不学而能者",因而人的本性是善的,可见孟子是从心善导出性善的。徐复观指出:"因心善是天之所与我者,所以心善即是性善,而孟子专从心的作用指正性善。"③ 从性善论出发,孟子还进一步得出"人皆可以为尧舜"、"圣人与我同类者"④ 的结论。孟子还指出,人心中有了"四端"就可以像火一样形成燎原之势,像泉水一样喷涌不绝。因而,孟子又把人性称为"才"。

此外,孟子又进一步从儿童心理学的角度指出人性本是善的:"人所不学而能者,其良能也。所不虑而知者,其良知也。孩提之童,无不知爱其亲者。及其长也,无不知敬其兄也。亲亲仁也,敬长义也。"唐君毅评价说,孟子的人性向善说:"虽是一种自人之积极的道德情绪上论,然而其就小孩子之此种心理以

---

① 《告子上》,朱熹:《孟子集注》,齐鲁书社1992年版,第161页。
② 同上书,第159页。
③ 徐复观:《中国人性论史·先秦篇》,三联书店2001年版。
④ 《告子上》,朱熹:《孟子集注》,齐鲁书社1992年版,第161页。

证明性之善，是从小孩子之此种心理不待学习与思虑上看出的。此与乍见孺子之例自忽然见以论人之性善是同类的"。①

人性既然是善，为什么世间为何还会存在恶呢？孟子曰："乃若其情，则可以为善矣，乃所谓善也。若夫为不善，非才之罪也。"② 在孟子看来，如果按照天性发展，人们是会向善的，但是如果没有向善，这不是人性的问题，而是其他原因造成的，孟子认为致使人由善变恶的原因主要有两个：

一为主观上的"其为人也多欲"，也就是说人们对外界名利欲望的追求会改变人性的善。既然欲是产生恶的根源，因而孟子认为再没什么能比得上清心寡欲能防止人性变恶了。"养心莫善于寡欲。其为人也寡欲，虽有不存者，寡矣。其为人也多欲，虽有存焉者，寡矣。"③ 在孟子看来，减少欲望是最好的防止人性变恶的办法。一个人如果欲望很少，即便本性有所失去，那也是很少的；一个人如果欲望很多，即便本性还有所保留，那也很少了。《礼记·乐记》也有类似的看法："人生而静，天之性也。感于物而动，性之欲也。物至知知，然后好恶形焉。好恶无节于内，知诱于外，不能反躬，天理灭矣。"④ 就是说好人如果"无节于内"，自然不能反躬自省，也就不能抵御欲望的诱惑，最终只能是失去天理，由善变恶了。

第二个让人性变恶的原因是客观上的，客观环境的浸染也会对人性善恶形成重要影响。丰收年成，少年子弟多半懒惰；灾荒年成，少年子弟多半横暴，这并不是天生资质这样不同，而是由于外部环境使他们的心有所陷溺。接着，孟子通过一个形象的比

---

① 1945 年 7 月《文化先锋》第五卷第四期，又载唐君毅全集《哲学论集》，第 127—136 页，台湾学生书局，1990 年 2 月。
② 《告子上》，朱熹：《孟子集注》，齐鲁书社 1992 年版，第 159 页。
③ 《尽心下》，朱熹：《孟子集注》，齐鲁书社 1992 年版，第 220 页。
④ 《礼记·乐记》。

喻进一步说明这一问题。孟子以种植大麦而论,播种后用土把种子覆盖好,同样的土地,同样的播种时间,它们蓬勃地生长,到了夏至时,全都成熟了。虽然有收获多少的不同,但那是由于土地有肥瘠,雨水有多少,人工如耕耘有勤惰而不是由于麦种造成的。正因为环境会给人性带来重大影响,所以孟子非常注意选择居住环境,这或许是孟母三迁带给他的启发吧。

那么孟子的性善论与其公私观念有什么样的关系呢?

其一,性善论是孟子"去私怀公"之公私论及其"去利怀义"之义利观的人性论基础。人性是善的,它得之于天道,人性使天道赋予人的这种善得到完成和显现:"一阴一样之谓道。继之者,善也。成之者,性也。"[1] 孟子把人性之善视为一切美好价值观念的源头,既然人性至善,且源自天道,那么从本性上讲,人并不是生来就追求私利的,这样也就有了大公无私、公平、公正的可能性。虽然孟子所生活的战国时代礼崩乐坏,社会不公加剧,但在孟子看来这只是暂时的现象,由于人的本性是善的,通过教化,人的善性是完全可以回归的。正因为有了这一思想动力,孟夫子才不辞辛劳地奔走于诸侯间推销他的"去私怀公"、"去利怀义"和"仁政"思想。

其二,孟子的"性善论"中蕴涵着朴素的公平思想和平等观念。孟子说人的本性是善的,只要破除私欲,修心养性,"人皆可以为尧舜"。也就是说,上自圣王先贤,下至平民百姓,其本性都是一样的,人人都有成为圣人的可能和潜力。这句话包含着可贵的平等观念,这种观念不像女娲造人的传说那样从一开始就将人分为不同的等级,反而接近于"人生来是自由平等的"观念。当然,我们也不能否认,孟子的这种平等观念是局限在很小的范围内的,仅仅是从人性这一角度看来,人人是平等的。至

---

[1] 《周易·系辞上》。

于在其他方面,诸如政治、经济领域,孟子认为由于后天各种因素的影响,还是存在着等级差别的。

其三,性善论成为儒家实行公私观教育的理论基石。

孟子认为"善"是一种价值体系,符合善的就是符合人性本真、符合伦理道德。因为人生来就是善的,是怀有"仁义之心""不忍之心"的,所以从本性上说人生来是没有私心的。孟子认为人之所以会产生私心,甚至不惜损公肥私,之所以会"放其良心"由善变恶,就是因为经不起外界的诱惑而迷失了本性。他说:

> 虽存乎人者,岂无仁义之心哉?其所以放其良心者,亦犹斧斤之于木也,旦旦而伐之,可以为美乎?其日夜之所息,平旦之气,其好恶与人相近也者几希,则其旦昼之所为,有梏亡之矣。梏之反复,则其夜气不足以存。夜气不足以存,则其违禽兽不远矣。人见其禽兽也,而以为未尝有才焉者,是岂人之情也哉?①

人性既然可以迷失,如果加以良好的引导,是不是就可以防止人性变恶呢?孟子认为是可以的。"故苟得其养,无物不长;苟失其养,无物不消。"② 这种看法正是孟子教化思想的依据,为了证明自己的看法,孟子还进一步引用孔子的话来说明这一问题:"孔子曰:'操则存,舍则亡;出入无时,莫知其乡。'惟心之谓与?"③ 因此,孟子主张要对人们进行教化,通过教化破除人们的私欲,树立公心,消除外在环境带来的不利影响。

---

① 《告子上》,朱熹:《孟子集注》,齐鲁书社1992年版,第162页。
② 同上。
③ 同上。

## 二 义利之辩与公私观

义利之辩是与公私观念联系密切的又一对范畴。关于义利的关系，历来说法纷纭，仅在春秋时期就有四种不同的见解：其一，以《左传》、《国语》为代表的义利互涵说；其二以孔子为代表的义利互拒说；其三，义以制利说；其四，以老庄为代表的义利双弃说①。到了战国时期又出现了以墨子为代表的贵义重利说，荀子的义利统一于义说，而儒庄两家的传承者孟子和庄子自觉继承了孔子和老子的义利观。

（一）孟子之"义"的含义

"义"是中国传统文化的核心范畴之一，在中国道德价值观的意义上具有至上性，正所谓"万事莫贵于义"② 儒家更是看重这一点，朱熹说："义利之说乃儒者第一义。"从孔子开始，几乎每个大儒都会论及，无论孔颖达的"义者，宜也"，还是朱熹的"义者，事之宜也"，都是把义当成最高的道德追求。因为在儒家看来，世间万物都在变化，唯有"义"是亘古不变的，《尚书》所说的"惟天监下民，典厥义"就是很好的证明。冯友兰说义是"绝对的命令。社会中的每个人都有一定应该做的事，必须为做而做，因为做这些事情在道德上是对的。如果做这些事只出于非道德的考虑，即使做了应该做的事，这种行为也不是义的行为。"③ 孟子作为儒家的一代宗师，自然也会谈到"义"的问题，而谈"义"就不能不说到"利"，这对范畴好比一对孪生兄弟，总是形影不离的。因此，要弄清孟子的义利观，我们有必

---

① 张立文：《中国哲学范畴发展史》（人道篇），中国人民大学出版社1995年版，第183—185页。

② 《墨子·贵义》，（清）孙诒让著，孙以楷点校《墨子闲诂》，（新编诸子集成第一辑），中华书局1986年版，第402页。

③ 冯友兰：《中国哲学简史》，北京大学出版社1985年版，第52—53页。

要首先弄清"义"与"利"在中国哲学范畴中的含义。

义与利在中国哲学范畴系统中,大约有四种意义:其一,是指道义与功利;其二,是指道德价值与物欲价值;其三,是指整体利益与个体利益;其四,是指特定的义务与权利[①]。

孟子继承并发挥了孔子的义利观,非常重视义利之辩。据统计,"义"在《孟子》中出现了108次,利字出现了39次,[②] 可见孟子对"义"之重视[③]。那么孟子所说的"义"的具体含义是什么呢?

我们先看有关孔子之"义"字的解释。程颐、程颢兄弟解释说:"义,宜也。"[④] 朱熹解释为:"义者,事之宜也。"[⑤] 由此可见,"义"即"宜"的意思。《说文》曰:"宜,所安也。"是指合适、适宜、合理的意思。黄玉顺先生说:"在儒家词汇中,这种 Justice(正义)即所谓'义'。义是为礼奠基的观念,亦即正义原则是为制度建构奠基的观念。众所周知,'义'的基本语义就是'宜';这就是说,义的基本语义与 Justice 是一样的:适宜,适当,恰当,正当,正义,公正,公平,合理……"[⑥]

朱熹对孟子之"义"的解释和对孔子之"义"的解释差不多;"义者,心之制,事之宜也"[⑦],也就是说,孟子之"义"亦有合适、适宜、合理、得当之意。《礼记·礼运》言:"故礼

---

① 张立文:《中国哲学范畴发展史》(人道篇),第180—182页。
② 林桂榛:《论孟子的义利观——〈孟子〉义利学说考察》,《合肥联合大学学报》2001年第1期,第24—30页,认为"利"出现了38次。
③ 张立文:《中国哲学范畴发展史》,中国人民大学出版社1995年版,第187页。
④ 《河南程氏遗书》卷十八,《二程集》,中华书局1981年版。
⑤ 朱熹:《论语集注·学而》,齐鲁书社1992年版,第7页。
⑥ 黄玉顺:《民主理念及其观念基础的设定问题——伊拉克战争沉思录》(http://www.confucius2000.com/poetry/mzlnjqgnjcdsdwtylkzzcsl.htm)。
⑦ 《梁惠王章句上》,朱熹:《孟子集注》,齐鲁书社1992年版,第1页。

也者，义之实也；协诸义而协，则礼虽先王未之有，可以义起也。"就是说行事得当、适宜，合乎某种道或理，可称为义，作名词或动词。这可以看做孟子之"义"的第一层含义。据林桂榛统计，《孟子》中这种意义上的"义"有 98 处，比如"君仁，莫不仁。君义，莫不义。君正，莫不正。"①"舜明于庶物，察于人伦，由仁义行，非行仁义也。"②第二层含义是指道理、正理的意思。作名词，共计 10 次。如"贵贵、尊贤，其义一也"③，"治于人者食人，治人者食于人，天下之通义也"④。

（二）义利之辩

如孔子一样，孟子是承认"利"与"欲"存在的合理性的。他认为这是人的自然属性所决定的："口之于味也，目之于色也，耳之于声也，鼻之于臭也，四肢之于安佚也，性也。"⑤因而，老百姓有了基本的生活保障，有一定的财产收入，才有一定的道德观念和行为准则："民之为道也，有恒产者有恒心，无恒产者无恒心。苟无恒心，放僻邪侈，无不为已。及陷乎罪，然后从而刑之，是罔民也。焉有仁人在位，罔民而可为也？"⑥反之，如果当政者让百姓连最基本的生活保障都没有的话，那么百姓就会胡作非为，违法乱纪，什么坏事都干得出来。等他们犯了罪，当政者再来处罚他们，就等于是陷害百姓，这不是仁君所为。因而，孟子主张当政者要实行惠民利民政策，为民制产，使老百姓拥有基本的生活保障："是故明君制民之产，必使仰足以事父

---

① 《离娄上》，朱熹：《孟子集注》，齐鲁书社 1992 年版，第 105 页。
② 《离娄下》，朱熹：《孟子集注》，齐鲁书社 1992 年版，第 116 页。
③ 《万章下》，朱熹：《孟子集注》，齐鲁书社 1992 年版，第 146 页。
④ 《滕文公上》，林桂榛：《论孟子的义利观——〈孟子〉义利学说考察》，《合肥联合大学学报》2001 年第 1 期，第 24—30 页。
⑤ 《尽心下》，朱熹：《孟子集注》，齐鲁书社 1992 年版，第 214—215 页。
⑥ 《滕文公上》，朱熹：《孟子集注》，齐鲁书社 1992 年版，第 65 页。

母,俯足以畜妻子,乐岁终身饱,凶年免于死亡。然后驱而之善,故民之从之也轻。"① 孟子还提出了薄税富民、让利于民的建议。

易(治)其田畴,薄其税敛,民可使富也。食之以时,用之以礼,财不可胜用也。民非水火不生活。昏暮叩人之门户,求水火,无弗与者,至足矣。圣人治天下,使有菽粟如水火。菽粟如水火,而民焉有不仁者乎?②

尽管孟子承认私利存在的合理性,也提出一系列为民制产的主张,但他认为人的本性是善的,而利是与人性之善相对立的,所以在道德层面上,孟子是排斥私利的。即便是合理的利益追求,也要考虑到义,其次才是利,这正是孟子的先义后利论。当梁惠王问孟子如何能给自己的国家带来利益时,孟子讲了一番义与利的道理。

孟子见梁惠王,王曰:"叟,不远千里而来,亦将有以利吾国乎?"孟子对曰:"王,何必曰利?亦有仁义而已矣。王曰:'何以利吾国?'大夫曰:'何以利吾家?'士庶人曰:'何以利吾身?'上下交征利,而国危矣。万乘之国,弑其君者必千乘之家;千乘之国,弑其君者,必百乘之家。万取千焉,千取百焉,不为不多矣。苟为后义而先利,不夺不餍。未有仁而遗其亲者也,未有义而后其君者也。王亦曰仁义而已矣,何必曰利?"③

---
① 《梁惠王上》,朱熹:《孟子集注》,齐鲁书社1992年版,第11页。
② 《尽心上》,朱熹:《孟子集注》,齐鲁书社1992年版,第195页。
③ 《梁惠王上》,朱熹:《孟子集注》,齐鲁书社1992年版,第1页。

在孟子看来，如果人一味地追求物质利益，颠倒了义利的关系，"后义而先利"，那么将会产生非常严重的后果，人们之间互相争夺，国与国之间互相攻伐，甚至出现弑君忘国的现象，"而国危矣"。孟子提出求利要在仁义的指导下进行，不可孜孜于求利。只有如此，人们之间的关系才会和谐，"未有仁而遗其亲者也，未有义而后其君者也"。程颐说得更明白："君子未尝不欲利，但专以利为心，则有害。惟仁义，则不求利而未尝不利也。"① 孟子说："天下熙熙，皆为利来；天下攘攘，皆为利往。"人们都会有利益需求，君子也不例外，但是如果把追逐私利当成根本就不对了，小人之所以为小人，就是在于孜孜为利，那些只管追求个人私利而只公义于不顾的人好比盗跖，都属于小人之列，可以说孟子把义和利作为了区分君子和小人的标准。他说："鸡鸣而起，孳孳为善者，舜之徒也。鸡鸣而起，孳孳为利者，跖之徒也。欲知舜与跖之分，无他，利与善之间也。"②

人们没有不好利的，但"君子爱财，取之有道"，在必要的情况下甚至要"舍生取义"。关于这一点，孔子也曾谈及。孔子强调"士见危致命，见得思义"③，"志士仁人，无求生以害仁，有杀身以成仁"，④ 孔子的"见得思义""杀身成仁"已经令人叹为观止了，而孟子也不甘落后，喊出了同样令人振聋发聩的"舍生取义"。

> 鱼，我所欲也。熊掌，亦我所欲也。二者不可得兼，舍鱼而取熊掌者也。生，我所欲也，义，亦我所欲也。二者不可得兼，舍生而取义者也。生亦我所欲，所欲有甚于生者，

---

① 程颐：《河南程氏遗书》卷十八，《二程集》，中华书局1981年版。
② 《尽心上》，朱熹：《孟子集注》，齐鲁书社1992年版，第196页。
③ 《子张》，朱熹：《孟子集注》，齐鲁书社1992年版，第191页。
④ 《卫灵公》，朱熹：《孟子集注》，齐鲁书社1992年版，第157页。

故不为苟得也。死亦我所恶，所恶有甚于死者，故患有所不辞也。如使人之所欲莫甚于生，则凡可以得生者，何不用也？使人之所恶莫甚于死者，则凡可以辟患者，何不为也？由是则生而有不用也，由是则可以辟患而有不为也。是故所欲有甚于生者，所恶有甚于死者。非独贤者有是心也，人皆有之，贤者能勿丧耳①。

为什么要舍生取义呢？在这里，孟子从三个方面进行论证。首先孟子把人的生命比作鱼，把义喻为熊掌，从正面论证义比生更珍贵，在二者不可兼得时应该舍生取义。接着，孟子说，如果人们不择手段来避免患难，保全生命，人们会变得非常可怕。这是从反面论证义比生更珍贵，在二者不可兼得时应该舍生取义。最后孟子指出，世间生命最为人们所看重，但是在贤者看来，义比生命更为人们所珍爱。这种义能战胜生死的本性不是只有贤者才有的，人皆有之，只不过贤者能保持不丧失罢了。当然，要做到舍生取义是不容易的，人们应该修心养性，而"养心莫善于寡欲"，人清心寡欲，就不至于陷入利的陷阱。仅不为利还不够，人还要有义，甚至舍生取义，这就需要"存心"、"养性"，这是事关事天立命的大事："存其心，养其性，所以事天也。夭寿不贰，修身心俟之，所以立命也。"② 就是说保持天生善性不丧失，如果丧失了要通过养性再把它找回来。不仅如此，存心养性还有更深的意蕴，即要"养浩然正气"。何谓浩然正气？孟子说："难言也。其为气也，至大至刚，以直养而无害，则塞于天地之间。其为气也，配义与道；无是，馁也。是集义所生者，非

---

① 《告子上》，朱熹：《孟子集注》，齐鲁书社1992年版，第165页。
② 《尽心上》，朱熹：《孟子集注》，齐鲁书社1992年版，第186页。

义袭而取之也。行有不慊于心，则馁矣。"①

综上所述，孟子的义利之辩是和其人性善的学说密切相联系的，他从人性出发，要求首先要了解人性，满足人性最基本的需求，让人尽其本心，知其天性，也即保持天生善性不丧失，在此过程中还要通过道德修养培养浩然正气，即所谓"尽"、"知"、"存"、"养"也！

（三）义利之辩与公私观念

孟子常言义利而罕言公私，那么其义利之辩与公私有什么关系呢？孟子的义利之辩是从其人性论发展而来的，人性论是其源头，那么其下行呢？张立文说：

> 义利范畴的下行活动是公私范畴，横向展开是通过消长范畴，转化为理欲（天理人欲）范畴。宋明理学家普遍认为，义利的道德价值内涵就是公私，义自然是大公无私，利亦有公利与私利之分，公利一般来说能代表或反映当时全民、全社会的根本利益……私利往往是对利的最直观、最常见的把握形态，因而利常常被理解为私利。②

儒家通常视义为公，把"利"理解为私利，程颐曰："义与利，只是个公与私也。"③ 可见，义利与公私是密不可分的。冯友兰先生指出："儒家所谓义利之辩之利，是指个人私利……若所求

---

① 《公孙丑上》，朱熹：《孟子集注》，齐鲁书社1992年版，第35—36页。
② 张立文：《中国哲学范畴发展史》（人道篇），中国人民大学出版社1995年版，第211页。
③ 程颐，程颢：《河南程氏遗书》卷十七，《二程集》，中华书局1981年版，第176页。

的不是个人私利,而是社会的公利,则其行为不是求利,而是行义。"①

儒家尤其是孟子以义利替代公私,把"公"与"私"的对立转化为"义"与"利"的对立,如此一来,价值取向就非常明显了。孟子主张在义利冲突,必须作出选择时,应做到先义而后利,亦即先公而后私,甚至在必要时要舍生取义,舍己为公。

三 对公平、公正之追求

孟子虽然强调先公后私、舍生取义之重要,但是他也注重追求义利、公私的和谐统一。他批评了社会上的不公现象,提出:"圣人不以公义废私恩,亦不以私恩废公义。"

(一)圣人不以公义废私恩,亦不以私恩废公义

孟子举出了几个例子来说明公私冲突困境的解决之道:圣人不以公义废私恩,亦不以私恩废公义。

第一个是舜帝对瞽瞍杀人一事的处理。

桃应作了一个假设:如果舜帝的父亲瞽瞍杀人犯法,舜的臣子皋陶应该如何处理瞽瞍?在这个法与情的假设中,"公"与"私"发生了严重的冲突。从"公"的角度看,作为天子,舜帝有责任维护社会的公平公正,处罚杀人的瞽瞍,但是在"私"的角度说,舜作为瞽瞍的儿子,有义务保护自己的父亲,现在公法与私情发生了严重冲突,舜应当如何对待?是不顾公法来包庇父亲,还是按照公法大义灭亲?如何才能保证公私之间的平衡呢?我们先来看看孔子是如何看这种情况的。叶公曾告诉过孔子:他的乡党中一个正直的人,其父偷了别人家的羊,这人出来告发是自己的父亲偷的。孔子评价道:"吾党之直者异于是。父

---

① 冯友兰:《冯友兰学术论著自选集》,北京师范大学出版社1992年版,第282页。

为子隐,子为父隐,直在其中矣。"①邢昺解释说:"子苟有过,父为隐之,则慈也;父苟有过,子为隐之,则孝也。孝慈则忠,忠则直也,故曰'直在其中矣'。""父攘羊"与"子证之"已构成了亲情与公正的冲突,面对如此情形,孔子认为其人的做法是不合乎"子为父隐"的孝道的,孔子强调不能单凭行为本身来界定,而要以伦理为先。

现在让我们来看孟子的处理办法,孟子以为舜不会干预皋陶严肃执法,这是"不以私恩废天下之公法"。但作为儿子,舜宁愿抛弃天下而背负父亲"遵海滨而处",此为"不以公义废私恩"。尽管孟子的这种说法在后世引起了许多非议,但南宋杨时为之辩解说:"父子者,一人之私恩。法者,天下之公义。二者相为轻重,不可偏举也。故恩胜义,则诎法以伸恩;义胜恩,则掩恩以从法。恩义轻重,不足以相胜,则两尽其道而已。舜为天子,瞽瞍杀人,皋陶执之而不释。为舜者,岂不能赦其父哉。盖杀人而释之则废法,诛其父,则伤恩。其意若曰:天下不可一日而无法,人子亦不可一日而亡其父。民则不患乎无君也,故宁与其执之,以正天下之公义。窃负而逃,以伸己之私恩,此舜所以两全其道也。"②

第二个例子是庚公之斯不乘人之危射杀子濯孺子的故事。

> 郑人使子濯孺子侵卫,卫使庚公之斯追之。子濯孺子曰:"今日我疾作,不可以执弓。吾死矣夫!"问其仆曰:"追我者谁也?"其仆曰:"庚公之斯也。"曰:"吾生矣。"其仆曰:"庚公之斯,卫之善射者也,夫子曰'吾生',何谓也?"曰:"庚公之斯学射于尹公之他,尹公之他学射于

---

① 《子路》,朱熹:《论语集注》,齐鲁书社1992年版,第133页。
② 杨时:《龟山集》卷九《周世宗家人传》,四库全书本。

我。夫尹公之他，端人也，其取友必端矣。"庾公之斯至，曰："夫子何为不执弓？"曰："今日我疾作，不可以执弓。"曰："小人学射于尹公之他，尹公之他学射于夫子。我不忍以夫子之道反害夫子。虽然，今日之事君事也，我不敢废。"抽矢扣轮，去其金，发乘矢而后反。①

庾公之斯奉命追杀子濯孺子，但是面对生病不能执弓的师爷，他不能不顾及私恩，但是君命在身，又不能因私恩而置公义于不顾，那怎么办呢？庾公之斯的解决办法是"抽矢扣轮，去其金，发乘矢而后反"，这样既可以不以私废公，又不因公废私，实现了公与私的统一。

（二）对社会不公现象的批评

春秋战国之际，随着井田制和分封制的瓦解，生产力迅速发展，生产关系也随之发生了重大变化，社会矛盾更趋激烈，贫富分化日益加剧，到了战国中期，这种分化已相当严重。一些新兴地主积聚了大量财富，家累千金、富比王侯者比比皆是。但是不少农民由于"上无通名，下无田宅"②而在死亡线上挣扎，"仰不足以事父母，俯不足以畜妻子，乐岁终身苦，凶年不免于死亡"③。

孟子严厉批判了社会不公，表现出追求公平、和谐的强烈愿望。

> 庖有肥肉，厩有肥马，民有饥色，野有饿莩，此率兽而食人也。兽相食，且人恶之，为民父母，行政不免于率兽而

---

① 《离娄下》，朱熹：《孟子集注》，齐鲁书社1992年版，第119页。
② 《商君书·徕民》，蒋礼鸿撰：《商君书锥指》卷二，中华书局1986年版。
③ 《梁惠王上》，朱熹：《孟子集注》，齐鲁书社1992年版，第11页。

食人，恶在其为民父母也？仲尼曰："始作俑者，其无后乎？"为其象人而用之也。如之何其使斯民饥而死也？①

一方面统治阶级作威作福，穷奢极欲，而另一方面老百姓饥寒交迫，生活在水深火热之中。孟子对此忧心忡忡，在他看来当政者盘剥百姓，致使"民有饥色，野有饿莩"，这无异于"率兽而食人"。"兽相食，且人恶之；为民父母行政，不免于率兽而食人，恶在其为民父母也！"当政者作为百姓的父母官，施行政事，却不免于率领野兽来吃人，这又怎能算是百姓的父母呢？他要求当政者不能独自享乐而不顾百姓，而应该考虑百姓的苦乐，推己及人，与民同乐。

庄暴见孟子，曰："暴见于王，王语暴以好乐，暴未有以对也。"曰："好乐何如？"孟子曰："王之好乐甚，则齐国其庶几乎？"他日见于王，曰："王尝语庄子以好乐，有诸？"王变乎色，曰："寡人非能好先王之乐也，直好世俗之乐耳。"曰："王之好乐甚，则其共庶几乎，今之乐犹古之乐也。"曰："可得闻与？"曰："独乐乐，与人乐乐，孰乐？"曰："不若与人。"曰："与少乐乐，与众乐乐，孰乐？"曰："不若与众。"②

不仅如此，孟子还把国君是否与民同乐，带给人民的不同感受，造成的不同政治局面进行了一个对比，进一步说明关心百姓，与民同乐的道理。

---

① 《梁惠王上》，朱熹：《孟子集注》，齐鲁书社1992年版，第6页。
② 《梁惠王下》，朱熹：《孟子集注》，齐鲁书社1992年版，第15页。

臣请为王言乐。今王鼓乐于此,百姓闻王钟鼓之声、管龠之音,举疾首蹙额而相告曰:"'吾王之好鼓乐,夫何使我至于此极也?父子不相见,兄弟妻子离散。'"今王田猎于此,百姓闻王车马之音,见羽旄之美,举疾首蹙额而相告曰:"吾王之好田猎,夫何使我至于此极也?父子不相见,兄弟妻子离散。"此无他,不与民同乐也。

　　今王鼓乐于此,百姓闻王钟鼓之声、管龠之音,举欣欣然有喜色而相告曰:"吾王庶几无疾病与,何以能鼓乐也?'今王田猎于此,百姓闻王车马之音,见羽旄之美,举欣欣然有喜色而相告曰:'吾王庶几无疾病与,何以能田猎也?'"此无他,与民同乐也。今王与百姓同乐,则王矣。①

孟子通过对比说明,如果当政者只顾自己享乐而不顾百姓的死活,让老百姓得不到应有的幸福和快乐,百姓就会对统治者产生不满情绪,这对于一个国家来说是很危险的,造成这种结果的原因是统治者不与民同乐。反之,一个忧国忧民的君主应该为百姓考虑,与民同乐,这样百姓也就会乐君之乐,忧君之忧。只有君和民相互理解,上下同心同德,这个国家才会繁荣富强,才能一统天下。所以当政者只有实行仁政,才能实现社会的公平、公正。

　　孟子心中公平、公正的理想社会应该是如下情形。

　　五亩之宅,树之以桑,五十者可以衣帛矣。鸡豚狗彘之畜,无失其时,七十者可以食肉矣。百亩之田,勿夺其食,数口之家可以无饥矣。谨庠序之教,申之以孝悌之义,颁白者不负戴于道路矣。七十者衣帛食肉,黎民不饥不寒,然而

---

① 《梁惠王下》,朱熹:《孟子集注》,齐鲁书社1992年版,第15—16页。

不王者，未之有也。①

孟子认为，社会之所以会产生不公，就是因为当政者只顾一己之私利，而置百姓死活于不顾，这是不符合仁义道德的。当政者只有亲近百姓，与民同乐，同时又要关心百姓疾苦，轻徭薄赋，不随意侵夺农时，保证人民能够安定地生产，维持基本的生活。在此基础上，再向人民施以教化，使之上养父母，下和兄弟，才能建立一个衣食无忧，没有贫富，人人知仁达义的理想社会。这不就是《礼记》所描述的"老有所终，壮有所用，幼有所长，鳏寡孤独废疾者皆有所养，男有分，女有归"的大同社会吗？

总之，孟子的公私观念是建立在其人性论基础上的，而且和义利之辩有着密切的关系。他推崇先义后利、先公后私，但是也不否认私利存在的合理性，并提出"不以公义废私恩，亦不以私恩废公义"的思想。孟子的这些思想对后世影响深远，对我们今天建设和谐社会也有借鉴价值。

## 第三节　荀子以性恶论为基础的"公"观念

荀子（前313—前238），名况，字卿，后避汉宣帝讳，改称孙卿。战国时期赵国猗氏（今山西新绛）人，著名思想家、文学家、政治家，儒家学派代表人物，时人尊称"荀卿"。曾三次出任齐国稷下学宫的祭酒，后为楚兰陵（今山东兰陵）令，直至老死。

由于荀子生活在战国末期，诸子百家的思想学说均已出现，这为他批评吸收诸子思想提供了可能。荀子博学深思，其思想学说源起儒家，兼采道、墨、名、法诸家之长，成为继孔孟之后的

---

① 《梁惠王上》，朱熹：《孟子集注》，齐鲁书社1992年版，第4页。

又一位大儒。

一　公私观的人性论基础——性恶论

人性论不仅是孟子公私思想的理论基础，而且也是荀子公私观念的基本出发点。下面我们来看看性恶说的内容。

首先来看荀子对"性"的解说。

> 生之所以然者谓之性。性之和所生，精合感应，不事而自然谓之性。性之好、恶、喜、怒、哀、乐谓之情。①
> 
> 性者，天之就也；情者，性之质也；欲者，情之应也。②
> 
> 凡性者，天之就也，不可学，不可事；礼义者，圣人之所生也，人之所学而能，所事而成者也。不可学，不可事而在人者谓之性，可学而能、可事而成之在人者谓之伪。是性、伪之分也。③
> 
> 今人之性，饥而欲饱，寒而欲暖，劳而欲休，此人之性情也。④

由此可见，荀子所说的"性"是有如下特点，一是"天就之"、"生之所以然"，就是说人性是天生的。徐复观认为："此处'生之所以然者谓之性'的'生之所以然'，乃是求生的根据，这是从生理现象推进一层的说法。此一说法，与孔子的

---

①《正名》，《荀子》卷十六，（清）王先谦撰、沈啸寰、王星贤点校《荀子集解》（新编诸子集成第一辑），中华书局1988年版，第412页（本节以下所引《荀子》均引自该书）。
②《正名》，《荀子》卷十六，《荀子集解》，第428页。
③《性恶》，《荀子》卷十七，《荀子集解》，第435—436页。
④ 同上书，第436页。

'性与天道'及孟子'尽其心者知其性也'的性,在同一个层次,这是孔子以来,新传统的最根本地说法。"① 二是"不事而自然谓之性","不可学,不可事",也就是说性是先天的自然状态、不受后天影响的,只有未经雕琢或教化的才能算是性。否则那只能是性为伪的部分。三是"情者,性之质也;欲者,情之应也",也就是性的本质是"情",其呈现形式则是"欲"。可见,"性",实际上包含了性、情、欲三个方面的内容。正如徐复观所说:"荀子虽然在概念上把性、情、欲三者加以界定,但在事实上,性、情、欲,是一个东西的三个名称。而荀子性论的特色,正在于以欲为性"②。正因为性乃天就之,未经教化和雕饰,所以人才会"饥而欲饱,寒而欲暖,劳而欲休",这是由人的性情决定的③。

既然欲是人之本性,那么人天生就有追逐私利的倾向,"若夫目好色,耳好声,口好味,心好利,骨体肤理好愉佚,是皆生于人之情性者也,感而自然,不待事而后生之者也"④。

荀子的性恶论肯定了人性的欲求,甚至把有没有欲当成是区别人与异类的重要标志,"欲不可去,性之具也","有欲无欲,异类也"⑤。因此,荀子反对"去欲",他说:

凡语治而待去欲者,无以道欲而困于有欲者也。凡语治而待寡欲者,无以节欲而困于多欲者也。有欲无欲,异类

---

① 徐复观:《中国人性论史·先秦篇》,上海三联书店2001年版,第203页。
② 同上书,第205页。
③ 关于"性"的解释请参照梁涛《"以生言性"的传统与孟子性善论》,《哲学研究》2007年第7期。
④ 《性恶》,《荀子》卷十七,《荀子集解》,第438页。
⑤ 《正名》,《荀子》卷十六,《荀子集解》,第426页。

也，生死也，非治乱也。欲之多寡，异类也……性者，天之就也；情者，性之质也；欲者，情之应也。以所欲为可得而求之，情之所必不免也。以为可而道之，知所必出也。故虽为守门，欲不可去，性之具也。虽为天子，欲不可尽。①

荀子基于性恶论的观点，认为欲不可完全去除，所以他反对单纯的去私寡欲说，并且认为"今人所欲无多，所恶无寡"。正是荀子的性恶论及其生发出的对欲的肯定奠定了"私利"、"私欲"存在的理论基础。

尽管荀子强调欲利之心是由人的本性决定的，"虽尧、舜不能去民之欲利"②，然而，荀子也清醒地认识到私欲太浓的危害性，因为人都有"薄愿厚，恶愿美，狭愿广，贫愿富，贱愿贵，苟无之中者，必求于外"③的私心，所以放任人性和欲望的发展是不行的，过度追求私欲不仅不符合社会的道德要求，甚至还会引起社会的混乱。

> 今人之性，生而有好利焉，顺是，故争夺生而辞让亡焉；生而有疾恶焉，顺是，故残贼生而忠信亡焉；生而有耳目之欲，有好声色焉，顺是，故淫乱生而礼义文于理亡焉。然则从人之性，顺人之情，必出于争夺，合于犯分乱理而归于暴④。

人生而有私欲，"故虽为守门，欲不可去；虽为天子，欲不可尽"，如果顺着人的本性发展就必然会导致残害、争夺，而礼

---

① 《正名》，《荀子》卷十六，《荀子集解》，第426—428页。
② 《大略》，《荀子》卷十九，《荀子集解》，第502页。
③ 《性恶》，《荀子》卷十七，《荀子集解》，第439页。
④ 同上书，第434页。

仪尽失的局面。因此，他主张"节欲"而不是"去欲"。

> 欲虽不可尽，可以近尽也；欲虽不可去，求可节也。所欲虽不可尽，求者犹近尽；欲虽不可去，所求不得，虑者欲节求也。道者，进则近尽，退则节求，天下莫之若也。①

人的欲望是不可穷尽的，但是可以节制，因为人是群居动物，虽"性不知礼义"，但是可以"思虑而求知之"②。

> 性之好、恶、喜、怒、哀、乐谓之情。情然而心为之择谓之虑。心虑而能为之动谓之伪；虑积焉，能习焉而后成谓之伪。正利而为谓之事。正义而为谓之行。所以知之在人者谓之知。知有所合谓之智。③

人生而有欲，但是人们有好、恶、喜、怒、哀、乐等情感，而且会去思考并作出选择，这就促使人们通过教育改恶趋善，即所谓"化性起伪"，也就是将人的自然属性通过教化改造成社会属性。荀子认为欲是天性，不可完全消除，但心可以导之，因此可以节制疏导而不必去欲。"化性起伪"的缘起就因为人之"心虑而为之动"，所以荀子认为"心"具有辨别善恶的功能。

> 欲不待可得，而求者从所可。欲不待可得，所受乎天也；求者从所可，受乎心也。所受乎天之一欲，制于所受乎心之多，固难类所受乎天也。人之所欲，生甚矣；人之所

---

① 《正名》，《荀子》卷十六，《荀子集解》，第428—429页。
② 《性恶》，《荀子》卷十七，《荀子集解》，第439页。
③ 《正名》，《荀子》卷十六，《荀子集解》，第412—413页。

恶，死甚矣；然而人有从生成死者，非不欲生而欲死也，不可以生而可以死也。故欲过之而动不及，心止之也。心之所可中理，则欲虽多，奚伤于治！欲不及而动过之，心使之也。心之所可失理，则欲虽寡，奚止于乱！故治乱在于心之所可，亡于情之所欲。①

荀子认为，虽然人之本性是恶的，人生而有欲，但真正主宰人的行动的是"心"，如果"心"是正确的，那么再多的恶和欲也不会有妨碍，反之，如果"心"起不到节制作用，那么即便恶和欲非常少，也会造成危害。由此可以得出一个结论，荀子的"心"基本上可以说是"性"的对立面，"性"是人之自然天性的，生而有之的，属于自然性、生物性的东西，而"心"是后天形成的善，是社会性的东西。

通过上面对荀子"性恶论"的论述我们会发现一个强烈的反差，那就是同为孔门弟子，为何荀子会提出与孟子截然不同的人性论呢？

孔子说："性相近也，习相远也。"孔子并未说明人之本性是善是恶，但同作为孔子学说之苗裔的荀子和孟子，却在人性问题上提出了截然不同的看法，那么是什么原因让孟子和荀子提出如此截然不同的人性说呢？郭沫若认为，这是荀子为了成一家之言，刻意标新立异，提出与孟子性善论相反的观点。郭沫若说："他急于想成立一家之言，故每每标新立异，而且很多地方出于勉强。他这性恶说便是有意和孟子的性善说相对立的。……因此性善说之在荀子只是一种好胜的强辞。"② 类似的说法还有："孟

---

① 《正名》，《荀子》卷十六，《荀子集解》，第427—428页。
② 郭沫若：《十批判书·荀子的批判》，《郭沫若全集》（历史篇），人民出版社1982年版，第223页。

子持性善说，荀子作《性恶》以相诘，专与孟子立异。"① 上述说法不无道理，然而却并不能从根本上解释荀子性恶论提出的缘由。笔者以为荀子性恶论的提出至少有如下几个原因。

第一，社会环境的差异，时代的要求。

任何思想家思想的产生总是离不开他所生活的时代背景，正如马克思所说："哲学不仅从内部即就其内容来说，而且从外部就其表现来说，都要和自己时代的现实世界接触并相互作用。"② 因为，每个时代都有属于自己时代的问题，思想家的理论是以对重大的时代问题、时代精神的思考为前提的，能够传世的思想必然是源自于时代精神的精华。

荀子所生活的战国末期，社会大环境已经大不同于孟子生活在战国中期，与战国中期相比，荀子生活的战国末期从经济结构、政治格局以致意识形态诸方面都发生了剧烈变化，人们的道德风尚、行为准则、价值观念和风俗习惯等也都出现了显著差异。由于孟荀所生活的时代不同，他们对人性的看法不一致是在所难免的。

第二，对孔子"性相近也，习相远也"理解之不同。

孟子从孔子"习相远也"推出性善论，而荀子却从"性相近也"得出性恶论。荀子批评了孟子的性善论。

> 孟子曰："人之学者，其性善。"曰："是不然，是不及知人之性，而不察乎人之性、伪之分者也。"③
>
> 凡论者，贵其有辨合，有符验。故坐而言之，起而可设，张而可施行。今孟子曰："人之性善。"无辨合符验，

---

① 葛志毅、张惟明：《先秦两汉的制度与文化》，黑龙江教育出版社1998年版，第206页。
② 《马克思恩格斯全集》第1卷，人民出版社1956年版，第121页。
③ 《性恶》，卷十七，《荀子集解》，第435页。

坐而言之，起而不可设，张而不可施行，岂不过甚矣哉！故性善则去圣王，息礼义矣；性恶则与圣王，贵礼义矣。①

荀子认为，性善论的根本错误在于不懂得"性伪之分"，把属于后天"伪"的范畴的东西也归之于本然的人性了。而且，孟子对性善之原因没有"辨合"，也没有什么事实证据可以"符验"。所谓"性伪之分"是指：

凡性者，天之就也，不可学，不可事。礼义者，圣人之所生也，人之所学而能，所事而成者也。不可学，不可事，而在人者，谓之性；可学而能，可事而成，之在人者，谓之伪。是性伪之分也。②

荀子认为人性是天生的，是不可以学的，人们生活中善的一方面是通过后天学习而来的，是"伪"的。只有分清楚人性中的真伪才能谈论人性的善恶，孟子没有认清人性中的善恶的真伪，才会提出性善论。正因为人性是恶的，所以人有摆脱这生而有之的罪恶的愿望。

凡人之欲为善者，为性恶也。夫薄愿厚，恶愿美，狭愿广，贫愿富，贱愿贵，苟无之中者，必求于外。故富而不愿财，贵而不愿埶，苟有之中者，必不及于外。用此观之，人之欲为善者，为性恶也。③

---

① 《性恶》，卷十七，《荀子集解》，第440—441页。
② 同上书，第435—436页。
③ 同上书，第439页。

人性本恶，而且人有弃恶从善的愿望，所以圣人制定礼仪，让人们学习，这也从另外一个角度说明了人之本性是恶的。

第三，学说的理论来源有差异。

孟子是孔子的正宗传人，他的儒家学说纯而又纯，而荀子则不同，他博采众家之长，其理论吸纳了儒、墨、道、法众家学说，集百家之大成。郭沫若评价："荀子是先秦诸子中最后一位大师，他不仅集了儒家之大成，而且可以说是集了百家的大成的……他是把百家的学说差不多都融会贯通了。"① 但是正是由于这个原因而引来了后人的非议，后世就有人批评他的学说驳杂，甚至后世儒学家因这个原因而把他排斥在儒家道统之外。比如韩愈摒荀于儒家"道统"之外，首开扬孟抑荀之风。程颢、程颐也不遗余力地攻击荀子的性恶论："荀子极偏驳，只一句性恶，大本已失。"② 他们甚至把秦朝"焚书坑儒"也归罪于荀子。当代大儒牟宗三先生也认为："荀子虽为儒家，但他的性恶说只触及人性中的动物层，是偏至而不中肯的学说。"③ 当然，也有学者对荀子性善论的看法比较宽容，吕思勉说："荀子最为后人所诋訾者，为其言性恶。其实荀子之言性恶，与孟子之言性善，初不相背也。伪非伪饰之谓，即今之为字。荀子谓'人性恶，其善者伪'，乃谓人之性，不能生而自善，而必有待于修为耳。故其言曰：'涂之人可以为禹则然，涂之人之能为禹，则未必然也。'夫孟子谓性善，亦不过谓涂之人可以为禹耳。"④

---

① 郭沫若：《十批判书·荀子的批判》，《郭沫若全集》（历史篇），人民出版社1982年版。

② 《河南程氏遗书》卷19。朱熹也贬斥荀子的性恶论和重法思想，视荀子为"异端"，"荀卿全是申、韩"参见《朱子语类》。

③ 牟宗三：《中国哲学的特质》，学生书局1990年版，第74页。

④ 吕思勉：《先秦学术概论》，中国大百科全书出版社1985年版，第84页。

## 二 以公私论义利的开端——君子之能以公义胜私欲也

在义利问题上，荀子认为"利"是人们不可或缺的物质需要，这是由人的本性决定的；另外，"义"也是人们必需的道德需求，这是由人的社会属性决定的："义与利者，人之所两有也。虽尧、舜不能去民之欲利，然而能使其欲利不克其好义也。虽桀、纣亦不能去民之好义，然而能使其好义不胜其欲利也。"① 正因为义利为人之两有，"民之所利"与"民之所义"是不矛盾的，所以他比孔孟更注重强调二者的统一，从而提出"义利兼顾"的新型义利观，更重要的是，荀子开以公私论义利之先河。

（一）荀子的义利之辩

荀子"今人之性，生而有好利焉"② 认为人们对利的追求是合理的，他还进一步举例说明这是人之常情。

> 若夫目好色，耳好听，口好味，心好利，骨体肤理好愉佚，是皆生于人之情性者也；感而自然，不待事而后生之者也。③
>
> 夫人之情，目欲綦色，耳欲綦声，口欲綦味，鼻欲綦臭，心欲綦佚，此五綦者，人情之所必不免也。④

这种"欲綦色"、"欲綦声"、"欲綦味"、"欲綦臭"、"欲綦佚"的需求，是人的本性使然，即便是贵为天子、圣人也难免。

---

① 《大略》，《荀子集解》卷十九，第502页。
② 《性恶》，卷十七，《荀子集解》，第434页。
③ 同上书，第438页。
④ 《王霸》，卷七，《荀子集解》，第211页。

> 夫贵为天子,富有天下,是人情之所同欲也。①
>
> 凡人有所一同:饥而欲食,寒而欲暖,劳而欲息,好利而恶害,是人之所生而有也,是无待而然者也,是禹、桀之所同也。②

但是,人毕竟不同于动物,他们必须受到社会文化规范的制约,人的群体性和社会性让他们拥有最基本的义利平衡。

> 水火有气而无生,草木有生而无知,禽兽有知而无义,人有气、有生、有知,亦且有义,故最为天下贵也。力不若牛,走不若马,而牛马为用,何也?曰:"人能群,彼不能群也。"人何以能群?曰:"分。"分何以能行?曰:"义。"故义以分则和,和则一,一则多力,多力则彊,彊则胜物;故宫室可得而居也。故序四时,裁万物,兼利天下,无它故焉,得之分义也。③

荀子认为,人能群是人的社会性的一大特点,正是通过群体而实现:"力不若牛,走不若马,而牛马为用"的,而人能"群"的关键就在于"分",而"分"的关键又在于"义"。人离不开群体,离不开社会,但是如果没有"分"和"义",那么便会出现纷争离乱,乃至人不如动物的局面:"故人生不能无群,群而无分则争,争则乱,乱则离,离则弱,弱则不能胜物。"④

既然人的本性是逐利的,那么荀子认为要实现"分"、"义",必须满足人们的基本利欲需求,进而对之进行教化,这

---

① 《荣辱》,卷二,《荀子集解》,第70页。
② 同上书,第63页。
③ 《王制》,卷五,《荀子集解》,第164页。
④ 同上书,第164—165页。

就是计利富民、富而教之。荀子说：

> 养人之欲，给人之求。使欲必不穷乎物，物必不屈于欲，两者相持而长。①
>
> 不利而利之，不如利而后利之之利也；不爱而用之，不如爱而后用之之功也。利而后利之，不如利而不利者之利也；爱而后用之，不如爱而不用者之功也。利而不利也，爱而不用也者，取天下矣。利而后利之，爱而后用之者，保社稷者也。不利而利之，不爱而用之者，危国家者也。②

只有让老百满足人性的基本欲望，又对人的欲望加以引导，不能让人为外物所困，使人欲、外物二者"相持而长"。因为人的本性是逐利求欲的，那么就要因势利导，以利来引导人们调节物与欲之间的矛盾。既然要以利诱导之，那么首先要满足其基本利欲需求。况且，只有百姓富饶，国家才能富强。荀子说："王者富民，霸者富士，仅存之国富大夫，亡国富筐箧，实府库。"③ 要想富民养民，必须有好的政策："不富无以养民情，不教无以理民性。故家五亩宅，百亩田，务其业而勿夺其时，所以富之也。"④ 在做到利民、富民的基础上，再"立大学，设庠序，修六礼，明七教"教化之，这才是"所以道之也"。教化的主要办法就是"制礼义以分之"，因为"礼"就是起源于此："先王恶其乱也，故制礼义以分之，以养人之欲，给人之求。使欲必不穷于物，物必不屈于欲。两者相持而长，是礼之所起也。故礼者，

---

① 《礼论》，卷十三，《荀子集解》，第346页。
② 《富国》，卷六，《荀子集解》，第192页。
③ 《王制》，卷五，《荀子集解》，第153—154页。
④ 《大略》，卷十九，《荀子集解》，第498页。

养也。"①

所谓"礼者养也",就是说要在礼仪的规范下养人之欲、成人之利。这是养民,养天下的根本所在:"故制礼义以分之。使有贫富贵贱之等,足以相兼临者,是养天下之本也。"②"故制礼义以分之,以养人之欲,给人以求。"③ 只有以礼养民才能实现义:"行义以礼,然后义也。"④。也就是说,礼是实现义的手段和途径。只有如此,才能"各得其宜",而这也符合先王"群居合一"之道。

> 故先王案为之制礼义以分之,使之有贵贱之等,长幼之差,知愚、能不能之分,皆使人载其事而各得其宜,然后使悫禄多少厚薄之称,是夫群居和一之道也。⑤

利欲追求是人的本性使然,即便先贤圣王也不能去除百姓好利之心,但是贤明的圣王能够引导人们不让利欲压倒义,这便是盛世的根源,反之,如果让利欲战胜了礼义,那么乱世就出现了。

> 义与利者,人之所两有也。虽尧舜不能去民之欲利,然能使其欲利不克其好义也。虽桀纣也不能去民之好义。然能使其好义不胜其欲利也,故义胜利者为治世,利克义者为乱世。⑥

---

① 《礼论》,卷十三,《荀子集解》,第346页。
② 《王制》,卷五,《荀子集解》,第152页。
③ 《礼论》,卷十三,《荀子集解》,第346页。
④ 《大略》,卷十九,《荀子集解》,第492页。
⑤ 《荣辱》,《荀子集解》卷二。
⑥ 《大略》,卷十九,《荀子集解》,第502页。

荀子还告诫说,当政者要引导百姓重义轻利,必须自己首先好义:"上好义,则民暗饬矣;上好富,则民死利矣。"① 君王的喜好直接影响到百姓,只有君王身正好义,才能让百姓听从。

荀子还进一步指出义利处理事关荣辱:"荣辱之大分,安危利害之常体。先义而后利者荣,先利而后义者辱;荣者常通,辱者常穷;通者常制人,穷者常制于人,是荣辱之大分也。"② 既然义如此重要,事关荣辱,对人们而言就是要做到"以公义胜私欲。"③

(二) 以公私论义利的开端——以公义胜私欲

荀子又将"义"称为"公义"、"公道",而与之相对的是所谓"私欲""私利",可见,荀子的义利之辩实际上就是"公私之辩",所谓的"重义轻利""以义制利",也就是"以公义胜私欲"。④

荀子"以公义胜私欲"的提出不是空穴来风,而是有其社会背景的。战国末期,在商品经济大潮的冲击下,处于剧烈社会变革中的中国社会到处弥漫着追名逐利的思想,正如孟子所说:"天下熙熙,皆为利来;天下攘攘,皆为利往。"平民百姓"治产业,力工商,逐什二以为务"⑤,即便是自视甚高的士人阶层也追名逐利而不求务实,上层统治者更是趋之若鹜,"上不忠乎君,下善取誉乎民,不恤公道通义,朋党比周,以环主图私为

---

① 《大略》,《荀子集解》卷十九。
② 《荣辱》,《荀子集解》卷二。
③ 《修身》,《荀子集解》卷一。
④ 朱贻庭:《中国传统伦理思想史》,华东师范大学出版社2003年版,第149页。
⑤ 《史记·苏秦列传》。

务"①。一些沽名钓誉之徒更是趁机散布邪说,以私害公,一时间众说纷纭,混乱异常。

> 天下无二道,圣人无两心。今诸侯异政,百家异说,则必或是或非,或治或乱。乱国之君,乱家之人,此其诚心莫不求正而以自为也,妒缪于道而人诱其所迨也。私其所积,唯恐闻其恶也。倚其所私以观异术,唯恐闻其美也。②

在这样的情况下,人人以私利为先,对"公"形成了严重威胁,荀子显然已经意识到其危害,所以他提出要培养人们忠公无私的品格。荀子说:

> 君子之求利也略,其远害也早,其避辱也惧,其行道理也勇。君子贫穷而志广,隆仁也;富贵而体恭,杀埶也;安燕而血气不衰,柬理也;劳倦而容貌不枯,好交也;怒不过夺,喜不过予,是法胜私也。书曰:无有作好,王之道。无有作恶,遵王之路。此言君子之能以公义胜私欲也。③

君子也会追逐合理的礼仪,但他们知荣辱,所以取之有道。君子即使贫穷困窘,但志向还是远大的,他们行事不会违背道义,因为君子能用符合公众利益的道义来战胜个人的欲望。他们会充分权衡义利、公私,然后作出选择,而普通人之所以会犯错,是因为他们的选择有偏差。

---

① 《臣道》,《荀子集解》卷九。
② 《解蔽》,《荀子集解》卷十五。
③ 《修身》,《荀子集解》卷一。

> 欲恶取舍之权：见其可欲也，则必前后虑其可恶也者；见其可利也，则必前后虑其可害也者；而兼权之，孰计之，然后定其欲恶取舍。如是，则常不失陷矣。凡人之患，偏伤之也。见其可欲也，则不虑其可恶也者；见其可利也，则不顾其可害也者。是以动则必陷，为则必辱，是偏尚之患也。①

荀子还把对公私、义利的不同态度，作为衡量君子和小人的标准。

> 有狗彘之勇者，有贾盗之勇者，有小人之勇者，有士君子之勇者。争饮食，无廉耻，不知是非，不辟死伤，不畏众强，牟牟然惟利饮食之见，是狗彘之勇也。为事利，争货财，无辞让，果敢而振，猛贪而戾，牟牟然惟利之见，是贾盗之勇也。轻死而暴，是小人之勇也。义之所在，不倾于权，不顾其利，举国而与之不为改视，重死持义而不桡，是士君子之勇也。②

荀子根据"勇"的性质将人分为狗彘之勇者，贾盗之勇者，小人之勇者，士君子之勇者，而"勇"的判断标准便是对义利的不同态度。唯利是图，争财多利的是小人所为，这样的人纵情养欲，置公义于不顾，"故欲养其欲而纵其情，欲养其性而危其形，欲养其乐而攻其心，欲养其名而乱其行"。这种做法，不管他们取得多么多的利益，获得多么高的地位，即便身为王侯，也只能是身为外物所役的小人而已。

---

① 《不苟》，《荀子集解》卷二。
② 《荣辱》，《荀子集解》卷二。

真正的士君子"持义而不挠",甚至可以为义而付出生命的代价。荀子还进一步根据对公私的态度将儒士分为大儒和小儒:"志忍私,然后能公;行忍性情,然后能修;知而好问,然后能才;公修而才,可谓小儒矣,志安公,行安修,知通统类,如是则可谓大儒矣。"① 意志上能抑制私欲才能为公,行为上能克制私情才能培养好的品质。一个能抑制私欲、克制私情的人,只能成为一般的儒者。只有公正无私,行为品性美好,智慧精通纲纪法度,才可以称为大儒。因而荀子劝诫人们要抑制欲望,克服私心,使公义胜过私欲。

当然,不管是平民百姓还是士君子对义利、公私的态度都与当政者对此的取向有密切关系。

> 凡奸人之所以起者,以上之不贵义,不敬义也。夫义者,所以限禁人之为恶与奸者也。今上不贵义,不敬义,如是,则天下之人百姓,皆有弃义之志,而有趋奸之心矣,此奸人之所以起也。且上者下之师也,夫下之和上,譬之犹响之应声,影之像形也。故为人上者,不可不顺也。夫义者,内节于人,而外节于万物者也;上安于主,而下调于民者也;内外上下节者,义之情也。然则凡为天下之要,义为本,而信次之。古者禹汤本义务信而天下治,桀纣弃义倍信而天下乱。故为人上者,必将慎礼义,务忠信,然后可。此君人者之大本也。②

可见,当政者的表率作用是巨大的,所谓上梁不正下梁歪,道义是用来限制人们作奸犯科的,如果当政者不推崇道义、不尊

---

① 《儒效》,《荀子集解》卷四。
② 《强国》,《荀子集解》卷十一。

重道义，那么奸邪的人就会产生，下面的老百姓就都会有放弃道义而趋附奸邪的思想了，这就是奸邪之人产生的原因。所以君主一定要慎重地对待礼义，致力于忠诚守信，这是君主的最大根本。

### 三　性恶论与公私、义利之关系

荀子认为人性本恶，正因为如此，荀子认为人是有私欲的，是生而为己的，所以人性应当改造。至于如何改造，荀子提出首先要通过道德伦理来培养人们自觉做到以"公义胜私欲"，继而要通过隆礼重法从外部加以强化，当然这些都离不开教化。

（一）性恶论是公私论和公平、公正观的理论基础

性恶决定人的私心，关于性恶论与"以公义胜私欲"的关系，我们在上面已经详细分析过了，这里不再赘述。此处主要谈论性恶论和荀子公平、公正理论的关系。

荀子认为人的本性决定了人的私心，"人论，志不免曲于私，而冀人之以己为公也"[①]。正因为如此才造成了社会的不公，所以当政者应该采取措施保障社会的公平、公正。为此，荀子认为要使国家富强，必须通过施行好的富民政策让老百姓先富起来；老百姓富裕了，国家才能富裕，即"下富而上富"。当政者应该保证百姓的基本生存，让老百姓有所结余。

> 圣王之制也，草木荣华滋硕之时则斧斤不入山林，不夭其生，不绝其长也。鼋鼍、鱼鳖、鳅鳝孕别之时，罔罟毒药不入泽，不夭其生，不绝其长也。春耕、夏耘、秋收、冬藏，四者不失时，故五谷不绝而百姓有余食也。污池、渊沼、川泽，谨其时禁，故鱼鳖优多而百姓有余用也。斩伐养

---

① 《儒效》，《荀子集解》卷四。

长不失其时,故山林不童而百姓有余材也。①

在此过程中还应该注意贫富的均衡。因为只有分配比较均衡,才能出现"四海之内若一家"②的和谐社会。

> 故古人为之不然,使民夏不宛暍,冬不冻寒,急不伤力,缓不后时,事成功立,上下俱富,而百姓皆爱其上,人归之如流水,亲之欢如父母,为之出死断亡而愉者,无它故焉,忠信调和均辨之至也。③

孟子还提到调节社会不公的办法,即君王要做到"以礼分施,均遍而不偏"④。

当然,不可否认,荀子所说的平等不是绝对的平等,而是有等级差别的。

> 分均则不偏,埶齐则不壹,众齐则不使。有天有地,而上下有差;明王始立,而处国有制。夫两贵之不能相事,两贱之不能相使,是天数也。埶位齐而欲恶同,物不能澹则必争;争则必乱,乱则穷矣。先王恶其乱也,故制礼义以分之,使有贫富贵贱之等,足以相兼临者,是养天下之本也。⑤

从经济上来说,就是要使人们所获得的利益与其等级相称:"德

---

① 《王制》,卷五,《荀子集解》,第165页。
② 同上书,第161页。
③ 《富国》,卷六,《荀子集解》,第189—190页。
④ 《君道》,《荀子集解》卷八。
⑤ 《王制》,卷五,《荀子集解》,第152页。

必称位，位必称禄，禄必称用。由士以上必以礼乐节之，终庶百姓必以法数制之。"① 尽管如此，荀子倡导社会的相对公平，还是有一定进步意义的。

除了经济上的公平，荀子还提出政治和社会的公平。

首先，荀子把"公平"和"公正"视为执法的重要标准：

> 故公平者，职之衡也；中和者，听之绳也。有其法者以法行，无其法者以类举，听之尽也；偏党而无经，听之辟也。故有良法而乱者，有之矣；有君子而乱者，自古及今，未尝闻也。《传》曰："治生乎君子，乱生乎小人。"此之谓也。②

荀子以法作为准绳，认为没有偏私地处理事情，就能够做到公平、公正。先贤圣王的伟大之处就在于他们能公平公正地处理问题："凡禹之所以为禹者，以其为仁义法正也。"③ 所以，在荀子看来，社会能否公平、公正，关键在于当政者能否有公正之心，"故上者、下之本也。上宣明，则下治辨矣；上端诚，则下愿悫矣；上公正，则下易直矣"④。

其次，荀子公平、公正、正义看成是君子的品格。荀子在历史上第一次提出"正义"的说法。

> 正利而为谓之事，正义而为谓之行。⑤

---

① 《富国》，卷六，《荀子集解》，第 176 页。
② 《王制》，卷五，《荀子集解》，第 151—152 页。
③ 《性恶》，《荀子集解》卷十七。
④ 《正论》，《荀子集解》卷十二。
⑤ 《正名》，《荀子集解》卷十六。

> 有不学问，无正义，以福利为隆，是俗人者也。①
> 正义直指，举人之过，非毁疵也。②
> 行义以正，事业以成。③

"正"在甲骨文中从"止"（足）从"口"，其意为不偏斜，平正。所谓"义"，《礼记·中庸》说："义者宜也。"那么"正义"二者合起来就是不偏斜，合宜的意思。亚里士多德说："政治学上的善就是正义，正义以公共利益为依归。按照一般的认识，正义是某种事物的'平等'观念。"④可见，荀子所说的"正义"和亚里士多德说的"正义"有重合，但是也有差距，亚氏的"正义"更接近现代的"正义"的意思，而荀子的"正义"并不包含平等的意思。

荀子指出公平、公正、正义是士君子的重要品格。

荀子认为士君子须以仁爱之心去说话，以好学之心去听别人的言论，以公正之心去辨别是非；不因外界的赞誉或非议迷惑，能遵守正道，并以公平、公正为贵。荀子还指出之所以士君子能做到这些，是因为他们心中有"道"，并且"不为贫穷怠乎道"⑤，这是"君子能以公义胜私欲"的根本原因。

（二）性恶论是隆礼重法的理论基石

荀子主张性恶论，认为天生为恶，所以他强调要通过礼仪和法治来进行管理。可以说，荀子的性恶论是其隆礼重法思想的理论基础。荀子认为要"化性起伪"，需要"明礼义而化之"，这

---

① 《儒效》，《荀子集解》卷四。
② 《不苟》，《荀子集解》卷二。
③ 《赋》，《荀子集解》卷十八。
④ 亚里士多德著：《政治学》，吴寿彭译，商务印书馆1965年版，第148页。
⑤ 《修身》，《荀子集解》卷一。

正是礼仪之所以兴起的缘由。

> 礼起源于何也？曰："人生而有欲，欲而不得，则不能无求，求而无度量分界，则不能不争。争则乱，乱则穷。先王恶其乱也，故制礼义以分之，以养人之欲，给人之求。使欲必不穷乎物，物必不屈于欲，两者相持而长，是礼之所起也。"①

在这里荀子指出了礼起源于人有私欲，并指出了礼是"先王"为了调和人的欲望、避免争斗而制定出来"度量分界"的工具。

荀子认为礼具有重要功用，"礼者，人道之极也"②，"隆礼贵义者其国治，简礼贱义者其国乱"③。礼具有规范人的欲望，维持社会群体和而不争的重要意义。那么荀子的礼具体包括哪些内容呢？

荀子"隆礼"中的"礼"首先要明确等级贵贱："礼者，贵贱有等，长幼有差，贫富轻重皆有称者也。"④ "贵贵、贤贤、老老、长长，义之伦也。行之得其节，礼仪之序也。"⑤ 这是因为"维齐"之道有许多的危害："夫两贵之不能相事，两贱之不能相使，是天数也。执位齐，而欲恶同，物不能澹则必争。争则必乱，乱则穷矣。"⑥ 天地之间也是有上下差别的，如果名分、职位相等了就谁也不能统率谁，两个同样尊贵的人不能互相侍奉，两个同样卑贱的人也不能互相役使，这样的话就容易导致人们之

---

① 《礼论》，卷十三，《荀子集解》，第346页。
② 《礼论》，《荀子集解》卷十三。
③ 《议兵》，《荀子集解》卷十。
④ 《富国》，卷六，《荀子集解》，第178页。
⑤ 《大略》，《荀子集解》卷十九。
⑥ 《王制》，卷五，《荀子集解》，第152页。

间互相争夺而使社会陷入混乱。所以先王制定礼仪,确立名分,分出高低贵贱来维持社会秩序,这是治理天下的根本。他在《君子》中说:

> 故尚贤,使能,等贵贱,分亲疏,序长幼,此先王之道也。故尚贤使能,则主尊下安;贵贱有等,则令行而不流;亲疏有分,则施行而不悖;长幼有序,则事业捷成而有所休。①

由此,荀子提出要"明分",他说:"离居不相待则穷,群而无分则争,穷者患也,争者祸也。救患除祸,则莫若明分使群矣。"②"明分"不仅可以防止纷争和祸乱,而且还可以"兼足天下之道"③,甚至万事平安之效:"将以明分达治而保万世也。"④ 那么"明分"的标准是什么呢?荀子认为有两大原则,其一为"义",荀子在《王制》中说:"分何以能行?曰:义。"其二是"礼"。在《非相》篇中,荀子指出:"辨莫大于分,分莫大于礼,礼莫大于圣王。"在这两个基本原则下,具体做法如下。

首先要确立等级、贵贱、亲疏、长幼之分。荀子说:"亲疏有分,则施行而不悖;长幼有序,则事业捷成而有所休。"⑤ 通过社会伦理道德建设,使夫妻君臣各得其分,这是天经地义的事:"少事长,贱事贵,不肖事贤,是天下之通义也。"⑥ 其中荀

---

① 《君子》,《荀子集解》卷十七。
② 《富国》,卷六,《荀子集解》,第176页。
③ 同上书,第183—184页。
④ 《君道》,《荀子集解》卷八。
⑤ 《君子》,《荀子集解》卷十七。
⑥ 《仲尼》,《荀子集解》卷三。

子强调比较多的是等级贵贱之分,因为这是社会政令畅通的保障:"贵贱有等,则令行而不流。"① 等级划分的标准是"德":"论德而定次,量能而授官,皆使人载其事而,各得其宜。上贤使之为三公,次贤使之为诸侯,下贤使之为大夫。"②

其次是明确社会分工,使人们各务本业,各司其职:"农农、士士、工工、商商一也。"荀子还指出,社会分工是必要的,各种分工都不可替代:"相高下,视旴肥,序五种,君子不如农人。通财货,相美恶,辨贵贱,君子不如贾人。设规矩,陈绳墨,便备具,君子不如工人。"③ 在这种分工下,每个人的责任和义务都是非常明确的。

> 农分田而耕,贾分货而贩,百工分事而劝,士大夫分职而听,建国诸侯之君分土而守,三公总方而议,则天子共己而止矣。④

> 兼足天下之道在明分。掩地表亩,刺屮殖谷,多粪肥田,是农夫众庶之事也。守时力民,进事长功,和齐百姓,使人不偷,是将率之事也。高者不旱,下者不水,寒暑和节而五谷以时孰,是天下之事也。若夫兼而覆之,兼而爱之,兼而制之,岁虽凶败水旱,使百姓无冻馁之患,则是圣君贤相之事也。⑤

荀子认为只有明确了社会分工,才能保证社会的公正、和谐。"明分职,序事业,材技官能,莫不治理,则公道达而私门

---

① 《君子》,《荀子集解》卷十七。
② 《君道》,《荀子集解》卷八。
③ 《儒效》,《荀子集解》卷四。
④ 《王霸》,《荀子集解》卷七。
⑤ 《富国》,卷六,《荀子集解》,第183—184页。

塞矣，公义明而私事息矣。"①

仅仅靠礼还不够，荀子还吸收了法家的思想，主张需要"法"来辅助礼。

> 故枸木必将待檃栝、烝矫然后直；钝金必将待砻厉然后利；今人之性恶，必将待师法然后正，得礼义然后治，今人无师法，则偏险而不正；无礼义，则悖乱而不治，古者圣王以人性恶，以为偏险而不正，悖乱而不治，是以为之起礼义，制法度，以矫饰人之情性而正之，以扰化人之情性而导之也，始皆出于治，合于道者也。今人之化师法，积文学，道礼义者为君子；纵性情，安恣睢，而违礼义为小人。用此观之，人之性恶明矣，其善者伪也。②

只有礼法并用才能遏制人之恶，也只有如此才能实现"王霸"。"隆礼尊贤而王，尊法爱民而霸。"③荀子特别强调在此过程中要公私分明，"不恤亲疏，不恤贵贱"④，严禁徇私枉法。他反对滥施刑罚，认为只有保证"庆赏刑罚欲必以信"⑤，才能防止"法胜私"，否则会损害法律的权威性："刑当罪则威，不当罪则侮。"⑥

（三）性恶论是荀子教育思想的基础

荀子说："以人之性恶，必将待圣王之治，礼义之化，然后

---

① 《君道》，《荀子集解》卷八。
② 《性恶》，《荀子集解》卷十七。
③ 《大略》，《荀子集解》卷十九。
④ 《王霸》，《荀子集解》卷七。
⑤ 《王制》，《荀子集解》卷五。
⑥ 《君子》，《荀子集解》卷十七。

皆出于治,合于善。"① 正因为人性本恶,人生而有私欲,所以必须通过"师法之化,礼仪之道"来教化人们,因而荀子十分强调后天教育的作用。如果没有教化,人就会变成盗贼:"人无师无法,则必为盗,勇则必为贼。"② 但是如果有了教化,即便是未开化的涂人也可以像圣王一样掌握仁义法正的道理。

　　涂之人可以为禹,曷谓也?曰:凡禹之所以为禹者,以其为仁义法正也。然则仁义法正有可知可能之理。然而涂之人也,皆有可以知仁义法正之质,皆有可以能仁义法正之具,然则其可以为禹明矣。③

由此看来,荀子虽然认为人性本恶,但是最终是善是恶,并不取决于先天的本性,而是取决于后天的环境与教育。所以他也十分强调环境的作用。

　　蓬生麻中,不扶而直。白沙在涅,与之俱黑。兰槐之根是为芷,其渐之滫,君子不近,庶人不服,其质非不美也,所渐者然也。故君子居必择乡,游必就士,所以防邪僻而近中正也。④

在荀子看来,环境的影响是不可忽视的,所谓"近朱者赤,近墨者黑",所以人们应该慎重选择生活环境,这与孟子的择邻而居有异曲同工之效。孟子和荀子从截然相反的人性论出发,却得出了相同的结论,也算得上是一件有趣的事情了。

---

① 《性恶》,《荀子集解》卷十七。
② 《儒效》,《荀子集解》卷四。
③ 《性恶》,《荀子集解》卷十七。
④ 《劝学》,《荀子集解》卷一。

荀子很早就认识到教育关系到国家的兴亡："贵师而重傅，则法度存。国将衰，必贱师而轻傅；贱师而轻傅，则人有快；人有快则法度坏。"① 所以荀子认为必须尊师重教，才能改造人之恶，"故有师法者，人之大宝也；无师法者，人之大殃也。人无师法则隆性矣，有师法，则隆积矣。"② 没有师法，人的本性就会趋向恶；有了师法的引导，才能由恶走向善，所以荀子还要求人们在师法的引导下躬身自省："故木受绳则直，金就砺则利，君子博学而日参省乎己，则知明而行无过矣。"③ 只有这样才能成为"化师法、积文学，道礼义"的君子，否则任由人之本性发展，只能成为"纵性情，安恣意，而违礼义"的小人了。

以上我们通过对儒家公观念的梳理，可以得出如下结论：

其一，儒家的"公"观念是不断变化发展的，我们可以看到从孔子到孟子再到荀子，由于所处时代不同，他们各自的"公"的具体内涵是有差异的。一般来说，后代的儒家常为"公"注入新的内蕴。

其二，儒家的公私观一般是以其人性论为基本出发点的，虽然孔子没有明确说明人性的善恶，但是他的"公"观念仍然离不开"性相近也，习相远也"的人性论支持。至于孟子和荀子的"公"观念更是离不开各自的人性学说。

其三，儒家的"公"观念不是一个单纯的概念，而是与"私"，与义利之辩，与理欲之辩密切相联系的，可以说这是个概念束或曰概念集合，无论是谈到哪一个，都不可避免地要和其他概念联系起来。

---

① 《大略》，《荀子集解》卷十九。
② 《儒效》，《荀子集解》卷四。
③ 《劝学》，《荀子集解》卷一。

其四，儒家的"公"观念有明显的政治伦理特色。我们注意到，不论是孔孟，还是荀子，他们的公私观主要体现于他们的政治伦理命题中，也大都是为其政治伦理服务的。

# 第二章　先秦其他诸子的"公"观念

春秋战国时期的中国正处于激剧动荡的社会变革之中，随着井田制瓦解，宗法分封制崩溃，为争夺各种利益，诸侯争霸，群雄割据，战争频仍，公私关系面临前所未有的挑战，为了解决社会中日益紧张的公私关系问题，不仅儒家展开了热烈的讨论，其他诸家如老庄道家，墨家以及法家韩非子等许多学派都参与了进来。先秦各家通过对公私关系的观察、体验和研究，分别提出了具有浓郁学派色彩的公私学说。

## 第一节　墨家"举公义，辟私怨"的崇公抑私思想

墨子（公元前468~前376年），姓墨名翟，战国初期鲁国人（今山东省滕州市），是我国战国时期著名的思想家，教育家，墨家学派的创始人，是孔子之后又一位影响巨大的思想家。据说《淮南子·要略训》记载，墨子曾跟孔子习儒，后又开创了墨家学派，墨学在当时影响很大，与儒家并称"显学"。

墨子有《墨子》一书传世，今存53篇，据学者考证，除《经上》、《经下》、《经说上》、《经说下》、《小取》、《大取》六

篇外,其他篇章是墨子学说的记录。① 由于本文主要论述墨家的"公"观念,所以不管是否是墨子本人所著,还是墨家后学的发挥,毕竟都是墨家思想的体现,因而都可以用来阐述墨家的"公"观念。

一 以义利论公私

墨子对人们自私自利的现象非常不满,他提倡"举公义,辟私怨"②,通过弘扬公义,除去私怨。他向往文王时兼爱、无私的社会。

公正无私是墨家追求的理想,更可贵的是墨家还能以公正无私的原则规范自己的行为。有个故事很能说明这一点。墨家有个巨子名叫腹䵍的居住在秦国,他的儿子杀了人,秦王想赦免他,却被巨子拒绝了。

> 秦惠王曰:"先生之年长矣,非有他子也,寡人已令吏弗诛矣,先生之以此听寡人也。"腹䵍对曰:"墨者之法,杀人者死,伤人者刑,此所以禁杀伤人也。夫禁杀伤人者,天下之大义也。王虽为之赐,而令吏弗诛,腹䵍不可不行墨子之法。"不许惠王,而遂杀之。子,人之所私也。忍所私

---

① 朱贻庭:《中国传统伦理思想史》,华东师范大学出版社2003年版,第56页。当然也有学者持不同看法,童书业先生就认为:《墨子》的开头三篇,由于混杂着儒家思想,不能作为研究墨家思想的重要史料。只有从《尚贤上》到《非命下》才是比较可靠的。详见童书业《先秦七子思想研究》,中华书局2006年版,第59页;詹剑锋则认为:《经上》《经下》也是墨子所著,详见蔡尚思主编《十家论墨》,上海人民出版社2004年版,第272页。

② 《墨子·尚贤上》,(清)孙诒让著,孙以楷点校《墨子闲诂》,中华书局1986年版,第42页。

115

以行大义，巨子可谓公矣。①

儿子是人人所偏爱的，巨子能克制私心大义灭亲，堪称处事公正了。在《墨子》一书中，直接论述"公"观念的地方并不多，更多的时候，墨子是通过义利之辩来展示他对公私问题的看法的。据黄伟合《墨子的义利观》一文统计，仅在从《尚贤上》到《非命下》的23篇中，在肯定意义上指整体利益的"利"字有160次；在否定意义上指利己、私利的"利"字有44次；在肯定意义上与整体利益相对的个人利益的"利"字共11次，非道德意义的"利"字31次②。从这个统计我们可以看出墨子是非常重视整体利益的，而"义"是维护整体利益的行为准则，墨子认为，古时候，在还没有政权之时，道理因人而异。每个人都一种道理，都称之为义。人数越多，所说的义就多了。每个人都认为自己才是对的，所以彼此之间相互攻击，以致父子兄弟不能和睦，天下百姓相互损害。人们之间不能彼此帮助，有道德的人也不愿意来教化人们，而导致天下的混乱。既然天下混乱是由于人们各有其"义"，那么就有必要统一关于"义"的看法。墨子是如何统一界定"义"和"利"的呢？他又是怎样通过义利之辩阐述公与私的关系的呢？

墨家虽然重视"义"，但是也不忽视"利"，在墨家看来，利也是不可或缺的。墨家所谓"利"是指："所得而喜也。"③在《经说上》又进一步解释说："利：得而喜，则是利也。其害也，非是也。"得到后感到高兴，就是利。有害的东西，就是

---

① 《吕氏春秋·去私》，陈奇猷校译，《吕氏春秋校释》，学林出版社1984年版，第56页。

② 黄伟合：《墨子的义利观》，《中国社会科学》1985年第3期。转引自胡子宗、李权兴《墨子思想研究》，人民出版社2007年版，第219页。

③ 《墨子·经上》，《墨子闲诂》，第285页。

不利。

张晓芒认为墨家所说的"利"有四种意思：一是养生所需之利；二是众人之利；三是为我之利；四是兵器锋利之利。前三种都属于"所得而喜"之利，最后一种意思与本文所讨论的主题关系不大，存而不论。尽管前三种都属于"所得而喜"之"利"，有公利、私利之分，是墨子之"利"的主要内容。墨子肯定人们生存所必需的"利"是合乎"义"的，但须取之有道，否则就是"不义"。①

墨家重视"利"，但是更以"贵义"为更高的品德。下面我们来看看墨家关于"义"的一些论述。

墨家所谓"义"就是："义，利也。"② 在墨家看来，"义"就是"利"，但这儿的"利"是指"公义"、"公利"，这在《经说上》有进一步的解释："义，志以天下为芬，而能能利之，不必用。"所谓"义"就是把有利于天下作为自己的职分，能够有利于天下，而不一定为当政者所用。不仅如此，墨子所说的"义"还指正义，他说："义者，正也。何以知义之为正也？天下有义则治，无义则乱，我以此知义之为正也。"③ 墨子认为，"义"就是正的意思。那么何以知道"义"就是正呢？因为天下有"义"就能治，无"义"就乱，根据这知道"义"就是正的意思。墨子还进一步指出要实现"正"，必须自上而下做起。

然而没有自下正上的，必定是自上正下。所以庶人不能匡正自己的行为，有士匡正他们；士不能匡正自己，有大夫匡正他们；大夫不能匡正自己，有诸侯匡正他们；诸侯不能匡正自己，有三公正之；三公不能匡正自己，有天子匡政他们；如果天子也

---

① 张晓芒：《孔墨公私观的不同走向》，载刘泽华等《公私观念与中国社会》，中国人民大学出版社 2003 年版，第 96 页。
② 《墨子·经上》，《墨子闲诂》，第 281 页。
③ 《墨子·天志下》，《墨子闲诂》，第 190 页。

不能匡正自己，还有上天来匡正他。所以在墨家看来，"义"不是由普通的人创造出来的，而是由高贵且睿智的人创造出来的，那么谁是高贵且睿智的人呢？墨家答道："天为贵，天为智。"也就是说，墨家认为"义"是出自上天的！既然行义是上天的意旨，那么当今天下的士君子，就不可以不顺从天意了。

墨家不仅对"义"的内涵作了详细的阐释，而且还在《天志下》中从正反两个方面进一步作了对比，说明了顺从天意和违背天意的不同结果。

顺从上天的意志就叫做"兼"，违反上天的意志就叫做"别"。"兼"之道以"义"为政，"别"之道理凭"力"为政。所谓"义正"就是："天下之人皆相爱，强不执弱，众不劫寡，富不侮贫，贵不傲贱，诈不欺愚。"① 这样，上有利于天，中有利于鬼，下有利于人，三种利益无所不利，这叫做"天德"。凡是以此为行为准则从事的便是圣智、仁义、忠惠、慈孝，这样就可以获得天下的赞誉。这是为什么呢？那是因为顺从了上天的意志。反之，如果以大欺小，以强凌弱，以众欺寡，以诈欺愚也，以贵傲贱，以富骄贫，以壮欺老，那就是不义，那就是不仁不义、不忠不惠、不慈不孝的行为，是违反天意的。正如张晓芒先生所说：墨家所说的"义"有公正、正义的意思，而且其具体体现仍然是"无私"②。墨家把"义"看做是无上的品德，是天下之良宝。

> 今用义为政于国家，国家必富，人民必众，刑政必治，社稷必安。所为贵良宝者，可以利民也，而义可以利人，故

---

① 《墨子·兼爱中》，《墨子闲诂》，第94—95页。
② 张晓芒：《孔墨公私观的不同走向》，载刘泽华主编《公私观念与中国社会》，中国人民大学出版社2003年版，第96页。

曰："义，天下之良宝也。"①

人之所以认为良宝珍贵，是因为它可以为人民带来利益，而"义"也可以使人民得到利益，所以说义是天下的良宝，因此墨家更强调"贵义"。墨家还把"义"上升到上天的高度"天为贵、天为知而已矣。然则义果自天出矣"②，认为天下的事物，符合于义才能生存，无义就会必亡；有义则富，无义则贫；有义才能治理，无义就会混乱。

然则何以知天之欲义而恶不义？曰："天下有义则生，无义则死；有义则富，无义则贫；有义则治，无义则乱。然则天欲其生而恶其死，欲其富而恶其贫，欲其治而恶其乱，此我所以知天欲义而恶不义也。"③

上天具有大公无私的品格，"天之行广而无私，其施厚而不德，其明久而不衰"，所以上天"必欲人之相爱相利，而不欲人之相恶相贼也。……爱人利人者，天必福之；恶人贼人者，天必祸之"④。如果顺从上天的意旨，上天就会赐福，否则就会降灾祸惩罚。既然义是上天的意旨，那么人们就不能只顾自己的私利，而要"兴天下之利，除天下之害"⑤；"顺虑其义，而后为之行"⑥。

墨家虽要求人们都要"为义"，但是对众人的要求标准并不

---

① 《墨子·耕柱》，《墨子闲诂》，第394页。
② 《墨子·天志中》，《墨子闲诂》，第181页。
③ 《墨子·天志上》，《墨子闲诂》，第176页。
④ 《墨子·法仪》，《墨子闲诂》，第19—20页。
⑤ 《墨子·兼爱下》，《墨子闲诂》，第106页。
⑥ 《墨子·非攻下》，《墨子闲诂》，第130页。

一样，墨家认为只要人们能做一些力所能及的，有利于他人的事情就是行义了。

  治徒娱、县子硕问于子墨子曰："为义孰为大务？"子墨子曰："譬若筑墙然，能筑者筑，能实壤者实壤，能欣者欣，然后墙成也。为义犹是也。能谈辩者谈辩，能说书者说书，能从事者从事，然后义事成也。"①

  墨家重利，但又以"贵义"优先，并且把"义"提升为上天的意旨，认为上天具有大公无私的品格，它"欲人之相爱相利"，因而人们应遵从上天意旨，"兼相爱，交相利"。而这种"兼相爱、交相利"正是一种公私兼顾的新型公私观。

## 二　对公平、公正的追求——兼爱

  墨家公平、公正思想的提出有着深刻的社会基础。随着社会生产力的发展和井田制的瓦解，社会公私领域发生了重大变革，周天子"天下共主"的政治格局被打破，为了争夺人口、土地等利益，诸侯、卿大夫之间互相攻伐，春秋五霸、战国七雄都是通过战争树立自己的地位。所谓春秋无义战，诸侯、卿大夫对内横征暴敛、对外大攻伐不断扩张，礼乐崩坏，社会动荡不安。面对社会生活领域、政治领域和经济领域的分化和不公，出身于手工业者的墨子分别提出了不同于其他各家的解决方案，他们提倡以"兼相爱，交相利"消除社会生活领域的不公，以"尚贤""尚同"平衡政治领域的不公，以"平均"和"节用"消除经济领域的不公。

---

  ① 《墨子·耕柱》，《墨子闲诂》，第193页。

(一) 社会领域的公平——兼相爱、交相利

墨子认为社会之所以会陷入混乱，就在于人们不能兼爱，起源于人的自私自利。

墨子说，国家与国家之间相互攻打，家庭与家庭之间相互争夺，人与人之间相互损害，君主对臣下给予臣子恩惠，臣子对君王不尽忠，父母对孩子不慈爱，孩子对父母不孝敬，兄弟之间不能和睦相处，这都是天下的大害。之所以会有这些现象，是由人与人之间不能彼此相爱而导致的。现在的诸侯只知道爱自己的国家而不爱他人的国家，所以不惜用全国的力量，去攻打别国；卿大夫只知道爱自己的家，不爱别人的家，所以去抢夺别人的家；如今人们只爱自己，不爱他人，所以不惜用全身的力量去损害他人之身。凡是诸侯不相爱，必定发动野战；卿大夫不相爱，就一定相互争权夺利；人与人不相爱，就会互相损害；君臣不相爱，就没有恩惠与忠心；父子不相爱，就没有慈孝；兄弟不相爱，就无法和睦相处；如果天下的人都不相爱，恃强凌弱，以富侮贫，以贵傲贱，以诈欺愚，那么就会产生祸害、争夺、怨恨。正因为如此，所以墨子提出"兼爱"的主张。

既以非之，何以易之？子墨子言曰："以兼相爱交相利之法易之。"然则兼相爱交相利之法将奈何哉？子墨子言："视人之国若视其国，视人之家，若视其家，视人之身若视其身。是故诸侯相爱则不野战，家主相爱则不相篡，人与人相爱则不相贼，君臣相爱则惠忠，父子相爱则慈孝，兄弟相爱则和调。天下之人皆相爱，强不执弱，众不劫寡，富不侮贫，贵不敖贱，诈不欺愚。凡天下祸篡怨恨可使毋起者，以相爱生也。是以仁者誉之。"[①]

---

① 《墨子·兼爱中》，《墨子闲诂》，第94—95页。

那么何谓兼爱、交相利呢?

所谓"兼",《说文》解释为"并也",就是兼顾、同时涉及的意思。孟子说:"杨子取为我,拔一毛而利天下,不为也。墨子兼爱,摩顶放踵,利天下,为之。"① 孟子把墨子的"兼爱"和杨朱的"为我"看成两个极端,认为墨子的"兼爱"就是利天下。孟子批评了杨朱的一毛不拔,认为杨朱的做法是自私的、利己的。既然"兼爱"与杨朱的"为我"是对立的,那么可知"兼爱"是一种无私的、利他的崇高境界。"兼爱"也就是要求不分亲疏远近、不分差别,平等地爱他人,"视人之国,若视其国;视人之家,若视其家;视人之身,若视其身"。这一思想是对西周以来以血缘为纽带的宗法制度和等级制度的否定,体现了可贵的平等思想。就现实原因而言,墨子的"兼爱"思想其实是针对儒家的"别爱"而提出来的。

姑尝本原若众害之所自生。此胡自生?此自爱人利人生与?即必曰:"非然也。"必曰:"从恶人贼人生。"分名乎天下恶人而贼人者,兼与?别与?即必曰:"别也。然即之交别者,果生天下之大害者与!是故别非也。"子墨子曰:"非人者必有以易之,若非人而无以易之,譬之犹以水救水,以火救火也。"其说将必无可焉。是故子墨子曰:"兼以易别。"②

既然"交相别"是产生天下一切大害的东西,所以"别"是不对的,所以墨子提出:"兼以易别。"墨子进一步指出正因为人

---

① 《孟子·尽心上》。
② 《墨子·兼爱下》,《墨子闲诂》,第105页。

有"别"心,所以才会做出损害他人的事情,但是如果人做到"兼爱",就会由"利己"的私心变为利天下的无私,所以说必须以"兼"替代"别":

> 姑尝本原若众利之所自生,此胡自生?此自恶人贼人生与?即必曰非然也,必曰从爱人利人生。分名乎天下爱人而利人者,别与?兼与?即必曰兼也。然即之交兼者,果生天下之大利者与?是故子墨子曰:"兼是也。且乡吾本言曰仁人之事者,必务求兴天下之利,除天下之害。"今吾本原兼之所生,天下之大利者也。吾本原别之所生,天下之大害者也。是故子墨子曰:"别非而兼是者,出乎若方也。"①

公众利益产生的原因,是由于爱人利人而产生的,这就是"兼",所以说由"兼"而产生的,都是天下的大利;相反"别"所产生的,都是天下的大害。《墨子·兼爱下》还进一步举例说明了兼爱和别爱的不同做法。

假设有两个士人,一个主张"别爱",另一个主张"兼爱"。主张"别爱"的人说:"我怎么能将朋友之身,当做我自己的身,将我朋友的双亲,当做自己的呢?"所以当他看见朋友饥饿时,不给以食;寒冷时,也不给以衣;有病不服侍,死了也不葬理。别士的言论是这样,行为也是这样。而兼士的言论和行为就不同了。他将朋友之身当做自己的身,朋友的双亲当做自己的双亲。他看见朋友饥饿,就给他吃的,寒冷时就给他穿的,得病时就去服侍他,死亡了就给他埋葬。兼士的言论是这样,行为也是这样。因而,兼爱才是行义之道。既然如此,我们就要以"兼爱"为天下谋公利。如何才能做到"兼爱"呢?墨子提出首要

---

① 《墨子·兼爱下》,《墨子闲诂》,第106页。

的原则是"法天"。

> 然则奚以为治法而可?故曰:莫若法天。天之行广而无私,其施厚而不德,其明久而不衰,故圣王法之。既以天为法,动作有为,必度于天,天之所欲则为之,天所不欲则止。然而天何欲何恶者也?天必欲人之相爱相利,而不欲人之相恶相贼也。奚以知天之欲人之相爱相利,而不欲人之相恶相贼也?以其兼而爱之、兼而利之也。奚以知天兼而爱之、兼而利之也?以其兼而有之、兼而食之也。今天下无大小国,皆天之邑也。人无幼长贵贱,皆天之臣也。①

上天是大公无私的,他不分贵贱,平等地对待天下苍生,他施恩赐惠无穷无尽,他的光明长久不衰,所以圣王也效法上天。上天希望人们能相亲相爱,而且兼爱人们,兼利人们。不仅如此上天还监视着人们的行动,对兼爱的人就给予福,反之就降灾祸惩罚之:"爱人利人者,天必福之;恶人贼人者,天必祸之。"② 因而只有"兼相爱"、"爱无差等"、"不辟亲疏"才能实现社会的和谐。

墨子的"兼相爱,交相利"的思想既照顾了私人利益,又高扬公利的旗子,号召人们"爱人利人""相爱相利",这种思想具有重要的进步意义,反映了小生产者的利益和愿望。

(二) 政治领域的公平、平等——尚贤

墨子政治领域的公平思想也是从其"兼爱"思想衍生出来的,他反对传统的基于血缘的政治制度,提出"尚贤""尚同"的政治理念。春秋战国时期,虽然宗法制度正趋于瓦解,但是

---

① 《墨子·法仪》,《墨子闲诂》,第19—20页。
② 同上书,第20页。

"笃于亲"的政治体制依然没有得到根本改变，上层贵族占据高位，平民百姓仍难有出头之日。作为下层人民利益代表的墨家认为这种不合理的制度只会导致国家贫困，社会动乱。

> 今者王公大人为政于国家者，皆欲国家之富，人民之众，刑政之治。然而不得富而得贫，不得众而得寡，不得治而得乱，则是本失其所欲，得其所恶。是其故何也？……是在王公大人为政于国家者，不能以尚贤事能为政也。是故国有贤良之士众，则国家之治厚，贤良之士寡，则国家之治薄。故大人之务，将在于众贤而已。①

既然社会的混乱是由于任人唯亲造成的，那么要保持社会的安定团结就必须像古代圣王先贤那样以"尚贤"为本。

> 是以知尚贤之为政之本也。故古者圣王甚尊尚贤，而任使能，不党父兄，不偏贵富，不嬖颜色，贤者，举而上之，富而贵之，以为官长；不肖者抑而废之，贫而贱之以为徒役，是以民皆劝其赏，畏其罚，相率而为贤。者以贤者众，而不肖者寡，此谓进贤。然后圣人听其言，迹其行，察其所能，而慎予官，此谓事能。故可使治国者，使治国，可使长官者，使长官，可使治邑者，使治邑。凡所使治国家，官府，邑里，此皆国之贤者也。②

要统治人民，安定社稷，治理国家，并且长久保持不失，就必须以"尚贤"作为为政的根本方针。墨子还指出古代的圣王"不

---

① 《墨子·尚贤上》，《墨子闲诂》，第39页。
② 《墨子·尚贤中》，《墨子闲诂》，第45页。

党父兄，不偏贵富，不嬖颜色"，就是说圣王很尊崇贤士而任用能人，他们不会和自己的父兄结为党派，也不偏向富贵的人，更不宠爱女色，凡是有贤能的人，举而进之，圣王就给他富贵，让他做官任职。凡是没有才能的人，就罢黜他，使他贫贱，让他服劳役。墨子认为只有在这样的风气引导下，人民才会争相做贤人。所以贤人就多，而愚贱的人就少了。这就叫做"进贤"。然后圣人听他们的言语，察看他们的行为，考察他们的能力，谨慎地任命他们官职，这叫做"事能"。只有做到"进贤"和"事能"才能避免任人唯亲，使人各得其位，各尽所能。可以说选贤与能是关系到国家兴衰的重要举措。在选贤能方面，墨子还强调一视同仁、公平、公正地对待一切人才，这就是说任用贤人要不论出身，应惠及每个社会阶层。

> 故古者圣王之为政，列德而尚贤，虽在农与工肆之人，有能则举之，高予之爵，重予之禄，任之以事，断予之令……故当是时，以德就列，以官服事，以劳殿赏，量功而分禄，故官无常贵，而民无终贱。有能则举之，无能则下之，举公义，辟私怨。①

墨子还举出尧举舜、禹举益、汤举伊尹、文王举闳夭、泰颠的例子说明圣王用人不论出身，唯才是举，他们所取得的伟大成就都是借助那些出身卑微的人的才华取得的。

> 故古者尧举舜于服泽之阳，授之政，天下平；禹举益于阴方之中，授之政，九州成；汤举伊尹于庖厨之中，授之政，其谋得。文王举闳夭、泰颠于置罔之中，授之政，西土

---

① 《墨子·尚贤上》，《墨子闲诂》，第41—42页。

服。故当是时，虽在于厚禄尊位之臣，莫不敬惧而施；虽在农与工肆之人，莫不竞劝而尚意。故士者所以为辅相承嗣也。故得士则谋不困，体不劳，名立而功成，美章而恶不生，则由得士也。……得意贤士不可不举，不得意贤士不可不举，尚欲祖述尧、舜、禹、汤之道，将不可以不尚贤。夫尚贤者，政之本也。①

古代圣王重用贤人不仅使他们取得不朽的功业，也因此得到了贤名，所以说选贤与能是为政之本。如果要任用贤人，对那些没有才能的不肖之人就要"抑而废之，贫而贱之，以为徒役"。墨子还明确提出自天子、三公、诸侯，直到地方上的乡长、里长等各级政权的官员都应该按照选贤与能的标准任用。

夫明虖天下之所以乱者，生于无政长。是故选天下之贤可者，立以为天子。天子立，以其力为未足，又选择天下之贤可者，置立之以为三公。天子三公既以立，以天下为博大，远国异土之民、是非利害之辩，不可一二而明知，故画分万国，立诸侯国君，诸侯国君既已立，以其力为未足，又选择其国之贤可者，置立之以为正长。②

墨子出身于平民手工业阶层，做过工匠，是小生产阶层的代表人物，他门下墨家弟子也大多出身自下层民众，所以墨家思想体现小生产者的要求和利益，因而，墨家提出尚贤主张，深受小生产者的拥护。墨子甚至提出连天子也要从贤能中选出，不可谓不具有震撼性。但是也正因为这种思想太激进，所以只能是理想的状

---

① 《墨子·尚贤上》，《墨子闲诂》，第42—44页。
② 《尚同上》，《墨子闲诂》，第68页。

态，在当时的社会条件下是不可能实现的。

除了用人方面的"尚贤"主张，"尚同"也是墨子的一项重要政治理念。所谓"尚同"，就是崇尚同一，就是"一同天下之义"的意思。

墨子认为，"一人一义，十人十义，百人百义，其人数兹众，其所谓义者亦兹众。是以人是其义，而非人之义，故交相非也"。人们各以自己的是非为标准，"此皆是其义，而非人之义，是以厚者有斗，而薄者有争"。所以，墨子主张"尚同"："明乎民之无正长以一同天下之义，而天下乱也。是故选择天下贤良圣知辩慧之人，立以为天子，使从事乎一同天下之义。"[1] 墨子要求里长"率其里之万民，以尚同乎乡长"，乡长"有率其乡万民，以尚同乎国君"，国君则"率其国之万民，以尚同乎天子"[2]。而"天子又总天下之义，以尚同于天"[3]，尚同与尚贤一样是为政之本，所以在选贤与能建立各级政权之后，就要统一思想，做到"上之所是，必亦是之。上之所非，必亦非之"、"凡国之万民上同乎天子，而不敢下比，天子之所是，必亦是之，天子之所非，必亦非之"[4]。天下万民统一了思想，达成共识，也就不会相互攻讦，也就实现了天下的和谐大同。墨子"尚同"思想的出现与当时的社会背景密切相关，是人们向往和平、稳定心声的反映。春秋战国时期，社会处于大变革之中，诸侯、卿大夫为争夺利益攻伐不断，给人民的生产生活带来了极大的破坏。面对动荡不安的社会局面，墨子从小生产者的利益出发，认为天下的混乱是因为没有统一的标准，每个人都自以为是，结果导致社会的混乱。所以墨子寄希望于"天"，寄希望于"天子"来

---

[1] 《尚同中》，《墨子闲诂》，第71页。
[2] 同上书，第74页。
[3] 《尚同下》，《墨子闲诂》，第87页。
[4] 《尚同中》，《墨子闲诂》，第74页。

"一同天下之义",以"兼爱"、"非攻"来消除社会的动荡混乱,使天下百姓"饥者得食,寒者得衣,劳者得息,乱者得治"①,从而让天下百姓安居乐业、无忧无虑地生活在一个"刑政治,万民和,国家富,财用足,百姓皆得暖衣饱食,便宁无忧"②的和平和谐的社会之中。可以说,墨子以"兼爱""尚贤"为前提提出的"尚同"思想包含有朴素的公平观念,在一定程度上可以有效地保护平民百姓的利益,是平民政治呼声的表达。

但是不可否认,"尚同"思想仍然是建立在等级制度之上的,他要求下级必须无条件地服从上级,抹杀了人的个性,也抹杀了他"尚贤"思想中可贵的公正、平等。所以,"尚同"颇为后世学者诟病,梁启超批评说:

> 尚即上字。凡以发明"上同于天子"之一义而已。以俗语释之,则"叫人民都跟着皇帝走"也。就此点论,与霍布士辈所说,真乃不谋而合。霍氏既发明民约原理,却以为既成国以后,人人便将固有之自由权抛却,全听君主指挥。后此卢梭派之新民约论,所批评修正者即在此点。墨家却纯属程氏一流论调,而意态之横厉又过之。彼盖主张绝对的干涉政治,非惟不许人民行动言论之自由,乃并其意念之自由而干涉之,夫至人人皆以上之所是非为是非,则人类之个性,虽有存焉者寡矣。此墨家最奇特之结论也。③

郭沫若也说墨子的"一同天下之义""上之所是亦必是之。

---

① 《墨子·非命下》,《墨子闲诂》,第253页。
② 《墨子·天志中》,《墨子闲诂》,第182页。
③ 梁启超:《先秦政治思想史》(民国学术经典文库),东方出版社1996年版,第161页。

上之所非亦必非之""上同而不下比"等说法，其实就是"不许你有思想的自由，言论的自由，甚至行动的自由"①。王元化对这种扼杀个性的"尚同"思想的批评更为中肯，他说：

  尚同贵公并不可非议。倘使一个社会没有共同服从的法规，共同遵守的公理，以至为公众利益而牺牲自己的美德，那么这个社会就将解体，这是自不待言的。但是问题却在于，强调同一性的本体论却往往陷于一偏，用共性去淹没个性，用同一性取消特殊性，那就是另一回事了。……
  我国文化传统观念侧重于共性对个性的规范和制约，而忽视个性，以社会道德来排斥自我，形成了一套固定的思想模式和伦理道德规范，从而使个体失去了它的主体性。但是，真正活的创造力是存在于组成群体的个体之中。没有个体的主体性就没有创造力，正如没有个人的自由发展就没有人类的自由发展一样。用群体来抹煞构成群体的个体，那只是抽象的群体，这种抽象的群体和抽象的理念没有什么两样。否定人的价值、人的尊严、人的需求、人的自由和解放，不仅是和否定人性连在一起，也是和否定个人、否定自我连在一起的。实际上，压抑个性、扼杀个性的结果，就会使健康的合理的个人意识被邪恶的个人贪婪所取代。因为个人的自我是不能被消灭的。不能想象群体中的绝大多数个体都是无价值的，而由他们所构成的群体竟会是有价值的。在某种特定的情况下，没有个性对共性的突破，就没有发展和进化。而忽视特殊性这一观点是值得我们重视的。这是中国文化传统中的一个特点，它所涉及的问题也

---

①《郭沫若论墨子》，载蔡尚思主编《十家论墨》，上海人民出版社2004年版，第167页。

就是群体和个体，共性和个性，或者更进一步说是公与私的关系问题。①

按照王先生的说法，"尚同"不仅扼杀了人的共性与个性的问题，还是一个公私关系问题，如果过分强调"尚同"，那么可能会出现以公灭私的现象。

(三) 经济领域的公平——平均、节用

墨子从小生产者阶层利益出发，反对富贫不均的社会不平等现象。他认为社会之所以贫富不均并非财富不足，而是因为统治者太浪费。墨子认为宫室能抵挡风雨，衣物可以御寒，食物可以饱腹，舟车能运人载物就足够了，但是统治者却不是这样做的，他们吃要极尽美味、穿要极尽精美、住要极尽豪华、车要极尽精巧、蓄私极尽美色。《墨子·辞过》篇指出正是由于统治者的自私自利，为了自己的享乐，大肆搜刮民财建造豪华的宫室、制作华丽的衣服、享用山珍海味、使用奢华的舟车和蓄养嫔妃等五大原因造成了百姓的贫困和社会的不公，以致出现"民苦于外，府库单于内，上不厌其乐，下不堪其苦"、"富贵者奢侈，孤寡者冻馁"的局面。

> 当今之主，其为宫室则与此异矣。必厚作敛于百姓，暴夺民衣食之财，以为宫室台榭曲直之望、青黄刻镂之饰。为宫室若此，故左右皆法象之。是以其财不足以待凶饥，振孤寡，故国贫而民难治也。
>
> 当今之主，其为衣服，则与此异矣。冬则轻暖，夏则轻清，皆已具矣，必厚作敛于百姓，暴夺民衣食之财，以为锦

---

① 王元化:《简论尚同思想的一个侧面》，《学术月刊》1987 年第 2 期，第 2 页。

绣文采靡曼之衣，铸金以为钩，珠玉以为珮，女工作文采，男工作刻镂，以为身服。此非云益暖之情也，单财劳力，毕归之于无用也。以此观之，其为衣服，非为身体，皆为观好。是以其民淫僻而难治，其君奢侈而难谏也。夫以奢侈之君御好淫僻之民，欲国无乱，不可得也。

今则不然，厚作敛于百姓，以为美食刍豢，蒸炙鱼鳖，大国累百器，小国累十器，前方丈，目不能遍视，手不能遍操，口不能遍味，冬则冻冰，夏则饰饐。人君为饮食如此，故左右象之，是以富贵者奢侈，孤寡者冻馁，虽欲无乱，不可得也。

当今之主，其为舟车与此异矣。全固轻利皆已具，必厚作敛于百姓，以饰舟车，饰车以文采，饰舟以刻镂。女子废其纺织而惰文采，故民寒；男子离其耕稼而惰刻镂，故民饥。人君为舟车若此，故左右象之，是以其民饥寒并至，故为奸衺。奸衺多则刑罚深，刑罚深则国乱。

当今之君，其蓄私也，大国拘女累千，小国累百，是以天下之男多寡无妻，女多拘无夫，男女失时，故民少。君实欲民之众而恶其寡，当蓄私不可不节。

社会的不公不是因为社会财富太少，而是因为分配不公，所以墨子反对统治者过于奢华，他认为建立国家，设立君主公卿，不是为了让他们盘剥百姓，过骄奢淫逸生活的，而是要为百姓兴利除害的。

是以先王之书《相年》之道曰："夫建国设都，乃作后王君公，否用泰也；卿大夫师长，否用佚也。维辩使治天均。"则此语古者上帝鬼神之建设国都、立正长也，非高其爵、厚其禄、富贵游佚而错之也，将以为万民兴利除害，富贵贫寡，安危治乱也。①

墨子认为当政者不应该只顾自己的私利，他们的本分应该是为老百姓兴利除害，使贫穷的孤寡的变成富贵，使危险的变成安定，使混乱的社会得到治理，从而实现"天均"，也就是上天所具有的平均、公正。

如何才能实现"天均"呢？墨子在多处论及这一问题。

> 故古者圣王，明天鬼之所欲，而避大鬼之所憎，……听狱不敢不中，分财不敢不均，居处不敢怠慢。曰其为正长若此，是故上者天鬼有厚乎其为政长也，下者万民有便利乎其为政长也。天鬼之所深厚而能强从事焉，则天鬼之福可得也。万民之所便利而能强从事焉，则万民之亲可得也。②

古代的圣王，明晓上天鬼神所想要的，而避开上天鬼神所憎恨的，以求兴天下之利，除天下之害，他们审案断狱不敢不公正；分配财物不敢不平均；待人处世，不敢怠慢礼节。这样的当政者上天鬼神也看重他，百姓也会衷心爱戴他。不仅如此，墨子还要求人们互相帮助。

> 为贤之道将奈何？曰："有力者疾以助人，有财者勉以分人，有道者劝以教人。若此则饥者得食，寒者得衣，乱者得治。若饥则得食，寒则得衣，乱则得治，此安生生。"③

---

① 《墨子·尚同中》，《墨子闲诂》，第78页。
② 同上书，第75—76页。
③ 《墨子·尚贤下》，《墨子闲诂》，第64页。

有力量的人要尽力帮助别人，有余财的人要分给他人，有学问的人教育他人。只有这样让百姓没有饥寒，社会才不会动乱，这就是最大的"义"。

因为社会的不公是由统治者的奢华造成的，所以墨子要求统治者要"节用"，并针对统治者浪费比较严重的几个方面提出了改正建议，"为宫室不可不节"，"为衣服不可不节"，"为食饮不可不节"，"为舟车不可不节"。如果当政者能注意节俭，可以让国家得到加倍的利益。

圣人为政一国，一国可倍也；大之为政天下，天下可倍也。其倍之非外取地也，因其国家，去其无用之费，足以倍之。圣王为政，其发令兴事，使民用财也，无不加用而为者，是故用财不费，民德不劳，其兴利多矣。①

当然，不论是平均的要求，还是倡导节用，墨子都是从他自身所处的小生产者阶层利益出发而提出的，虽然并不切合实际，但是多少也反映了这一阶层的社会要求和呼声，表达了对公平公正的和谐社会的向往。

## 第二节　老庄的天道自然之"公"

老子（前 600 年左右—前 470 年左右），姓李名耳，字伯阳，有人说又称老聃。楚国苦县（今安徽亳州涡阳）人，中国古代哲学家、思想家，是道家学派的始祖。老子著有《道德经》，《道德经》是后来的称谓，最初老子书称为《老子》而无《道德经》之名。《道德经》一书上下五千言，字字珠玑，成为

---

① 《墨子·节用上》，《墨子闲诂》，第 145 页。

道家的奠基之作，对中国文化影响深远。老子的学说后来被庄子所继承。那么庄子何许人也？

庄子（约前369年—前286年），名周，字子休（一说子沐），后人称之为"南华真人"，战国时期宋国蒙（今安徽省蒙城县，又说今河南省商丘县东北民权县境内）人。著名的思想家、哲学家、文学家，是道家学派的代表人物，老子哲学思想的继承者和发展者。《汉书艺文志》著录《庄子》五十二篇，但今天流传下来的只有三十三篇，分"内篇"、"外篇"、"杂篇"三个部分。一般认为内篇七篇为庄子所著；外篇杂篇是其门人或后来的道家所作。庄子的学说继承了老子的哲学，所以后世将他与老子并称为"老庄"，称他们的哲学为"老庄哲学"。

一　天道自然之"公"

"道"是老庄哲学的最高范畴，道论在老庄理论体系中处于核心地位。"道"是万物的本源，一切都起源于"道"。老子说："有物混成，先天地生。寂兮寥兮，独立而不改，周行而不殆，可以为天地母。吾不知其名，字之曰道。"① 庄子也有类似的看法。

> 夫道有情有信，无为无形；可传而不可受，可得而不可见；自本自根，未有天地，自古以固存；神鬼神帝，生天生地；在太极之先而不为高，在六极之下而不为深，先天地生而不为久，长于上古而不为老。②

---

① 《老子·第25章》，见王弼《老子注》，载楼宇烈校释《王弼集校释》，中华书局1980年版，第63页。

② 《庄子·大宗师》，曹础基：《庄子浅注》，中华书局1982年版，第95页。

由上可见，老庄哲学将"道"视为宇宙万物产生的本原，正所谓："道生一，一生二，二生三，三生万物。万物负阴而抱阳，冲气以为和。"①既然"道"是万物之本，那么老庄的"公"观念自然也离不开"道"。老子说："公乃王，王乃天，天乃道。"②在道家看来，"公"源于天，源于"道"，所以说道家的"公"从根本上说就是天道自然，没有外在的人为之"私"。

老庄很少直言公私，"公"字在《老子》中仅出现了4次，其中"王公"、"三公"是指爵位；私字仅3次③，而且老子没有明确地把公私对举。不过《老子》中有和"公"相近的观念"无私"，老子把"无私"与"私"看做矛盾的统一体："天长地久，天地所以能长且久者，以其不自生，故能长生。是以圣人后其身而身先，外其身而身存。非以其无私邪？故能成其私。"④前一句的意思是说天地所以能长久存在，是因为它们不是为了自己的生存而运行，所以能够长久生存。"圣人后其身而身先，外其身而身存"这句，西汉河上公《老子道德经章句》解释说："先人而后己者也，天下敬之，先以为长。"就是说有道的圣人遇事谦让，不以私利为先，反而能占得先机；不把自身的利害作优先考虑，反而能保全自身。明代薛蕙在《老子集注》中做了进一步的说明，"夫圣人之无私，初非有欲成其私之心也。然而私以之成，此自然之道耳"。圣人本来也并没有"成其私"的想法，但是由于他们能做到大公无私，所以也就自然而然地"成其私"了。在老子看来，天地由于"无私"而长存永在，圣人由于大公无私而成就其自身，所以"公"与"私"并非不相容，

---

① 《老子·第42章》，见王弼《老子注》，载《王弼集校释》，第117页。
② 《老子·第16章》，见王弼《老子注》，载《王弼集校释》，第37页。
③ 许建良：《道家老子"私"论》，《东南大学学报》（哲社版）2008年第5期，第60页。
④ 《老子·第7章》，见王弼《老子注》，载《王弼集校释》，第19页。

二者是辩证统一的。道家后学《阴符经》对此有一个明晰的诠释:"天之至私,用之至公。"也是说"至公"和"至私"是矛盾的统一体,二者没有绝对的界限,天地"至私"到极点,就会向矛盾的另一端转化,那就是"至公"。可见,老子所说的"成其私"实际上就是要求人们要大公无私。

老子进一步指出:"知常容,容乃公,公乃王,王乃天,天乃道,道乃久,没身不殆。"① 此处的"公"河上公解释为"公正无私"的意思。"公正无私便能王天下,王天下的公,便蕴涵着私'成其私',即满足主体王天下的物欲需要。这是一种隐蕴的公私互涵论。"②

庄子及其后学谈及公私的地方要比老子多,不过多在外篇和杂篇。庄子也是由"天""地"和"道"谈论"公"的,"阴阳者,气之大者也,道者为之公"③、"天无私覆,地无私载"④。老庄把"公"与"道"和"天"紧密联系在一起,认为人类之"公"乃是天道的体现,只有遵循天道,效法上天的公正无私,才能实现社会的公平、公正。与"公"相对立的"私",则是不符合天道的,是被贬抑。王中江说:"从总体上说,中国传统哲学从'天道'、'天理'出发,把'公'、'公道'、'公事'、'公物'等'公域'与此连接起来,作为'至善'使之'独尊'。而与此相对立的'私'、'私道'、'私事'、'私物'等'私域',则力主'割掉',或至少是要求大加抑制。"⑤

---

① 《老子·第16章》,见王弼《老子注》,载《王弼集校释》,第37页。
② 张立文:《中国哲学范畴发展史》(人道篇),中国人民大学出版社1995年版,第219页。
③ 《庄子·则阳》,曹础基:《庄子浅注》,中华书局1982年版,第402页。
④ 《庄子·大宗师》,曹础基:《庄子浅注》,中华书局1982年版,第110页。
⑤ 王中江、张宝明、梁燕城:《活力与秩序的理性基础——关于互动的对话》,(http://www.ccgn.nl/ft—book/liangyancheng/htm/21.html)。

既然"公"乃天道,那么庄子认为保证公平、公正就不能偏私。《庄子·则阳》篇中说,就像山丘积聚卑小的土石才成就其高,江河会聚细小的流水才成就其大,伟大的人物吸纳了众多的意见才成就其公。四季具有不同的气候,大自然并没有对某一节令给予特别的恩赐,所以形成岁序;各种官位具有不同的职能,国君没有偏私,因此国家实现大治;文臣武将具有不同的才能,国君不偏爱,因此各自德行完备;万物具有各自的规律,上天对它们也都没有偏爱,因此不去授予名称以示区别。没有称谓因而也就没有作为,没有作为因而也就无所不为。总起来说,这段话的意思是强调不能偏私。只有不偏私,凭公办事情,才能保证公平、公正,实现国家的安定和谐。

二 人性自然说影响下的公私观

自然、无为是老庄的核心理念,老庄主张一切都源于自然之道,所以他们主张一切都应顺其自然。正是基于这一理念,老庄认为人性是天生自然的,本无善恶之分。罗安宪说:"既然好利恶害是人之不可移易之自然本性,那就无所谓善恶。"[1] 因而老庄主张恢复人的自然本性,一切都应顺从"万物之自然",也就是复归到"见素抱朴,少私寡欲"[2] 的自然状态中去。

庄子继承了老庄的自然人性观,他主张"任性命之情",反对用礼仪来束缚人性,他认为儒家的做法"违失性命之情"。因为庄子认为人性是源于"道"的人之本性,《庄子·庚桑楚》说:"道者,得之钦也;生者,德之光也;性者,生之质也。"[3]

---

[1] 罗安宪:《虚静与逍遥——道家心性论研究》,人民出版社2005年版,第90页。
[2] 《老子·第19章》,见王弼《老子注》,载《王弼集校释》,第45页。
[3] 《庄子·庚桑楚》,曹础基:《庄子浅注》,中华书局1982年版,第359页。

成玄英曰:"质,本也。自然之性者,是禀生之本也。"① 成玄英的解释很清楚,自然是人性的本质,是人之根本。既然人性是由人的本质规定,那么就不应人为地去改变它,"性不可易,命不可变,时不可止,道不可壅。苟得于道,无自而不可;失焉者,无自而可"②。否则就会迷失本性:"性者,生之质也。性之动,谓之为;为之伪,谓之失。"③ 既然"为"容易让人迷失本性。《庄子·天地》中庄子列出了几种迷失本性的情形。

> 且夫失性有五:一曰五色乱目,使目不明;二曰五声乱耳,使耳不聪;三曰五臭熏鼻,困惾中颡;四曰五味浊口,使口厉爽;五曰趣舍滑心,使性飞扬。此五者,皆生之害也。

既然"为"容易迷失本性,那么保持人的自然本性的最好的方式就是"任其自然"。"任其自然"的说法也正与老庄的"道"论契合,老庄所推崇的天道,是纯粹的自然之道,天道自然无为,所以老庄认为人性应与天道一样,任性率情,自然无为。《庄子·天运》虚构了一段子路与老子的对话,庄子借老庄之口批评了儒家所推崇的三皇五帝的作为。

> 余语汝三皇五帝之治天下:黄帝之治天下,使民心一。民有其亲死不哭而民不非也。尧之治天下,使民心亲。民有

---

① 成玄英:《庄子疏·庚桑楚》,见郭庆藩《庄子集释》,中华书局1988年版,第811页。
② 《庄子·天运》,曹础基:《庄子浅注》,中华书局1982年版,第224页。
③ 《庄子·庚桑楚》,曹础基:《庄子浅注》,中华书局1982年版,第399页。

> 为其亲杀其服而民不非也。舜之治天下，使民心竞。民孕妇十月生子，子生五月而能言，不至乎孩而始谁，则人始有夭矣。禹之治天下，使民心变，人有心而兵有顺，杀盗非杀人。自为种而"天下"耳。是以天下大骇，儒墨皆起。其作始有伦，而今乎妇女，何言哉！余语汝：三皇五帝之治天下，名曰治之，而乱莫甚焉。三皇之知，上悖日月之明，下睽山川之精，中堕四时之施。其知惨于蛎虿之尾，鲜规之兽，莫得安其性命之情者，而犹自以为圣人，不可耻乎？其无耻也！①

庄子认为三皇五帝意欲天下大治，结果却搞得天下大乱。他们的作为，上违反日月之光明，下有悖于山川之精华，中间破坏了四季光阴之推移；他们的所作所为，破坏了人们的安宁，就连小小的兽类，也不可能使本性和真情获得安宁。可是他们还自以为是圣人，是不认为可耻，还是不知道可耻呢？在庄子看来，尧、舜、禹、汤、文、武不仅不是什么圣人，其实都是些"乱人之徒"，他们的行为是可耻可羞的："尧不慈，舜不孝，禹偏枯，汤放其主，武王伐纣，文王拘羑里。此六子者，世之所高也。孰论之，皆以利惑其真而强反其情性，其行乃甚可羞也。"②

可见在庄子看来，要使人们"安其性命之情"，就必须顺其自然，用老子的话说就是要"见素抱朴，少私寡欲"。庄子及其后学也提出类似的看法。

> 彼民有常性，织而衣，耕而食，是谓同德。一而不党，

---

① 《庄子·天运》，曹础基：《庄子浅注》，中华书局1982年版，第221页。

② 《庄子·盗跖》，曹础基：《庄子浅注》，中华书局1982年版，第449页。

命曰天放。故至德之世,其行填填,其视颠颠。当是时也,山无蹊隧,泽无舟梁;万物群生,连属其乡;禽兽成群,草木遂长。是故禽兽可系羁而游,鸟雀之巢可攀援而窥。夫至德之世,同与禽兽居,族与万物并,恶乎知君子小人哉!同乎无知,其德不离;同乎无欲,是谓素朴。素朴而民性得矣。①

在这段话的前面,庄子首先打了三个比喻,以"伯乐善治马"、"陶者善治埴"和"匠人善治木"为喻,比喻所谓圣王先贤治理天下的规矩和办法,都直接戕害了事物的自然本性。接着庄子说真正善于治理国家的人并不以规矩和礼仪束缚人的本性。黎民百姓有他们的自然天性,织布而后穿衣,耕种而后吃饭,这就是人类共有的本性。"一而不党,命曰天放。"成玄英云:"党,偏。命,名。天,自然也。"②也就是说人与万物浑然一体,没有尊卑贵贱、远近亲疏的偏私,这就是任其自然。正是在这个年代里,各种物类共同生活,人类跟禽兽同样居住,跟各种物类相互聚合并存,哪里知道君子、小人的区别呢!人人都和无知的动物一样,人类的本能和天性也就不会丧失;人人都无私欲,这就叫做"素朴"。在这种素朴的状态下,人才获得了能够保持人性的自然本色,人的本性才不至于丧失。

也就是说,庄子的人性是无私无欲的,既然人的本性是自然无私的,那么也就无所谓公私了。但是现实生活中毕竟还是存在着公私、欲望的,所以老子又提出了让扭曲的人性"复归于朴"的主张。

---

① 《庄子·马蹄》,曹础基:《庄子浅注》,中华书局1982年版,第130页。

② 成玄英:《庄子疏·马蹄》,见郭庆藩《庄子集释》,中华书局1988年版,第335页。

> 知其雄，守其雌，为天下溪。为天下溪，常德不离。常德不离，复归于婴儿。……知其荣，守其辱，为天下谷。为天下谷，常德乃足。常德乃足，复归于朴。①

庄子则提出首先要尽量保持本性不丧失就是返真"谨守而勿失，是谓反其真"②，如果不慎丧失了本性就要努力的"反其性情而复其初"。老庄所要复归的人之本性应该是一种本于"道"的虚静恬淡，朴素淡然，自然无为的境界。

> 夫虚静恬淡寂漠无为者，万物之本也。明此以南乡，尧之为君也；明此以北面，舜之为臣也。以此处上，帝王天子之德也；以此处下，玄圣素王之道也。以此退居而闲游，江海山林之士服；以此进为而抚世，则功大名显而天下一也。静而圣，动而王，无为也而尊，朴素而天下莫能与之争美。夫明白于天地之德者，此之谓大本大宗，与天和者也。所以均调天下，与人和者也。与人和者，谓之人乐；与天和者，谓之天乐。③

对于这种境界，老庄各提出一个更形象的词语来比喻，老子所要复归的人性如"婴儿"。老子认为，婴儿天性自然淳朴，无知无欲，没有任何的私心杂念，更不会智伪巧诈，如果人们能复归婴儿般的自然淳朴，也就恢复了人之本性了。庄子则把复归的

---

① 《老子·第28章》，见王弼《老子注》，载《王弼集校释》，第74页。
② 《庄子·秋水》，曹础基：《庄子浅注》，中华书局1982年版，第248页。
③ 《庄子·天道》，曹础基：《庄子浅注》，中华书局1982年版，第188页。

人性说为"真人"或曰"至人"。所谓"真人"或"至人"是超越名利、无私无欲的:"至人无己,神人无功,圣人无名。"①

在老庄看来,素朴自然,无私无欲是人的本性,人为的举措会损害人性的本真,所以要"谨守而勿失"。如果丧失了,就要努力去恢复人之自然本性,为此,人们应该丢弃一切利欲、公私、善恶,甚至生死等世俗观念,就像上古的赫胥氏时代的人们那样天真淳朴,与万物浑一,"居不知所为,行不知所之,含哺而熙,鼓腹而游"。②

## 三 有无之辩与以无私以成其私

### (一) 有无之辩与公私

"有"、"无"是老庄哲学中一对非常重要的范畴。在老庄之前,"有"和"无"作为单独的哲学范畴就存在了,但是把"有""无"作为一对哲学范畴对举的是老子,并由此引出"有无之辩"的命题。

老庄有无的具体内涵是什么呢?老子给出了解释:"无,名天地之始;有,名万物之母。"③ 这句话的意思是以"无"称呼天地的开端;以"有"称谓万物的本源。"可以说'无'是一个辩证性的概念,因为它是借肯定性之否定而获致的一个综合性的概念","老庄所最重视的'无'概念,不但不是空无或虚无,而且有极丰富的内容与意义。"④ 明晰了二者的内涵,下面我们

---

① 《庄子·逍遥游》,曹础基:《庄子浅注》,中华书局1982年版,第7页。
② 《庄子·马蹄》,曹础基:《庄子浅注》,中华书局1982年版,第132页。
③ 《老子·第1章》,见王弼《老子注》,载《王弼集校释》,第1页。
④ 李震:《中外形上学比较研究》,转引自张京华《八十年代台港老庄研究评价》,《江南学院学报》2000年第1期,第10页。

谈谈它们的关系。

首先,老子认为"有""无"同源,二者同出于道。老子说:"天下万物生于有,有生于无。"① 结合"道生一,一生二,二生三,三生万物"的说法,我们可以看出,"有"和"无"其实就是老子"道"的代名词。冯友兰说:"乃万物所以生之原理。与天地万物之为事物者不同。事物可名曰有,非事物,只可谓之无。然道能生天地万物,故又可称为有。故道兼有无而言。"又说:"道不是一件一件底实际底事物,所以称为无。不过此'无'乃对于具体事物之'有'而言,非即是零。道乃天地万物所以生之总原理,岂可谓为等于零之'无'。"②

其次,有无之间的关系是辩证统一,相互转化的,即所谓"有无相生"。老子说:"有无相生,难易相成,长短相形,高下相倾,音声相和,前后相随。"③ 就像难和易、高和低、长和短、音和声、前和后一样,有了"有",才产生"无",有了"无",才产生"有","有"和"无"是互涵互生,对立统一的。庄子也说:

> 有始也者,有未始有始也者,有未始有夫未始有始也者;有有也者,有无也者,有未始有无也者,有未始有夫未始有无也者。俄而有无矣,而未知有无之果孰有孰无也。今我则已有谓矣,而未知吾所谓之其果有谓乎?其果无谓乎?④

这就是说宇宙万物有它的开始,同样有它未曾开始的开始;同样的道理,"有"和"无"也是这样,有一个从"无"到"有"

---

① 《老子·第40章》,见王弼《老子注》,载《王弼集校释》,第109页。
② 冯友兰:《中国哲学史》(上册),华东师范大学出版社2000年11月版,第137页。
③ 《老子·第2章》,见王弼《老子注》,载《王弼集校释》,第2页。
④ 《庄子·齐物论》,曹础基:《庄子浅注》,中华书局1982年版,第29页。

的过程。在《庚桑楚》中庄子说得更明白："天门者，无有也。万物出于无有，有不能以有为有，必出于无有；而无有一无有，圣人藏乎是。"万物最初是不存在的，但万物也正是从"无有"而来的，即"无"能生"有"。

牟宗三先生曾对老庄的有无相生作过精彩的评述。

"无"非逻辑否定之无，亦非抽象之死体。故以妙状其具体而真实之无限之用。

道亦是无，亦是有，因而亦为始，亦为母。无与有，始与母，俱就道而言也。此是道之双重性。"无"非死无，故随时有徼；"有"非定有，故随时归无。有无"两者同出而异名，同谓之玄，玄之又玄，众妙之门"也。此若由《庄子·大宗师》篇所谓"其一也一，其不一也一；其一也与天为徒，其不一也与人为徒"来了解，则顺适而畅通矣。"其一也与天为徒"，则是无。"其不一也与人为徒"，则是有。"其一也"固是一，"其不一也"亦仍是一。①

有不要脱离了无，它发自无的无限妙用，发出来又化掉而回到无，总是个圆圈在转。不要再拆开来分别地讲无讲有，而是将这个圆圈整个来看，说无又说有，说有又说无，如此就有一种辩证的思考出现。有而不有即无，无而不无即有。这个圆圈之转就是"玄"，《道德经》"玄之又玄，众妙之门"的玄。玄是个圆圈，说它无，它又无而不无就是有；说它有，它又有而不有就是无，因此是辩证的。②

---

① 牟宗三：《才性与玄理》，广西师范大学出版社2006年版。
② 牟宗三：《中国哲学十九讲·第五讲·道家玄理之性格》，学生书局1997年版，第99页。

145

老庄的有无之辩为其公私观念奠定了基础,老庄认为人性自然,无私无欲,但有无是相互转化的,无私到一定程度就会"有私",故而,老庄要求人们"少私寡欲"以达到至公无私。

(二) 少私寡欲说的内涵

上面我们阐述了老庄"少私寡欲"说的哲学基础,那么老庄的"少私寡欲"说到底包含哪些内容呢?笔者以为至少包含无名、无欲和无为三个方面。

第一,无名与义利双弃。

老庄认为人之所以产生种种的欲望,是因为世间种种名目繁多的"名",因而要少私寡欲就要"镇之以无名之朴",就是说要从根本上去除所谓的"名",这样就没有什么贵贱高低之分了,人也就不会产生过多的欲望了。

老子认为万物本无名,起了名字是为了方便,因而也是必要的。

道常无名,朴虽小,天下莫能臣也。侯王若能守之,万物将自宾。天地相合,以降甘露,民莫之令而自均。始制有名,名亦既有,夫亦将知止,知止可以不殆。①

但是无限地增添名目,就会引发人的私心和欲望,引起社会的混乱:"愚知相欺,善否相非,诞信相讥,而天下衰矣。"②名之所以会引发人的私欲,是因为人人都有爱美名善名的私心:"天下皆知美之为美,斯恶已。皆知善之为善,斯不善已。"③ 如

---

① 《老子·第32章》,见王弼《老子注》,载《王弼集校释》,第81—82页。

② 《庄子·在宥》,曹础基:《庄子浅注》,中华书局1982年版,第147页。

③ 《老子·第2章》,见王弼《老子注》,载《王弼集校释》,第6页。

果去除美恶之分，人就不会争夺了。王处辉说："美恶、善不善之名，相对而有。因有恶而有美，因不善而有善。皆知之为美，则彼为恶矣；皆知次为之善，则彼为不善矣。欲二者皆泯于无，必不知美者之为美，善者之为善，则亦无恶无不善也。"[1] 庄子在一则寓言中巧妙地虚构了孔子的一段话来批评人们追求美名、善名的风气。

> 宋元君夜半而梦人被发窥阿门，曰："予自宰路之渊，予为清江使河伯之所，渔者余且得予。"元君觉，使人占之，曰："此神龟也。"君曰："渔者有余且乎？"左右曰："有。"君曰："令余且会朝。"明日，余且朝。君曰："渔何得？"对曰："且之网得白龟焉，其圆五尺。"君曰："献若之龟。"龟至，君再欲杀之，再欲活之。心疑，卜之。曰："杀龟以卜吉。"乃刳龟，七十二钻而无遗筴。仲尼曰："神龟能见梦于元君，而不能避余且之网；知能七十二钻而无遗筴，不能避刳肠之患。如是则知有所困，神有所不及也。虽有至知，万人谋之。鱼不畏网而畏鹈鹕。去小知而大知明，去善而自善矣。婴儿，生无硕师而能言，与能言者处也。"[2]

神龟能显梦给宋元君，却不能避开余且的渔网；神龟的才智能占卜数十次不出一点失误，却不能逃脱剖腹挖肠祸患。如此看来，才智也有困窘的时候，所以只有摒弃小聪明才能显露大智慧，只有除去矫饰的善行才能使自己真正回到自然的善性，人们不为身外之名所束缚，这就要"无名"，而且圣人也是这样做

---

[1] 王处辉：《中国社会思想史》，中国人民大学出版社 2002 年版，第 73 页。
[2] 《庄子·外物》，曹础基：《庄子浅注》，中华书局 1982 年版，第 414 页。

的："圣人无名。"① 庄子进而指出名是外在的符号,不必太在意:"呼我牛也而谓之牛,呼我马也而谓之马。"② 如果人为外在的名所累,就会丧失自然本性,所以只有摆脱这些身外之名才能保持本性不失:"无以人灭天,无以故灭命,无以得殉名。谨守而勿失,是谓反其真。"③

正因为如此,老庄认为儒家提倡的仁义道德都是虚名,是惑乱天下,扭曲人之本性的骈姆枝指。

> 且夫待钩绳规矩而正者,是削其性者也;待绳约胶漆而固者,是侵其德者也;屈折礼乐,呴俞仁义,以慰天下之心者,此失其常然也。天下有常然。常然者,曲者不以钩,直者不以绳,圆者不以规,方者不以矩,附离不以胶漆,约束不以纆索。故天下诱然皆生,而不知其所以生;同焉皆得,而不知其所得。故古今不二,不可亏也。则仁义又奚连连如胶漆纆索而游乎道德之间为哉!使天下惑也!④

庄子认为所谓仁义道德不应成为人们的追求,他们应该追求更崇高的"去善而自善",顺乎自然的人性。

> 吾所谓臧者,非仁义之谓也,臧于其德而已矣;吾所谓臧者,非所谓仁义之谓也,任其性命之情而已矣;吾所谓聪

---

① 《庄子·逍遥游》,曹础基:《庄子浅注》,中华书局1982年版,第7页。

② 《庄子·天道》,曹础基:《庄子浅注》,中华书局1982年版,第200页。

③ 《庄子·秋水》,曹础基:《庄子浅注》,中华书局1982年版,第248页。

④ 《庄子·骈拇》,曹础基:《庄子浅注》,中华书局1982年版,第124页。

者，非谓其闻彼也，自闻而已矣；吾所谓明者，非谓其见彼也，自见而已矣。夫不自见而见彼，不自得而得彼者，是得人之得而不自得其得者也，适人之适而不自适其适者也。夫适人之适而不自适其适，虽盗跖与伯夷，是同为淫僻也。余愧乎道德，是以上不敢为仁义之操，而下不敢为淫僻之行也。①

正是因为这些仁义道德对人们的诱惑让人们产生私欲，"大道废，有仁义。智慧出，有大伪。六亲不和，有孝慈。国家昏乱，有忠臣"②，因而老庄主张"绝圣弃智"、"绝仁弃义"、"绝巧弃利"。

绝圣弃智，民利百倍；绝仁弃义，民复孝慈；绝巧弃利，盗贼无有。此三者以为文不足，故令有所属：见素抱朴，少私寡欲。③

故绝圣弃智，大盗乃止；掷玉毁珠，小盗不起；焚符破玺，而民朴鄙；掊斗折衡，而民不争；殚残天下之圣法，而民始可与论议；擢乱六律，铄绝竽瑟，塞瞽旷之耳，而天下始人含其聪矣；灭文章，散五采，胶离朱之目，而天下始人含其明矣。毁绝钩绳而弃规矩，攦工倕之指，而天下始人有其巧矣。故曰：大巧若拙。削曾、史之行，钳杨、墨之口，攘弃仁义，而天下之德始玄同矣。④

---

① 《庄子·骈拇》，曹础基：《庄子浅注》，中华书局1982年版，第127页。
② 《老子·第18章》，见王弼《老子注》，载《王弼集校释》，第43页。
③ 《老子·第19章》，见王弼《老子注》，载《王弼集校释》，第45页。
④ 《庄子·胠箧》，曹础基：《庄子浅注》，中华书局1982年版，第138页。

可见只有做到义利双弃、绝仁弃义才能让人们少私寡欲,实现社会的公平、公正。老庄认为只有超越仁义、义利才能解放被束缚的自然人性,《庄子·大宗师》说:"赍万物而不为义,泽及万物而不为仁;长于上古而不为老,覆载天地、雕刻众形而不为巧。"① 为了实现这一目标,老庄进一步提出"不尚贤"、"不使能"、"不贵难"的主张。

不尚贤,使民不争;不贵难得之货,使民不为盗;不见可欲,使民心不乱。是以圣人之治,虚其心,实其腹,弱其志,强其骨。常使民无知无欲;使夫智者不敢为也。为无为,则无不治。②

至德之世,不尚贤,不使能,上如标枝,民如野鹿。端正而不知以为义,相爱而不知以为仁,实而不知以为忠,当而不知以为信,蠢动而相使不以为赐。是故行而无迹,事而无传。③

第二,无私无欲。

庄子说:"天无私载,地无私载,天地岂私贫我哉?"④ 无私则公,上天公正不偏,所以老天不会偏向某个人,也不会单单让某个人受贫。既然上天是公平的,可是为何社会上还会有那么多

---

① 《庄子·大宗师》,曹础基:《庄子浅注》,中华书局1982年版,第109页。
② 《老子·第3章》,见王弼《老子注》,载《王弼集校释》,第8页。
③ 《庄子·天地》,曹础基:《庄子浅注》,中华书局1982年版,第180页。
④ 《庄子·大宗师》,曹础基:《庄子浅注》,中华书局1982年版,第110页。

的不公现象呢？老庄认为这是由人的私欲造成的，所以说欲望是有害的："祸莫大于不知足；咎莫大于欲得。故知足之足，常足矣。"①

针对这种不知足的现象，老庄提出无私、无欲之说。老子说："不欲以静，天下将自定。"② 如果人们没有欲望，天下就会公平、公正了。上天是无私无欲的，圣人也是无私无欲的，他们引导人们无私无欲："我无为，而民自化，我好静，而民自正。我无事，而民自富，我无欲，而民自朴。"③ 圣人以身作则，无欲无私，所以他们治理国家只是让老百姓满足最基本的生活需求，但是不让他们的欲望滋长："不见可欲，使民心不乱。是以圣人之治，虚其心，实其腹，弱其志，强其骨。常使民无知无欲；使夫智者不敢为也。为无为，则无不治。"④ 值得注意的是，老子谈到"无欲"时是在论天下社会的时候，所以老子的无欲还没有落实到个体，而到了庄子，无欲则是对个体的要求了。

庄子也认为无欲是保持人的自然本性的重要途径："同乎无知，其德不离；同乎无欲，是为素朴。素朴而民性得矣。"⑤ 庄子还进一步指出欲望是损害人的本性的祸害："其耆（嗜）欲深者，其天机浅"⑥、"盈耆（嗜）欲，长好恶，则性命之情病矣"⑦。

---

① 《老子·第46章》，见王弼《老子注》，载《王弼集校释》，第125页。
② 《老子·第37章》，见王弼《老子注》，载《王弼集校释》，第91页。
③ 《老子·第57章》，见王弼《老子注》，载《王弼集校释》，第150页。
④ 《老子·第3章》，见王弼《老子注》，载《王弼集校释》，第8页。
⑤ 《庄子·马蹄》，曹础基：《庄子浅注》，中华书局1982年版，第130页。
⑥ 《庄子·大宗师》，曹础基：《庄子浅注》，中华书局1982年版，第89页。
⑦ 《庄子·徐无鬼》，曹础基：《庄子浅注》，中华书局1982年版，第362页。

当然，和老子一样，庄子也认为应该满足老百姓的基本生活需求，让老百姓足以活命。同样，够用就足矣，不能让他们产生更多的欲求，为外物所累，"不累于俗，不饰于物，不苟于人，不忮于众，愿天下之安宁以活民命，人我之养，毕足而止，以此白心"①。人都没有欲求，天下也就富足了，"无欲而天下足，无为而万物化"。②

庄子的伟大之处还在于他发展了老子的无欲说，他把自己看成齐同万物的一分子，既然万物齐一，那么也就无私无欲，天下一体了。《庄子·天下》说："公而不党，易而无私，决然无主，趣物而不两，不顾于虑，不谋于知，于物无择，与之俱往。"③要做到齐同万物，个体必须提高修养，"洒心去欲"④。这样一来，"欲"就和"心"直接联系起来了，而且这儿指的是恢复个体的修养，去除自我的私欲。这样的话，庄子就把老子的无私无欲从社会落实到个体了。

第三，无为。

老庄的"无为"思想是以其"道论"哲学为基础的。所谓"人法地，地法天，天法道，道法自然"，就是要求人们顺其自然，无为而治。《老子·第37章》说得更明白："道常无为而无不为，侯王若能守之万物将自化，化而欲作吾将镇之以无名之朴，镇之以无名之朴夫亦将无欲，不欲以静天下将自正。"道永远是顺任自然而无为的，却又没有什么不是它所作为的。侯王如

---

① 《庄子·天下》，曹础基：《庄子浅注》，中华书局1982年版，第499页。

② 《庄子·天地》，曹础基：《庄子浅注》，中华书局1982年版，第161页。

③ 《庄子·天下》，曹础基：《庄子浅注》，中华书局1982年版，第502页。

④ 《庄子·山木》，曹础基：《庄子浅注》，中华书局1982年版，第291页。

果能按照"道"的法则为政治民,万事万物就会自得以充分发展。当产生贪欲时,也要用"道"的质朴来镇服它,这样就不会产生贪欲之心了,没有贪欲心,天下便安定了。

《庄子·至乐》也提出"道"乃无为的根本。

> 天下是非果未可定也。虽然,无为可以定是非。至乐活身,唯无为几存。请尝试言之;天无为以之清,地无为以之宁。故两无为相合,万物皆化生。芒乎芴乎,而无从出乎!芴乎芒乎,而无有象乎!万物职职,皆从无为殖。故曰:"天地无为也而无不为也。"人也孰能得无为哉!

老庄无为思想的提出是有着深刻的社会原因的,春秋战国时期,诸侯争霸,战乱不断,百姓生活在水深火热之中,但是诸侯、公卿仍不顾百姓死活,竞相盘剥,以致出现"朝甚除,田甚芜,仓甚虚;服文采,带利剑,厌饮食,财货有馀"① 的局面,面对统治者的这种不符合道义的强盗般的"有为",老子从百姓利益出发提出为政要"无为",这样做的目的就是要减少统治者对百姓的盘剥和骚扰,让百姓安定生活。

老子说:"我无为,而民自化;我好静,而民自正;我无事,而民自富;我无欲,而民自朴。"② 当政者无为,人民就会自我化育;当政者好静而不扰民,人民就自然富足;当政者无私无欲,人民就自然淳朴了。庄子也指出当政者要无为而治:"故君子不得已而临莅天下,莫若无为。无为也,而后安其性命之情。"③ 无为

---

① 《老子·第53章》,见王弼《老子注》,载《王弼集校释》,第141—142页。

② 《老子·第57章》,见王弼《老子注》,载《王弼集校释》,第150页。

③ 《庄子·在宥》,曹础基:《庄子浅注》,中华书局1982年版,第146页。

就是要顺其自然,"汝游心于淡,和气于漠,顺物自然而无容私焉,而天下治矣"①。如果能做到顺其自然,无为而治,天下也就容不下私了。反之,如果当政者强行推行"有为"之政,那么必然会导致失败:"将欲取天下而为之,吾见其不得已。天下神器,不可为也。为者败之,执者失之。"② 圣人之所以要无为而治就是因为他们知道不能违背天道自然,否则必然要受到惩罚的。萧公权评价说:"无为之第一要义为减少政府之功用,收缩政事之范围,以至于最底最小限度。盖天下之事若听百姓自为,则上下相安,各得其所。若强加干涉,大举多端,其结果必然至于治丝益棼,庸人自扰。"③

在"无为"思想的指引下,老子最终勾勒出了其"小国寡民"的蓝图。

> 小国寡民。使有什伯之器而不用。使民重死而不远徙。虽有舟舆,无所乘之,虽有甲兵,无所陈之,使民复结绳而用之。甘其食,美其服,安其居,乐其俗。邻国相望,鸡犬之声相闻,民至老死不相往来。④

这个国家地少人稀,即使有各种各样的器具,却并不使用;人民不向远方迁徙;人们生活在没有战争,没有饥饿的自然状态之中,住得安适,过得快乐。国与国之间互相望得见,鸡犬叫声也可以听得见,但人民从生到死也不互相往来。在这样一个单纯、质朴社会里,人们是没有私欲的,所以也无须任何的政治作

---

① 《庄子·应帝王》,曹础基:《庄子浅注》,中华书局1982年版,第114页。
② 《老子·第29章》,见王弼《老子注》,载《王弼集校释》,第77页。
③ 萧公权:《中国政治思想史》(一),辽宁教育出版社2001年版。
④ 《老子·第80章》,见王弼《老子注》,载《王弼集校释》,第190页。

为就可以让百姓安居乐业、无忧无虑地生活在这个公平、公正的梦幻世界里。这种理想当然是由于对现实的失望产生的,春秋战国时期,社会贫富不均,人民生活艰难,面对此种现状,老庄不仅提出了"小国寡民"的社会理想,还提出一些比较切合实际的公平、公正、平等思想。

其一,老庄认为人与天地万物是平等的。老子认为人具有与天地同等的地位:"道大,天大,人亦大。域中有四大,而人居其一焉。"① 在老子这里,人得以跻身"四大",这是一种非常可贵的平等观,因为在其他学派那里,人对天都是仰视的,不论是孔子的"畏天命"还是墨子的"尚天志"都是敬畏的,但是老子现在把人抬高到与天地同等的地位,不可谓不是一个创举。

庄子则提出"天地与我并生,而万物与我为一"② 的人与天地、万物平等思想。庄子比老子的人与天地平等又进了一步,认为人和万物平等没有贵贱尊卑之分。《庄子·秋水》说:"以道观之,物无贵贱。"从道的角度看,人与万物没有贵贱之分,所以说万物齐一,都是平等的。

其二,老庄认为社会应该是公平、公正的。老子说:"知常容,容乃公,公乃王,王乃天,天乃道,道乃久,没身不殆。"③ 在老庄看来,公平、公正是自然之道,只有做到公平、公正,才能长久流行。既然天道是公平、公正的,那么顺乎天道的社会也应该是公平、公正的。所谓"知常容,容乃公,公乃王"能容纳万物,就能公正、不偏私;能公正、不偏私,就能王天下。这就要求当政者公平、公正地对待每一个人,所以当百姓遇到困难的时候,应该来救助他们:"圣人常善救人,故无弃人;常善救

---

① 《老子·第25章》,见王弼《老子注》,载《王弼集校释》,第64页。
② 《庄子·齐物论》,曹础基:《庄子浅注》,中华书局1982年版,第30页。
③ 《老子·第16章》,见王弼《老子注》,载《王弼集校释》,第37页。

物,故无弃物。"① 不仅如此,圣王还应该保证社会的基本公平,以顺应天道,"天之道损有余而补不足",但是社会的现实是"人之道则不然,损不足以奉有余"。面对如此情形,谁才能做到公平、公正呢?老子认为唯有有道者:"孰能有余以奉天下,唯有道者。"②

庄子继承了老子的思想,也提出天地无私,所以会公平、公正地对待天下万物。《庄子·则阳》说:"丘山积卑而为高,江河合水而为大,大人合并而为公……四时殊气,天不赐,故岁成;五官殊职,君不私,故国治。"天地四时不偏私,所以岁成,人们聚合在一起才是公,所以君主官吏公平、公正,没有私心才能治理好国家。此外,《庄子·胠箧》还对"窃钩者诛,窃国者为诸侯"的不公现象进行了抨击。

综上所述,老庄的"公"观念是以其"道"论为原点的,是天道自然之"公"。从这一原点出发,老庄在其人性自然说的基础上认为人的本性是无私无欲的,所以老庄主张无为而治。因为在他们看来,有无是辩证统一、相互转化的,所以可以"以无私以成其私"。老庄还进一步指出人们少私寡欲,统治者无为而治才不会丧失自然本性。上天是公正无偏私的,人之本性也是无私无欲的,所以还应维护社会的公平、公正,让人民在一个和谐、安定的社会中快乐生活。

---

① 《老子·第27章》,见王弼《老子注》,载《王弼集校释》,第71页。
② 《老子·第77章》,见王弼《老子注》,载《王弼集校释》,第187页。

# 第三章  法家任法去私的"公"观念

面对时代变革的巨大潮流，法家吸收百家之长，提出一系列独特的见解。其前期代表人物有李悝、吴起、商鞅、慎到、申不害等人，后期以韩非、李斯为代表。关于法家的起源问题，历来众说纷纭，有源于王官、源于黄老刑名、源于儒家、源于三晋官术等多种观点。我们不妨先梳理一下前贤们对法家源流的论述。

司马谈在《论六家要旨》中把诸子分为六家，并说："法家严而少恩，然其正君臣上下之分，不可改矣……法家不别亲疏，不殊贵贱，一断于法。……明分职不得相逾越，虽百家弗能改也。"[1] 司马谈谈到了法家的特点，但是并未谈及其源流。

第一个追溯百家源流的是刘歆。刘歆《七略》将诸子分为十家，并追溯各家历史的起源，提出了"诸子出于王官说"。其中"法家者流，盖出于理官，信赏必罚，以辅礼制。《易》曰'先王以明罚饬法'，此其所长也"[2]。

章太炎继承了这种说法，他在《检论·订孔》中说："古者世禄，子就父学为畴官，宦于大夫谓之宦御事师，言仕者又与学同，明不仕则无所受书。"[3] 政府某个部门的官吏，就是与该部门相关的一门学术的传授者，所以诸子源出王官，法家亦不例

---

[1] 《史记·太史公自序》，中华书局1999年版。
[2] 《汉书·艺文志》。
[3] 《检论·订孔》，《章太炎全集》（三），上海人民出版社1984年版，第423页。

外。冯友兰在《中国哲学简史》第三章《各家的起源》中修正了刘歆的出于王官说，提出"法家者流盖出于法术之士"。他指出随着周王朝的解体：

> 原来的贵族或官吏流落民间，遍及全国，他们就以私人身份靠他们的专门才能或技艺为生。这些向另外的私人传授学术的人，就变成职业教师，于是出现了师与官的分离。……于是有教授经典和指导礼乐的专家，他们名为"儒"。也有战争武艺专家，他们是"侠"，即武士。有说话艺术专家，他们被称为"辩者"。有巫医、卜筮、占星、术数的专家，他们被称为"方士"。还有可以充当封建统治者私人顾问的实际政治家，他们被称为"法术之士"。①

胡适在《九流出于王官之谬》中提出了不同意见："刘歆以前无此说也……九流无出于王官之理也。"② 胡适认为诸子之学皆是应时而行，是因救时弊而生。这就是著名的"诸子不出于王官说"。余英时认为胡适："这篇文笔是专为驳章炳麟而作的，也是他向国学界最高权威正面挑战的第一声。"③ 当然，胡适的这种观点不是凭空而生，《淮南子·要略》就说过类似的话：

> 文王欲以卑弱制强暴，以为天下去残除贼而成王道，故太公之谋生焉……孔子修成、康之道，述周公之训，以教七

---

① 冯友兰：《中国哲学简史》，涂又光译，北京大学出版社1996年版，第32页。
② 胡适：《胡适留学日记》下册，安徽教育出版社1999年版，第498—499页。
③ 余英时：《中国近代思想史上的胡适》，联经出版事业公司1984年版，第38页。

十子，使服其衣冠，修其篇籍，故儒者之学生焉……晚世之时，六国诸侯，……下无方伯，上无天子，力征争权，胜者为右，恃连与国，约重致，剖信符，结远援，以守其国家，持其社稷，故纵横修短生焉。申子者，朝昭厘之佐，韩、晋别国也。地墽民险，而介于大国之间，晋国之故礼未灭，韩国之新法重出，先君之令未收，后君之令又下，新故相反，前后相缪，百官背乱，不知所用。故刑名之书生焉。秦国之俗，……可劝以赏，而不可厉以名，被险而带河，四塞以为固、地利形便，畜积殷富，考公欲以虎狼之势而吞诸侯，故商鞅之法生焉。

可见，诸子主张出于拯救时弊的看法早就有了。而且这里还特别对法家的起源作了详细的追溯：由于韩国政出多门、朝令夕改，为了统一政令，所以有了申不害的刑名之说；秦国有虎狼之心，所以孕育出了商鞅之法。

司马迁则认为法家源出黄老之学。《史记》中不仅将申不害、韩非与老子放在同一列传，而且还说"申子之学本于黄老而主刑名"，韩非"喜刑名法术之学，而归其本于黄老"[1]。

钱穆不同意法家源出黄老的说法，他认为法家源于儒，"人尽谓法家原于道德，故不知实渊源于儒者。其守法奉公，即孔子正名复礼之精神，随时势而一转移耳"[2]。

郭沫若则综合上面两种观点，认为法家一部分源出于儒，一部分源出于黄老学派，他在《十批判书·前期法家的批判》中说："但从这儿可以踪迹出两个渊源。李悝、吴起、商鞅都出于儒家的子夏，是所谓子夏氏之儒；慎到和申不害是属于黄老学

---

[1] 《史记·老子韩非列传》，中华书局1999年版。
[2] 钱穆：《国学概论》，商务印书馆1997年版，第42页。

派";"前期法家,在我看来是渊源于子夏氏。①"

梁启超认为:"法家者,儒道墨三家之末流嬗变汇合而成者也。其所受于儒家者何耶?儒家言正名定分,欲使名分为具体的表现,势必以礼数区别之……韩非以荀子弟子而为法家大师,其渊源所导,盖较然矣。"②

最后一种看法比较独特,认为法家源出齐晋秦等地之学政、习法、典刑者。这是因为著名的法家人物如李悝、申不害、管仲、商鞅、韩非等都是齐秦晋之人,而且他们的思想的宣传和实施也大都在齐秦晋及其周围。傅斯年干脆称法家为"三晋官术",他说:"刑名之学,出于三晋周郑官术,是一种职业的学问。"③

笔者以为,诸子的起源并不是单一的,他们有些来自王官,有些源出民间,还有些后出的学派则集众家之长。比如法家的一些代表人物曾师从儒家或老庄,比如李悝、吴起都出于儒家的子夏,韩非子则出于荀子;慎子曾学黄老之术。法家虽曾师从儒家,但是面对时弊,他们吸收了黄老、刑名等众家之长,形成了一家之言。其他诸家的形成虽不尽相同,但是道理是差不多的,越是后出的学派,就越多地吸收了其他诸家的观点,越带有"混血性"。

法家不仅在政治、经济等方面吸收了众家之长而又能独树一帜,在公私问题上也是如此。

---

① 郭沫若:《前期法家的批判》,《十批判书》,东方出版社 1996 年版,第 358 页。

② 梁启超:《先秦政治思想史》,浙江人民出版社 1998 年版,第 141—142 页。

③ 傅斯年:《战国子家叙论》,《史料论略及其他》,辽宁教育出版社 1997 年版,第 105 页。

## 第一节 前期法家的"公"观念

慎到（约前390—前315年），战国时期赵国人，法家代表人物，早年曾"学黄老道德之术"。著有《慎子》一书，《汉书·艺文志》著录为42篇，宋代的《崇文总目》记为37篇。清代钱熙祚合编为7篇，录入《守山阁丛书》。现存《慎子》7篇，即《威德》、《因循》、《民杂》、《德立》、《君人》，另《群书治要》引有《知忠》、《君臣》2篇。慎到在前期法家中以重"势"著称。但他重"势"，是从"尚法"出发的。

商鞅（约前390—前338年），名鞅，姬姓，因与卫公同族，所以又称卫鞅，又称公孙鞅，相秦孝公，后封于商，后人称之商鞅。战国时期政治家，著名法家代表人物。有《商君书》（又称《商子》）传世，《汉书》中录有29篇，后有佚失，今本《商君书》共有26篇，其中2篇只有篇目而无内容。其中有些篇目为战国末年商鞅后学编成，但也保留了商鞅思想，记录了商鞅的言行，可以作为研究商鞅思想的资料。较好的《商君书》本子，有清人严可均校本，近人王时润《商君书斠诠》、朱师辙《商君书解诂定本》、蒋礼鸿《商君书锥指》以及高亨《商君书注译》等。

前期法家代表人物中，慎到、申不害和商鞅分别重视"势"、"术"、"法"，但都主张"立法去私"，并强调这一问题关系到国家的生死存亡。

一　前期法家的人性论与"公"观念之关系

法家认为人性是自私自利的，人们在追求个人私欲的时候，会违背礼仪和伦常，法家主张因势利导，利用人的自私为社会服务。《商君书·算地》说：

161

民之性，饥而求食，劳而求佚，苦而索乐，辱则求荣，此民之情也。民之求利，失礼之法；求名，失性之常。奚以论其然也？今夫盗贼上犯君上之所禁，而下失臣子之礼，故名辱而身危，犹不止者，利也。其上世之士，衣不暖肤，食不满肠，苦其志意，劳其四肢，伤其五脏，而益裕广耳，非性之常也，而为之者，名也。故曰：名利之所凑，则民道之。①

饥饿求食，劳累就休息，这是人之常情，是人的天性决定的，只要人们活着就不会停止这种追求："民之欲富贵也共阖棺而后止。"②他们生有生的追求，死有死的私欲："民生则计利，死则虑名。"③人们之所以失礼犯禁，甚至不惜身败名裂，这都是因为名利的诱惑，只要是有名利的地方，人们就会趋之若鹜。这种自私自利之心，就像水往低处流一样，是人之本性，无法阻挡："民之于利也若水之于下也，四旁无择也。"④正因为人性是自私的，所以人们做事情的时候就会权衡公私利弊，趋利避害："民之生，度而取长，称而取重，权而索利。"⑤

人们都有自私好利之心，这在法家看来不仅不是坏事，反而能因势利导，利用人们追逐私利之心来教化管理他们。商鞅说："人君而有好恶，故民可治也。人君不可以不审好恶。好恶者，

---

① 《商君书·算地》，蒋礼鸿撰：《商君书锥指》卷二，中华书局1986年版，第45页。
② 《商君书·赏刑》，蒋礼鸿撰：《商君书锥指》卷四，第105页。
③ 《商君书·算地》，蒋礼鸿撰：《商君书锥指》卷二，第46页。
④ 《商君书·君臣》，蒋礼鸿撰：《商君书锥指》卷五，第131页。
⑤ 《商君书·算地》，蒋礼鸿撰：《商君书锥指》卷一，第48页。

赏罚之本也。夫人情好爵禄而恶刑罚，人君设二者以御民之志，而立所欲焉。"① 正因为人有私心，所以君王才能因民之情进行治理，而且这也是合乎天道的。

  天道因则大，化则细。因也者，因人之情也，人莫不自为也。化而使之为我，则莫可得而用矣。是故先王见不受禄者不臣，禄不厚者，不与入难。人不得其所以自为也，则上不取用焉。故用人之自为，不用人之为我，则莫不可得而用矣。此之谓因。②

法家认为利用并引导人自私好利的"自为"心理，就可以收到好的效果，这反映出法家对于人的本性，有一种非常切合实际的认识。前期法家认为君王可以利用人私欲之心来引导百姓朝可行的方向发展。

《商君书·说民》说："塞私道以穷其志，启一门以致其欲，使民必先行其要，然后致其所欲。"③ 民众的欲望是无穷尽的，但是君王可以堵塞其他的渠道，开启一个合适的引导民众。这样的话既可以满足百姓的私欲，又可以使民众为君王所用，何乐而不为？商鞅在秦国变法时就把这一思想付诸实践了，他利用人"好爵禄而恶刑罚"的心理鼓励人努力从事耕战，最终实现了富国强兵、一统天下的目的。《商君书·错法》说：

  人君不可以不审好恶，好恶者赏罚之本。夫人情好爵禄而恶刑罚，人君设二者以御民之志，而立所欲焉。夫民力尽

---

① 《商君书·错法》，蒋礼鸿撰：《商君书锥指》卷三，第65页。
② 《慎子·因循》，钱熙祚校，收入新编《诸子集成》第五册，中华书局1986年版，第12页。
③ 《商君书·说民》，蒋礼鸿撰：《商君书锥指》卷二，第39页。

而爵随之,功立而赏随之。人君能使其民信于此明如日月,则兵无敌矣。①

人们都有想获得高爵厚禄,厌恶惩罚的心理,那么就可以利用这点鼓励百姓去从事耕战,君王应以此来引导百姓的,因为百姓的本性是趋利避害。这样做不仅能满足百姓在这方面的欲望,而且也可以富国强兵,改变民风民俗。商鞅的这一思想是有社会原因的,他说:"境内之民皆化而好辩乐学,事商贾,为技艺,避农战。如此,则不远矣。"② 人不专心从事本职工作,却好辩乐学、事商贾,这在重农思想严重的春秋战国是被看成不守本分的,所以商鞅鼓励君王利用人们"羞恶劳苦者,民之所恶也;显荣佚乐者,民之所乐也"的心理引导人们努力从事耕战。对那些只顾私欲不事耕战的人是应该禁止的。

> 故事《诗》《书》谈说之士,则民游而轻其君;事处士,则民远而非其上;事勇士,则民竞而轻其禁;技艺之士用,则民剿而易徙;商贾之士佚且利,则民缘而议其上。故五民加于国用,则田荒而兵弱。谈说之士资在于口,处士资在于意,勇士资在于气,技艺之士资在于手,商贾之士资在于身。故天下一宅,而圆身资。民资重于身,而偏托势于外。挟重资归偏家,尧舜之所难也。③

利用民众的趋利避害心理是必要的,但是仅靠这一点还不足以实现公平、公正。法家认为人性自私,所以要制定各种标准来

---

① 《商君书·错法》,蒋礼鸿撰:《商君书锥指》卷三,第65页。
② 《商君书·农战》,蒋礼鸿撰:《商君书锥指》卷一,第23页。
③ 《商君书·算地》,蒋礼鸿撰:《商君书锥指》卷二,第47页。

保证"公":"故蓍龟,所以立公识也;权衡,所以立公正也;书契,所以立公信也;度量,所以立公审也;法制礼籍,所以立公义也。凡立公,所以弃私也。"① 慎子认为如蓍龟、权衡、书契、度量、法制等标准是社会所公认的,用这些标准来处理事情就能保证公平、公正,按照这一标准行事还能杜绝徇私,也不会引起人们的不满:"夫投钩以分财。投策以分马。非钩策为均也。使得美者。不知所以德。使得恶者。不知所以怨。此所以塞愿望也。"② 用抓阄来分配财物,用抽签来分配马匹,不是说抓阄、抽签是公平的,而是借用这种大家公认的标准,让那些分得好东西的人不对谁感恩戴德,让那些分得坏东西的人不对谁怀有怨恨不满,这样做就可以堵塞人的各种私欲。人的行为能遵行这一标准,也就是实现了公平、公正。对这一点,商鞅也深有同感,他说:"夫释权衡而断轻重,废尺寸而意长短,虽察,商贾不用,为其不必也。"③ 如果抛弃了权衡而判断轻重,废除尺寸而估计长短,即使估计得很准,商贾也不会用这种办法,因为这样的结果不是完全肯定的,这样就有失公允。

社会的标准很多,有蓍龟、权衡、书契、度量、法制等标准,但仅有这些还不足以杜绝人们的私欲,前期法家进一步提出"定分止私"的思想。所谓"定分"是指确定名分。这种思想吸收了刑名之学的"循名责实"的思想。法家认为社会之所以混乱,从根本上讲是因为人有私心,所以要制定法律等标准来约束人的"自为"。但是如果任何事情都要靠强制性的法律来约束是不行的,还必须通过"定分"让人们自觉自愿地安于现状,从

---

① 《慎子·威德》,钱熙祚校,收入新编《诸子集成》第五册,中华书局1986年版,第2—3页。
② 同上书,第2页。
③ 《商君书·修权》,蒋礼鸿撰:《商君书锥指》卷三,中华书局1986年版,第83页。

而减少社会的纷争,维护社会的公正和谐。《商君书·定分》用慎到的一段比喻作了说明。

一只跑着的野兔,百余人追赶它,并不是这只野兔可分为百份,而是每个人都想占捕己有,这是因为这只兔名分未定;但是到了兔市,人们就不能随便拿了,即便是小偷也不敢随意偷取,因为这只兔子名分已定了。同样的道理,当事物的名分没有确定以前,尧、舜、禹、汤也拼命地追逐,而名分确定后,贪婪的盗贼也不敢夺取。法令不明确,人们就会议论纷纷,这是因为名分未定。所以圣人必须首先确定名分,然后天下才能实现大治。

故圣人必为法令置官也,置吏也,为天下师,所以定名分也。名分定,则大诈贞信,民皆愿悫而各自治也。夫名分定,势治之道也;名分不定,势乱之道也。故势治者不可乱,势乱者不可治。夫势乱而治之,愈乱,势治而治之,则治。故圣王治治不治乱。①

既然定名分关系到社会的治乱,那么就要采取措施确定之,法家要求通过法律的形式来确定名分:"故立法明分,而不以私害法,则治。"② 通过名分法律化来确保其权威性,这样"君臣上下之义,夫子兄弟之礼,夫妇妃匹之合分"就有章可循了,如果有人违反了,就会予以相应的处罚。《商君书·修权》篇云:"故立法明分,中程者赏之,毁公者诛之。"③

---

① 《商君书·定分》,蒋礼鸿撰:《商君书锥指》卷三,第146页。
② 《商君书·修权》,蒋礼鸿撰:《商君书锥指》卷三,中华书局1986年版,第82页。
③ 同上书,第84页。

## 二 任法去私，至公大定

在法家看来，人性自私，要维护"公"必须弃私，要做到这一点就要用法律来强制性约束人的私欲："凡立公，所以弃私也。"① 法家认为只有制定并严格遵守法律才能调节好人的私欲与公利之间的关系。因为在法家看来，不仅百姓大众的私利违背"公"的精神，君主与臣僚、君利与公利之间也存在着冲突，所以法家要求任何人都要严格遵守法律，只有任法才能去私，才能实现"至公大定"的局面。下面我们从几个方面论述这一问题。

其一，法治的必要性和作用——立法去私。

法家认为公具有崇高的地位，《商君书·修权》篇把"公"提到国家存亡的高度来谈其重要性："公私之交，存亡之本也。"因此，法家主张立公去私，他们的具体做法是运用法律来捍卫"公"。

法家制定法律的目的是防止人的私欲太强吞没了公利，他们要求"立法明分"、"立法止争"。因为在法家看来，只有法律才能禁得住人的私欲，从根本上捍卫"公"，这是法的最大功用，"法之功，莫大使私不行"②。法令不是凭空产生的，必须根据具体情况制定："法非从天下，非从地出，发于人间合于人心而已。"③ 前期法家起于秦晋，是不无道理的，秦晋独特的民风也是催生法家任法去私思想的重要因素。这一点早就有人注意到了，《淮南子·要略》说：

秦国之俗，贪狠强力，寡义而趋利，可威以刑，而不可

---

① 《慎子·威德》，钱熙祚校，收入新编《诸子集成》第五册，第2页。
② 《慎子·逸文》，钱熙祚校，收入《诸子集成》第五册，第7页。
③ 同上书，第12页。

化以善，可劝以赏，而不可厉以名。被险而带河，四塞以为固，地利形便，畜积殷富。孝公欲以虎狼之势，而吞诸侯。故商鞅之法生焉。

近代学者刘师培也表达了类似的看法，他说："西秦三晋之地，山岳环列，其民任侠为奸，刁悍少虑，故法家者流起源于此，如申、韩、商君是也。盖国多奸民，非法不足以示威，峻法严刑岂得已乎？"① 正因为秦晋有这种独特的风气，为了适应当时当地的具体情况，商鞅采取了不同于其他诸侯国的治国策略——法治。这在当时引起了许多人的批评，商鞅反驳说："故圣人之为国也，不法古，不修今，因世而为之治，度俗而为之法。故法不察民之情而立之，则不成；治宜于时而行之，则不干。"② 可见法家认为，法律必须合乎民情，根据具体情况来制定，时代变了，就要改变原来的治国方略。

其二，树立法的绝对权威——事断于法。

一旦制定了合适的法律就要树立法律绝对的权威，一切是非曲直都交由法律来裁决，而不能徇私于法律之外。

不以私累己，寄治乱于法术，托是非于赏罚，属轻重于权衡，不逆天理，不伤情性，不吹毛而求小疵，不洗垢而察难知，不引绳之外，不推绳之内，不急法之外，不缓法之内，守成理，因自然。③

---

① 刘师培：《南北诸子学不同论》，见《刘师培学术论著》，浙江人民出版社1998年版。
② 《商君书·壹言》，蒋礼鸿撰：《商君书锥指》卷三，中华书局1986年版，第63页。
③ 《慎子·逸文》，钱熙祚校，第12页。

在法家看来，法就是最大的"公"，是天下最公平、公正的准则，任何人都必须遵守。因而刑罚应不避权贵，这就是所谓的"刑无等级"。法家强调"不别亲疏，不殊贵贱，一断于法"①。法家反对"刑不上大夫"的旧传统，否定贵族的特权，主张捍卫法律的公平、公正性。《商君书·赏刑》提出了"一刑"的思想。

> 所谓一刑者，刑无等级，自卿相、将军以至大夫、庶人，有不从王令，犯国禁，乱上制者，罪死不赦。有功于前，有败于后，不为损刑。有善于前，有过于后，不为亏法。忠臣孝子有过，必以其数断。守法守职之吏有不行王法者，罪死不赦，刑及三族。②

这一点不仅是对百姓臣民的要求，即便君王也不能违反。《史记·商君列传》记载："于是太子犯法。卫鞅曰：'法之不行，自上犯之。'将法太子。太子，君嗣也，不可施刑。刑其傅公子虔，黥其师公孙贾。"为了捍卫法律的尊严，商鞅不避权贵，最后惩罚的虽是太子的师傅，可在当时的社会和惩罚太子也差不多了。对此，后人多有赞叹："此专破刑不上大夫之说，及《周官》议亲、议故、议贤、议能、议功、议贵之制也。故法一定，则举国之贤愚贵贱，莫不受制于其下。"③

---

① 司马谈：《论六家要旨》，见《史记·太史公自序》，中华书局1999年版。
② 《商君书·赏刑》，蒋礼鸿撰：《商君书锥指》卷三，中华书局1986年版，第101页。
③ 麦孟华：《商君评传》，见《诸子集成》第五册，上海书店出版社1986年影印本。

法之功，莫大使私不行；君之功，莫大使民不争。今立法而行私，是私与法争，其乱甚于无法；立君而尊贤，是贤与君争，其乱甚于无君。故有道之国，法立则私议不行，君立则贤者不尊，民一于君，事断于法，是国之大道也。①

法律的功用就是立公去私，减少社会的纷争。尽管法律并不是尽善尽美的，但总比没有强，至少可以有一个统一的标准："法虽不善，犹愈于无法，所以一人心也。"②

如果有了法律君王还要行私情，这是与法、与公相违背的行为，是贤君所不为的："亲亲者以私为道也，而中正者使私无行也。"③贤明的君主重视法，他们不会听信不合法的言语，也不会去做不合法的事情："故明主慎法制，言不中法者，不听也；行不中法者，不高也；身不中法者，不为也。"④慎子也说君主赏罚要依法而行。

圣明的君主处理事务分配功劳，务必要以聪明才智为凭据；确定奖赏和分配财物，务必要遵循法规；君王要施行德政务必要符合礼仪规范。人的欲望必须适宜恰当，不能违犯法律，尊贵的身份不能超过亲族辈分，赏赐俸禄不能超过官职爵位。士人不得兼任其他官职，工匠不得兼做其他事务，根据才能的大小分配合适的工作；根据贡献分给相应的报酬。如果能做到这样，君主和官吏就不会滥用赏赐，臣下和百姓就不会贪恋财物。反之，如果君主随心所欲，就会导致不公，乃至社会混乱。

---

① 《慎子·逸文》，钱熙祚校，中华书局1986年版，第7页。
② 《慎子·威德》，钱熙祚校，中华书局1986年版，第2页。
③ 《商君书·开塞》，蒋礼鸿撰：《商君书锥指》卷二，中华书局1986年版，第53页。
④ 《商君书·君臣》，蒋礼鸿撰：《商君书锥指》卷五，中华书局1986年版，第131页。

> 君人者，舍法而以身治，则诛赏予夺，从君心出矣。然则受赏者虽当，望多无穷；受罚者虽当，望轻无已。君舍法，而以心裁轻重，则同功殊赏，同罪殊罚矣。怨之所由生也。是以分马者之用策，分田者之用钩，非以钩策为过于人智也。所以去私塞怨也。故曰：大君任法而弗躬，则事断于法矣。法之所加，各以其分，蒙其赏罚而无望于君也。是以怨不生而上下和矣。①

正是由于"事断于法"的精神，法家治理下的国家大都比较富强，商鞅治理下的秦国更是出现了前所未有的公平、公正景象。《战国策·秦策一》称赞说："商君治秦，法令至行，公平无私。"刘歆《〈新序〉论》称赞商鞅治下的秦国："法令必行，内不私贵宠，外不偏疏远。是以令行而禁止，法出而奸息。"②

法家"一断于法"的思想从根本上说是源于立君为公的思想。

> 古者，立天子而贵之者，非以利一人也。曰：天下无一贵，则理无由通，通理以为天下也。故立天子以为天下，非立天下以为天子也；立国君以为国，非立国以为君也；立官长以为官，非立官以为长也。法虽不善，犹愈于无法，所以一人心也。③

法家和儒家、墨家等诸家一样推崇公，但是采取的是完全不

---

① 《慎子·君人》，钱熙祚校，中华书局1986年版，第6页。
② 刘歆：《〈新序〉论》，《全汉文》卷四十。
③ 《慎子·威德》，钱熙祚校，第2页。

同的方略，却也收到了天下为公的效果，可谓殊途同归也。正如叶适所说："先王以公天下之法使民私其私，商教以私一国之法使民公其公，此其所以异也。"①

## 第二节 管子任公而不任私的"公"观念

管仲（前723—前645年）又称管夷吾、管敬仲，字仲，春秋时期齐国著名的政治家、军事家。《史记·管晏列传》载："管夷吾者，颍上人也。……管仲既用，任政于齐。齐桓公以霸，九合诸侯，一匡天下，管仲之谋也。"著有《管子》一书，共24卷85篇，今存76篇，内容极丰富，包含政治、经济、军事、天文、舆地、农业等方面的知识。

"公"观念是《管子》的一个重要理念，该书对"公"的内涵有比较明确的界定，大致有这样几个意义②：

其一，"公道"、"公理"。《管子·明法》（本节以下所引《管子》只注篇名）明确提出"公道"一词："然则喜赏恶罚之人，离公道而行私术矣。"③ 就是说君王如果凭自己的喜好赏罚，就失去是非曲直，就没有公正的道理了。所以这里的"公道"指是非曲直，公正的道理的意思。同样在《君臣上》又说："则又有符节、印玺、典法、筴籍以相揆也，此明公道而灭奸伪之术也。"④ 符节、印玺、典法、筴籍等是保障公平、公正的规范，

---

① 叶适：《习学记言》卷二十，上海古籍出版社1992年版，第174页。
② 本文对《管子》"公"的界定参考了刘泽华先生《春秋战国的"立公灭私"观念与社会整合》一文对"公"的分类，该文载刘泽华、张荣明主编《公私观念与中国社会》，中国人民大学出版社2003年版。
③ 《管子·明法》，黎翔凤校注，梁运华整理：《管子校注》，新编《诸子集成》，中华书局2004年版，第916页。
④ 《管子·君臣上》，黎翔凤校注，梁运华整理：《管子校注》，中华书局2004年版，第1178页。

运用这些规范就能保证是非曲直，而奸伪之术不兴。管子还明确提出了"公理"一词，他说："行天道，出公理，则远者自亲。废天道，行私为，则子母相怨。"① 如果顺应自然天道行事，就能保障公正的道理，否则只为个人利益行事，就会招致怨恨。此处的"公理"仍是公正的道理之义。

其二，"公"乃与"私"相背之义，即大公无私、中正无私、正直而无私心之义。《正世》篇说："行私则离公。"② 可见在管子看来公与私是相对立的，公是私的相悖之义。因而要维护"公"就必须效法天地的正直无私。《形势解》说："天公平而无私，故美恶莫不覆；地公平而无私，故大小莫不载。"③ 天地公正无私，所以能容纳美恶、大小。这种论述在《管子》中很多，如"中正者，治之本也"④、"为人君者中正而无私，为人臣者忠信而不党"⑤。所谓"中正"即正直而无私心之义。在管子看来，无私应当是为政者所具有的品德，只有中正无私的人才可委之以政："无私者可置以为政。"⑥ 因为在管子看来为政者必须是中正无私的。孔子早就说过："政者，正也。"⑦ 管子在《法法》篇对此又作了进一步的发挥："政者，正也。正也者，所以正定万物之命也。是故圣人精德立中以生正，明正以治国。"⑧ 当政者只有自身正直无私才能为天下公，反之，私心太重，只会把国家

---

① 《管子·形势解》，黎翔凤校注，梁运华整理：《管子校注》，中华书局2004年版，第1185页。
② 《管子·正世》，同上书，第922页。
③ 《管子·形势解》，同上书，第1213页。
④ 《管子·宙合》，同上书，第230页。
⑤ 《管子·五辅》，同上书，第198页。
⑥ 《管子·牧民》，同上书，第17页。
⑦ 《论语·子路》，见朱熹《论语集注》，齐鲁书社1992年版，第122页。
⑧ 《管子·法法》，黎翔凤校注，梁运华整理：《管子校注》，中华书局2004年版，第307页。

173

搞乱:"圣人若天然,无私覆,若地然,无私载也,私者,乱天下也。"①

其三,公平、公正、中道之义。管子提出"公正"应该成为人行事的标准,即处世要"以公正论"。那么何谓公正呢?《法法》篇指出:"故正者,所以止过而逮不及也。过与不及也,皆非正也。"② 做事过头了和不及同样都是不公正的,也就是过犹不及,所以说公正就是保持中道,不以个人好恶影响公正性,"毋以私好恶害公正"③。在管子看来私是公正的最大威胁:"私意者,所以生乱长奸而害公正也,所以壅蔽失正而危亡也。"④

其四,公利之义。法家认为"利"有公利和私利之分。何谓私?《重令》篇说:"行恣于己以为私。"⑤ 肆意妄为地为自己谋私利这就是私,如果"私利"太强就会危害国家之公利。《禁藏》说:"民多私利者其国贫。"⑥ 如果民众都为私利奔忙,则国家就会贫穷,因而管子把私利看成祸害:"夫私者,雍蔽失位之道也。"⑦ 这样做的结果只能是人都"重私而轻公矣"⑧。既然私利横行会危机国家安危,那么就应该"废私立公"。

其五,公法之义,即社会的规范、标准等。在管子看来法即公,破坏公法就是私:"私者,下所以侵法乱主也。"⑨ 所以管子

---

① 《管子·心术下》,黎翔凤校注,梁运华整理:《管子校注》,中华书局2004年版,第557页。
② 《管子·法法》,同上书,第307页。
③ 《管子·桓公问》,同上书,第1047页。
④ 《管子·明法解》,同上书,第120—121页。
⑤ 《管子·重令》,同上书,第284页。
⑥ 《管子·禁藏》,同上书,第1023页。
⑦ 《管子·任法》,同上书,第911页。
⑧ 《管子·明法》,同上书,第916页。
⑨ 《管子·任法》,同上书,第905页。

竭力维护公法的权威性:"凡法事者,操持不可以不正;操持不正,则听治不公。"① 如果私曲横行,公法的权威性就会遭到削弱,"私"如果横行无忌就会破坏公法,"私情行而公法毁"②、"私心举措,则法制毁而令不行"③。可见,"公法"与私曲不可并存,"公法行而私曲止";反之亦然,"公法废而私曲行"④。管子认为公法是维护国家安定、社会公正的基础,只有"以法制行之,如天地之无私也,是以官无私论,士无私议,民无私说,皆虚其胸以听于上。上以公正论,以法制断,故任天下而不重也"⑤,才能创造公平、公正的和谐局面。

一 人性论与义利公私

管子的人性论是其"公"观念的理论基础,正是从这一基点出发,管子提出既要满足人的基本利益需求,但是又要因势利导,引导人从自私走向无私。为了保证"公"不受私利的危害,管子还提出通过公法来废私立公。

(一) 趋利避害的人性论

《管子》认为谋求私利,避免危害是人的本性。《禁藏》说,凡人之常情,见利没有不追求的,见害没有不躲避的。管子举了两个比较形象的例子说,就像商人做生意,日夜兼程赶路,千里迢迢而不以为远,是因为利的诱惑。再比如渔人下海捕鱼,海深万仞,波涛汹涌,但渔人却甘冒风险航行百里,昼夜不出,是因为利在水中。所以利之所在,哪怕是高山深渊,人也会追逐。这是人的本性

---

① 《管子·版法解》,黎翔凤校注,梁运华整理:《管子校注》,中华书局2004年版,第1196页。
② 《管子·八观》,同上书,第272页。
③ 《管子·任法》,同上书,第913页。
④ 《管子·五辅》,同上书,第192页。
⑤ 《管子·任法》,同上书,第911页。

所决定的:"百姓无宝,以利为首,一上一下,唯利所处。"①

好利,是人的本性,没有高低贵贱之别:"凡人之情,得所欲则乐,逢所恶则忧,此贵贱之所同有也。"② 既然趋利避害是人的天性,那么就是无法禁止的,这就像吃饭穿衣一样,一天也不能少,"衣食之于人也,不可一日违也"③。人之好利避害就如水往低处流的道理一样,是不可阻挡的,说:"民,利之则来,害之则去。民之从利也,如水走下,于四方无择也。"④

但是贤明的君主是可以利用这一点来引导民众的,《五辅》说:"得人之道,莫如利之。"⑤ 如果使人们的基本需求能获得满足,就必然收到良好的效果:"饮食者也,侈乐者也,民之所愿也。足其所欲,赡其所愿,则能用之耳。"⑥ "能佚乐之则民为之忧劳;能富贵之则民为之贫贱;能存安之则民为之危坠;能生育之则民为之灭绝。"⑦ 可见,人们趋利避害的本性并没有什么不好,只要善于引导,反而能为我所用。

引导的关键就在于君王要掌握利害之所在:"故审利害之所在,民之去就,如火之于燥湿,水之于高下。"⑧ "故善者,执利之在,而民自美安,不推而往,不引而来,不烦不忧,而民自富。"⑨ 善于治理国家的人应该掌握住利源之所在,无须推动,无须引导,人们就自然来投奔。所以,"欲来民者,先起其利,

---

① 《管子·侈靡》,黎翔凤校注,梁运华整理:《管子校注》,中华书局2004年版,第677页。
② 《管子·禁藏》,同上书,第1012页。
③ 《管子·侈靡》,同上书,第728页。
④ 《管子·形势解》,同上书,第1175页。
⑤ 《管子·五辅》,同上书,弟192页。
⑥ 《管子·侈靡》,同上书,第652页。
⑦ 《管子·牧民》,同上书,第13页。
⑧ 《管子·禁藏》,同上书,第1025页。
⑨ 同上书,第1015页。

虽不召而民自至"①。这样不烦民又不扰民,而人民自富。人们丰衣足食了才不会相互争斗,"衣食足,则侵争不生,怨怒无有,上下相亲,兵刃不用矣"②。

因此,君王要想实现天下的公正和谐就必须因势利导,满足人们的基本生活需求,这样就能顺从民心:

> 欲知者知之,欲利者利之,欲勇者勇之,欲贵者贵之。彼欲贵,我贵之,人谓我有礼。彼欲勇,我勇之,人谓我恭。彼欲利,我利之,人谓我仁。彼欲知,我知之,人谓我愍,戒之戒之,微而异之。③

管子要求君王要尽量满足人们合理的私利,"夫民必得其所欲,然后听上,听上然后政可善为也"④。当然这种私欲不能过分,但是如果君王只顾自己的私欲,那么天下就会混乱了。

> 凡人者,莫不欲利而恶害。是故与天下同利者,天下持之;擅天下之利者,天下谋之。天下所谋,虽立必隳;天下所持,虽高不危。故曰:"安高在乎同利。"⑤

---

① 《管子·形势解》,黎翔凤校注,梁运华整理:《管子校注》,中华书局2004年版,第1175页。
② 《管子·禁藏》,黎翔凤校注,梁运华整理:《管子校注》,中华书局2004年版,第1013页。
③ 《管子·枢言》,黎翔凤校注,梁运华整理:《管子校注》,中华书局2004年版,第246页。
④ 《管子·五辅》,黎翔凤校注,梁运华整理:《管子校注》,中华书局2004年版,第195页。
⑤ 《管子·版法解》,黎翔凤校注,梁运华整理:《管子校注》,中华书局2004年版,第1205页。

所以当政者也必须约束自己的私欲,而且要求须合乎道。"非吾仪,虽利不为;非吾当,虽利不行;非吾道,虽利不取。"[①] 当然最高的境界是"能以所不利利人"、"能以所不有予人"。

> 凡所谓能以所不利利人者,舜是也。舜耕历山,陶河滨,渔雷泽,不取其利,以教百姓,百胜举利之。此所谓能以所不利利人者也。所谓能以所不有予人者,武王是也。武王伐纣,士卒往者,人有书社。入殷之日,决钜桥之粟,散鹿台之钱,殷民大说。此所谓能以所不有予人者也。[②]

当然,管子也知道这种境界不是一般人能达到的,所以一般人只要能做到"恶不失其理,欲不过其情"[③]就足够了。

(二)人性的欲利恶害是法治的基础

人性是自私自利的,仅仅靠人自觉地放弃私利是不太可行的,还必须通过公法来保障社会的公平、公正。法治的基础是因为人有好利恶害的心理,"人之可杀,以其恶死也,其可不利以其好利也"[④]。因而根据人欲生而恶死的本性,君王就能通过设置赏罚二柄加以控制。

> 人主之所以令则行、禁则止者,必令于民之所好,而禁于民之所恶也。民之情,莫不欲生而恶死,莫不欲利而恶

---

① 《管子·白心》,黎翔凤校注,梁运华整理:《管子校注》,中华书局2004年版,第788页。

② 《管子·版法解》,黎翔凤校注,梁运华整理:《管子校注》,中华书局2004年版,第1205页。

③ 《管子·心术上》,黎翔凤校注,梁运华整理:《管子校注》,中华书局2004年版,第776页。

④ 同上书,第764页。

害。故上令于生、利人则令行，禁于杀、害人则禁止。令之所以行者，必民乐其政也，而令乃行。①

法治可以保障社会的公平、公正，但是也不可过于严厉，不然的话就会产生负面效应。"人臣之所以畏恐而谨事主者，以欲生而恶死也。使人不欲生，不恶死，则不可得而制也。"② 法治的基础在于人之欲生恶死，但是一旦过度，到了"不欲生，不恶死"的地步就不可收拾了，民不畏死，法治又能奈何？《管子·法法》说："故正者所以止过而逮不及也。过与不及也，皆非正也。"③ 所以当政者为政要顺应民心，满足百姓基本的人性需求，然后以法治作为辅助手段来保证社会的公平、公正。

> 政之所兴，在顺民心；政之所废，在逆民心。民恶忧劳，我佚乐之；民恶贫贱，我富贵之；民恶危坠，我存安之；民恶灭绝，我生育之。能佚乐之，则民为之忧劳；能富贵之，则民为之贫贱；能存安之，则民为之危坠；能生育之，则民为之灭绝。故刑罚不足以畏其意，杀戮不足以服其心。故刑罚繁而意不恐，则令不行矣；杀戮众而心不服，则上位危矣。故从其四欲，则远者自亲；性其四恶，则近者叛之。故知予之为取者，政之宝也。④

---

① 《管子·形势解》，黎翔凤校注，梁运华整理：《管子校注》，中华书局2004年版，第1169页。

② 《管子·明法解》，黎翔凤校注，梁运华整理：《管子校注》，中华书局2004年版，第1209页。

③ 《管子·法法》，黎翔凤校注，梁运华整理：《管子校注》，中华书局2004年版，第307页。

④ 《管子·牧民》，黎翔凤校注，梁运华整理：《管子校注》，中华书局2004年版，第13页。

管子认为恶忧劳、恶贫贱、恶危坠、恶灭绝是人之四恶，这四恶只要不过度就是合理的。当政者应该尽力满足民众的这些需求，在此基础上，再运用法治手段来限制人们私欲的过分膨胀，维护"公"的利益，这就是所谓给予就是取得的道理，而这正是当政者为政的法宝。

二　法治与公

管子认为"法"是"公"的保障和体现。符合"法"的就是"公"，反之就是"私"，所以管子认为维护"公"就必须捍卫"法"之权威。正因如此，管子多次强调"法"乃是君王治理国家的法宝，"法制度量，王者典器也"[1]、"法者，上之所以一民使下也。……法者，天下至道也，圣君之宝用也"[2]。但是如果君王背法而治，那就等于自断臂膀。

> 规矩者，方圆之正也。虽有巧目利手，不如拙规矩之正方圆也。故巧者能生规矩，不能废规矩而正方圆。虽圣人能生法，不能废法而治国。故虽有明智高行，背法而治，是废规矩而正方圆也。[3]

可见，在管子看来，"法"是君王治国之利器，是不能随意破坏的，即便是制定法的圣王也要依法治国，因为"法"乃是源出于"道"。

---

[1]《管子·侈靡》，黎翔凤校注，梁运华整理：《管子校注》，中华书局2004年版，第728页。

[2]《管子·任法》，黎翔凤校注，梁运华整理：《管子校注》，中华书局2004年版，第905—906页。

[3]《管子·法法》，黎翔凤校注，梁运华整理：《管子校注》，中华书局2004年版，第308页。

(一) 法、道、公

管子认为天道自然规律是制定法令的最高指南,"宪律制度必法道"①。管子在《版法》中说得更清楚。

> 版法者,法天地之位,象四时之行,以治天下。四时之行,有寒有暑,圣人法之,故有文有武。天地之位,有前有后,有左有右,圣人法之,以建经纪。春生于左,秋杀于右,夏长于前,冬藏于后。生长之事,文也。收藏之事,武也。是故文事在左,武事在右,圣人法之,以行法令,以治事理。②

"法"要效法天地自然运行之规律,也就是"道"。那么管子所说的"道"到底有什么意涵呢?管子认为,道乃是天地自然的最高规范。

> 道也者,动不见其形,施不见其德,万物皆以得,然莫知其极。③
> 顺理而不失谓之道,道德定而民有轨也。……道也者,万物之要也。为人君者执要而待之。④
> 道也者,上之所导民也,是故道德出于君,制令传于

---

① 《管子·法法》,黎翔凤校注,梁运华整理:《管子校注》,中华书局2004年版,第301页。
② 《管子·版法解》,黎翔凤校注,梁运华整理:《管子校注》,中华书局2004年版,第1196页。
③ 《管子·心术上》,黎翔凤校注,梁运华整理:《管子校注》,中华书局2004年版,第770页。
④ 《管子·君臣上》,黎翔凤校注,梁运华整理:《管子校注》,中华书局2004年版,第557页。

相，事业程于下。①

无德无怨，无好无恶，万物崇一，阴阳同度曰道。②

从上面的论述可以看出，管子所谓的"道"有如下特点。

首先，"道"乃是万物之所本，是天地自然的最高法规，因而一切都应按照"道"的原则去行动，那么"法"亦当出于"道"也就是"法者所以同出"③。

其次，"万物崇一"也就是说"道"对待万物是公平、公正、平等的。既然"道"是公正无私的，那么要求出于"道"的"法"也应该参照这一标准做到公正无私，"法者所以同出，不得不然者也。故杀戮禁诛以一之也"④。只有按照"道"的标准去处理事务，才能做到美恶不隐、公平无私。

日月之明无私，故莫不得光。圣人法之，以烛万民，故能审察，则无遗善，无隐奸。无遗善，无隐奸，则刑赏信必。刑赏信必，则善劝而奸止。故曰："参于日月四时之行，信必而著明，圣人法之，以事万民，故不失时功。"……⑤

天公平而无私，故美恶莫不覆。地公平而无私，故小大

---

① 《管子·君臣上》，黎翔凤校注，梁运华整理：《管子校注》，中华书局2004年版，第551页。

② 《管子·正》，黎翔凤校注，梁运华整理：《管子校注》，中华书局2004年版，第893页。

③ 《管子·心术上》，黎翔凤校注，梁运华整理：《管子校注》，中华书局2004年版，第770页。

④ 《管子·心术上》，黎翔凤校注，梁运华整理：《管子校注》，中华书局2004年版，第77页。

⑤ 《管子·版法解》，黎翔凤校注，梁运华整理：《管子校注》，中华书局2004年版，第1203—1206页。

莫不载。无弃之言，公平而无私，故贤不肖莫不用，故无弃之言者，参伍于天地之无私也；故曰："有无之言者，必参之于天地矣。"①

是故圣人若天然，无私覆也。若地然，无私载也。私者，乱天下者也。凡物载名而来，圣人因而财之而天下治。实不伤，不乱于天下而天下治。②

管子认为，"法"是"道"在人间社会的体现，从根本上讲也是"道"，"法者，天下之至道也"③。既然是至道，那么就是公正之所在，一切事宜都应以此为准绳，"法者，天下之程式也，万事之仪表也"④。如此一来，天下之事就应依"法"而行了，"法者，天下之仪也，所以决疑明是非也，百姓所悬命也"⑤。既然"法"乃百姓悬命所在，那么一切标准都不应超越"法"，或者说任何标准的制定都应从"法"而来，"所谓仁义礼乐者，皆出于法。此先圣之所以一民者也"⑥。就连度量衡也要符合"法"之精神，"尺寸也，绳墨也，规矩也，衡石也，斗斛

---

① 《管子·形势解》，黎翔凤校注，梁运华整理：《管子校注》，中华书局2004年版，第1178页。
② 《管子·心术下》，黎翔凤校注，梁运华整理：《管子校注》，中华书局2004年版，第778—779页。
③ 《管子·任法》，黎翔凤校注，梁运华整理：《管子校注》，中华书局2004年版，第906页。
④ 《管子·明法解》，黎翔凤校注，梁运华整理：《管子校注》，中华书局2004年版，第1213页。
⑤ 《管子·禁藏》，黎翔凤校注，梁运华整理：《管子校注》，中华书局2004年版，第1008页。
⑥ 《管子·任法》，黎翔凤校注，梁运华整理：《管子校注》，中华书局2004年版，第902页。

也,角量也,谓之法"①。

管子把"法"上升至"道"的高度,为"法"奠定了坚实的基础,这是他的一大贡献。陈鼓应认为这是道论的突破性发展,"一是援法入道,二是以心受道。后者为道与主体之关系,前者为道落实于政治社会之运作。从这两个方面,都可以看出老学齐学化的特色"②。

(二)"法"是公的准则,具有无上权威

"法"是"道"在人间社会的体现,道是无私的,从这个角度说"法"即公,破坏公法就是私,所以管子竭力维护法的公正性,以防止以私乱"法"。他主要从以下几个方面论述这一问题。

其一,立法要公、要合理。

管子对立法提出的要求是"行天道,出公理"。他说:"法者,所以兴功惧暴也。律者,所以定分止争也。令者,所以令人知事也。法律政令者,吏民规矩绳墨也。"③法令是定纷止争,保证公平公正的准绳,所以治国必须先制定法律。

> 凡将举事,令必先出。曰事将为,其赏罚之数,必先明之,立事者谨守令以行赏罚,计事致令,复赏罚之所加。有不合于令之所谓者,虽有功利,则谓之专制,罪死不赦。首事既布,然后可以举事。④

---

① 《管子·七法》,黎翔凤校注,梁运华整理:《管子校注》,中华书局2004年版,第106页。
② 陈鼓应:《管子四篇诠释》,商务印书馆2006年版,第34页。
③ 《管子·七臣七主》,黎翔凤校注,梁运华整理:《管子校注》,中华书局2004年版,第998页。
④ 《管子·立政》,黎翔凤校注,梁运华整理:《管子校注》,中华书局2004年版,第73页。

无规矩不成方圆，要治理好国家，必须力求各项事务做到有法可依。因为法是维护社会公平、公正的准绳，所以务要公正，否则就难以让民众信服。

　　凡国无法则众不知所为，无度则事无机，有法不正，有度不直，则治辟。治辟，则国乱。故曰："正法直度，罪杀不赦。杀僇必信，民畏而惧。武威既明，令不再行。"①

在管子看来，法律应该是非常公正的，"如四时之不贰，如星辰之不变，如宵如昼，如阴如阳，如日月之明，曰法"②。要保证法律的公正性，就必须让法律因民情、随时变。管子认为法律应该随着时代、地域、风俗的改变而变化，《管子·任法》篇说："故古之所谓明君者，非一君也，其设赏有薄有厚，其立禁有轻有重，迹行不必同，非故相反也，皆随时而变，因俗而动。"③ 既然法律要顺应时代、民风的变化，那么现代的法律就不应再守着旧时的法律了，管子说：

　　今天下则不然，皆有善法而不能守也。然故谌杵习士闻识博学之士能以其智乱法惑上，众强富贵私勇者能以其威犯法侵陵，邻国诸侯能以其权置子立相，大臣能以其私附百姓，翦公财以禄私士。凡如是，而求法之行，国之治，不可

---

① 《管子·版法解》，黎翔凤校注，梁运华整理：《管子校注》，中华书局2004年版，第1201页。
② 《管子·正》，黎翔凤校注，梁运华整理：《管子校注》，中华书局2004年版，第893页。
③ 《管子·正世》，黎翔凤校注，梁运华整理：《管子校注》，中华书局2004年版，第920页。

得也。①

现在天下的情况就不是如此,本来有良好的法度却不能坚持。既然风气变化了,原来好的法律不管用了,那么就应该及时地改变它使之适应现在的情况。

其二,有法必依。

管子云:"有生法,有守法,有法于法。夫生法者,君也;守法者,臣也;法于法者,民也。君臣上下贵贱皆从法,此谓为大治。"② 从这段话可以看出,只有严格按照法律行事才能实现天下的大治,而依法办事的关键环节就是有法必依。管子认为执法者应该具有如下品格。

> 凡法事者,操持不可以不正,操持不正,则听治不公,听治不公,则治不尽理,事不尽应。治不尽理,则疏远微贱者无所告诉,事不尽应,则功利不尽举,则国贫。疏远微贱者无所告诉,则下饶。③

执法者是否公正关系到法律施行的效果,所以执法人员必须公正无私。要做到这点,他们应该培养"天心"。

> 凡将立事,正彼天植。天植者,心也。天植正者则,不私近亲,不孳疏远。不私近亲,不孳疏远,则无遗利,无隐治。无遗利,无隐治则事无不举,物无遗者。欲见天心,明

---

① 《管子·任法》,黎翔凤校注,梁运华整理:《管子校注》,中华书局2004年版,第906页。

② 同上。

③ 《管子·版法解》,黎翔凤校注,梁运华整理:《管子校注》,中华书局2004年版,第1196页。

以风雨。故曰：风雨无违，远近高下，各得其嗣。①

执法人员有了"天心"就能够公平、公正地按照法律办事了，这样不论亲疏贵贱也就都一视同仁了。

其三，执法必严，赏罚公正。

维护法律公平、公正的关键环节在于是否有破坏法律的行为，换句话说就是是否有法外之私。管子认为不论任何人，在"法"面前都应该是平等的，"法"的最大效用就在于此。他在《水地》篇用了一个形象的比喻说明了这一问题。

水者，地之血气，如筋脉之通流者也。故曰："水，具材也。"何以知其然也？曰："夫水，淖弱以清，而好洒人之恶，仁也。视之黑而白，精也。量之不可使概，至满而止，正也。唯无不流，至平而止，义也。"②

台湾学者曾春海说："'满'指涵盖面的周全性，引申为法的涵盖面应当有普遍性，公平性，人人在法律之前的立基。"③"满"既然可以看做法律的普遍性，那么"至满而止"的意思就明晰了，就是要求执法必须公平、公正，只有如此，才合乎"义"的标准。

如果做不到公平、公正就会导致人们的不满和怨恨。《管

---

① 《管子·版法解》，黎翔凤校注，梁运华整理：《管子校注》，中华书局2004年版，第1196页。

② 《管子·水地》，黎翔凤校注，梁运华整理：《管子校注》，中华书局2004年版，第814页。

③ 曾春海：《〈黄帝四经〉与〈管子〉天道与治道之比》，载《纪念人文初祖：建设民族精神家园学术研讨会论文选集》，2008年4月2日，http://www.huangdi.gov.cn/content/2008-11/26/content_1581516.htm。

子·禁藏》说：

> 夫施功而不钧，位虽高，为用者少。赦罪而不一，德虽厚，不誉者多。举事而不时，力虽尽，其功不成。刑赏不当，断斩虽多，其暴不禁。夫公之所加，罪虽重，下无怨气。私之所加，赏虽多，士不为欢。①

如果赏罚不公，即便给予高位和恩德，人们也不愿为之所用，而且赏罚不公还会导致社会的混乱。如果按照法律行事，即便获罪的人也没有怨恨。反之，如果以私心行事，奖赏虽多，人们也不会感到高兴。

（三）君主要公正守法——中正而无私

在封建社会里，君主往往是法律公平的最大破坏者，由于他们的特殊地位，不但他们自己违法不用追究，甚至皇亲国戚、王公大臣也得到君王的包庇而得以逍遥法外，这就对法律的公正性形成了巨大的挑战。管子也意识到了这一点，他说："为人君者，倍道弃法而好行私，谓之乱。"② 为了捍卫法令的公正性，管子要求君王要"中正而无私"③，能够自我约束，不违法，不行私，和臣民一起依法行事，"君臣上下贵贱皆从法，此之谓大治"④。反之，如果君王"舍公好私"、"舍公法而听私说"，那只会导致"民离法而妄行"、"群臣百姓皆设私立方以教于国，

---

① 《管子·禁藏》，黎翔凤校注，梁运华整理：《管子校注》，中华书局2004年版，第1008页。

② 《管子·君臣下》，黎翔凤校注，梁运华整理：《管子校注》，中华书局2004年版，第574页。

③ 《管子·五辅》，黎翔凤校注，梁运华整理：《管子校注》，中华书局2004年版，第198页。

④ 《管子·任法》，黎翔凤校注，梁运华整理：《管子校注》，中华书局2004年版，第906页。

群党比周以立其私"① 的混乱局面。

管子认为君王要依法行事就必须依靠法令而不依靠智谋,依靠政策而不依靠空洞的理论,依靠公正之心而不依靠私情,依靠大道而不依靠小事,只有如此才能实现大治。"任法而不任智,任数而不任说,任公而不任私,任大道而不任小物。"② 反之,就会导致意想不到的恶果。"舍法而任智,故民舍事而好誉。舍数而任说,故民舍实而好言。舍公而好私,故民离法而妄行。舍大道而任小物,故上劳烦,百姓迷惑,而国家不治。"③ 为了说明任法的重要性,管子还进一步通过三组对比说明了有道之君和无道之君、圣君与失君、治世与乱世的不同做法。

有道之君者,善明设法而不以私防者也。而无道之君,既已设法,则舍法而行私者也。为人上乾释法而行私,则为人臣者援私以为公。④

故圣君设度量,置仪法,如天地之坚,如列星之固,如日月之明,如四时之信,然故令往而民从之。而失君则不然,法立而还废之,令出而后反之,枉法而从私,毁令而不全。是贵能威之,富能禄之,贱能事之,近能亲之,美能淫之也。此五者不禁于身,是以群臣百姓人挟其私而幸其主,彼幸而得之,则主日侵。彼幸而不得,则怨日产。夫日侵而产怨,此失君之所慎也。⑤

---

① 《管子·任法》,黎翔凤校注,梁运华整理:《管子校注》,中华书局2004年版,第911页。

② 同上书,第900页。

③ 同上。

④ 《管子·君臣上》,黎翔凤校注,梁运华整理:《管子校注》,中华书局2004年版,第558页。

⑤ 《管子·任法》,黎翔凤校注,梁运华整理:《管子校注》,中华书局2004年版,第909页。

> 治世则不然。不知亲疏远近贵贱美恶，以度量断之，其杀戮人者不怨也，其赏赐人者不德也。以法制行之，如天地之无私也，是以官无私论，士无私议，民无私说，皆虚其匈以听于上。上以公正论，以法制断，故任天下而不重也。今乱君则不然，有私视也，故有不见也；有私听也，故有不闻也；有私虑也，故有不知也。夫私者，壅蔽失位之道也。上舍公法而听私说，故群臣百姓皆设私立方以教于国，群党比周以立其私，请谒任举以乱公法，人用其心以幸于上。上无度量以禁之，是以私说日益，而公法日损，国之不治，从此产矣。①

可见，任智不任法的危害是很大的，是圣王所不为的。圣明的君主应该依照法令行事，这样的话才能做到公平、公正。依法行事还要求君王还不能滥用善心，否则也会损害"法"的公正和权威，"君身善则不公矣。人君不公，常惠于赏而不忍于刑，是国无法也。治国无法，则民朋党而下比，饰巧以成其私"②。管子按照君王对"法"的态度把其分为三类。

> 故主有三术：夫爱人不私赏也，恶人不私罚也，置仪设法以度量断者，上主也。爱人而私赏之，恶人而私罚之，倍大臣，离左右，专以其心断者，中主也。臣有所爱而为私赏之，有所恶而为私罚之，倍其公法，损其正心，专听其大臣

---

① 《管子·任法》，黎翔凤校注，梁运华整理：《管子校注》，中华书局2004年版，第911页。
② 《管子·君臣上》，黎翔凤校注，梁运华整理：《管子校注》，中华书局2004年版，第554页。

者,危主也。①

君王对待法律的态度不同决定了他们的层次,面对公法与私情,君王应该怎么做,通过这个上、中、下的分类,管子的态度也就不言而喻了。

(四) 法治与德治相结合

管子和商鞅、慎子都强调"法"的重要性,但是他们的观点并不尽相同。商鞅重法而几乎不强调德,他说"任其力,不任其德"②,但是管子不同,他要求当政者在使用法律驭民的同时还要以德爱民。他认为无私是统治者应有的品德,"爱民无私曰德"③、"悦在施有,众在废私"④。当然,德与"法"相比,管子还是更看重"法"。他说:"不为爱民枉法律"⑤、"不为爱民亏其法,法爱于民"⑥。

管子以为法治是社会公平、公正的保障。他认为维护"法"的权威就是捍卫"公",也只有通过"法"才能防止人们的私心吞没了公利。当然,由于时代的限制,管子的法治思想还有很多局限性。萧公权说:"管子法治思想虽多可取之处,然而吾人又不可持以与欧洲之法治思想并论。欧洲法治思想之真谛在视法律

---

① 《管子·任法》,黎翔凤校注,梁运华整理:《管子校注》,中华书局2004年版,第908页。

② 《商君书·错法》,蒋礼鸿撰:《商君书锥指》卷二,中华书局1986年版,第66页。

③ 《管子·正》,黎翔凤校注,梁运华整理:《管子校注》,中华书局2004年版,第893页。

④ 《管子·版法》,黎翔凤校注,梁运华整理:《管子校注》,中华书局2004年版,第128页。

⑤ 《管子·法法》,黎翔凤校注,梁运华整理:《管子校注》,中华书局2004年版,第306页。

⑥ 同上书,第316页。

为政治组织中最高之权威。君主虽尊,不过为执法最高之公仆而已。故法权高于君权,而君主受法律之构束。……凡此法本位之思想无论内容如何分歧,其与吾国先秦'法治'思想以君为主体而以法为工具者实如两极之相背。故严格言之,管子之'以法治国',乃'人治'思想之一种。"①

三 管子经济领域的公平、公正观

管子认为民心所向是国家兴衰的关键。他说:"政之所兴,在顺民心。政之所废,在逆民心。"② 所以在管子看来,维护社会的公平、公正是一个政府应有的职责。他指出:"政者,正也。正也者,所以正定万物之命也。是故圣人精德立中以生正,明正以治国。"③ 除了通过法律来保证社会的公平、公正之外,管子还注意用其他办法来保障社会的公正和谐,这一点在经济领域中比较明显。

管子注意调节贫富差距,保障社会基本的公平。他主张:"上下有义,贵贱有分,长幼有等,贫富有度。"④ 如果贫富差距太大,就会导致严重的社会问题。"上下无义则乱,贵贱无分则争,长幼无等则倍,贫富无度则失。上下乱,贵贱争,长幼倍,贫富失,而国不乱者,未之尝闻也。"⑤

如果贫富过度,还会导致法令不行的局面。"人君不能调,

---

① 萧公权:《中国政治思想史》(第一册),辽宁教育出版社1998年版,第192—193页。
② 《管子·牧民》,黎翔凤校注,梁运华整理:《管子校注》,中华书局2004年版,第13页。
③ 《管子·法法》,黎翔凤校注,梁运华整理:《管子校注》,中华书局2004年版,第307页。
④ 《管子·五辅》,黎翔凤校注,梁运华整理:《管子校注》,中华书局2004年版,第198页。
⑤ 同上。

故民有相百倍之生也。夫民富则不可以禄使也，贫则不可以罚威也。法令之不行，万民之不治，贫富之不齐也。"[1] 老百姓穷困了就会冒险犯法，那么就"民贫则难治也"[2]。

为了实现社会的公平、公正，就必须使"贫富有度"，为此，管子提出了几个方案。

其一，要"均地分力"。在中国古代的农耕社会，土地是国家之根本，土地分配是否公正直接决定人们的贫富状况，这也是为什么每次农民起义都喊出"均田地"的口号。管子显然意识到土地对于民众贫富的重要性，《管子·乘马》说："地者，政之本也，是故地可以正政也。地不平均和调，则政不可正也。政不正，则事不可理也。"[3] 土地政策是国家的根本，土地不平均调和，就不可能做到公正，也就不可能做好其他事情。所以管仲从土地这一根本问题着手调节贫富差距，这是非常有战略眼光的。具体的办法是对土地进行重新分配，每人都可以分到"份地"供养自己。管仲认为"均地分力"的政策有诸多好处。

> 均地分力，使民知时也。民乃知时日之蚤晏，日月之不足，饥寒之至于身也。是故夜寝蚤起，父子兄弟不忘其功，为而不倦，民不惮劳苦。故不均之为恶也，地利不可竭，民力不可殚。不告之以时而民不知，不道之以事而民不为。[4]

---

[1]《管子·国蓄》，黎翔凤校注，梁运华整理：《管子校注》，中华书局2004年版，第1264页。
[2]《管子·治国》，黎翔凤校注，梁运华整理：《管子校注》，中华书局2004年版，第924页。
[3]《管子·乘马》，黎翔凤校注，梁运华整理：《管子校注》，中华书局2004年版，第84页。
[4] 同上书，第91—92页。

历史事实证明，管子的政策是行之有效的，它让贫困的农民得到了一定的土地，保障了最基本的社会公平，能够调动农民的积极性，从而极大地促进生产的发展。

其二，要"与之分货"。管仲认为，要保证社会的公正，还应该调节社会贫富，与民分货。这有两层意思，第一层意思是是把土地租借给无地的贫民，让他们耕种，缴纳一定的地租，这样农民交租后还可以留有一部分的余财，可以保障基本的生活。管子认为这种做法可以让民尽力，产生更多的财富，"与之分货，则民知得正（征）矣二审其分则民尽力"①。如此一来，国家和个人都能受益。第二层意思是，"散积聚，钧羡不足，分并财利而调民事也"②。也就是国家要适度调节贫富之间的差距，把国家积累的财富分配给比较贫困的民众，保证社会的公平。管子提出当民众面临"衣冻寒，食饥渴，匡贫寠，振罢露，资乏绝"的困境时，国家就应该出面救济，"养长老、慈幼孤、恤鳏寡、问疾病、吊祸丧，此为匡其急。衣冻寒、食饥渴、匡贫寠、振疲露、资乏绝，此谓振其穷"③。管子认为当政者只有适度调节，使得贫富有度才能赢得民心，"夫富能夺，贫能予，乃可以为天下"④。管子要求当政者要宏观调控，调节社会财富分配，确保社会的相对公平，虽然这种"'贫富有度'的保障富民之法……不是一项积极的富民政策，但是作为一项富民措施还是应该给予充分肯定的。它的实施可以使百姓的生活得到基本保

---

① 《管子·乘马》，黎翔凤校注，梁运华整理：《管子校注》，中华书局2004年版，第92页。

② 《管子·国蓄》，黎翔凤校注，梁运华整理：《管子校注》，中华书局2004年版，第1266页。

③ 《管子·五辅》，黎翔凤校注，梁运华整理：《管子校注》，中华书局2004年版，第195页。

④ 《管子·揆度》，黎翔凤校注，梁运华整理：《管子校注》，中华书局2004年版，第1380页。

障，有效地避免了贫富悬殊和两极分化，这不仅在当时有积极意义，而且对于今天的社会经济发展仍具有重要的借鉴价值"①。

其三，要取之有度。管子认为要做到社会的公平、公正，国家还必须实现合适的税收政策，取之有度。《国蓄》篇说：

> 岁有凶穰，故谷有贵贱。令有缓急，故物有轻重。然而人君不能治，故使蓄贾游市，乘民之不给，百倍其本。分地若一，强者能守。分财若一，智者能收。智者有什倍人之功，愚者有不赓本之事。然而人君不能调，故民有相百倍之生也。夫民富则不可以禄使也，贫则不可以罚威也，法令之不行，万民之不治，贫富之不齐也。②

农业收成受外界环境影响很大，好年景，收成就好一些，反之收入就低。所以管子认为国家税收应该根据具体的年景收成进行不断的调整，以保证不给百姓造成负担过重。

此外，国家还应该"相地而衰征"，也就是依据土地的肥瘠进行征税，使征税做到最大限度的公平、公正。具体做法是："案田而税，二岁而税一。上年什取三，中年什取二，下年什取一。岁饥不税。"③

其四，要富民。要使民众不受饥寒的威胁，最根本的还是采取切实可行的政策让百姓富足有余，这是一个国家的本分所在，

---

① 张越：《富民思想——齐文化的价值内核》，《东岳论丛》2006年第6期。
② 《管子·国蓄》，黎翔凤校注，梁运华整理：《管子校注》，中华书局2004年版，第1264页。
③ 《管子·大匡》，黎翔凤校注，梁运华整理：《管子校注》，中华书局2004年版，第368页。

"富上而足下，此圣王之至事也"①。既然让百姓富裕是君王的职责，那么怎样才能富民呢？《五辅》篇提出了所谓"六兴"的主张，即"厚其生"、"输之以财"、"遗之以利"、"宽其政"、"匡其急"、"振其穷"。② 君王如能按照上述六项措施治理国家，那么百姓就能安居乐业了。管子的富民思想虽是两千多年前提出的，但是至今仍有很强的借鉴意义。张越说："民富社会才能安定，民富国家才能长治久安。作为执政者只有始终以富民为己任，把富民作为第一要务，充分认识到国富必先民富的重要性，使百姓共同富裕，才能不断提高人们的道德水平，人与人之间才能和谐相处，社会才能稳定发展，最终实现国家的繁荣富强。"③

总之，管子的"公"观念是以其人性自私自利论为理论出发点的。正是从这一基点出发，管子提出要满足人们的基本利益需求，但是又要因势利导，引导人们从私走向无私。为了保证"公"不受私利的危害，管子还提出通过法来废私立公，以保证社会的公平、公正。

## 第三节 《韩非子》和《吕氏春秋》的"公"观念

战国末期，随着社会的剧烈变化，贫富差距加大，社会分化更为明显，思想领域对"公"观念的讨论也更趋热烈。法家思想的集大成者韩非子不仅对"公"的内涵作了比较明确的界定，而且比前期法家更为激进，从自私自为的人性论出发，提出"废私立公"的主张。除了儒、墨、道、法众家外，还有一个杂

---

① 《管子·小问》，黎翔凤校注，梁运华整理：《管子校注》，中华书局2004年版，第960页。

② 《管子·五辅》，黎翔凤校注，梁运华整理：《管子校注》，中华书局2004年版，第194—195页。

③ 张越：《论〈管子〉的富民思想》，《管子学刊》2007年第1期。

家,其代表作《吕氏春秋》也对"公"观念作了深入的探讨。

一　韩非子:废私立公

韩非(约前280—前233年),战国末期韩国贵族,后世称他为韩非子。今存《韩非子》55篇。韩非虽曾师从荀子,但他没有承袭儒家的思想,在战国末期新形势下,韩非"喜刑名法术之学",继承并发展了法家思想,成为战国末年法家之集大成者。

韩非的公私观念源于他的自私自为的人性论。正是从这一源头出发,他提出必须通过严格的法令来调节公私关系的主张,这就是著名的"立法废私"说。

(一)韩非对"公"的明确界定

韩非子不仅是法家思想的集大成者,而且还对公私观念作了比较系统的梳理和界定,在公私观念方面也可谓是集大成者。他对"公"的意义作出了明确的界定。

其一,公乃私之相背也。

韩非从文字学的角度追溯"公"、"私"的起源,他说:"古者苍颉之作书也,自环者谓之厶(私),背厶谓之公。公私之相背也,乃苍颉固已知之矣。"[1] 韩非首先界定了"私",所谓"私"就是一切以自己的利益为中心;而"公"就是"私"的相背之义,也就是无私,跳出个人利益的圈子,以大众、以他人的利益为重。韩非的这句话不仅追溯了公私的辞源,而且还明确指出了二者的关系乃是"背厶谓之公。公私之相背也"。"公"与"私"是对立的,私横行天下的时候"公"就会受损,"私行立而公利灭也"[2]。从此之后,韩非对"公"、"私"的界定被后

---

[1]《五蠹》,张觉:《韩非子校注》,岳麓书社2006年版,第658页。
[2] 同上书,第655页。

世奉为圭臬。

其二，公乃"公德"之义，与"私德"相对应。

韩非的公私还有"公德"、"私德"的含义。韩非认为公德与私德是互不相容的，比如父子君臣伦理之间的矛盾，"君之直臣，父之暴子"。"父之孝子，君之背臣"①。既然二者有矛盾，那么当二者发生冲突时，就要以公德为优，否则，如果放任私德流布，就会导致人们的私欲膨胀，法令废弛，公义不行，因而要禁止私德。这一点主要是对君主提出的，指君主应该依法行事，而不应靠私恩、私惠来笼络人心。他说："上有私惠，下有私欲"②，"必明于公私之分，明法制，去私恩"。③

韩非还举出例子来说明公德与私德的关系。一个例子是《论语·子路》曾讨论过的"父偷羊，子证之"的故事。孔子主张"父子相隐"，在孔子看来，"百善孝为先"，也就是说是"私德"高于"公德"。但韩非强烈抨击这种行为是以私害公，他甚至通过改写这一故事给出了不同的解释。

> 楚之有直躬，其父窃羊，而谒之吏。令尹曰："杀之！"以为直于君而曲于父，报而罪之。以是观之，夫君之直臣，父子暴子也。鲁人从君战，三战三北。仲尼问其故，对曰："吾有老父，身死莫之养也。"仲尼以为孝，举而上之。以是观之，夫父之孝子，君之背臣也。故令尹诛而楚奸不上闻，仲尼赏而鲁民易降北。上下之利，若是其异也，而人主兼举匹夫之行，而求致社稷之福，必不几矣。④

---

① 《五蠹》，张觉：《韩非子校注》，第657页。
② 《诡使》，张觉：《韩非子校注》，第602页。
③ 《饰邪》，张觉：《韩非子校注》，第173页。
④ 《五蠹》，张觉：《韩非子校注》，第657页。

韩非子认为作为儿子举报父亲虽"曲于父",不符合私德的要求,但是这种行为"直于君",符合"公德"要求。韩非还指出,如果照孔子的逻辑,就会导致"奸不上闻"、"鲁民易降北"的局面。如此一来,"社稷之福,必不几矣"。可见,面对公德与私德的激烈冲突,韩非主张以公德为尚,公德胜于私德。

其三,"公"乃"公利"、"公义"之义,与私利、私义相对应。

战国晚期,社会处于剧烈的变革之中,社会风气为之一变,社会到处弥漫着追名逐利的空气。在这样的氛围下,人们为了自己的私利往往置"公义"于不顾。韩非说:"行私道而不效公忠,此谓明劫。"[①] 也就是说如果人们只顾追逐私利,就和抢劫没什么差别。《饰邪》篇说:

> 夫令必行,禁必止,人主之公义也;必行其私,信于朋友,不可为赏劝,不可为罚沮,人臣之私义也。私义行则乱,公义行则治,故公私有分。人臣有私心,有公义。修身洁白而行公行正,居官无私,人臣之公义也;污行从欲,安身利家,人臣之私心也。明主在上,则人臣去私心行公义;乱主在上,则人臣去公义行私心。[②]

可见,在韩非看来,如果私义横行,那么人就会不顾一切地追逐私利,最终导致社会混乱,所以只有修身自爱,剔除私心,培养公义之心才能保证国家的安定。

其四,"公"乃公平、公正之义。

韩非十分注重社会的公平、公正。他要求人们要"直身"

---

① 《三守》,张觉:《韩非子校注》,第148页。
② 《饰邪》,张觉:《韩非子校注》,第173页。

必须首先做到公正不偏私,"所谓直者,义必公正,公心不偏党也"①。对于君王大臣更应如此,"故群臣公政而无私"②。这样群臣办事才能公正而没私心,才能更好地为国家效劳。韩非的公平、公正观还表现在他极力强调以法来保障社会的公平、公正,对所有人一视同仁,法律面前一律平等,"法不阿贵,绳不挠曲。法之所加,智者弗能辞,勇者弗敢争"③。

其五,"公"乃"公法"之义。

韩非认为"法"是"公"的集中体现,因而遵法守令,依法行事就是"公",反之就是"私"。他认为制定法律的目的就是废私,"夫立法令者,以废私也。法令行而私道废矣。私者,所以乱法也"④。所以只有实现法治才能保证"公",才能实现天下大治。"能去私曲就公法者,民安而国治;能去私行行公法者,则兵强而敌弱。"⑤ 只要去除私心严格实行公法,就能安定民心,国家大治;只要抛弃自私之行,就能富国强兵。可见在韩非看来,社会的治乱、国家的强弱关键就在于能否行公法。

其六,公乃公民之义。

这个词汇在《韩非子》中只出现了一次,即"是以公民少而私人众矣"⑥。当然韩非所说的"公民"绝非现代意义上的"公民"含义,陈奇猷解释说:"为公之民少,为私之民众。"⑦ 这句话的意思是说为公义、公利效力的人少了,而私利的人就多了。所以这里的公民是为公之民,也就是谋取公利的人。

---

① 《解老》,张觉:《韩非子校注》,第189页。
② 《难三》,张觉:《韩非子校注》,第534页。
③ 《有度》,张觉:《韩非子校注》,第53页。
④ 《诡使》,张觉:《韩非子校注》,第601页。
⑤ 《有度》,张觉:《韩非子校注》,第49页。
⑥ 《五蠹》,张觉:《韩非子校注》,第666页。
⑦ 陈奇猷校注:《韩非子集释》,中华书局1958年版。

## （二）自私自为的人性论

韩非师出荀子，在人性论方面继承并发展了荀子的人性恶的学说。他认为人"皆挟自为心也"①，人性生来是自私自为的，但是韩非的人性论又不完全同于荀子，冯友兰说：

> 韩非像他的老师荀子一样，相信人性是恶的。但是他又与荀子不同，荀子强调人为，以之为变恶为善的手段，韩非则对此不感兴趣。在韩非和其他法家人物看来，正因为人性是人性的原样，法家的治道才有效。法家提出的治国之道，是建立在假设人性是人性的原样，即天然的恶，这个前提上；而不是建立在假设人会变成人应该成为的样子，即人为的善，这个前提上。②

韩非认为人们自私自为、好利恶罚是人之本性，人们为了生存的需要，必定要为自己谋取譬如衣食住行等方面的利益。"人无羽毛，不衣则犯寒，上不属天而下不著地，以肠胃为根本，不食则不能活；是以不免于欲利之心。"③ 这样的说法在《韩非子》中随处可见。

> 民者好利禄而恶刑罚。④
> 利之所在，则忘其所恶。⑤
> 夫民之性，恶劳而乐佚。佚则荒，荒则不治。⑥

---

① 《外储说左上》，张觉：《韩非子校注》，第388页。
② 冯友兰：《中国哲学简史》，北京大学出版社1985年版，第192页。
③ 《解老》，张觉：《韩非子校注》，第199页。
④ 《制分》，张觉：《韩非子校注》，第708页。
⑤ 《内储说上》，张觉：《韩非子校注》，第328页。
⑥ 《心度》，张觉：《韩非子校注》，第705页。

> 好利恶害，夫人之所有也……喜利畏害，人莫不然。①
> 夫安利者就之，危害者去之，此人之情也……人焉能去安利之道而就危害之处哉？②

在韩非看来，这些好利避害、自私自利的行为是人的正常反应，因为没有人生来是大公无私的，有了利益的诱惑，人们才愿意付出自己的劳动，他在《备内》篇举例说，医生为病人吮伤，并不是因为病人与他有骨肉之亲，而是有利可图；制造车辆的工匠希望人们富裕并不是出于无私，而是希望他们富了可以来买他的舆；卖棺材的人希望人死，并不是他恶，而是为了多卖棺材获取利益。可见，人们都是自私、自为的。他进一步举例说，主人给佣者美食并不是爱护卖佣者，而是希望借此让他更好地为自己效力；佣者辛勤的劳作，也并非真正爱主人，而是希望借此获得更好的报酬，所以说都是有自为之心的。不仅一般人之间是这样，即便骨肉之间亦是如此。

> 人为婴儿也，父母养之简，子长而怨。子盛壮成人，其供养薄，父母怒而诮之。子、父，至亲也，而或谯或怨者，皆挟相为，而不周于为己也。③
> 父母之于子也，产男则相贺，产女则杀之。此俱出父母之怀衽，然男子受贺，女子杀之者，虑其后便、计之长利也，故父母之于子也，犹用计算之心以相待也。④

生了男孩就相互贺喜，生了女孩就杀之，这也是计利而行。因而

---

① 《难二》，张觉：《韩非子校注》，第524页。
② 《奸劫弑臣》，张觉：《韩非子校注》，第128页。
③ 《外储说左上》，张觉：《韩非子校注》，第388页。
④ 《六反》，张觉：《韩非子校注》，第608页。

可以说，人生来就是自私自为的，追逐利益是从娘胎里带来的本性。既然如此，那么不允许人求利是不可能的，那么如何防止这种自私自为的人性危害"公"呢？

韩非认为人自利、自为并不可怕，反而可以利用人的自利、自为进行有效的引导和管理，"凡治天下，必因人情。人情者，有好恶，故赏罚可用；赏罚可用，则禁令可立而治道具矣"①。因为人性好利恶罚，所以可以以利引导，以法惩戒之。《八经》说："赏莫如厚，使民利之；誉莫如美，使民荣之；诛莫如重，使民畏之；毁莫如恶，使民耻之。"②

韩非认为，君王不仅不能禁止人们的自为自利，反而要鼓励他们为自己牟利，但是为了确保人们在牟利过程中不以私害公，还必须有法律保障。这样的话，人在自私自为的过程中就能不损公肥私，而且在一定程度上还可以带来"公利"，这样就实现了化私为公了。

（三）法治与公正、公平

韩非认为法是治国的准绳，一切必须依法行事，凡"言行不轨于法令者必禁"③。只有这样，才能保障社会的稳定。"法者，宪令著于官府，刑罚必于民心，赏存乎慎法，而罚加乎奸令者也。此臣之所师也。君无术则弊于上，臣无法则乱于下，此不可一无，皆帝王之具也。"④ 从这可以看出，韩非"法"概念的基本内涵有这么几个要点："第一，法是一种规则的成文形式；第二，法是帝王治民之具；第三，法在其最基本的意义上等同于刑。"⑤ 法令是国家的根本，君王只有以此为本才能治理好天下，

---

① 《八经》，张觉：《韩非子校注》，第629页。
② 同上。
③ 《问辩》，张觉：《韩非子校注》，第567页。
④ 《定法》，张觉：《韩非子校注》，第573页。
⑤ 张艳红：《浅析两种法治思想之异同》，《船山学刊》2007年第4期。

实现社会的公正和谐。要做到这几点，就必须从如下几个方面做起。

1. "尚法"而"弃义"

要维护社会的公平、公正就必须以法为治国的准绳，他反对儒家的德治思想，认为"尚法"就要"弃义"。韩非从人的自利自为的本性出发阐述了"尚法"与"弃义"的关系，他认为以仁义为核心的为政之道已不适应现在的社会了，必须改变。

> 今欲以先王之政，治当世之民，皆守株之类也。……古者文王处丰、镐之间，地方百里，行仁义而怀西戎，遂王天下。徐偃王处汉东，地方五百里，行仁义，割地而朝者三十有六国，荆文王恐其害己也，举兵伐徐，遂灭之。故文王行仁义而王天下，偃王行仁义而丧其国，是仁义用于古不用于今也。故曰："世异则事异。"①

古代的时候文王施行仁义之政，终于以百里之地一统天下，但是如今徐偃王施行仁义之政却亡国，这说明仁义之政只适用于古代而不适用于今天，如果现在还用古代的办法治理国家，无异于守株待兔。韩非还举例说明施行仁义会损害法令的权威：比如父母溺爱子女，所以导致"令穷"；而官吏适用威严的法令民众就听从了。由此可知，到底是应该实行严格的法令还是应该实行所谓的"仁爱"就不言而喻了。

> 母之爱子也倍父，父令之行于子者十母；吏之于民无爱，令之行于民也万父。母积爱而令穷，吏用威严而民听从，严爱之笨亦可决矣。且父母之所以求于子也：动作则欲

---

① 《五蠹》，张觉：《韩非子校注》，第651页。

其安利也;行身则欲其远罪也。君上之于民也,有难则用其死;安平则用其力。亲以厚爱,关子于安利而不听;君以无爱利,求民之死力而令行。①

在韩非看来,所谓的"仁爱"之政实质上是君王随心所欲的"人治"或"心治",使用这种办法,即便尧舜也无法保证社会的公平、公正,"释法术而任心治,尧不能正一国也"②。英明的君王应该以法为尊。

> 明主之国,令者,言最贵者也;法者,事最适者也。言无二贵,法不两适,故言行而不轨于法令者必禁。若其无法令而可以接诈、应变、生利、揣事者,上必采其言而责其实。言当,则有大利;不当,则有重罪。是以愚者畏罪而不敢言,智者无以讼。此所以无辩之故也。乱世则不然:主有令,而民以文学非之;官府有法,民以私行矫之。……今听言观行,不以功用为之的彀,言虽至察,行虽至坚,则妄发之说也。③

韩非比较了令行禁止和法令不行的两种情形,一切依法行事,则天下无讼无辩;反之,法令不能畅通,上有法令,下有对策,私行大行其道,公法不行,结果就造成讼辩泛滥。因此,使用所谓仁义之道治理国家是苟且之行为,久则必生乱,只有任法弃义才能保障社会的长治久安。

---

① 《六反》,张觉:《韩非子校注》,第609页。
② 《用人》,张觉:《韩非子校注》,第289页。
③ 《问辩》,张觉:《韩非子校注》,第567—568页。

故法之为道，前苦而长利；仁之为道，偷乐而后穷。圣人权其轻重，出其大利，故用法之相忍，而弃仁人之相怜也。学者之言，皆曰"轻刑"，此乱亡之术也。凡赏罚之必者，劝、禁也。赏厚，则所欲之得也疾；罚重，则所恶之禁也急。夫欲利者必恶害，害者，利之反也，反于所欲，焉得无恶？欲治者必恶乱，乱者，治之反也。是故欲治甚者，其赏必厚矣；其恶乱甚者，其罚必重矣。今取于轻刑者，其恶乱不甚也，其欲治又不甚也。此非特只无术也，又乃无行。是故决贤不肖、愚、知之美，在赏罚之轻重。……所谓重刑者，奸之所利者细，而上之所加焉者大也；民不以小利加大罪，故奸必止也。所谓轻刑者，奸所利者大，上之所加焉者小也；民慕其利而傲其罪，故奸不止也。①

所以君王应杜绝私情私恩，通过法令而非私恩私惠来笼络人心。如果不从法令，而好偏私就有失公正了。

夫立名号，所以为尊也；今有贱名轻实者，世谓之高。设爵位，所以为贱贵基也；而简上不求见者，世谓之贤。威利，所以行令也；而无利轻威者，世谓之重。法令，所以为治也；而不从法令为私善者，世谓之忠。官爵，所以劝民也；而好名义、不进仕者，世谓之烈士。刑罚，所以擅威也；而轻法不避刑戮死亡之罪者，世谓之勇夫。②

以君王好恶为基础的仁义毕竟是容易偏私的，而"法律是最优

---

① 《六反》，张觉：《韩非子校注》，第610页。
② 《诡使》，张觉：《韩非子校注》，第595页。

良的统治者"①，法治比人治公正得多，所以只有法治才能从根本上保证社会的公正性。正如亚里士多德所说：

> 虽然最好的人们也未免有热忱，这就往往在执政的时候引起偏向。法律正是免除一切情欲影响的神祇和理智的体现。凡是不凭感情因素治事的统治者总比感情用事的人们较为优良。法律恰恰正是全没有感情的；人类的本性便是谁都难免有感情。……那么就的确应该让最好的人为立法施令的统治者了，但在这样的一人为治的城邦中，一切政务还得以整部法律为依归。②

人是有感情的动物，君王凭心而治的仁义之政是很容易产生偏私、不公的，儒家所提出的所谓仁人、君子等道德伦理是非常荒唐可笑的，"为故人行私谓之不弃，以公财分施谓之仁人，轻禄重身谓之君子，枉法曲亲谓之有行……行惠取众谓之得民"③。那样做的结果只能以私害公；"不弃者吏有奸也，仁人者公财损也，君子者民难使也，有行者法制毁也"④。因而圣明的君主应该抛弃仁义、依法治国，只有如此，才能做到公正无私。

> 明主之国，无书简之文，以法为教；无先王之语，以吏为师；无私剑之捍，以斩首为勇。是境内之民，其言谈必轨于法，动作者归之于功，为勇者尽之于军。是故无事则国富，有事则兵强，此之谓王资。既畜王资，而承敌国之衅，

---

① 亚里士多德：《政治学》，商务印书馆1965年版，第171页。
② 同上书，第163页。
③ 《八说》，张觉：《韩非子校注》，第616页。
④ 同上。

超五帝,侔三王者,必此法也。①

总之,韩非认为,法律较之仁义重要得多,君王治理国家的时候必须以法令为优,只有这样才能实现国家的和谐、安定,社会的公正、公平。

2. 法不阿贵、赏罚公正

韩非继承了前期法家"刑无等级"的思想,对"刑不上大夫"的说法予以驳斥,提出"法不阿贵,绳不挠曲。法之所加,智者弗能辞,勇者弗敢争,刑过不避大臣,赏善不遗匹夫"②的平等法治理想。

韩非认为君王要以法进行赏罚,而不能靠主观意图来行事,必须依法而行,合理公正。《难三》篇说:

> 明主之道:取于任,贤于官,赏于功。言程、主喜,俱必利;不当,主怒,俱必害;则人不私父兄而进其仇雠。势足以行法,奉足以给事,而私无所生,故民劳苦而轻官。任事者毋重,使其宠必在爵;处官者毋私,使其利必在禄;故民尊爵而重禄。爵禄,所以赏也,民重所以赏也,则国治。刑之烦也,名之缪也,赏誉不当则民疑,民之重名与其重赏也均。赏者有诽焉,不足以劝;罚者有誉焉,不足以禁。明主之道:赏必出乎公利,名必在乎为上。赏誉同轨,非诛俱行。然则民无荣于赏之内,有重罚者必有恶名,故民畏。罚,所以禁也;民畏所以禁,则国治矣。③

---

① 《五蠹》,张觉:《韩非子校注》,第662页。
② 《有度》,张觉:《韩非子校注》,第53页。
③ 《八经》,张觉:《韩非子校注》,第641页。

英明的君主赏罚臣子，凭的是臣子的办事能力和功效，如果这样的话就能公正而没有私心。君主秉公办事，赏有功，罚有过，利用人们的尊爵重禄思想，引导人们去从事，这样就能治理好国家；反之，赏罚不当，民众就会产生疑虑，会导致社会的不公和混乱。

> 明于治之数，则国虽小，富；赏罚敬信，民虽寡，强。赏罚无度，国虽大，兵弱者，地非其地，民非其民也。无地无民，尧、舜不能以王，三代不能以强。人主又以过予，人臣又以徒取。舍法律而言先王以明古之功者，上任之以国。臣故曰：是原古之功，以古之赏赏今之人也；主以是过予，而臣以此徒取矣。主过予，则臣偷幸；臣徒取，则功不尊。无功者受赏，则财匮而民望；财匮而民望，则民不尽力矣。故用赏过者失民，用刑过者民不畏。有赏不足以劝，有刑不足以禁，则国虽大，必危。[①]

君王如果能赏罚分明，即便是小国也会富裕，民众虽少也会强盛。但是如果君王赏罚无度，就会丧失民心，削弱国家的实力。因此，君王必须秉公而行，不能有私恩、私惠。如果君王舍弃法律滥加赏赐，无功者受赏，那么人们就会失望。这样的话，即便国家再大也很危险了。所以明君明法制，去私恩，赏罚公正合理。

> 禁，主之道，必明于公私之分，明法制，去私恩。夫令必行，禁必止，人主之公义也；必行其私，信于朋友，不可为赏劝，不可为罚沮，人臣之私义也。私义行则乱，公义行

---

[①] 《饰邪》，张觉：《韩非子校注》，第169页。

则治,故公私有分。人臣有私心,有公义。修身洁白而行公行正,居官无私,人臣之公义也;污行从欲,安身利家,人臣之私心也。明主在上,则人臣去私心行公义;乱主在上,则人臣去公义行私心。故君臣异心,君以计畜臣,臣以计事君,君臣之交,计也。害身而利国,臣弗为也;害国而利臣,君不为也。①

贤明的君主必须公私分明,以法为纲。令行禁止,这是公义,君王也不应该例外。如果人们都弃法治而行私义,那么就会混乱。贤明的君主当政,人们就能公私分明,去私心而行公义。反之,乱主在上,那么人们的私欲就占了上风。所以君王不应该放弃公法而行私义,那样做就是挑战法的权威,就是抛弃正义。明主只有赏罚同轨、适当分明,才能捍卫法律的权威性,保证社会的公正。

总之,韩非对"公"观念的理解是以人性自私自为论为基础的,他对"公"观念做出了比较明确的界定,丰富了"公"的含义。从其人性论出发,韩非要求通过严格的法令来捍卫"公"的地位。为了实现这一目标,他要求当政者尚法弃义,法不阿贵,力求做到公平、公正。当然,韩非是从功利主义的角度来谈论"公"的,他极其激进的公法观念对后世影响深远,成为我国思想领域的一大瑰宝。

## 二 《吕氏春秋》:公则天下平,平得于公

先秦诸子中,除了墨、道、法家之外,还有一个被称为杂家,其代表作为《吕氏春秋》,这部书也多处论及公私观念。《吕氏春秋》是战国末年秦国丞相吕不韦组织属下门客们集体编

---

① 《饰邪》,张觉:《韩非子校注》,第171页。

撰的杂家著作，又名《吕览》。此书共分为十二纪、八览、六论，共十二卷，一百十六篇，二十余万字。该书的《贵公》、《去私》等篇包含有大量的"公"思想。

《吕氏春秋·贵公》认为，天地是无私的，所以能长久运行；四时是无私的，所以才能行其德。君王为政也应比照天地公平、公正。

> 昔先圣王之治天下也，必先公，公则天下平矣。平得于公。尝试观于上志，有得天下者众矣，其得之以公，其失之必以偏。凡主之立也，生于公，故《鸿范》曰："无偏无党，王道荡荡；无偏无颇，遵王之义；无或作好，遵王之道；无或作恶，遵王之路。"天下非一人之天下也，天下之天下也。阴阳之和，不长一类；甘露时雨，不和一物；万民之主，不阿一人。①

圣王治理天下，必定把公心摆在优先的位置，有了公心，天下才能公平，因为公平是由公心得来的。而且"立君为公"，所以当政者治理国家要公正无私，公平无偏，应该"无偏无党，王道荡荡"。大公无私就能得天下，反之就会失掉天下。

不仅国君治理国家要公正无私，一般人也应该公私分明。《去私》篇列举了唐尧禅让、祁黄羊荐贤、鉅子杀子、庖人调和、王伯诛暴五个例子来说明不论任何层次的人，都应该公正无私。

> 尧有子十人，不与其子而授舜；舜有子九人，不与其子

---

① 《吕氏春秋·贵公》，陈奇猷校译：《吕氏春秋校释》，学林出版社1984年版，第44页。

而授禹：至公也。"

晋平公问于祁黄羊曰："南阳无令，其谁可而为之？"祁黄羊对曰："解狐可。"平公曰："解狐非子之雠邪？"对曰："君问可，非问臣之雠也。"平公曰："善。"遂用之。国人称善焉。居有间，平公又问祁黄羊曰："国无尉，其谁可而为之？"对曰："午可。"平公曰："午非子之子邪？"对曰："君问可，非问臣之子也。"平公曰："善。"又遂用之。国人称善焉。孔子闻之曰："善哉！"祁黄羊之论也，外举不避雠，内举不避子。祁黄羊可谓公矣。

墨者有钜子腹䵍，居秦，其子杀人，秦惠王曰："先生之年长矣，非有他子也，寡人已令吏弗诛矣，先生之以此听寡人也。"腹䵍对曰："墨者之法曰：'杀人者死，伤人者刑。'此所以禁杀伤人也。夫禁杀伤人者，天下之大义也。王虽为之赐，而令吏弗诛，腹䵍不可不行墨子之法。"不许惠王，而遂杀之。子，人之所私也。忍所私以行大义，钜子可谓公矣。

庖人调和而弗敢食，故可以为庖。若使庖人调和而食之，则不可以为庖矣。

王伯之君亦然。诛暴而不私，以封天下之贤者，故可以为王伯。若使王伯之君诛暴而私之，则亦不可以为王伯矣。①

唐尧将帝位传舜而不传子，这是圣人的至公无私，圣人公则"天下平"；王伯等诸侯诛暴封贤不徇私情也可称为公，这是君主王侯的"公"，君主能做"虚素以公"，那么"小民皆

---

① 《吕氏春秋·去私》，陈奇猷校译：《吕氏春秋校释》，学林出版社1984年版，第55—56页。

之，其之敌（适）而不知其所以然，此之谓顺天"[1]；祁黄羊举贤"外举不避雠，内举不避子"，这是人臣之"公"，人臣公则"其名无不荣者，其实无不安者，功之大故也"[2]；墨家鉅子克私为公以行大义是有地位的人的"公"；庖人调和而不偷食这是本分所在，也是公，这是地位比较低贱的人的"公"。可见，不论人的地位、身份如何，都应该公平、公正，避免私心。

"公"没有地位、身份的差别，但是有不同的层次。《贵公》篇举了"荆人遗弓"的例子来说明这个问题。

> 伯禽将行，请所以治鲁。周公曰："利而勿利也。"荆人有遗弓者，而不肯索，曰："荆人遗之，荆人得之，又何索焉？"孔子闻之曰："去其'荆'而可矣。"老聃闻之曰："去其'人'而可矣。"故老聃则至公矣。天地大矣，生而弗子，成而弗有，万物皆被其泽，得其利，而莫知其所由始。此三皇五帝之德也。[3]

《贵公》认为楚国人遗失了弓箭，楚国人得到它，没必要去找，这儿的"公"能超越个体，这是第一层次的"公"；孔子所说的去"荆楚"，即去除国别限制从楚国扩大到所有人，是更大层面上的公；但是这两种"公"都有限定范围，而老子所说的去掉"人"的限制，将"公"的范围扩大到了宇宙万物，所以这才是

---

[1] 《吕氏春秋·上德》，陈奇猷校译：《吕氏春秋校释》，学林出版社1984年版，第1256页。

[2] 《吕氏春秋·务大》，陈奇猷校译：《吕氏春秋校释》，学林出版社1984年版，第1705页。

[3] 《吕氏春秋·贵公》，陈奇猷校译：《吕氏春秋校释》，学林出版社1984年版，第44页。

最高层次的"公"。①

  《吕氏春秋》的公观念比较驳杂，但是总体来说不外乎"公则天下平，平得于公"的理念。

---

  ① 此处参考了张立文《中国哲学范畴发展史》（人道篇），中国人民大学出版社1995年版，第225页。

# 第四章　两汉时期的"公"观念

"家"本来是一个私领域，"天下"乃是公领域，但是随着世袭的"家天下"逐步取代禅让的"公天下"，"私领域"就不断侵蚀"公领域"，后来以至于原本作为"私领域"范畴的"皇家"成为"公领域"的代名词。这一过程从夏商时期就早已开始了，到了西汉时期，大一统局面的形成，"公天下"彻底变为"家天下"，从此公私领域混为一体。"国家"一词就是这一变化的成果之一。"国"与"家"原本是两个范畴，孔子说："丘也闻有国有家者。"孔颖达疏曰："天下为王所有，国谓诸侯，家谓卿大夫。"但是随着"家天下"进入"公领域"，"国"与"家"便逐渐融为一体，以至于成为天下、成为"公领域"的代名词了。

但是也有人认为秦汉时期确立的中央集权制和大一统的政治格局其实是"公天下"的一种变形，是通过封建制实现权力的共享。如"秦之所以革之者，其为制，公之大者也，其情，私也……然而公天下之端自秦始。"① 柳宗元认为虽然秦始皇实行中央集权制和郡县制的初衷是"家天下"，是"私"，但是从客观上讲这样恰恰能保证最大多数人的公共利益，所以说是"公天下"。王夫之也说："秦以私天下之心而罢侯置守，而天假其

---

① 柳宗元：《封建论》，《柳河东全集》，中国书店1991年版。

私以行其大公。"①

不管如何，汉朝建立之后，汉代诸家基本上也围绕着"公天下"还是"家天下"建立自己的学说，汉儒们十分推崇的"立君为公"、"立君为民"思想就是其反映。除此之外，汉儒们还非常关注社会的公平、公正，总起来说，几乎所有的论述都是围绕着"公天下"这一议题展开的。

## 第一节 西汉初期的"公"观念

由于遭受了秦末战乱的破坏，刘邦建汉之后，民生凋敝，社会经济衰败，人口锐减，田园荒芜，社会物资极度匮乏。面对此种局面，汉初统治者"以黄老无为而治之道为本"的思想为指导，采取了休养生息、自由放任的政策。因而，这一时期的"公"观念的探讨基本也都有黄老思想的影子，不论是黄老思想倾向比较明显的陆贾、《淮南子》，还是被认为儒家背景浓厚的贾谊都有对"清静无为"思想的阐发和运用，他们对公私关系的思考也包含在这种"无为而治"的思想之中。

一　陆贾：怀仁仗义即为公

陆贾（约前240—前170年），楚人，西汉初期的思想家和政治家。主张"行仁义，法先圣"，提出"逆取顺守，文武并用"②的治国方略。陆贾著有《新语》，共12篇，总结了"秦之所以失天下，吾所以得之者何，及古成败之国"③的经验教训。

---

① 王夫之：《读通鉴论·秦始皇》。
② 《史记·郦生陆贾列传》。
③ 同上。

陆贾的"公"观念是基于他的人性观的。他认为人们都有追名逐利之心,所以他要求当政者要"怀仁仗义"来引导人们节制私欲,实现社会的公平公正。

陆贾对人性的探讨缘起于他对秦代灭亡的历史经验和教训的总结。他认为人性生来是追求富贵利禄的,"凡人则不然,目放于富贵之荣,耳乱于不死之道,故多弃其所长而求其所短,不得其所亡而失其所有"[①]。正是由于人们趋利避害的本性,决定了人们的行为,但是由于过度的追求,结果造成"弃长求短"的局面。陆贾认为秦朝之所以灭亡就是因为"情欲放溢,而人不能胜其志也"[②],也就是说秦朝之所以灭亡,是因为秦朝统治者过度追逐一己之私欲。"秦始皇骄奢靡丽,好作高台榭,广宫室,则天下豪富制屋宅者,莫不仿之,设房闼,备厩库,缮雕琢刻画之好,博玄黄琦玮之色,以乱制度。"[③]

陆贾看到了秦朝灭亡的原因所在,为了巩固新政权,节制统治者的私欲追求,他提出"怀仁仗义"的主张:"夫人者,宽博浩大,恢廓密微,附远宁近,怀来万邦。故圣人怀仁仗义,分明纤微,忖度天地,危而不倾,佚而不乱者,仁义之所治也。"[④]在陆贾看来,只有统治者节制自己的私欲,实行仁义的政策,才能保障社会的安定,如果置天下之公义于不顾,过度追求一己之私,那么必然带来社会的不公和混乱,"故事或见一利而丧万机,取一福而致百祸"[⑤]。因此,陆贾竭力主张统治者要"闭利门"、"行仁义"。"欲治之君闭利门,积德之家必无灾殃。利绝

---

[①] 《新语·思务》,(汉)陆贾撰,庄大钧校点:《新语》,辽宁教育出版社1988年版,第16页。
[②] 《新语·资质》,第11页。
[③] 《新语·无为》,第6页。
[④] 《新语·道基》,第2页。
[⑤] 《新语·思务》,第16页。

而道著，武让而德兴，斯乃持久之道，常行之法也。"① 他还反复强调实行仁义的重要性，他在《新语·道基》中说：

>骨肉以仁亲，夫妇以义合，朋友以义信，君臣以义序，百官以义承。曾、闵以仁成大孝，伯姬以义建至贞，守国者以仁坚固，佐君者以义不倾。君以仁治，臣以义平。乡党以仁恂恂，朝廷以义便便。美女以贞显其行，烈士以义彰其名。阳气以仁生，阴节以义降。《鹿鸣》以仁求其群，《关雎》以义鸣其雄。《春秋》以仁义贬绝，《诗》以仁义存亡。乾坤以仁和合，八卦以义相承。《书》以仁叙九族，君臣以义制忠。《礼》以仁尽节，《乐》以礼升降。仁者道之纪；义者圣之学。学之者明，失之者昏，背之者亡。陈力就列，以义建功，师旅行阵，得仁则固，仗义而强。调气养性，仁者寿长，美才次德，义者行方。君子以义相褒，小人以利相欺。愚者以力相乱，贤者以义相治。《穀梁传》曰："仁者以治亲，义者以利尊万世不乱，仁义之所治也。"②

从上面陆贾对仁义的论述可以看出，仁义可以合夫妇，友朋党，序君臣，守国家，还可以防止当政者过度追求"私欲"，确保天下之公义，可谓无所不能。既然"怀仁仗义"有如此重要的作用，那么如何才能做到"怀仁仗义"呢？

陆贾认为首先要满足人基本的利欲追求："天气所生，神灵所治，幽闲清静，与神浮沉，莫之效力为用，尽情为器。故曰圣人成之。所以能统物通变，治情性，显仁义也。"③ 圣人的办法

---

① 《新语·怀虑》，第14页。
② 《新语·道基》，第3页。
③ 同上书，第2页。

218

是"统物通变",让人"尽情"。当然,陆贾所说的"尽情"绝非肆意而为,是有限度的,不能"放溢"。为了确保"仁义"的落实,还必须"以法诛恶",他说:"夫法令者所以诛恶,非所宜劝善。"① 为了确保法令的畅通,他要求君王首先要遵照法规范自己的行为。

君王的行为是百姓的风向标,君王能够要按照法度来节制自己的私欲,那么民众自然也就不会骄奢淫逸了。所以说要改变社会追逐私欲的风气,君王必须做出表率。君王能如此,那么君子的言行更应循法合度。

> 夫长于变者,不可穷以诈;通于道者,不可惊以怪;审于辞者,不可惑以言;达于义者,不可动以利。是以君子博思而广听,进退顺法,动作合度,闻见欲众而采择欲谨,学问欲博而行己欲敦,见邪而知其直,见华而知其实,目不淫于炫耀之色,耳不乱于阿谀之词,虽利之以齐鲁之富而志不移,谈之以乔、松之寿而行不易,然后能一其道而定其操,致其事而立其功。②

如果君王、君子都能节制自己的私欲,怀仁仗义,然后再加以中和之政,那么就能实现社会的和谐安定了。"行身中和以致疏远,民畏其威而从其化,怀其德而归其境,美其治而不敢违其政。民不罚而畏,不赏而劝,渐渍于道德,而被服于中和之所致也。"③

当然,通过怀仁仗义、法治等人为的手段防私为公来实现社

---

① 《新语·无为》,第6页。
② 《新语·思务第》,第16页。
③ 《新语·无为》,第6页。

会的公正并不是陆贾心目中最理想的方式。他在《新语·至德》中描绘那个公平、公正、清静无为的社会才是最理想的。

> 夫形重者则心烦,事众者则身劳;心烦者则刑罚纵横而无所立,身劳者则百端回邪而无所就。是以君子之为治也,块然若无事,寂然若无声;官府若无吏,亭落若无民;闾里不讼于巷,老幼不愁于庭;近者无所议,远者无所听;邮无夜行之卒,乡无夜召之征;犬不夜吠,鸡不夜鸣;耆老甘味于堂,丁男耕耘于野;在朝者忠于君,在家者孝于亲。于是赏善罚恶而润色之,兴辟雍庠序而教诲之,然后贤愚异议,廉鄙异科,长幼异节,上下有差,强弱相扶,大小相怀,尊卑相承,雁行相随,不言而信,不怒而威,岂待坚甲利兵、深牢刻乏、朝夕切切而后行哉?①

在这样一个社会里,百姓相安无事,没有烦恼,人们都能相互扶持,和谐共处。这样的社会才是真正的公正、和谐的。

虽然陆贾"怀仁仗义"之说是从"家天下"的角度出发的,其目的是巩固封建政权,是"私"。但是从客观上讲,这种主张适应了当时的社会现实,能够让统治者有所节制,减少对人们的盘剥,所以也可以说是为"公"。

二 贾谊:兼覆无私谓之公,反公为私

贾谊(前200—前168年),洛阳人,曾为长沙王太傅,所以又称贾太傅、贾长沙。西汉初期的政论家、文学家。著有《新书》十卷。

贾谊的"公"观念是从人性论出发来阐述的。贾谊的人性

---

① 《新语·至德》,第12页。

论继承了老庄的性自然说而又融入了儒家的"性相近，习相远"的理论，提出了"人性自然，材性三品"的人性学说。他认为"性"源于"道"的。

> 性者，道德造物。物有形，而道德之神专而为一气，明其润益厚矣。浊而胶相连，在物之中，为物莫生，气皆集焉，故谓之性。性，神气之所会也。性立，则神气晓晓然发而通行于外矣，与外物之感相应，故曰："润厚而胶谓之性，性生气通之以晓。"①

贾谊认为，人性是道德所造，道凝为"气"，而"神气所会"则为性。人性本来差别并不大，但是由于后天的原因仍会出现巨大的差异，"人性非甚相远也，何殷周之君有道之长，而秦无道之暴也，其故可知也"②。贾谊并未明确说明先天的人性是善是恶，他指出由于人们后天所处环境、所受教育不同，造成了后天材性的差距，贾谊认为根据善恶的不同，后天的材性可以分为三个层次。

> 有上主者，有中主者，有下主者。上主者，可引而上，不可引而下；下主者，可以引而下，不可引而上；中主者，可引而上，可引而下。故上主者，尧、舜是也。夏禹、契、后稷，与之为善则行；鲧、谨兜，欲引而为恶则诛。故可与为善，而不可与为恶。下主者，桀、纣是也。推侈、恶来进与为恶则行，比干、龙逢，欲引而为善则诛。故可与为恶，

---

① 《新书·道德说》，贾谊：《贾谊集》，上海人民出版社1976年版，第144—145页。

② 《新书·保傅》，《贾谊集》，第91页。

而不可与为善。所谓中主者,齐桓公是也。得管仲、隰朋,则九合诸侯;竖貂、子牙,则饿死胡宫,虫流而不得葬。故材性乃上主也,贤人必合,而不肖人必离,国家必治,无可忧者也。若材性下主也,邪人必合,贤正必远,坐而须亡耳,又不可胜忧矣。故其可忧者,唯中主尔。又似练丝,染之蓝则青,染之缁则黑。得善佐则存,不得善佐则亡。此其不可不忧者耳。诗云:"芃芃棫朴,薪之槱之,济济辟王,左右趋之。"此言左右日以善趋也,故臣窃以为练左右急也。①

人的材性之所以会有那么大的差距,是由于后天受外界环境的影响而形成的,所以人们必须注意选择好的环境。

习与正人居之,不能无正也,犹生长于齐之不能不齐言也;习与不正人居之,不能无不正也,犹生长于楚之不能不楚言也。故择其所嗜,必先受业,乃得尝之;择其所乐,必先有习,乃得为之。孔子曰:"少成若天性,习贯如自然。"是殷、周之所以长有道也。②

贾谊还要求通过教化来"为之笃善而抑恶"③。那么人们应该接受哪些教育呢?贾谊在《新书·道术》中提出了一系列的道德教育内容,其中就包括"公"。何谓"公"?贾谊说:"兼覆无私谓之公,反公为私。"也就是说公就是兼顾公平、公正,无私即可称之为公。

---

① 《新书·连语》,《贾谊集》,第96—97页。
② 《新书·保傅》,《贾谊集》,第91页。
③ 《新书·傅职》,《贾谊集》,第87页。

因为人的材性不同，所以贾谊对人的"公"的要求也不同。对于君主，贾谊要求他们要有天下为公的胸怀。

贾谊认为，天下非一人独有，上天只是选派君王来治理，所以君王不应把"家天下"视为理所当然的事。正因为如此，所以天下唯有有道者才能居之。为此，只有能行正义，泽惠万民的人才能成为君王。"古之正义，东西南北，苟舟车之所达，人迹之所至，莫不率服，而后云天子。德厚焉，泽湛焉，而后称帝。又加美焉，而后称皇。"① 因而，君王要行公义，为万民谋公利。

对于人臣，贾谊要求他们要"公而忘私"，他说："为人臣者，主丑亡身，国丑亡家，公丑忘私。利不苟就，害不苟去，唯义所在。"② 不仅如此，为人臣者还要公平、公正，大公无私才能称得上正。"兼覆无私谓之公，反公为私；方直不曲谓之正，反正为邪。"③

三 《礼记》：天下为公的理想

《礼记》是战国至秦汉年间儒家学者所著，其作者可能不止一人，写作时间也有先有后。汉代把孔子定的典籍称为"经"，弟子对"经"的解说是"传"或"记"，《礼记》即解释经书《仪礼》的著作。汉代戴德选编其中85篇，称为《大戴礼记》。后来，戴圣选编其中49篇，称为《小戴礼记》。《礼记》有一些关于"公"观念的论述，尤其是《礼记·礼运》篇关于"天下为公"的那段描述为后人津津乐道。

大道之行也，天下为公，选贤与能，讲信修睦，故人不

---

① 《新书·威不信》，《贾谊集》，第68页。
② 《新书·阶级》，《贾谊集》，第44页。
③ 《新书·道术》，《贾谊集》，第137页。

独亲其亲，不独子其子，使老有所终，壮有所用，幼有所长，矜寡孤独废疾者，皆有所养。男有分，女有归。货恶其弃于地也，不必藏于己；力恶其不出于身也，不必为己。是故谋闭而不兴，盗窃乱贼而不作。故外户而不闭，是谓大同。①

在这个"大同"世界里，天下是人们所共有的，选举有贤德、有才能的人出来管理社会，人们都讲求诚信，崇尚和睦。因此人们不只亲近自己的家人，也不只抚育自己的子女。老年人都能终其天年，壮年人能为社会效力，幼童能顺利地成长，使老年而无妻的男人、老年而无夫的女人、幼年丧父的孩子、老而无子的人、残疾人都能得到供养。男子都有自己的事情做，女子能有自己的归宿。人们厌恶财货而不会私藏财物，人们不为私利而劳动。这样的话就可以夜不闭户，天下为公了。这种美好的社会政治理想为后人所推崇百倍，历代有识之士都以此为自己的最高奋斗目标。比如孙中山一生为之奋斗的理想就可以浓缩为"天下为公"这四个字。《礼记》虽为儒家经典，但实际上，它的"天下为公"的理念是博采众家之长而成的。可以说，《礼记》"在一定程度上综合了以前各派的思想精华，发挥了'天下为公'思想，在他们的这个道德理想中，既包括了儒家的'仁义'，又含有墨家的'兼爱'，还有点道家的'无为'和法家的'无私'，先秦时期最美好的道德原则和伦理精神，在这里融于一炉。"②

但是这种理想的时代毕竟已经过去了，现实的世界是："今

---

① 《礼记·礼运》，（清）孙希旦撰，沈啸寰、王星贤点校《礼记集解》，中华书局1989年版，第582页。

② 陈瑛主编：《中国伦理思想史》，湖南教育出版社2004年版，第104页。

大道既隐,天下为家,各亲其子,货力为已。"① 现实的世界财产私有,人们有等级差别,人们的私心也重了,不再"天下为公","家天下"成为社会政治的运作方式。那么为何世界会从"天下为公"变为"家天下"呢?《礼记·乐记》认为这是由人之本性决定的。

> 人生而静,天之性也;感于物而动,性之欲也。好恶无节于内,知诱于外,不能反躬,天理灭矣。夫物之惑人无穷,而人之好恶无节,则物至而人化物也。人化物也者,灭天理而穷人欲者也。②

人之本性是有私欲的,如果不能节制"好恶无节"就会"人化物",也就是为外在的名利、欲望所累。所以只有节制私欲才能防止这种异化。这和庄子的说法比较接近,庄子也主张人应该"物物而不物于物"③。为了让人们自觉地节制自己,《礼记》认为必须通过礼仪教化来教育人们,逐步向理想的大同世界迈进。

> 饮食男女,人之大欲存焉。死亡贫苦,人之大恶存焉。故欲恶者,心之大端也。人藏其心,不可测度也。美恶皆在其心,不见其色也。欲一穷之,舍礼何以哉?④

死亡贫苦是人们所厌恶的,私欲好恶之心人皆有之,不可揣摩,只有通过礼仪才能约束。君子应该修心养性,节制私欲,才能做

---

① 《礼记·礼运》,(清)孙希旦撰,沈啸寰、王星贤点校《礼记集解》,中华书局1989年版,第583页。
② 《礼记·乐记》,《礼记集解》,中华书局1989年版。
③ 《庄子·山木》,曹础基:《庄子浅注》,中华书局1982年版。
④ 《礼记·礼运》,《礼记集解》,中华书局1989年版。

到以天下为公。

## 第二节 西汉中期的"公"观念

刘邦建汉之后，为了巩固刘氏天下，大封同姓王。这些受封的同姓诸侯王，在政治、经济、军事等方面确实拥有一定的特权。几十年过去，这些王国经济都有了很大发展，人口也成倍地增加，随着其实力的不断增强，诸侯国尤其是齐、楚、吴、淮南等国野心膨胀，逐渐成为西汉王朝的严重威胁。面对此种局面，思想家们忧心忡忡，他们认为，诸侯为"私"，中央为"公"，诸侯兴乱就是以"私"犯"公"，所以他们主张加强中央集权制，抑制诸侯势力，终于在汉武帝时期实现了政治、经济、思想、文化的大一统局面。

### 一 董仲舒：正其谊不谋其利

董仲舒（前179—前104年），汉代政治家、思想家。广川（今河北枣强）人。西汉思想家，西汉时期著名的今文经学大师。景帝时任博士，讲授《公羊春秋》。汉武帝元光元年（前134），董仲舒在著名的《举贤良对策》中，提出其哲学体系的基本要点，并建议"罢黜百家，独尊儒术"，为汉武帝所采纳，从此儒学开始上升为官方哲学。

董仲舒"性三品"论的提出既是实行教化的需要，也是治理国家的需要。作为其政治理念一部分的"公"观念自然也建立在其人性论基础之上。

（一）董仲舒"公"观念的人性论基础——性三品说

作为儒家衣钵的继承者，董仲舒既不赞成孟子的"性善论"，也不同意荀子的"性恶说"，他认为人性可分三个不同的层次，这就是著名的人性三品说。何谓人性？董仲舒说："性之名非生与？如其生之自然之资谓之性。性者，质也。"① 也就是说性是人生而有之的自然禀性，是人的自然之资。

董仲舒认为与人性密切相关的除了"性"之外，还有"情"，或者说，"情"乃是人性的一个重要组成部分。所谓"情"，董仲舒解释说："人欲之谓情。"② 不管是性还是"情"都来自于天，"人之情性有由天者矣"③。既然人之性情源于上天，那么就"非人能自生"。但是这种"性"和"情"对于人的影响是不同的，这就是所谓"性仁情贪"说："人之诚有贪有仁，仁贪之气两在于身。身之名取诸天，天两有阴阳之施，身亦两有贪仁之性；天有阴阳禁，身有情欲栣，与天道一也。"④ 人有贪仁两种性情，这是与天之道相统一的，就像天之阴阳变化，"身之有性情也，若天之有阴阳也，言人之质而无其情，犹言天之阳而无其阴也，穷论者，无时受也"⑤。

董仲舒认为人性本有"善质"，他把人性比喻为"禾"，把"善"比喻为"米"，认为就如米出禾中，善亦出于性中。但是这并不是就可以说"性固已善"了，因为就如米出禾中，但禾并不是米。

> 故性比于禾，善比于米；米出禾中，而禾未可全为米也；善出性中，而性未可全为善也。善与米，人之所继天而成于外，非在天所为之内也。天之所为，有所至而止，止之

---

① 《春秋繁露·深察名号》，（清）苏舆撰，钟哲点校《春秋繁露义证》，中华书局1992年版，第291—292页。
② 《天人三策》，袁长江主编：《董仲舒集》，学苑出版社2003年版，第24页。
③ 《春秋繁露·为人者天》，《春秋繁露义证》，第319页。
④ 《春秋繁露·深察名号》，《春秋繁露义证》，第294—296页。
⑤ 同上书，第299—300页。

内谓之天性，止之外谓人事，事在性外，而性不得不成德。①

董仲舒质疑孟子的人性本善之说，他说或许与禽兽相比人已经有善性了，但是与圣人相比就不能称之为善了，所以说人性本善是值得推敲的。

> 是正名号者于天地，天地之所生，谓之性情。性情相与为一瞑。情亦性也，谓性已善，奈其情何？故圣人莫谓性善，累其名也。……然其或曰性也善，或曰性未善，则所谓善者，各异意也。性有善端，动之爱父母，善于禽兽，则谓之善，此孟子之善。……质于禽兽之性，则万民之性善矣；质于人道之善，则民性弗及也。万民之性善于禽兽者许之，圣人之所谓善者弗许，吾质之命性者，异孟子。孟子下质于禽兽之所为，故曰性已善；吾上质于圣人之所为，故谓性未善，善过性，圣人过善。②

董仲舒认为，人性要变善还必须靠外在的人事有意为之，也就是要采取措施启发人性中存在的善。"性有似目，目卧幽而瞑，待觉而后见。当其未觉，可谓有见质，而不可谓见。今万民之性，有其质而未能觉，譬如瞑者待觉，教之然后善。"③ 董仲舒认为并不是所有的人都需要接受性善的教化，他把人性分为三个层次：圣人之性和斗筲之性都不可以叫做性，因为圣人之性本身就是上品，是有仁有义而无贪欲的；斗筲之性不可名的原因是因为

---

① 《春秋繁露·深察名号》，《春秋繁露义证》，第297页。
② 同上书，第298—304页。
③ 同上。

下品之性"朽木不可雕也",所以只有中民之性通过教化可以向善。

> 圣人之性,不可以名性;斗筲之性,又不可以名性;名性者,中民之性。中民之性,如茧如卵。卵待覆二十日,而后能为雏;茧待缫以涫汤,而后能为丝;性待渐于教训而后能为善。善,教训之所然也,非质朴之所能至也,故不谓性。①

董仲舒的性三品说和我们上面论及的陆贾的"有上主者,有中主者,有下主者"的说法一样,都是继承了孔子"惟上智与下愚不移"②和"中人以上可以语上,中人以下,不可以语上也"③的思想。

要把中民人性中内在的善激活,并且抑制其贪欲就需要"顺命"、"成性"、"防欲"。

> 天令之谓命,命非圣人不行;质朴之谓性,性非教化不成;人欲之谓情,情非度制不节。是故王者上谨于承天意,以顺命也;下务明教化民,以成性也;正法度之宜,别上下之序,以防欲也:修此三者,而大本举矣。④

中民本性中不仅具有私欲,还具有"仁",也就是说本性中还有善的潜质,这就为通过教化激活其善质奠定了基础。

---

① 《春秋繁露·实性》,《春秋繁露义证》,第311—312页。
② 《论语·阳货》,朱熹:《论语集解》,齐鲁书社1992年版。
③ 《论语·雍也》,朱熹:《论语集解》,齐鲁书社1992年版。
④ 《天人三策》,袁长江主编:《董仲舒集》,学苑出版社2003年版,第24页。

天生民性有善质而未能善，于是为之立王以善之，此天意也。民受未能善之性于天，而退受成性之教于王，王承天意，以成民之性为任者也。今案其真质，而谓民性已善者，是失天意而去王任也。万民之性苟已善，则王者受命尚何任也？其设名不正，故弃重任而违大命，非法言也。①

中性之民性有善质而未能善，所以才让君王来教化他们，这是上天的安排。如果君王不能做到这一点，就是违背了天命。除了激活其善质，还要通过法度防止其私欲的。他说：在董仲舒看来，由于人性之中有贪欲，这种贪欲之心，就像水往低处流一样，如果不加以防止，那么必然会导致社会的混乱。当然，防欲并非是完全扼杀人们的求欲之道，而是防止人们过度追求。"嗜欲之物无限，其数不能相足，故苦贫也。"②所以正确的办法是使民有欲但不过度，"故圣人之制民，使之有欲，不得过节；使之敦朴，不得无欲；无欲有欲，各得以足，而君道得矣。"③

要做到这点，正确的方法就是教育人民处理好公私、义利关系，为此董仲舒提出了"正其义不谋其利，明其道不计其功"的主张，希望通过这种办法来保证社会的公平、公正。

（二）正其谊不谋其利

董仲舒认为，追求"仁义"还是"苟为利"是人与禽兽的区别之一。"正也者，正于天之为人性命也，天之为人性命，使行仁义而羞可耻，非若鸟兽然，苟为生，苟为利而已。"④虽然

---

① 《春秋繁露·深察名号》，《春秋繁露义证》，第302—303页。
② 《春秋繁露·度制》，《春秋繁露义证》，第233页。
③ 《春秋繁露·保位权》，《春秋繁露义证》，第174页。
④ 《春秋繁露·竹林》，《春秋繁露义证》，第61页。

"仁"与"义"都很重要,但二者的功用并不尽相同。

> 春秋之所治,人与我也。所以治人与我者,仁与义也。以仁安人,以义正我,故仁之为言人也,义之为言我也,言名以别矣。仁之于人,义之于我者,不可不察也,众人不察,乃反以仁自裕,而以义设人,诡其处而逆其理,鲜不乱矣。是故人莫欲乱,而大抵常乱。凡以暗于人我之分,而不省仁义之所在也。是故春秋为仁义法,仁之法在爱人,不在爱我。义之法在正我,不在正人。我不自正,虽能正人,弗予为义。人不被其爱,虽厚自爱,不予为仁。①

他认为"仁"是"治人"者所用,"义"才是正己的。所以"以仁自裕""以义设人"的做法都是不正确的。要行仁必须首先正己,否则"虽能正人,弗予为义"。

如何"以义正己"呢?董仲舒认为必须处理好义利关系,他从"有贪有仁"的人性论出发,首先承认"利"存在的合理性,他说:

> 天之生人也,使之生义与利。利以养其体,义以养其心。心不得义不能乐,体不得利不能安,义者,心之养也。利者体之养也。体莫贵于心,故养莫重于义。义之养生人大于利矣。②

义与利均是人生不可或缺的需求,但是人们不能过度追求利,义

---

① 《春秋繁露·仁义法》,《春秋繁露义证》,第249—250页。
② 《春秋繁露·身之养莫重于义》,《春秋繁露义证》,第263页。

利之间,还是以义为重,也就是要"正其谊(义)不谋其利"①。

人之本性不仅有贪欲好利之情,而且也有好义之善。"凡人之性,莫不善义,然而不能义者,利败之矣"②。但是由于利益的诱惑,有些人放弃了"义"。所以董仲舒要求人们不仅要"成性"、"防欲",还要从源头上堵塞利的诱惑,他说:"故君子终日言不及义,欲以而言愧之而已,愧之塞其源也。"③

董仲舒不仅要求君子要以义正己,"正其谊不谋其利",而且还要为天下兴利除害。

> 故圣人之为天下兴利也,其犹春气之生草也,各因其生小大而量其多少,其为天下除害也,若川渎之泻于海也,各顺其势倾侧,而制于南北。故异孔而同归,殊施而钧德,其趣于兴利除害,一也。是以兴利之要在于致之,不在于多少;除害之要,在于去之,不在于南北。④

能为天下兴利的人不在于做了多少事,而在于是否做了,做多做少道德上是一样的高尚。不过,对于当政者,董仲舒认为他们不仅不能"与民争利",反而要一视同仁,"泛爱兼利"天下万民。

> 生育养长,成而更生,终而复始其事,所以利活民者无已。天虽不言,其欲赡足之意可见也。古之圣人,见天意之厚于人也,故南面而君天下,必以兼利之。⑤

---

① 《春秋繁露·对胶西王越大夫不得为仁》,《春秋繁露义证》,第268页。
② 《春秋繁露·玉英》,《春秋繁露义证》,第73页。
③ 同上。
④ 《春秋繁露·考功名》,《春秋繁露义证》,第178页。
⑤ 《春秋繁露·诸侯》,《春秋繁露义证》,第313页。

从上面的论述可以看出，在董仲舒看来，"利"可以区分为私利和公利，追逐私利是人之本性，他并不否认，但是他要求人在谋私利时要以义为重；所谓"公利"就是"为天下兴利"、"泛爱兼利"，董仲舒认为能做到"兼利"就是无私，"其不阿党偏私而美泛爱兼利"①；能做到"为天下兴利"就是公，"有益者谓之公"②。

（三）公天下与公平、公正

除了上述通过人性论和义利观阐述其"公"思想之外，董仲舒还直接对"公"观念进行了阐发，主要有四个方面。

第一，立君为公与设君为民的思想。

董仲舒继承了先秦儒家的民本思想，认为天之生民不是为君王而存在，反而是君主应该为公众效劳。"天之生民，非为王也，而天立王以为民也。故其德足以安乐民者，天予之；其恶足以贼害民者，天夺之。"③上天立君为公，如果君王能上顺天意，让百姓安居乐业，那么上天就会赏赐他，否则，如果以恶荼毒百姓，那么就会遭到上天的惩罚。所以"王者亦常以爱利天下为意，以安乐一世为事"④。君王要以天下为公，就不能与民争利，而且还要"泛爱兼利"万民，多做利民、养民之事。

第二，公天下与大一统。

汉代前期诸侯国林立，甚至威胁中央政权的安全。董仲舒认为天为公，天子相对于天是"私"，天子不顺天命，就是以"私"犯"公"；中央政权是正统，代表"公"，而诸侯相对于中央而言是"私"，诸侯如果威胁中央即是以私犯"公"。同样

---

① 《春秋繁露·天容》，《春秋繁露义证》，第334页。
② 《春秋繁露·考功名》，《春秋繁露义证》，第178页。
③ 《春秋繁露·尧舜不擅移汤武不专杀》，《春秋繁露义证》，第220页。
④ 《春秋繁露·王道通三》，《春秋繁露义证》，第330页。

的道理，臣子相对于君王，士民相对于国家也是"私"，而在那个"朕即国家"的时代，天子就是"公"的代表，所以诸侯、臣民应该听天子号令而不能有任何叛逆之心。

> 受命之君，天意之所予也。故号为天子者，宜视天为父，事天以孝道也；号为诸侯者，宜谨视所候奉之天子也；号为大夫者，宜厚其忠信，敦其礼义，使善大于匹夫之义，足以化也；士者，事也，民者、瞑也；士不及化，可使守事从上而已。①

不仅如此，董仲舒还把这种公私关系进一步扩大到父子、夫妻关系，他认为如诸侯相对于天子是"私"，子女相对于父母、妻子相对于丈夫也是"私"，"私"应该从"公"。

> 天子受命于天，诸侯受命于天子，子受命于父，臣妾受命于君，妻受命于夫。诸所受命者，其尊皆天也，虽谓受命于天亦可。天子不能奉天之命，则废而称公，王者之后是也。公侯不能奉天子之命，则名绝而不得就位，卫侯朔是也。子不奉父命，则有伯讨之罪，卫世子蒯聩是也。臣不奉君命，虽善，以叛言，晋赵鞅入于晋阳以叛是也。妾不奉君之命，则媵女先至者是也。妻不奉夫之命，则绝夫不言及是。曰不奉顺于天者，其罪如此。②

在上面这套理论的基础上，董仲舒又更系统地提出了"君为臣纲，父为子纲，夫为妻纲"的伦理道德要求。三纲之中，又以

---

① 《春秋繁露·深察名号》，《春秋繁露义证》，第286页。
② 《春秋繁露·顺命》，《春秋繁露义证》，第412页。

君为臣纲为主,父为子纲、夫为妻纲是从属于君为臣纲的,因为父子、父亲较之于君都是"私",所以应该从属于更大层面的"公"。董仲舒认为树立了这样规范和标准,无论是孔子与韩非所讨论的"父偷羊,子证之",还是孟子与桃应所讨论的舜父杀人问题时所面临的公德与私德难以两全的矛盾都迎刃而解了。

第三,公私与阴阳。

阴阳学说是董仲舒公私论的哲学基础之一,他将伦常的关系类比于天地、阴阳。

> 凡物必有合。合必有上,必有下,必有左,必有右,必有前,必有后,必有表,必有里,有美必有恶,有顺必有逆,有喜必有怒,有寒必有暑,有昼必有夜,此皆其合也。阴者,阳之合,妻者,夫之合,子者,父之合,臣者,君之合,物莫无合,而合各相阴阳。阳兼于阴,阴兼于阳,夫兼于妻,妻兼于夫,父兼于子,子兼于父,君兼于臣,臣兼于君,君臣、父子、夫妇之义,皆取诸阴阳之道。君为阳,臣为阴,父为阳,子为阴,夫为阳,妻为阴,阴阳无所独行,其始也不得专起,其终也不得分功,有所兼之义。是故臣兼功于君,子兼功于父,妻兼功于夫,阴兼功于阳,地兼功于天。①

正是由于阴从属于阳,君为阳,臣为阴,父为阳,子为阴,夫为阳,妻为阴,所以有了上面所说的三纲,而顺从这些阴阳关系也就是遵从了以私从公的伦理道德。这里需要强调的是关于男女性别的关系问题,董仲舒以阴阳比附男女性别。"天之阴阳当男

---

① 《春秋繁露·基义》,《春秋繁露义证》,第350页。

女,人之男女当阴阳,阴阳亦可谓男女,男女亦可谓阴阳。"①从"循天之道"的小标题也可以看出,董仲舒把遵循阴阳之道定位为"循天之道",这样一来,男尊女卑的等级关键就有了根基。"丈夫虽贱皆为阳,妇人虽贵皆为阴;阴之中亦相为阴,阳之中亦相为阳,诸在上者皆为其下阳,诸在下者皆为其上阴。"②另外由于长期的"男主外,女主内"的性别分工,男性活动是在社会公领域,而在父权社会里女性很少涉足"公领域",所以女性只能退守在家庭的"私领域"之内。从这个意义上讲男性是属于"公领域"的,而女性是属于"私领域"的。因为"私"从属于"公",所以女性也就不得不从属于男性了。从此女性在婚姻中的地位就被固定下来了,成为从属于男性的第二性,甚至成为男人的私有财产。父权社会正是通过阴阳、公私的建构确立了男尊女卑的性别伦理。

第四,公平、公正。

西汉中期,随着社会经济的发展,土地兼并严重,社会重新出现贫富两极分化,导致"富者田连阡陌,贫者无立锥之地",董仲舒也注意到这一问题。他说:

> 至秦……用商鞅之法,改帝王之制,除井田,民得买卖,富者田连阡陌,贫者无立锥之地……邑有人君之尊,里有公侯之富……故贫民常衣牛马之衣,而食犬彘之食,重以贪暴之吏,刑戮妄加,民愁亡聊,亡逃山林,转为盗贼。③

贫富差距的日益悬殊也带来了一系列的社会问题,为了保证

---

① 《春秋繁露·循天之道》,《春秋繁露义证》,第446页。
② 《春秋繁露·阳尊阴卑》,《春秋繁露义证》,第325页。
③ 参袁长江主编《董仲舒集》,学苑出版社2003年版,第436页。附录《汉书·食货志上》。

社会的基本公平,董仲舒向汉武帝提出限田的主张:"古井田法,虽难卒行,宜少近古,限民名田,以赡不足,塞兼并之路。"① 董仲舒还建议汉代统治者适当调节贫富差距,救济贫苦民众,以期达到"使富者足以示贵而不至于骄,贫者足以养生而不至于忧。以此为度而调均之,是以财不匮而上下相安"②的目标。

董仲舒还要求统治者实行轻徭薄赋的政策,他认为比较理想的应是:"古者税民不过什一,其求易供;使民不过三日,其力易足。"他还勾勒了一个理想的社会蓝图。

> 五帝三王之治天下,不敢有君民之心。什一而税,教以爱,使以忠,敬长老,亲亲而尊尊;不夺民时,使民不过三日,民家给人足,无怨望忿怒之患、强弱之难;无谗贼妒嫉之人。民修德而美好,被发衔哺而游,不慕富贵,耻恶不犯,父不哭子,兄不哭弟,毒虫不螫,猛兽不搏,抵虫不触。故天为之下甘露,朱草生,醴泉出,风雨时,嘉禾兴,凤凰麒麟游于郊,囹圄空虚,画衣裳而民不犯,四夷传译而朝,民情至朴而不文,郊天祀地,秩山川,以时至封于泰山,禅于梁父,立明堂,宗祀先帝,以祖配天,天下诸侯各以其职来祭,贡土地所有,先以入宗庙,端冕盛服,而后见先,德恩之报,奉先之应也。③

董仲舒所描绘的这个美好世界轻徭薄赋,人们互相亲爱,生活富足,社会公平、公正,可谓理想的大同世界。

---

① 《汉书·食货志》,参袁长江主编《董仲舒集》附录,学苑出版社2003年版,第436页。
② 《春秋繁露·度制》,《春秋繁露义证》,第228页。
③ 《春秋繁露·王道》,《春秋繁露义证》,第101—104页。

历来都以为董仲舒的大一统学说是为加强君主专制服务的。其实不然，由上面的论述可知，他的大一统学说实则是为了抑制诸侯以私犯公，借大一统来捍卫"公天下"的理想。而且董仲舒的思想中并不是以君主为本位的，他所说的"圣王不敢有君民之心"，其实质就是以民为本理念的反映。

## 二　司马迁：不以私害公

司马迁（约前145—前90年），字子长，左冯翊夏阳（今陕西韩城）人，我国西汉伟大的史学家、文学家、思想家，所著《史记》是中国第一部纪传体通史，被鲁迅称为"史家之绝唱，无韵之离骚"。这部书蕴藏着丰富的"公"思想，下面将详细予以论述。司马迁的"公"观念也是以人性论为基础的，所以我们首先来看其人性学说。

### （一）人性自利说

孔孟罕言利，但是司马迁对此不以为然。司马迁说："余读孟子书，至梁惠王问'何以利吾国'，未尝不废书而叹也。曰：'嗟乎，利诚乱之始也！夫子罕言利者，常防其原也。'故曰'放于利而行，多怨'。自天子至于庶人，好利之弊何以异哉！"[①] 在司马迁看来，好利是人之本性，人生来就有趋利避害之心。这一点上至天子，下到平民百姓都是一样的，人们为利可以不惜一切代价。

司马迁认为求富，是人们的本性，是生而有之的，根本用不着学习，就会去追求。所以，壮士打仗时攻城先登，遇敌时冲锋陷阵，斩将夺旗，甘冒风险，艰难险阻是因为重赏的驱使。青少年杀人越货，拦路抢劫，盗墓挖坟，暗中追逐掠夺，不顾法律禁令，也都是为了钱财。女子打扮得漂漂亮亮，用眼挑逗，勾引男

---

① 《史记·卷七十四·孟子荀卿列传》。

人，也是为财利而奔忙。游手好闲的贵族公子，帽子宝剑装饰讲究，外出时车辆马匹成排结队，也是为大摆富贵的架子。猎人渔夫不避猛兽伤害而狩猎，为的是获得各种野味。进出赌场，斗鸡走狗，个个争得面红耳赤，一定要争取胜利，是因为看重输赢。医生方士等人，极尽其能，是为了获得更多的回报。官府吏士不惜私刻公章，伪造文书，不怕刑罚，这是由于贿赂的诱惑。至于农、工、商、贾也是为了谋求增添个人的财富，用尽各种办法，终究还是为了争夺财物。所以说天下之人为了利可以不惜代价，甚至亲朋道义、父子兄弟之情也因此毁于一旦。"天下熙熙皆为利来，天下攘攘皆为利往。夫千乘之王，万家之侯，百室之君，尚犹患贫，而况匹夫．亲朋道义因财失，父子情怀为利休。"①

司马迁对这种现象感叹颇多，他说："余读世家言，至于宣公之太子以妇见诛，弟寿争死以相让，此与晋太子申生不敢明骊姬之过同，俱恶伤父之志。然卒死亡，何其悲也！或父子相杀，兄弟相灭，亦独何哉？"② 在这样一个人人争利的背景下，能以仁义为重的吴太伯、延陵季子赢得了太史公由衷的赞赏。

   太史公曰：孔子言："太伯可谓至德矣，三以天下让，民无得而称焉。"余读春秋古文，乃知中国之虞与荆蛮句吴兄弟也。延陵季子之仁心，慕义无穷，见微而知清浊。③

在《张耳陈余列传》中司马迁进一步通过张耳、陈余以势利相交的例子来彰显吴太伯和延陵季子行为的可贵。

---

 ① 《史记·律书》。
 ② 《史记·卫康叔世家》。
 ③ 《史记·吴太伯世家第一》。

太史公曰：张耳、陈余，世传所称贤者；其宾客厮役，莫非天下俊杰，所居国无不取卿相者。然张耳、陈余始居约时，相然信以死，岂顾问哉。及据国争权，卒相灭亡，何乡者相慕用之诚，后相倍之戾也！岂非以势利交哉？名誉虽高，宾客虽盛，所由殆与太伯、延陵季子异矣。①

追逐私利是人的本性，为了防止人们过度追求私利而妨害公义，司马迁认为应该因势利导让人们正确面对利欲追求。

太史公曰：夫神农以前，吾不知已。至若诗书所述虞夏以来，耳目欲极声色之好，口欲穷刍豢之味，身安逸乐，而心夸矜势能之荣使。俗之渐民久矣，虽户说以眇论，终不能化。故善者因之，其次利道之，其次教诲之，其次整齐之，最下者与之争。②

司马迁认为改变人的好利之性的办法有很多，可以与之争，可以规范之，可以教诲之，可以以利导引之，但是最好的方式是"善者因之"。

（二）不以私害公

司马迁承认人有自私自利的本性，但是司马迁也强烈反对以私害公的行为，他要求人们要有公正无私的品格，努力捍卫社会的公平、公正。

其一，不以私害公。

司马迁认为为人君者、为人臣者不应以私害公，他对能做到这一点的君王、公卿表示由衷地赞赏。尧舜以天下为公，传贤不

---

① 《史记·张耳陈余列传》。
② 《史记·货殖列传》。

传子的做法让司马迁赞叹不已。

> 尧立七十年得舜,二十年而老,令舜摄行天子之政,荐之于天。尧辟位凡二十八年而崩。百姓悲哀,如丧父母。三年,四方莫举乐,以思尧。尧知子丹朱之不肖,不足授天下,于是乃权授舜。授舜,则天下得其利而丹朱病;授丹朱,则天下病而丹朱得其利。尧曰:"终不以天下之病而利一人",而卒授舜以天下。①

司马迁的敬佩之情不仅表现在《五帝本纪》中,他还多次借《史记》借他人之口表示赞赏。在卷一百一十八《史记·淮南衡山列传》中他借汉孝文帝之口称赞说:"尧舜放逐骨肉,周公杀管蔡,天下称圣。何者?不以私害公。"

不仅尧舜等圣王以天下为公的做法让人敬佩,普通臣子的"不以私害公"照样赢得司马迁的赞赏,他借复谬之口赞赏能不以私害公的吴起说:"吴起之事悼王也,使私不得害公,谗不得蔽忠,言不取苟合,行不取苟容,不为危易行,行义不辟难,然为霸主强国,不辞祸凶。"②

其二,司马迁的公平、公正观。

司马迁是一个非常有正义感的人,这一点不仅从司马迁冒死救李陵的事件可以看出,而且从《史记》秉笔直书、公正客观地记叙历史事实也能说明司马迁的公正无私。

《史记》秉笔直书的创作态度赢得了后人的由衷赞赏,《汉书·司马迁传赞》说司马迁:"善序事理,辨而不华,质而不俚,其文直,其事核,不虚美,不隐恶,故谓之实录。"班固的

---

① 《史记·五帝本纪》。
② 《史记·范雎蔡泽列传》。

241

这段评论成为对作为史家的司马迁的最高评价,并为后世所传颂。司马迁绝不像班固等史学家那样会"为尊者讳",他不仅揭露夏桀、商纣、周厉王的荒淫,甚至对当朝皇帝刘邦、汉武帝也毫不留情。譬如,他一方面肯定刘邦灭暴秦、兴汉室的历史功绩,另一方面也在《项羽本纪》等其他人物的传记中巧妙地运用"互见法"生动形象地描绘了刘邦的无赖嘴脸和自私刻薄。再如,对于汉武帝的描写,司马迁既肯定他的功绩,也毫不留情地揭露他好大喜功、任用酷吏、任人唯亲以及求仙问道等做法。正如东汉学者卫宏《汉旧仪注》云:"司马迁作景帝本纪,极言其短,及武帝过,武帝怒而削去之。"①

此外,司马迁的公正观还表现在他对于公正廉明、勇于维护法纪和社会安定的历史人物给予很高的评价。如汉景帝时,大臣郅都为官忠于职守,公正清廉,对内不畏强暴,敢于对抗豪强权贵,而且,"为人勇,有气力,公廉,不发私书,问遗无所受,请寄无所听。常自称曰:'已倍亲而仕,身固当奉职死节官下,终不顾妻子矣'"②。司马迁对这种公而忘私的行为非常赞赏,用他的话说,就是"伉直,引是非,争天下大体","足以为仪表"。

同样,对于一滥施刑罚的酷吏,司马迁是非常反感的,甚至因此对法家历史人物商鞅等也颇为不满,但是他并不因此而掩盖他们的功绩,而是秉笔直书对他们的成就予以赞扬,对他们的过错也毫不隐瞒地予以谴责。李景星《史记评议》说:"赞语与传意义各别,传言酷吏之短,赞取酷吏之长,褒贬互见,最为公允。"

---

① 《史记集解》引《汉旧仪注》。
② 《史记·酷吏列传》。

## 第三节 东汉的"公"观念

东汉时期,"公"观念进一步发展,刘向、刘歆、马融、荀悦、王符等在这方面有所阐发。刘向认为立君为公,"明天命所授者博,非独一姓也"①。马融提出"不私而天下自公"②。他说:"忠者,中也,至公无私。天无私四时性,地无私万物生,人无私大亨贞。"③ 他还要求官员要公正廉明,"在官惟明,莅事惟平,立身惟清。清则无欲,平则不曲,明能正俗,三者备矣,然可以理人"④。荀悦对公的论述更多一些,他强调要"推其公义",并认为"公义"可以防止私心。"所以厉行其公义,塞其私心。"⑤ 本节我们将重点分析比较具有代表性的王符和《太平经》的公思想。

### 一 王符:公正无私

王符(前85—前162年),字节信,安定临泾(今甘肃镇原县)人。著有《潜夫论》,今存本35篇,另有《叙录》1篇。王符著书"以讥当时失得,不欲章显其名"⑥。王符提出"人无善恶"的人性论,并以此为理论基础,进一步提出其公正无私的社会理想。

(一)反对等级门第、反对宗族亲亲的公平思想

从东汉后期的选士首先看族姓阀阅,所以门阀大族的子弟在

---

① 《汉书·刘向传》,中华书局1962年版,第1951页。
② 马融:《忠经·广至理》,中华书局1985年版,第8页。
③ 马融:《忠经·天地神明》,中华书局1985年版,第1页。
④ 马融:《守宰章》。
⑤ 《汉纪·惠帝纪》。
⑥ 《后汉书·王符传》。

选士中有很大的优势,久之,逐渐形成了一些累世公卿的家族。他们世代居高位,享有政治、经济、文化等特权,成为大姓豪族,称为世族或高门。不属于士族的称为庶族或寒门细族,出身寒门的士人因无门路所以很难有出头之日。正因如此,人们对以门阀取士的用人制度非议颇多。王符也认为这种制度弊端很多,他说:

> 率皆袭先人之爵,因祖考之位,其身无功于汉,无德于民,专国南面,卧食重禄,下殚百姓,富有国家,此素餐之甚者也。①

门阀世族出身的人因祖先的功业而身居高位,这样的人富可敌国,却没有任何功劳,实则尸位素餐。不仅如此,他们不仅自己不为国做事,反而排除异己、妒贤嫉能,因而王符把这些人贬为"噬贤之狗"。"夫诋訾之法者,伐贤之斧也,而骄妒者,噬贤之狗也。人君内秉伐贤之斧,权噬贤之狗,而外招贤,欲其至也,不亦悲乎!"② 在这样一些行私走肉、尸位素餐的官员的治理下,国家必然会出现混乱和危机。郡守县令不仅不会建功立业,反而残暴害民。百姓有怨苦无从倾诉,官员互相推诿;谏官担心被贬黜,终年不进一言;居高位者举贤良,名不符实;世间风气不正,互相攀比财富,以钱多为贤,几乎所有的官员都在其位不谋其政,致使政事荒废,国家混乱。

> 今则不然,令长守相不思立功,贪残专恣,不奉法令,

---

① 《潜夫论·三式》,(汉)王符著,(清)汪继培笺,彭铎校正:《潜夫论笺校正》(新编诸子集成本),中华书局1985年版,第200页。
② 《潜夫论·潜叹》,《潜夫论笺校正》,第106页。

侵冤小民。州司不治，令远诣阙上书讼诉。尚书不以责三公，三公不以让州郡，州郡不以讨县邑，是以凶恶狡猾易相冤也。侍中、博士谏议之官，或处位历年，终无进贤嫉恶拾遗补阙之语，而贬黜之忧。群僚举士者，或以顽鲁应茂才，以桀逆应至孝，以贪饕应廉吏，以狡猾应方正，以诶诣应直言，以轻薄应敦厚，以空虚应有道，以罢暗应明经，以残酷应宽博，以怯弱应武猛，以愚顽应治剧，名实不相副，求贡不相称。富者乘其材力，贵者阻其势要，以钱多为贤，以刚强为上。凡在位所以多非其人，而官听所以数乱荒也。①

国家之所以混乱，在王符看来不是国家没有贤良之士，而是因为君王没有任贤。"国以贤兴，以谄衰，君以忠安，以忌危。此古今之常论，而世所共知也。然衰国危君继踵不绝者，岂世无忠信正直之士哉？诚苦忠信正直之道不得行尔。"② 国家既然是因没有贤人治理而陷入混乱，那么国君要想改变社会混乱的局面就必须选用贤良，这就像人有疾病要选用良医一样。

何以知人之且病也？以其不嗜食也。何以知国之将乱也？以其不嗜贤也。……是故养寿之士，先病服药；养世之君，先乱任贤，是以身常安而国永永也。……上医医国，其次下医医疾。夫人治国，固治身之象。疾者身之病，乱者国之病也。身之病待医而愈，国之乱待贤而治。③

王符进一步指出，能否任用贤良之士是国家的存亡之本，君

---

① 《潜夫论·考绩》，《潜夫论笺校正》，第68页。
② 《潜夫论·实贡》，《潜夫论笺校正》，第151页。
③ 《潜夫论·思贤》，《潜夫论笺校正》，第76页。

王要想实现国家的大治,必须选贤良,黜"素餐",这乃是治乱之本。

> 夫天者国之基也,君者民之统也,臣者治之材也。工欲善其事,必先利其器。是故将致太平者,必先调阴阳;调阴阳者,必先顺天心;顺天心者,必先安其人;安其人者,必先审择其人。是故国家存亡之本,治乱之机,在于明选而已矣。圣人知之,故以为黜陟之首。书曰:"尔安百姓,何择非人?"此先王致太平而发颂声也。①

王符认为,国君最急迫的人物莫过于知贤、选贤,而选用贤良的办法显然不能再用以往所实行的以阀阅取士了,因为是否贤良与其出身并没有多大关系,并不一定是出身于高位厚禄之家。

> 所谓贤人君子者,非必高位厚禄富贵荣华之谓也,此则君子之所宜有,而非其所以为君子者也。所谓小人者,非必贫贱冻馁辱陁穷之谓也,此则小人之所宜处,而非其所以为小人者也。②

既然贤良与否与其出身无关,那么如何才能识辨贤良呢?王符认为最公正的方式莫过于通过"考功",这样的话就能彰显出贤良与"素餐"差别了。"凡南面之大务,莫急于知贤;知贤之近途,莫急于考功。功诚考则治乱暴而明,善恶信则直贤不得见障蔽,而佞巧不得窜其奸矣。"③

---

① 《潜夫论·本政》,《潜夫论笺校正》,第90页。
② 《潜夫论·论荣》,《潜夫论笺校正》,第32页。
③ 《潜夫论·考绩》,《潜夫论笺校正》,第62页。

王符认为挑选人才是一个方面,选用之后的监督考察也非常重要,只有通过考察才能督促官员努力为国效力,他还举出一连串的比喻来说明这个问题。

> 夫剑不试则利钝暗,弓不试则劲挠诬,鹰不试则巧拙惑,马不试则良驽疑。此四者之有相纷也,由不考试故得然也。今群臣之不试也,其祸非直止于诬、暗、疑、惑而已,又必致于怠慢之节焉。①

为了确保选用人才的公正性,还必须以法令为保障,而法令是否公正,关键在于君主是否能依法行事。如果君王放弃法令随心所欲,那么就难以保证选才的公正性了。"选以法令为本,法令正则选举实,法令诈则选虚伪。法以君为主,君信法则法顺行,君欺法则法委弃。"② 这样的话就对君王提出了比较高的要求,他们必须舍弃私心,不被奸佞宠信治人迷惑,不忽视地位低贱的贤人,以考功、贡选为选才之道,并以法令为保障,只有才能"官得其人,人任其职"③。

出身寒门细族的王符深受门阀政治之害,仕途坎坷,他反对宗族亲亲,反对以门阀取士,主张以选贤才,反映了出身贫寒的士人要求政治平等的呼声。

(二) 立君为公

公平、公正是王符的一个重要追求,他不仅要求通过选贤能获得平等参与国家政治的权力,而且他还认为上天立君为公,所以君王要戒除私心,以公平、公正之心对待万民。

---

① 《潜夫论·考绩》,《潜夫论笺校正》,第63页。
② 《潜夫论·本政》,《潜夫论笺校正》,第88页。
③ 《潜夫论·班禄》,《潜夫论笺校正》,第166页。

## 1. 立君为公

《潜夫论·班禄》说:"天之立君,非私此人也,以役民,该以诛暴除害利黎元也。"在王符看来,天子是上天派遣到人间来统领万民的,而"天以民为心,民之所欲,天必从之"①。既然上天都顺从民意,那么天子必须上承天意,下恤万民。

> 太古之时,烝黎初载,未有上下,而自顺序,天未事焉,君未设焉。后稍矫虔,或相陵虐,侵渔不止,为萌巨害。于是天命圣人使司牧之,使不失性,四海蒙利,莫不被德,佥共奉戴,谓之天子……故天之立君,非私此人也,以役民,盖以诛暴除害利黎元也。是以人谋鬼谋,能者处之。②

天子是上天派来役民的,他的职责是"诛暴除害利黎元",所以君王不能有私心,必须以公正为本,吉凶祸福,与民共之。

> 圣王之政,普覆兼爱,不私近密,不忽疏远,吉凶祸福,与民共之,哀乐之情,恕以及人,视民如赤子,救祸如引手烂。是以四海欢悦,俱相得用。……且夫国以民为基,贵以贱为本。是以圣王养民,爱之如子,忧之如家,危者安之,亡者存之,救其灾患,除其祸乱。③

君王只有爱民如子,以民为本,与民同甘共苦才能上顺天心,下合民意,也只有这样才能保证国家的安定。

---

① 《潜夫论·遏利》,《潜夫论笺校正》,第 26 页。
② 《潜夫论·班禄》,《潜夫论笺校正》,第 161 页。
③ 《潜夫论·救边》,《潜夫论笺校正》,第 256—266 页。

王符认为以民为本还应该从经济上保证人们的生活安康富足，即君王要"以富民为本"①，因为让百姓富足这是天子役民的职责之一。"故善者之养天民也，犹良工之为曲蘖也"，而且这也是建立"太平之基"的根本。"愿察开辟以来，民危而国安者谁也？下贫而上富者谁也？故曰：'夫君国将民之以，民实瘠，而君安得肥？'"②百姓富足了，国家就能富强，因为国家的富足是建立在百姓的富足之上的。

2. 君王要公正无私，敬法爱民

王符认为法令是国家公平、公正的保障，法令就好比君王的御马所用的衔辔棰策，如果法令废弛，就如同放弃了箠策，空手而御。"夫法令者，人君之衔辔棰策也，而民者，君之舆马也。若使人臣废君法禁而施己政令，则是夺君之箠策，而己独御之也。"③那么法令能否畅通靠的是什么呢？王符认为关键要看君王能否放弃私心，敬重法令。"君敬法则法行，君慢法则法弛。"④

如果君主能够公正无私，以身作则，遵守国家的法令，那么就能实现国家的公正和谐。而法令能否畅通，要看君王能否以身作则遵守之，因为"法以君为主，君信法则法顺行，君欺法则法委弃"⑤。所以说君王的态度是维护法度的关键，如果君王能抛弃私心，以法行事，那么公法就能畅通无阻。反之，如果君王违背法度，凭主观好恶为政，那么奸佞之臣就有机可乘了。"夫国君之所以致治者公也，公法行则究乱绝。佞臣之所以便身者私

---

① 《潜夫论·务本》，《潜夫论笺校正》，第14页。
② 《潜夫论·边议》，《潜夫论笺校正》，第274页。
③ 《潜夫论·衰制》，《潜夫论笺校正》，第240页。
④ 《潜夫论·述赦》，《潜夫论笺校正》，第190页。
⑤ 《潜夫论·本政》，《潜夫论笺校正》，第88页。

也，私术用则公法夺。列士之所以建节者义也，正节立则丑类代。"①

如此看来，君王的态度至关重要，由于君主掌握着国家的最高权力，一个君主如果为私欲所蒙蔽，必然会任人唯亲，肆意而为，这样的话就会危机江山社稷的安危，所以君王务必要正己，为万民做出表率。"君之所以位尊者，身有义也。义者君之政也，法者君之命也。人君思正以出令，而贵贱贤愚莫得违也，则君位于上，而民氓治于下矣。"②

君王还应该赏罚公正，如果能秉公而治，就能实现大治，反之就会带来灾难。

> 凡为人上，法术明而赏罚必者，虽无言语而势自治。治势一成，君自不能乱也，况臣下乎？法术不明而赏罚不必者，虽日号令，然势自乱。乱势一成，君自不能治也，况臣下乎？是故势治者，虽委之不乱；势乱者，虽勤之不治也。尧、舜恭己无为而有余，势治也；胡亥、王莽驰骛而不足，势乱也。故曰：善者求之于势，弗责于人。是以明王审法度而布教令，不行私以欺法，不黩教以辱命，故臣下敬其言而奉其禁，竭其心而称其职。此由法术明而威权任也。③

做到赏罚公正，就能垂拱而治；反之，如果赏罚不明，即便有号令而势必乱，胡亥、王莽就是因此而失天下的。所以圣明的君主"奉公正之心，而无奸险之虑"④，他们尊重法度，不以私欺法，这样做不仅保证了法度的公平、公正，也树立君王的权威。

---

① 《潜夫论·潜叹》，《潜夫论笺校正》，第97页。
② 《潜夫论·衰制》，《潜夫论笺校正》，第239页。
③ 《潜夫论·明忠》，《潜夫论笺校正》，第363页。
④ 《潜夫论·德化》，《潜夫论笺校正》，第381页。

王符总结了历史上的四种不同层次的治国方式,认为不论哪种方式,关键都在君主的态度。

> 是故世之善否,俗之薄厚,皆在于君。上圣和德气以化民心,正表仪以率群下,故能使民比屋可封,尧、舜是也。其次躬道德而敦慈爱,美教训而崇礼让,故能使民无争心而致刑错,文、武是也。其次明好恶而显法禁,平赏罚而无阿私,故能使民辟奸邪而趋公正,理弱乱以致治强,中兴是也。治天下,身处污而放情,怠民事而急酒乐,近顽童而远贤才,亲诡谀而疏正直,重赋税以赏无功,妄加喜怒以伤无辜,故能乱其政以败其民,弊其身以丧其国者,幽、厉是也。①

从上面的论述可以看出,尧舜以德为主,身为表率的治国方式是上上等;文武以躬身慈爱,崇礼教化的方式是上等;中兴之主公正无私,尊重法治的方式是中等;而亲小人,远贤才,私欲胜过私心,赏罚无度的是周幽王、周厉王的暴政,是最要不得的。前三等虽有层次差别,但是不管哪种,有一个基本的要求就是君王要公正无私。

二 《太平经》:天地施化之公

《太平经》是道教的主要经典,又名《太平清领书》。关于撰者传说不一,非一时一人所作。约成书于东汉中晚期。《太平经》思想驳杂,主要反映了下层人民要求公正平等的理想和愿望。

《太平经》提倡"天地施化"之公。"天地施化得均,尊卑

---

① 《潜夫论·德化》,《潜夫论笺校正》,第380页。

大小皆如一，乃无前讼者，故可为君父母也。夫人为道德仁者，当法此；乃得天意，不可自轻易而妄行也。天道为法如此，而况人乎？"①贤明的君王应当效法天地，以"道"治理天下，实行"道、德、仁"的治国方式。

（一）立君为公

《太平经》认为"道"是万物之本，"夫道何等也？万物之元首……天地大小，无不由道而生也"②。万物源于"道"，君王的设立亦是如此。《太平经》认为"天"即"道"，或者说是"道"的最高体现。"道者，天也，阳也，主生；德者，地也，阴也，主养；万物多不能自生，即知天道天伤也。"③ 万物都由天主宰和孕育，为了彰显"道"，天地为万物确立了尊卑君长。

> 然，夫凡洞无极之表里，目所见，耳所闻，蠕动之属，悉天所生也，天不生之，无此也，因而各自有神长，命各属焉。比若六畜，命属人也，死生但在人耳，人即是六畜之司命神也。是万二千物悉皆受天地统而行，一物不具，即天统有不足者，因使其更相治服也，因复各使有尊卑君长，故天道悉能相治制也。得其所畏，而十十者治愈者，即是其命所属天也。④

从以上可以看出，天道是万物之根本，世间一切都由天道孕

---

① 《太平经·天乐得善人文付火君诀》，王明：《太平经合校》，中华书局1960年版，第683页。
② 《太平经·乙部·守一明法》，见王明《太平经合校》，中华书局1960年版，第16页。
③ 王明：《太平经合校》，中华书局1960年版，第218页。
④ 《太平经·方药厌固相治诀》，王明：《太平经合校》，中华书局1960年版，第383页。

育，为了统领万物，上天确立了"尊卑君长"以代天行道，天地、日月、星辰、山川、鸟兽等"万二千物"都有君长，选择的标准是：

> 天者以中极最高者为君长，地以昆仑墟为君长，日以王日为君长，月以大月为君长，星以中极一星为君长，众山以五岳为君长，五岳以中极下泰山为君长，百川以江海为君长，有甲者以神龟为君长，有鳞之属以龙为君长，飞有翼之属以凤凰为君长，兽有毛者以麒麟为君长，裸虫者以人为君长，人以帝王为君长。天下若此者积众多，不可胜记。①

君长是天道的化身，万物都有君长，人类社会也不例外，所以人间有君王。既然天是立君的依据，那么君王就应该顺从天地自然规律，以天下万民为本，代天教化万民、养育万民："为人君者，当象天而行，乃以道德为行三统。"② 君王必须效法上天的大公无私，以民为本。"故治国之道，乃以民为本。无民，君与臣无可治，无可理也。是故古者大圣贤共治事，但旦夕专以民为大急，忧其民也。"③

（二）公正、均平的大同思想

1. 天下财物公有

《太平经》认为"天地乃生凡财物可以养人者"④，也就是说天地间的财物是上天用来养育万民的，天地有与人同乐、分享万物的美德，养育民众的财物也应该万民共享。"天之有道，乐与人共之；地有德，乐与人同之；中和有财，乐以养人。故人生

---

① 王明：《太平经合校》，中华书局 1960 年版，第 384 页。
② 同上书，第 712 页。
③ 同上书，第 151 页。
④ 同上书，第 343 页。

253

乐求真道，真人自来。"①

《太平经》认为万物源于"道"，世间的一切财物都是上天所赐，是养育世间万民的，所以不应被一部分人占有。"此财物乃天地中和所有以共养人也。此家但遇得共聚处，此若仓中之鼠，常独足食。此大仓之粟，本非独鼠有也。少内之钱财，本非独以给一人也；其有不足者，悉当从其取也。"②在这里《太平经》以"独鼠"讥讽那些独占财物的人，和《诗经·硕鼠》的说法具有异曲同工之妙。天地之财物是养育万民的，有不足的，可以从中支取。这就是《太平经》要救穷周急的主张。

《太平经》认为天道就是"天道助弱，众人助寡"③。为了行天道，所以有余财的人应"赐饥者以食，寒者以衣"④，这是实现社会公平、公正的致中和之道，所以有余财的应该：

> 或积财亿万，不肯救穷周急，使人饥寒而死，罪不除也，或身即坐，或流后生。所以然者，乃此中和之财物也，天地所以行仁也，以相推通周足，令人不穷。⑤

但是一些人囤积居奇，不肯救济百姓，"积财亿万不肯救穷周急，使人饥寒而死，罪不除也"⑥。《太平经》还把这种行为上升到天地的高度，认为这是与天地和气为仇，是为神灵所不齿的。"今反聚而断绝之，使不得遍也，与天地和气为仇"、"与天为怨，与地为咎，与人为大仇，百神憎之。"至于那些"多智反

---

① 王明：《太平经合校》，中华书局1960年版，第248页。
② 同上书，第247页。
③ 同上书，第703页。
④ 同上书，第230页。
⑤ 同上书，第242页。
⑥ 同上。

欺不足者，或力强反欺弱者，或后生反欺老"① 以及"凡人家力强者，多蓄私财，后反多贫困，何也？神人言，此乃或多智反欺不足者，或力强反欺弱者，或后生反欺老者"②。《太平经》皆视为逆行。这些逆行"天不久佑之"③ "与天心不同，故后必凶也"④。

2. 公正、平均、平等

其一，《太平经》的公正平均思想。《太平经》宣扬平均思想，《三合相通诀》说："平者，乃言其治太平均，凡事悉理，无复奸私也。平者，比若地居下，主执平也，地之执平也。"《太平经》认为只有平均才能养育万民。"太者，大也；大者，天也；天能覆育万物，其功最大。平者，地也，地平，然能养育万物。"它还反对官僚地主占有大量社会财富，导致社会贫富不均，所以它要求有余财者救穷济困，这一点上面已经讲到，此处不再赘述。

其二，公正思想。《太平经》解释书名说："太者大也，平者，正也。"⑤ 可见，所谓"太平"，就是极大的公平、公正。要实现这种公正、公平，首先君王要公正处事，不仅不能欺压百姓，还要为万民谋福利。

> 天子者，天之心也；皇后者，地之心也。夫心者，主持正也。天乃无不覆，无不生，无大无小，皆受命生焉，故为天。天者，至道之真也，不欺人也，万物所当亲爱，其用心

---

① 王明：《太平经合校》，中华书局1960年版，第691页。
② 同上书，第80页。
③ 同上。
④ 同上。
⑤ 《太平经·三合相通诀》，王明：《太平经合校》，中华书局1960年版，第148页。

意，当积诚且信，但常欲利不害，不负一物，故为天也。①

君王应顺应天道，以德治国，公平、公正地对待万民，使天下无冤苦才为能实现太平。"平之为言者，乃平平无冤者，故为平也，是故德君以治，太平之气立来也。"②另外，还要救济贫病，"凡事无一伤病者悉得其他，故平也"③。

其三，朴素的平等思想。这表现为经济上的平等和性别上的平等。经济方面，《太平经》主张人人平等，每个人都应该通过劳动获得所需，"各自衣食其力"④。《太平经·丁部·六罪十治诀》说：

天生人，幸使其人人自有筋力，可以自衣食者，而不肯力为之，反致饥寒，负其先人之体；而轻休其力不为，力可得衣食，反常自言愁苦饥寒，但常仰多财家，须而后生，罪不除。⑤

除了经济上的平等，《太平经》还认为男女应该平等，它认为残杀女性是当前社会混乱的原因之一。"天地之性，万二千物，人命最重，此贼杀女，深乱王者之治，大咎在此也。"残杀女性之所以会引起如此严重后果，是因为无论男女都是天地之子，都是天地之精神。

---

① 《太平经·丁部》，王明：《太平经合校》，中华书局1960年版，第219页。

② 《太平经·包天裹地守气不绝诀第一百六十》，王明：《太平经合校》，中华书局1960年版，第451页。

③ 《太平经·敬事神十五年太平诀》，王明：《太平经合校》，中华书局1960年版，第398页。

④ 王明：《太平经合校》，中华书局1960年版，第36页。

⑤ 同上书，第242页。

人者，乃是天地之子，故当象其父母，今天失道以来，多贱女子。而反贼杀之，令使女子少于男，故使阴气绝，不与天地法相应。天道法，孤阳无双，致枯，令天不时雨。女者应地，独见贱，天下共贱其真母，共贼害杀地气，令使地气绝也不生，地大怒不悦，灾害益多，使王治不得平。何也？夫男者，乃天之精神也。女者，乃地之精神也。①

歧视女性，甚至虐待、残杀女性是天地之道所不容的，把一些自然灾祸看成是女性造成的更是不应该，残杀女性只能让地气失衡，引起天地共怒，以致降灾祸惩罚。所以残杀女性的行为是可耻的。

今天下一家杀一女，天下几亿家哉？或有一家乃杀十数女者，或有妊之未生出，反就伤之者，其气冤结上动天，奈何无道理乎？……真人慎之，无去此书，以付仁贤之君，可以除一大冤结灾害也。慎吾书言，以示凡人，无肯复去女者也，是则且应天地之法也……夫男者乃承天统，女者承地统；今乃断绝地统，令使不得复相传生，其后多出绝灭无后世，其罪何重也！此皆当相生传类，今乃绝地统，灭人类，故天久久绝其世类也。②

女性乃是承地统的，如今残杀女性的行为只能致使"气冤结上动天"，最终导致"绝地统，灭人类"的悲剧，所以仁贤之君必须应天地之法，禁止肆意残杀女性的做法。

---

① 王明：《太平经合校》，中华书局1960年版，第333—334页。
② 同上书，第335页。

《太平经》产生于东汉末年，那时的社会贫富差距悬殊，人民生活在困苦之中，《太平经》从下层人民的利益出发，提出一系列主张，不论是立君为公的主张，还是要求经济平均、男女平等的思想都是下层人民心声的反映。

# 第五章 魏晋隋唐的"公"观念

　　魏晋南北朝时期士族和庶族的门第之分非常严格,选官实行九品中正制,如左思《咏史其二·郁郁涧底松》所描绘的那样"世胄蹑高位,英俊沉下僚",门阀士族以其士族身份在政治、经济上享有很大的特权,他们无功无劳而得以世居高位,而庶族出身的士人很难有出头之日。不仅如此,他们还占有大量的土地和财富,有些士族富比王侯,而庶族则生活在贫困的边缘,以致出现了"上品无寒门,下品无势族"[1]的不公现象。门阀士族贪婪腐化,竞相用其特权来攫取财富,如敢与皇亲斗富的石崇"在荆州,劫远使商客,致富不赀"[2],"百道营生,积财如山"[3];再如身为竹林名士之一的王戎,"性好兴利,广收八方园田水碓,周遍天下,积实聚钱,不知纪极。每执牙筹,昼夜算计,恒若不足。而又俭啬,不自奉养,天下人谓之膏肓之疾"[4]。这种士庶天隔、门第二品等明显的不公导致财富分配不均、社会贫富悬殊,给社会带来巨大的危机。

　　这种严重不公的现象在当时就引起了一些有识之士的担忧,他们提出一系列有见地的思想,虽然他们的说法有异,但总起来说,大都从公私关系的角度来寻找摆脱困境的出路。如魏晋之际

---

[1] (西晋)刘毅:《请罢中正除九品疏》。
[2] 《晋书·石崇传》。
[3] 《初学记》。
[4] 《晋书·王戎传》。

的袁準认为治国之本乃"公",他在《贵公》中说:"治国之道万端,所以行之在一。一者何?曰公而已矣,唯公心而后可以有国,唯公心可以有家,唯公心可以有身。身也者,为国之本也;公也者,为身之本也。"① 袁準还指出只有君主以身作则,大公无私,人们才会有公心。"明主知其然也,虽有天下之大,四海之富,而不敢私其亲,故百姓超然背私而向公。公道行,即邪私无所隐矣。"② 即便连魏国皇族曹义也著有《至公论》论述这一问题,他说:"兴化致治,不崇公抑口(私),割口(私)情以顺理,厉清议以督俗,明是非以宣教者,吾未见其功也。"③ 这方面论述最有见地的当属以儒论公私之辨的傅玄,以是非论公私的嵇康和以老庄论公私的王弼。

589年隋文帝杨坚统一全国,结束了长达四百年的分裂局面。此后,中国历史进入一个繁荣昌盛的时期,尤其是到了唐代,接连出现了贞观之治和开元盛世两个政治清明、经济繁荣的时期,封建社会发展到了鼎盛阶段。国家的繁荣昌盛并不能中止公私之辩,隋唐时期的公私之辩继续发展。隋唐之际的王通提出了"无私至公"的观点,他说:"夫能遗其身,然后能无私,无私然后能至公,至公然后以天下为心矣,道可行矣。"④ 我们注意到,王通已经摆脱了魏晋以老庄玄学论公私的模式,重新回到传统儒家的框架中来了。而且王通开始关注"道"与公私的关系,到了韩愈那里则发展成了以"道统"论公私。另一个与韩愈同时代的大家柳宗元虽然也是在儒家传统框架内论述公私问

---

① 《全晋文·袁子正书·贵公》,严可均:《全上古三代秦汉三国六朝文》卷五十五,中华书局1999年版。
② 《全晋文·袁子正书·贵公》,严可均:《全上古三代秦汉三国六朝文》卷五十五,中华书局1999年版。
③ 曹义:《至公论》,严可均:《全三国文》卷二十。
④ 《文中子中说·魏相》。

题，但是他另辟蹊径，以封建郡县论公私，影响深远。除上述三位之外，贞观群臣对公私问题也有着深刻的见解，他们吸取了历史教训尤其是隋代迅速灭亡的教训，提出了立君为公的思想和通过天下划一保证社会公平、公正的观点。总起来说，隋唐时期扭转了魏晋以玄学为理论指南论公私的风尚，重新恢复了以儒学论公私的传统。当然，由于时代的发展，他们对公私的具体看法已经不同于先秦两汉的儒家了。

## 第一节　傅玄的"公"观念

傅玄（217—278年），字体奕，北地泥阳（今陕西耀县东南）人，魏晋时期著名儒学思想家、文学家。傅玄在其著作《傅子》及一些奏章中对公私问题有着深入的思考，他要求去私心、立公道，为民办事。傅玄不仅是这么说的，也是这么做的，这一点我们从历史记载中可以看出。《晋书·傅玄传》云："性刚劲亮直，不能容人之短……所居称职，数上书陈便宜，多所匡正。"

### 一　息欲、明制

傅玄认为，人们既"好善尚德"之善，又"贪荣重利"之恶，二者都是天生就有的。所以，他主张在满足人们合理欲求的前提下剔除超乎常情的私欲。

傅玄认为人们的荣利之心不可彻底灭除，但人性如水，因而可以导引教化。他说："夫贪荣重利，常人之性也。上之所好，荣利存焉。故上好之，下必趣之，趣之不已，虽死不避也。……夫荣利者，可抑而不可绝也。"[①] 既然贪荣好利是人之常情，那

---

① 《傅子·戒言》。

么对其合理的欲求就应给予满足，仅用简单抑制的方法是不能根除人们的荣利之心的。但是，也不能过度，如果任这种恶端发展"纵情用物"，那么就会使人役于物。如果"纵情用物"之人不是一般人而是君主，那情况就更严重了，必然会"殃及乎天下"①。傅玄还举出史实来说明这一观点，汉灵帝之所以失天下就是因为不能节制自己的"无穷之欲"，结果上梁不正下梁歪。皇帝欲求如此无度奢靡，那么王公大臣亦必如此。"上欲无节，众下肆情，淫佟并兴。"②傅玄举例说他曾见过汉末的一个笔杽，"雕以黄金，饰以和璧，缀以随珠，发以翠羽"。笔杽如此豪华，那笔就更不用说了，傅玄推测"此笔非文犀之植，必象齿之管，丰狐之柱，秋兔之翰"；用笔之人也必然是奢华无度之，"用之者必珠绣之衣，践雕玉之履"，"由是推之，其极靡不至矣"。傅玄还指出统治者欲求绝不止一个笔杽，公卿大夫还"刻石为碑，镌石为虎"，各种奢靡手段多到无法一一列举。统治者欲求无度，奢靡成风，不仅让"百姓受其殃毒"，而且"妨功丧德，异端并起，众邪之乱正若此，岂不哀哉！"③

鉴于汉末的教训，傅玄提出了息欲和明制的矫正方案。"夫经国立功之道有二：一曰息欲，二曰明制。欲息制明，而天下定矣。"④

其一，息欲。息欲的理论基础是："圣人无私欲，所以贤者能去私欲。"⑤傅玄认为天下祸乱的根源就在于人们不知满足，欲求无度。如果君王不知足而放纵自己的欲求，那么拥有天下之富仍会索求不已，以"无极之欲"来役使百姓之"有尽之力"，

---

① 《傅子·正心》。
② 《傅子·校工》。
③ 同上。
④ 同上。
⑤ 《傅子·矫违》

结果会导致亡国灭种之祸。商纣因欲求无度而致使士兵临阵倒戈而自焚，秦王荒淫奢侈引发人民起义而亡国。所以：

> 天下之福，莫大于无欲，天下之祸，莫大于不知足。无欲则无求，无求者，所以成其俭也。不知足，则物莫能盈其欲矣。莫能盈其欲，则虽有天下，所求无已，所欲无极矣。海内之物不益，万民之力有尽；纵无已之求，以灭不益之物；逞无极之欲，而役有尽之力；此殷士所以倒戈于牧野，秦民所以不期而周叛，曲论之好奢而不足者，岂非天下之大祸邪？①

傅玄还指出，以天下为公，为天下谋公利者，天下也会还利于他，而且能赢得万民归心，反之亦然。"利天下者，天下亦利之；害天下者，天下亦害之。利则利，害则害，无有幽深隐微，无不报也。仁人在位，常为天下所归者，无他也。善为天下兴利而已矣。"② 因而，君子应修身养性，去除私欲，否则便容易流为奸佞之悲。君子不仅要正己，还应该正人，教化人剔除私欲，公而忘私。傅玄还把能否正己正人看成是辨别君子、佞人的标准。"佞人，善养人私欲也。故多私欲者悦之，唯圣人无私欲，贤者能去私欲也。有见人之私欲，必以正道矫之者，正人之徒也。违正而从之者，佞人之徒也。自察其心，斯知佞正之分矣。"③

其二，明制。也就是要制定礼仪道德和法令来规范人的行为。傅玄认为，由于人性如水，所以可以通过教化来引导改变人

---

① 《傅子·曲制》。
② 《傅子》，此篇见《群书治要》所引，缺篇名。
③ 《傅子·矫违》。

性之恶。"人之性如水焉,置之圆则圆,置之方则方,澄之则淳而清,动之则流而浊。先王知中流之易扰乱,故随而教之,谓其偏好者,故立一定之法。"① 傅玄还指出,由于人性之中有善可因,因而因善教之以礼仪道德,人们就会放弃自己的私利,成为仗节成义,甚至舍生取义之士。

  况人含五常之性,有善可因,有恶可改者乎! 人之所重,莫重乎身。贵教之道行,士有仗节成义死而不顾者矣。此先王因善教义,因义而立得也。因善教义,故义成而教行;因义立礼,故礼设而义通。②

先王正是利用了人性的这一特点来引导人的。"先王知人有好善尚德之性,而又贪荣而重利,故贵其所尚,而抑其所贪。贵其所尚,故礼让兴;抑其所贪,故廉耻存。"③ 圣人利用人的贪荣重利之心,贵其所荣,抑其所贪,这样既防止了人们私欲的泛滥,又兼顾了人性中善的成分,并发扬扩大为仁义之行。

傅玄说:"礼法殊涂而同归,赏刑递用而相济。"④ 除了通过礼仪道德来教化人们之外,还可以利用人"所好莫甚于生,所恶莫甚于死"⑤ 的心理用法令刑罚等强制性手段来约束人。虽然如此,其实傅玄内心更倾向于以德为本的教化之道,因为在他看来,法令刑罚显然不是圣人之道,因为它只知禁止人性之贪,而忽略了"兼济其善",而且更严重的是这种做法还鼓励了人的好利之心,使人唯利是恃,即便有为国家赴汤蹈火者,其内心也是

---

① 《傅子·补遗上》。
② 《傅子·贵教》。
③ 《傅子·戒言》。
④ 《傅子·法刑》。
⑤ 《傅子·治体》。

为了"利"。如此,好利之风就会盛行,人性中的善就会被淹没。"若夫商韩孙吴,知人性之贪得乐进,而不知兼济其善,于是束之以法,要之以功,唯争是务,恃力务争,至有探汤赴火而忘其身者,好利之心独用也。人怀好利之心,则善端没矣。"①当然,傅玄也是懂得具体问题要具体分析的,到底是道德礼仪先于法,还是先法后礼,这要根据具体情况来分析。他说:"治世之民,从善者多,士立德而下服其化,故先礼而后刑也。乱世之民,从善者少,上不能以德化之,故先刑而后礼也。"②

总之,傅玄认为通过息欲可以让人去除恶之本源,通过礼仪教化可以让人弃恶从善,这样就可以革除社会动乱之根源,实现大公无私了。

二 正心立公道

在息欲、明制的基础上,傅玄又进一步提出了正心、立公道的思想。傅玄在《傅子·通志》中说:"夫能通天下之志者,莫大乎至公;能行至公者,莫要乎无忌心。唯至公,故近者安焉,远者归焉,枉直取正,而天下信之;唯无忌心,故进者自尽,而退不怀疑,其道泰然,浸润之潛,不敢干也。"傅玄的意思很清楚,至公无私是通天下的最高境界,只有至公无私才能附近怀远、枉直取正,从而达到天下归心的大治之境。要做到至公无私,需要培养"无忌心"。只有拥有"无忌心"才能泰然处之,才不会为了私欲而做出不合适的举动。所谓"无忌心"其实就是公正无私之"公心"。只有有了公心才能实现至公,也就是"有公心,必有公道"③。

---

① 《傅子·贵教》。
② 《傅子·法刑》。
③ 《傅子·通志》。

那么如何培养"公心"或"无忌心"呢？

首先必须要去私，也就是要去除私心、私欲、私利。前面我们已经论述了去除私欲的必要性，这里我们将进一步论述去私的途径和意义。傅玄发挥了孔子"政在去私"的思想，他说："私不去，则公道亡。公道亡，则礼教无所立。礼教无所立，则刑赏不用情。而下从之者，未之有也。夫去私者，所以立公道也。唯公然后可正天下。"① 去私乃是礼教、刑罚得以存在的基石，不去私，则礼教不兴，刑罚不行。傅玄认为尧舜、周公的行为就是去私、无忌心的典范。

> 丹朱、商均，子也，不肖，尧舜黜之；管叔、蔡叔，弟也，为恶，周公诛之。苟不善，虽子弟不赦，则于天下无所私矣。鲧乱政，舜殛之；禹圣明，举用之。戮其父而授其子，则于天下无所忌矣。石厚子也，石碏昔诛之。冀缺雠也，晋侯举之。是之谓公道。②

由上可见，所谓"公道"就是至公无私的境界。尧舜黜不肖之子而禅大位于他人，周公不因管蔡为其弟而徇私情，都是大公无私的行为；虞舜诛鲧而用舜是去私而以天下为公，晋侯举贤不避仇，这也是去私心而立公道的行为。公道得立，那么私情就会减少，天下之志也就可通了。

要立公道还必须要以"正心"为前提，傅玄认为"心"乃是统领万物、主宰人心的"神明之主"。他说："古之达治者，知心为万事主，动而无节则乱，故先正其心。其心正于内，而后动静不妄。以率先天下，而后天下履正，而咸保其性也。斯远乎

---

① 《傅子·问政》。
② 《傅子·通志》。

哉？求之心而已矣！"① 既然"心"为万事之主宰，那么只有"心"正才能正身，然后正他人，正国家，正天下。他说：

> 立德之本，莫尚乎正心。心正而后身正，身正而后左右正。左右正而后朝廷正，朝廷正而后国家正，国家正而后天下正。故天下不正，修之国家；国家不正，修之朝廷；朝廷不正，修之左右；左右不正，修之身；身不正，修之心。所修弥近，而所济弥远。禹汤罪己其兴也勃焉，正心之谓也。心者，神明之主，万物之统也。动而不失正，天地可感，而况于人乎？况于万物乎？②

傅玄没有脱离传统儒家框架，他的正心说是以《礼记·大学》"正心、修身、齐家、治国、平天下"③ 为理论基础而提出的。正心需要有"正德"，以"正德"治理天下就能不令而行。"正心必有正德，以正德临民，犹树表望影，不令而行。"④ 能做到以"正德"来规范自己就能"形正名远"了。"形自正，不求影之直，而影自直；声之平，不求响之和，而响自和；德之崇，不求名之远，而名自远。"⑤ 如果自身不正，那么即便有明法也不能令民众信服。"身不正，虽有明法，即民或不从，故必正己以先之也。"⑥

其次，要保证公道得立，必须要明法，任公去私。傅玄说：

---

① 《傅子·正心》。
② 同上。
③ 《礼记·礼运》原文是："古之欲明明德于天下者；先治其国；欲治其国者，先齐其家；欲齐其家者，先修其身；欲修其身者，先正其心；……心正而后身修，身修而后家齐，家齐而后国治，国治而后天下平。"
④ 《傅子·正心》。
⑤ （唐）马总：《意林》引《傅子》语，见《傅子·补遗上》。
⑥ 《傅子·补遗上》，此篇缺篇名，见《群书治要》所引《傅子》语。

267

"立善防恶谓之礼,禁非立是谓之法。法者,所以正不法也。明书禁令曰法,诛杀威罚曰刑。"[1] 傅玄认为追求公平、公正是儒家的基本理念,"所修出于为儒者,则言分制而贵公正"[2]。法令是用来正不法之行为的,只有公平、公正才符合这一理念。况且设立法令的目的就是用统一的标准来规范人们的行为,"人不能自治,故设法以一之"[3]。民众不能自治,所以设立法度来约束。有了法度就必须标准统一,以法行事,而不能有私心,这是保障社会公正、防止私曲的必要条件。"任公而去私,内恕而无忌,是之谓公制也。公道行,则天下之志通;公制立,则私曲之情塞矣。"[4] 傅玄还以秦汉的命运为例说明这一观点。他说秦汉采用相同的官制、法度,但是二者寿命不一的原因就在于秦"任私而有忌心"。如果有私心,虽然法令严峻,却只是用于正民而不用于正己,这样就会令天下生疑。而汉初则不然,约法三章,虽简但无私心,所以可以立于不败之地。

> 其制则同,用之则异。秦任私而有忌心,法峻而恶闻其失,任私则远者怨,有忌心则天下疑,法峻则民不顺之,恶闻其失,则过不上闻,此秦之所以不二世而来也。汉初入秦,约法三章,论功定赏,先封所憎。约法三章,公而简也。先封所憎,无忌也。[5]

要立公道,明法制还要赏罚公正。傅玄说,人有好生恶死的本性,当政者可以利用人的所好所恶进行奖赏,鼓励人向善,进

---

[1] 《傅子·法刑》。
[2] 《傅子·补遗上》,此文见《长短经·知人》所引《傅子》语。
[3] 《傅子·通志》。
[4] 同上。
[5] 同上。

行惩罚去其邪。如能利用好这一点，那么天下之民可治。"善赏者，赏一善而天下之善皆劝；善罚者，罚一恶而天下之恶皆惧。"① 赏罚之所以有如此大的功效，其中的奥秘是什么呢？傅玄说："赏公而罚不贰也。"② 也就是要做到不论尊卑贵贱，有功必赏，有过必罚。"有善，虽疏贱必赏；有恶，虽贵近必诛。可不谓公而不贰乎？"③ 但是如果赏无功，就会诱发天下饰诈之风；罚无过，那么就会引起人们的质疑。

傅玄还特别强调选拔人才要公平、公正，要根据其才德授官封爵。傅玄认为官职利禄是国柄之本，爵位官职必须根据其才能和功劳赏赐。

> 然则爵非德不授，禄非功不与，二教即立，则良士不敢以贱德受贵爵，劳臣不敢以微功受重禄；况无德无功，而敢虚干爵禄之制乎！……德贵功多者，受重爵大位，厚禄尊官；德浅功寡者，受轻爵小位，薄禄卑官。④

爵位标准定好之后，就要选贤与能，来充任各个职位。"爵禄之分定，必明选其人而重用之。"⑤ 在傅玄看来，贤人是圣王治理天下的左膀右臂，"贤者，圣人所与共治天下者也"⑥。因而圣明的君主应以求贤、任贤为急，"故先王以举贤为急"。举贤的关键在于是否有公心。"唯至公然后可以举贤也。"⑦ 只有举贤

---

① 《傅子·治体》。
② 同上。
③ 同上。
④ 《傅子·重爵禄》。
⑤ 同上。
⑥ 《傅子·举贤》。
⑦ 同上。

者本身公正无私才能真正做公平、公正，也只有"开至公之路，秉至平之心"才能招徕更多的贤才。

得到官职爵位的贤才之士也应该公而忘私，否则就应该受到惩罚。只有这样才能废私利而兴公义，傅玄说：

> 居官奉职者，坐而食于人，既食于人，不敢以私利经心；既受禄于官，而或营私利，则公法绳之于上，而显议废之于下。是以仁让之教存，廉耻之化行，贪鄙之路塞，嗜之情灭，百官各敬其职，大臣论道于朝，公议日兴，而私利日废矣。①

傅玄认为为官者应该公而忘私，造福于民，大禹就是他们的典范。"禹凿龙门，辟伊阙，筑九山，涤百川，过门不入，薄饮食，卑宫室，以率天下，天下乐尽其力，而不辞劳苦者，俭而有节，所趋公也。"②

傅玄的这些思想都是很有针对性的。魏晋时期社会动荡，儒学衰微，人们崇尚率性自然，但是由于过度的放纵，以致出现了像《杨朱》那样主张纵欲的思想。傅玄"息欲"、"去私"的思想是对魏晋时期纵欲思想的反拨。他的立公道，举贤人的主张则是针对魏晋时期以门阀门第选官的弊端提出的。魏晋时期，在声色犬马中成长起来的士族子弟，他们大多懦弱无能，甚至不辨牛马，每日"交相枕藉，听命待终"③。但是由于门第的优势，他们大都可以世袭官位，享受高爵厚禄。这种不公现象引起了傅玄的担忧，他主张以开至公之路广纳贤良之士。当然，这种主张在

---

① 《傅子·重爵禄》。
② 《傅子·平赋役》。
③ 《南史·侯景传》。

当时是不可能得到实施的，但是作为一份宝贵的思想财富，有着十分积极的意义。

## 第二节 嵇康、王弼的"公"观念

魏晋时期，玄学盛行于世，成为当时主要的社会思潮。这种思潮也影响了人们对公私的看法，当时的很多名士都以玄学论公私，嵇康、王弼就是其中的代表。具体来说，嵇康是以玄学论是非，进而又以是非论公私；王弼则是以老庄之学为理论指南来阐述公私关系的。

### 一 嵇康：以是非论公私

魏晋时期，崇尚名教，矫情尚名，人们过度地追求名声，为此不惜做出一些不近情理、矫揉虚伪的事来博取美名，结果是非颠倒，公私混乱。竹林七贤之一的嵇康有感于此，作《释私论》以矫正人们的这一行为，他要求人们率真而为，不匿真情，以任性自然来反抗名教。

（一）嵇康对"公"的内涵的界定

嵇康把能否率真坦诚、不匿真情作为区分是非公私的标准。"私以不言为名，公以尽言为称。"只有不匿真情，率真而为才算得上"是"，才是无私的。嵇康通过汉代名士第五伦省子侄的故事来阐述了这一观点。

> 或问曰："第五伦有私乎哉？曰：'昔吾兄子有疾，吾一夕十往省，而反寐自安；吾子有疾，终朝不往视，而通夜不得眠。'若是，可谓私乎非私也？"答曰："是非也。非私也。夫私以不言为名，公以尽言为称，善以无名为体，非以有措为负。今第五伦显情，是非无私也；矜往不眠，是有非

也。无私而有非者,无措之志也。夫言无措者,不齐于必尽也;言多吝者,不具于不言而已。故多吝有非,无措有是。然无措之所以有是,以志无所尚,心无所欲,达乎大道之情,动以自然,则无道以至非也。……今第五伦有非而能显,不可谓不公也;所显是非,不可谓有措也;有非而谓私,不可谓不惑公私之理也。"①

第五伦省侄反寐自安,不省子而通夜不眠。在嵇康看来,第五伦疼爱自己的儿子而又碍于名声而不前往探视是"非",但不是"私"。而且第五伦勇于"显情",把自己的私心说出来,这就是无私。嵇康认为像第五伦这样的"无私而有非者"是心有"无措"之志向的。这样的人"非而能显",就称得上"公"。那种把有过错就称为"私"的说法混淆了公私的道理。嵇康把是非、善恶、公私紧密联系在一起,他认为"非"不一定就是"私"。"私"是以"匿情"、"不言"为标志的,而"公"是以"尽言"和率真为本。他进一步指出:

> 故论公私者,虽云志道存善,心无凶邪,无所怀而不匿者,不可谓无私。虽欲之伐善,情之违道,无所抱而不显者,不可谓不公。今执必公之理,以绳不公之情,使夫虽性善者不离于有私;虽欲之伐善,不陷于不公。重其名而贵其心,则是非之情不得不显矣。夫是非必显,有善者无匿情之不是,有非者不加不公之大非。无不是则善莫不得,无大非则莫过其非,乃所以救其非也;非徒尽善,亦所以厉不善也。夫善以尽善,非以救非,而况乎以是非之至者。故善之

---

① 嵇康:《释私论》,殷翔、郭全芝注:《嵇康集注》,黄山书社1986年版,第235页。

与不善，物之至者也。若处二物之间，所往者必以公成而私败。同用一器，而有成有败。①

嵇康认为，即便人们心存善意，但是怀有匿情之心就不能称之为无私；心中虽无善，性情也不合乎"道"，但是心无所匿就不能说他不公，可见，公私和是非不具有统一性。嵇康认为，只有区分开是非、善恶、公私才能让人们由恶改善，由非到是，由私到公。但是由于世间有太多的"似非而非非，类是而非是"的情况，所以人们应仔细辨别是非、善恶、公私之间的差异。

> 然事亦有似非而非非，类是而非是者，不可不察也。故变通之机，或有矜以至让，贪以致廉，愚以成智，忍以济仁。然矜吝之时，不可谓无廉；猜忍之形，不可谓无仁；此似非而非非者也。或谗言似信，不可谓有诚；激盗似忠，不可谓无私，此类是而非是也。故乃论其用心，定其所趣；执其词以准其体，察其情以寻其变，肆乎所始，名其所终。则夫行私之情，不得因乎似非而容其非；淑亮之心，不得蹈乎似是而负其是。故实是以暂非而后显，实非以暂是而后明。公私交显，则行私者无所冀，而淑亮者无所负矣。行私者无所冀，则思改其非；立公者无所忌，则行之无疑，此大治之道也。②

嵇康认为，"公私交显"才是辨别是非、善恶的有效途径。能做到这点，那么"行私者无所冀，则思改其非；立公者无所忌，

---

① 嵇康：《释私论》，殷翔、郭全芝注：《嵇康集注》，黄山书社1986年版，第232页。
② 同上书，第233页。

则行之无疑",这样的话就能实现天下大治了。

(二)不同层次的是非公私

嵇康说:"抱一而无措,则无私。无非兼有二义,乃为绝美耳。若非而能言者,是贤于不言之私。非无情以非之大者也。"① 所谓无措,嵇康解释说:"无措之所以有是,以志无所尚,心无所欲,达乎大道之情,动以自然,则无道以至非也。"② 可见无措就是"志无所尚,心无所欲";就是无所措意,合乎"大道"的心理状态。

从上面我们可以总结出是非公私的三级层次。

第一层次,抱一而无措则无私,无非兼有二义,乃为绝美。"抱一"是道家最基本的修养功夫,《老子》说:"少则得,多则惑,是以圣人抱一以为天下式。" "一"就是"道"的意思,"抱一"即统一于道,也就是要专精固守不失其道。那么"抱一而无措"就是说要固守其道而心无所欲,能同时做到这两点就是至公无私,就是绝美了。嵇康认为,这种人心无所措,又能抱一守道,所以可以称之为君子了。

> 夫称君子者,心无措乎是非,而行不违乎道者也。何以言之?夫气静神虚者,心不存于矜尚;体亮心达者,情不系于所欲。矜尚不存乎心,故能越名教而任自然;情不系于所欲故能审贵贱而通物情。物情顺通,故大无违;越名任心,故是非无措也。是故言君子则以无措为主,以通物为美。③

君子矜尚不存乎心,公私、利害也就无动于衷,所以才能越名教

---

① 嵇康:《释私论》,殷翔、郭全芝注:《嵇康集注》,黄山书社1986年版,第235页。
② 同上。
③ 同上书,第231页。

274

而任自然；体亮心达，能控制自我之意念、情感而不随心所欲，才能做到大公无私，审贵贱而通物情。

> 是故伊尹不惜贤于殷汤，故世济而名显；周旦不顾嫌而隐行，故假摄而化隆；夷吾不匿情于齐桓，故国霸而主尊。其用心岂为身而系乎私哉！故《管子》曰："君子行道，忘其为身。"斯言是矣！①

嵇康认为，伊尹不惜贤而事殷汤，周公不顾嫌摄政，管仲不匿情奉齐桓公的行为就符合这一要求，所以他们能够忘身为公。

第二层次，非而能言之公。有非却不隐匿，能够顺其自然地坦露自己的心迹，而不矫揉造作，虚情假意地掩盖以博得美名。牟宗三先生说："不匿即公，虽非而'无大非'。"② 嵇康还说，人们只要不隐匿自己的"非"，那么就不应该加之"不公"之大非。"有善者无匿情之不是，有非者不加不公之大非。"③ 嵇康认为，只有不掩饰自己的过错和真情，才能收到良好的效果。"值心而言，则言无不是；触情而行，则事无不吉。"④ 里凫、勃鞮、缪贤能显露自己的真情，所以就能转危为安。

> 里凫显盗，晋文恺悌；勃鞮号罪，忠立身存；缪贤吐衅，言纳名称；渐离告诚，一堂流涕。然数子皆以投命之祸，临不测之机，表露心识，犹以安全；况乎君子无彼人之

---

① 嵇康：《释私论》，殷翔、郭全芝注：《嵇康集注》，黄山书社1986年版，第232页。
② 牟宗三：《才性与玄理》，广西师范大学出版社2006年版，第296页。
③ 嵇康：《释私论》，殷翔、郭全芝注：《嵇康集注》，黄山书社1986年版，第232页。
④ 同上书，第233页。

罪，而有其善乎？措善之情，亦甚其所病也。唯病病，是以不病，病而能疗，亦贤于疗矣。①

嵇康认为，人有过失并不可怕，如果能坦诚面对而不匿情，那就算不得"大非"："病而能疗，亦贤于疗矣。"

第三层次，非而不言之私。有非但是却隐匿起来，这是以伪善博取美名，这就是私，"匿即有私，虽善而亦非"。嵇康把这种隐匿真情的人称为小人。"言小人，则以匿情为非，以违道为阙。何者？匿情矜吝，小人之至恶也。"② 嵇康认为，一些人之所以"匿情不改"，是因为他们为外在的名利所迷惑，他们的意念、情感为私欲所左右，除非遇到大的事故，否则，他们难以改变，这样的话即便他们内心有"是"，由于"匿情"而变成了私；即便心存善念，也因"匿情"而变成了恶。

抱□（怨）而匿情不改者，诚神以丧于所惑，而体以溺于常名；心以制于所慑，而情有系于所欲，咸自以为有是而莫贤乎己。未有攻肌之惨，骇心之祸，遂莫能收情以自反，弃名以任实。乃心有是焉，匿之以私；志有善焉，措之为恶。不措所措，而措所不措，不求所以不措之理，而求所以为措之道。故明时为措而暗于措，是以不措以致为拙，措为工。唯惧隐之不微，唯患匿之不密。故有矜忤之容，以观常人；矫饰之言，以要俗誉。谓永年良规，莫盛于兹；终日驰思，莫窥其外。故能成其私之体，而丧其自然之质也。③

---

① 嵇康：《释私论》，殷翔、郭全芝注：《嵇康集注》，黄山书社1986年版，第233页。
② 同上书，第231页。
③ 同上书，第234页。

如果以私心匿藏真情，即便内心向善，最终也会事与愿违。匿情的做法不是朝着"无所措"的方向迈进，而是背道而驰，"措所不措"。不仅如此，他们还寻求更好的"为措之道"，唯恐隐匿不周密，为求名利，他们的行为矫揉造作，他们的言行虚伪矫饰，结果由于私心太重，以致丧失了自然本性，申侯、宰嚭就是例证。"是以申侯苟顺，取弃楚恭；宰嚭耽私，卒享其祸。由是言之，未有抱隐顾私而身立清世，匿非藏情而信着明君者也。"[①]可见，匿情的结果是严重的，所以君子应当引以为戒。

从上面的分析可以看出，嵇康认为，是非、善恶、公私之间并不相等，正如牟宗三先生所说："故平面观之，公私，是非，善恶并不平行。"[②]

## 二 王弼：容公无私

王弼（226—249 年），魏晋玄学理论的奠基人。字辅嗣，山阳高平人。王弼"幼而察慧，年十余，好老氏，通辩能言"。虽然只活到 24 岁，但是学术成就卓著，有《周易注》、《周易略例》、《老子注》、《老子指略》、《论语释疑》等数种传世。王弼的"公"思想也分布在这些著述里面。王弼深受老庄影响，他阐发了老子的"知常容，容乃公，公乃王"的观点，提出"容公无私"的观点，并进而提出无为不私，无为不争的说法，以期从根本上消灭人的私心私欲。

（一）容公无私

王弼认为，贤明的君王应该"知常"、"知容"，只有做到这两点才能"无所不周普"，然后为王，这样才符合天道，才能维

---

[①] 嵇康：《释私论》，殷翔、郭全芝注：《嵇康集注》，黄山书社 1986 年版，第 234 页。

[②] 牟宗三：《才性与玄理》，广西师范大学出版社 2006 年版，第 296 页。

持统治。所谓"常",老子的解释有两个,一个是在第 16 章所说的"复命曰常";另一个是第 55 章的"知和曰常"。王弼发挥了老子的思想提出了自己对公私关系的看法。

王弼对"复命曰常"的理解基本同于老子,他说:"归根则静,故曰静。静则复命,故曰复命也。复命则得性命之常,故曰常也。"①,可见,王弼所说的"常"就是性命之常,而"常之为物,不偏不彰,无皦昧之状,温凉之象"②,"常"是公正不偏的,所以"知常"就是贤明。如果不能做到"知常",那么就会有失公平,所以唯有知常才能容纳万物。"唯此复乃能包通万物,无所不容,失此以往,则邪入乎分,则物离其分,故曰不知常,则妄作凶也。"③

如果说"知常"是迈向"王天下"的起步,那么"容"乃是"王天下"过程中关键的一个环节,因为只有包容天下才能成为万民之主,也只有如此才能保证社会的公正、公平。王弼阐发老子的"知常容,容乃公,公乃王,王乃天,天乃道,道乃久,没身不殆"说。

无所不包通,则乃至于荡然公平也;荡然公平,则乃至于无所不周普;无所不周普,则乃至于同乎天也;与天合德,体道大通,则乃至于穷极虚无也。穷极虚无,得道之常,则乃至于不穷极也。④

"容"乃是"无所不包通也",只有做到"无所不包通,则乃至

---

① 王弼:《老子注·第 16 章》,(魏)王弼著,楼宇烈校释:《王弼集校释》,中华书局 1980 年版,第 36 页。
② 同上。
③ 同上。
④ 同上。

于荡然公平也",然后才能"无所不周普"。要做到"周普",王弼要求君王"无弃人",他说:"圣人不立形名以检于物,不造进向以殊弃不肖,辅万物之自然而不为始,故曰无弃人也。"① 王弼说,君王应该容纳万民,不以各种借口抛弃民众,只有这样,才能顺乎天道,与天道相应才能长久。唐君毅对此也有类似的看法,他说:

> 所谓"容乃公,公乃王,王乃天,天乃道,道乃久"者,即谓彼能容能公者,其心境与人格形态,即同于王,同于天,而同于道,并同于道之长久也。此同于道,即谓有一合于道之心境与人格形态,而此道及道之久,即可转化为此心境与人格形态之状词。此处之道与久,乃皆附于人而说,故于下文又曰"没身不殆"也。②

唐先生的说法可以印证我们上面的判断,王弼正是通过注释《老子》来阐发他的政治理念的,在这里他表达的是对公正无私、能包容天下的君王的期盼。

不仅如此,王弼和对老子"常"的第二个意义也进行了发挥,他说:"物以和为常,故知和则得常也。"③ 所谓"和",在王弼看来就是"中和"、"至和",他在《论语释疑》中提出了"中和备质"的说法正是要求人们顺应自然,中正无私,以实现社会的和谐、和睦。

那么,如何才能实现这种"中和"的理想呢?王弼继承了老子的"损有余而补不足"的思想,提出要确保社会的公正、

---

① 王弼:《老子注·第27章》,《王弼集校释》,第71页。
② 唐君毅:《中国哲学原论·导论篇》,中国社会科学出版社2005年版,第233页。
③ 王弼:《老子注·第55章》,《王弼集校释》,第146页。

公平,他说:

> 与天地合德,乃能包之如天之道。如人之量,则各有其身,不得相均。如惟无身无私乎?自然然后乃能与天地合德。言唯能处盈而全虚,损有以补无,和光同尘,荡而均者,唯道也。①

只有"损有以补无"才能和光同尘,顺乎天道。

王弼认为,君王虽贵为天子,也必须培养公正无私、包容万物之胸襟。

> 圣王虽大,以虚为主。故曰以复而视,则天地之心见。至日而思之,则先王之至睹也。故灭其私而无其身,则四海莫不瞻,远近莫不至;殊其己而有其心,则一体不能自全,肌骨不能兼容。是以上德之人,唯道是用。②

老子说:"衣养万物而不为主,常无欲,可名于小;万物归焉而不为主,可名为大。以其终不自为大,故能成其大。"③王弼发挥老子的话,认为君主只有虚怀若谷,包容万物,才能做到公正无私,至公至平:"无所不包通,则乃至于荡然公平也。"④君王只有虚怀若谷,不自以为大才能成其"大"。

> 万物皆由道而生,既生而不知所由,故天下常无欲之时,万物各得其所,若道无施于物,故名于小矣。万物皆归

---

① 王弼:《老子注·第77章》,《王弼集校释》,第186—187页。
② 王弼:《老子注·第38章》,《王弼集校释》,第93页。
③ 王弼:《老子·第34章》,《老子注》,《王弼集校释》,第86页。
④ 王弼:《老子注·第16章》,《王弼集校释》,第36页。

之以生，而力使不知其所由，此不为小，故复可名于大矣。为大于其细，图难于其易。①

王弼继承了老子的思想并进一步提出了"容公无私"的思想。不仅如此，王弼还进一步要求人们要"无身无私，无为不争"。

（二）无身灭私，无为不争

王弼继承了老庄的无为思想，主张无私无欲。我们分三点论述。

其一，无私者，无为于身。

王弼认为君王身处高位，应公正无私，他说："君尊以柔，处大以中，无私于物，上下应之，信以发志，故其孚交如也。夫不私于物，物亦公焉。不疑于物，物亦诚焉。既公且信，何难何备？"②君王如不能安于无私之道，那么必然会"贪货无厌"。过度追求私欲的结果只能是"得多利而亡其身"，所以君王应"用心存公，进不在私，疑以心虑，不谬于果，故无咎也"③。

不仅君王要做到无身灭私，一般人也要如此。人们都有着各种各样的欲求，为了得到各种利益，人们互相争夺，甚至不惜代价。之所以会造成这种现象，王弼认为是因为"人迷于荣宠"，"由有其身"。为了达到无私无欲的境界，人们必须"无为于身"④。只有无为才能达自然、畅万物。"圣人达自然之至，畅万物之故情，因而不为，顺而不施，除其所以迷，去其所以惑，故心不乱，而物性自得之。"⑤

---

① 王弼：《老子注·第34章》，《王弼集校释》，第86页。
② 王弼注：《周易·大有》，《王弼集校释》，第291页。
③ 王弼注：《周易·乾卦》，《王弼集校释》，第212页。
④ 王弼：《老子注·第7章》，《王弼集校释》，第19页。
⑤ 王弼：《老子注·第29章》，《王弼集校释》，第77页。

王弼无为而治的思想源于他的天道无为的自然观，他说："天地任自然，无为而造，万物自相治理。"① 顺应天地自然就能实现万物的合理发展，所以没必要画蛇添足进行一些人为的治理，那样的做法只能伤害物之天性。"万物以自然为性，故可以因不可为也；可通而不可执也。物有常性，而造为之，故必败之。"② 他认为，治理国家常用的法治、战争、避讳等方法就是舍本逐末的愚笨之政。

> 以道治国则国平，以正治国则奇正起也，以无事则能取天下也。上章云，其取天下者，常以无事，及其有事，又不足以取天下也。故以正治国则不足以取天下，而以奇用兵也夫。以道治国，崇本以息末，以正治国，立辟以攻末，本不立而末浅，民无所及，故必至于奇用兵也。利器，凡所以利己之器也。民强则国家弱。民多智慧则巧伪生，巧伪生则邪事起。立正欲以息邪，而奇兵用多；忌讳欲以耻贫，而民弥贫；利器欲以强国者也，而国愈昏多。皆舍本以治末，故以致此也。③

在王弼看来，用战争治天下是无事生非，以正治国也不足以取天下，这些都是舍本逐末的做法，只有以无为之"道"治理国家才能实现国家的和谐公正。他说："以无为为居，以不言为教，以恬淡为味，治之极也。"④

其二，无知无欲。

---

① 王弼：《老子注·第5章》，《王弼集校释》，第13页。
② 王弼：《老子注·第29章》，《王弼集校释》，第77页。
③ 王弼：《老子注·第57章》，《王弼集校释》，第149—150页。
④ 王弼：《老子注·第63章》，《王弼集校释》，第164页。

老子说:"常使民无知无欲。"王弼注曰:"守其真也。"①在王弼看来,人本性就是无知无欲的,但是由于后天的原因人产生了私欲。现在社会之所以会出现不公就是人私欲太强,因而要限制人的欲望。但是他反对以刑罚去欲,用刑罚去欲的做法只能是舍本逐末,那么如何才能去欲呢?王弼提出了"崇本息末"的方案。

> 夫邪之兴也,岂邪者之所为乎?淫之所起也,岂淫者之所造乎?故闲邪在乎存诚,不在察善;息淫在乎去华,不在滋章;绝盗在乎去欲,不在严刑;止讼存乎不尚,不在善听。故不攻其为也,使其无心于为也;不害其欲也,使其无心于欲也。谋之于未兆,为之于未始,如斯而已矣。故竭圣智以治巧伪,未若见质素以静民欲;兴仁义以敦薄俗,未若抱朴以全笃实;多巧利已兴事用,未若寡私欲以息华竞。故绝司察,潜聪明,去劝进,减华誉,弃巧用,贱宝货。唯在使民爱欲不生,不在攻其为邪也。故见素朴以绝圣智,寡私欲以弃巧利,皆崇本以息末之谓也。②

在王弼看来,所谓司察、劝进、圣智、仁义、巧利等方式都是"末",与其花费精力去做这些,倒不如使民无知无欲。民众没有了私欲,就不会追名逐利了,因而也就不会产生争夺和社会不公了。怎样做才是正确的去欲之道呢?王弼提出君王首先去欲,然后带动民众去欲,民众没有了欲望也就质朴不争了。"上之所欲,民从之速也。我之所欲,唯无欲而民亦无欲自朴也。"③ 王

---

① 王弼:《老子注·第3章》,《王弼集校释》,第8页。
② 王弼:《老子指略》,《王弼集校释》,第198页。
③ 王弼:《老子注·第57章》,《王弼集校释》,第150页。

弼还幻想了一个无知无欲的和谐世界。

> 皆使和而无欲，如婴儿也。……心无所主也，为天下浑心焉，意无所适莫也。无所察焉，百姓何避，无所求焉，百姓何应，无避无应，则莫不用其情矣。人无为舍其所能而为其所不能，舍其所长而为其短，如此，则言者言其所知，行者行其所能，百姓各皆注其耳目焉，吾皆孩之而已。①

在这个无知无欲的世界里，当政者以无为作为治国之道，无所察，无所求，民众质朴如婴儿，既不用逃避当政者的察求，自己也无所欲求，人们和谐相处，其乐融融。

## 第三节　贞观君臣的"公"观念

唐代建立后，统治者特别是贞观君臣特别注意吸取前代的经验教训，他们提出了很多深刻的思想，其中有很多论及公私问题。本文以记载贞观君臣言行的《贞观政要》为中心，探讨这一问题。

《贞观政要》创作于开元、天宝之际，全书 10 卷 40 篇，作者是唐代史学家吴兢。吴兢（670—749 年），唐汴州浚仪（今河南开封）人。这是一部政论性的史书。这部书以记言为主，主要记述了唐代贞观年间唐太宗君臣关于政治、经济、军事问题的对话、奏疏等内容。贞观君臣对公私关系的看法不外乎贞观十一年（637 年）魏徵在《谏太宗十思疏》中所说的立君为公、以民为本、知足止欲、天下划一、赏善公允、罚恶无偏等内容。

---

① 王弼：《老子注·第 49 章》，《王弼集校释》，第 129 页。

一　立君为公的思想

唐太宗君臣积极总结历史经验教训，认为立君为公，是为了"拯溺亨屯，归罪于己，推恩于民"，因而君主应该至公无私"以一人治天下，不以天下奉一人"①。正如贞观二年张蕴古在《大宝箴》中所说："圣人受命，拯溺亨屯，归罪于己；推恩于民。大明无偏照，至公无私亲。"② 立君为公，所以君主应该至公无私，心怀天下万民，以天下为公。君主有道则为万民所推崇，无道则为万民所抛弃，如太宗所说："天子者，有道则人推而为主，无道则人弃而不用，诚可畏也。"③

既然立君为公，君主就应以民为本。太宗曾说："凡事皆须务本。国以人为本……以不失时为本。"④ 人民是国家的根本，所以君主应该有公天下之心，博爱万民，如若"多营池观，远求异宝，民不得耕耘，女不得蚕织，田荒业废，兆庶凋残。见其饥寒，不为之哀，睹其劳苦，不为之感"，只能算是"苦民之君也"，而"非治民之主也"⑤。真正的仁义之君应以民为本，"使天下太平，家给人足"⑥、"薄赋轻徭，百姓家给，上无暴令之征，下有讴歌之咏"⑦。

---

①　《贞观政要·刑法第三十一》，（唐）吴兢撰，裴汝城等译注：《贞观政要译注》，上海古籍出版社2007年版，第236页。

②　同上。

③　《贞观政要·政体第二》，裴汝城等译注：《贞观政要译注》，第14页。

④　《贞观政要·务农第三十》，裴汝城等译注：《贞观政要译注》，第231页。

⑤　唐太宗：《金镜》，载李世民撰，吴云、冀宇编校：《唐太宗集》，陕西人民出版社1986年版，第124页。

⑥　《贞观政要·灾祥第三十九》，裴汝城等译注：《贞观政要译注》，第286页。

⑦　唐太宗：《金镜》，载李世民撰，吴云、冀宇编校：《唐太宗集》，陕西人民出版社1986年版，第124页。

能做到上面这些，就可比肩于尧舜。反之，君主若治国无方，致使"百姓不足，夷狄内侵"，即便有"芝草遍街衢，凤凰巢苑囿"等所谓"祥瑞"出现，这样的君主"亦何异于桀、纣"[①]？太宗由此得出结论说，人君应以至公无私之心治天下，博取百姓之爱戴，这才是最好的祥瑞。"夫为人君，当须至公理天下，以得万姓之欢心。若尧、舜在上，百姓敬之如天地，爱之如父母，动作兴事，人皆乐之，发号施令，人皆悦之，此是大祥瑞也。"[②] 贞观君臣以民为本最经典、最形象的说法莫过于舟水之喻了。贞观六年，魏征上书曰："君，舟也；人，水也。水能载舟，亦能覆舟。"[③] 太宗也有类似的看法，有一次，他看到太子在乘舟玩耍，就乘机教育。"谓曰：'汝知舟乎？'对曰：'不知。'曰：'舟所以比人君，水所以比黎庶，水能载舟，亦能覆舟。尔方为人主，可不畏惧！'"[④]

百姓是国家之根本，要富国、强国不在于国库充盈，而要藏富于民，百姓富足了，才能确保社稷安稳。太宗说：

> 凡理国者，务积于人，不在盈其仓库。古人云："百姓不足，君孰与足？"但使仓库可备凶年，此外何烦储蓄！后嗣若贤，自能保其天下；如其不肖，多积仓库，徒益其奢侈，危亡之本也。[⑤]

---

[①] 《贞观政要·灾祥第三十九》，裴汝诚等译注：《贞观政要译注》，第286页。

[②] 同上书，第289页。

[③] 《贞观政要·政体第二》，裴汝诚等译注：《贞观政要译注》，第14页。

[④] 《贞观政要·教戒太子诸王第十一》，裴汝诚等译注：《贞观政要译注》，第113页。

[⑤] 《贞观政要·辨兴亡第三十四》，裴汝诚等译注：《贞观政要译注》，第253页。

奢侈是危亡之本，所以君主不能不引以为鉴，规范自己的行为。而且君主还可以引领社会风尚：君主如能节私欲，行仁义，那么民风就淳朴；反之，君主贪暴，百姓也会狡诈。

既然君主的行为是天下的风向标，君主所好，人必从之，因而可以说，社会的仁义抑或贪暴皆由君主引发。太宗还以"方圆在器不在水"的形象比喻来说明这一问题，贞观二年，太宗对侍臣说："古人云'君犹器也，人犹水也，方圆在于器，不在于水'。故尧、舜率天下以仁，而人从之；桀、纣率天下以暴，而人从之。下之所行，皆从上之所好。"① 既然君主的行为可以引领社会风尚，那么君主就不能不先正其身。太宗就说："若安天下，必须先正其身，未有身正而影曲，上治而下乱者。"② 如果君王自身不正，那么民风则难以淳朴，犹如"木心不正，则脉理皆邪"，这样的话，"弓虽刚劲而遣箭不直，非良弓也"。③

有鉴于此，君主首先应该正己，抛却私欲，以"简静"安天下。太宗指出，为君之道在于为民，君主只有"简静"才可以让百姓安居乐业。他说："夫不失时者，在人君简静乃可致耳。若兵戈屡动，土木不息，而欲不夺农时，其可得乎？"④ 君主的奢侈嗜欲不仅会夺农时，影响百姓正常生活，而且是导致国家灭亡的重要原因，因而君主应该节嗜欲。太宗说：

> 为君之道，必须先存百姓。若损百姓以奉其身，犹割股以啖腹，腹饱而身毙。……伤其身者不在外物，皆由嗜欲以

---

① 《贞观政要·慎所好第二十一》，裴汝诚等译注：《贞观政要译注》，第188页。
② 《贞观政要·君道第一》，裴汝诚等译注：《贞观政要译注》，第1页。
③ 《贞观政要·政体第二》，裴汝诚等译注：《贞观政要译注》，第10页。
④ 《贞观政要·务农第三十》，裴汝诚等译注：《贞观政要译注》，第231页。

成其祸。若耽嗜滋味,玩悦声色,所欲既多,所损亦大,既妨政事,又扰生民。且复出一非理之言,万姓为之解体,怨讟既作,离叛亦兴。朕每思此,不敢纵逸。"①

魏征也表达了类似的意思,他在贞观十一年的上疏中说:"知存亡之所在,节嗜欲以从人,省游畋之娱,息靡丽之作,罢不急之务,慎偏听之怒。"② 太宗君臣还进一步指出隋朝之所以短命就是因为隋炀帝贪欲无度。魏征说:

彼炀帝岂恶天下之治安,不欲社稷之长久,故行桀虐,以就灭亡哉?恃其富强,不虞后患。驱天下以从欲,罄万物而自奉,采域中之子女,求远方之奇异。宫苑是饰,台榭是崇,徭役无时,干戈不戢。外示严重,内多险忌,谀邪者必受其福,忠正者莫保其生。上下相蒙,君臣道隔,民不堪命,率土分崩。遂以四海之尊,殒于匹夫之手,子孙殄绝,为天下笑,可不痛哉!③

统治者贪欲无度是导致国家危亡的关键,所以太宗非常注意节制自己的欲望。他说:"夫安人宁国,惟在于君。君无为则人乐,君多欲则人苦。朕所以抑情损欲,克己自励耳。"太宗的伟大之处在于他不仅是这么说的,而且还是这么做的。有一次,他想造一座宫殿,但是想到秦始皇建奢华的宫室而被人论为徇私的教训,太宗就主动放弃了。他认为君王所需取之于百姓,因而君主所欲往往是百姓所不欲,所以,君主只有节欲才能顺百姓之心,

---

① 《贞观政要·君道第一》,裴汝城等译注:《贞观政要译注》,第1页。
② 《贞观政要·刑法第三十一》,(唐)吴兢撰,裴汝城等译注:《贞观政要译注》,第243页。
③ 《贞观政要·君道第一》,裴汝城等译注:《贞观政要译注》,第4页。

而且太宗还认为为天下之民而屈一人之欲是非常值得的。"屈一身之欲,乐四海之民,忧国之主也,乐民之君也。"① 正是由于太宗的身体力行,才出现了贞观之治的盛况。"由是二十年间,风俗简朴,衣无锦绣,财帛富饶,无饥寒之弊。"②

二 天下划一,赏罚公正

作为一代仁君,唐太宗非常重视以仁义为治国之本。他说:"古来帝王以仁义为治者,国祚延长;任法御人者,虽救弊于一时,败亡亦促。"③ 太宗强调仁义优于法治,但这并不说明太宗完全排斥法治,贞观君臣继承了"德主刑辅、礼法并用"的思想,认为法令也是不可或缺的治国之方。魏征说:"又设礼以待之,执法以御之,为善者蒙赏,为恶者受罚。"④ 在魏征看来,礼仪是必须的,但还应辅之以法,并以此为赏罚的标准。

既然法令是治国之方,那么就要天下划一,以法令为治国的标准。魏征说:"且法,国之权衡也,时之准绳也。权衡所以定轻重,准绳所以正曲直。"⑤ 法令是权衡一切的准绳和基本准则,应该"天下划一",也就要不论尊卑贵贱都应共同遵守。"夫刑赏之本,在乎劝善而惩恶,帝王之所以与天下为画一,不以贵贱

---

① 唐太宗:《金镜》,载李世民撰,吴云、冀宇编校:《唐太宗集》,陕西人民出版社1986年版,第124页。
② 《贞观政要·俭约第十八》,裴汝城等译注:《贞观政要译注》,第178页。
③ 《贞观政要·仁义第十三》,裴汝城等译注:《贞观政要译注》,第139页。
④ 《贞观政要·择官第七》,裴汝城等译注:《贞观政要译注》,第85页。
⑤ 《贞观政要·公平第十六》,裴汝城等译注:《贞观政要译注》,第166页。

亲疏而轻重者也。"① 只有这样才能保证社会的公平、公正，这也是治国的要道。房玄龄说："臣闻理国要道，在于公平正直，故《尚书》云：'无偏无党，王道荡荡。无党无偏，王道平平。'又孔子称'举直错诸枉，则民服'。今圣虑所尚，诚足以极政教之源，尽至公之要，囊括区宇，化成天下。"太宗对此深表赞同，并表示自己定会身体力行。他说："此直朕之所怀，岂有与卿等言之而不行也？"② 太宗基本上能做到以身作则，带头遵守法令。法令既然是天下的公理，那么就绝不应有徇私不公的现象。贞观初年，太宗基本能做到"志存公道，人有所犯，一一于法"，"纵临时处断或有轻重，但见臣下执论，无不忻然受纳"③。比如贞观元年，长孙无忌尝被召见时不解佩刀而入内庭，等他出来时，监门校尉才发觉。尚书右仆射封德彝判罚曰："以监门校尉不觉，罪当死，无忌误带刀入，徒二年，罚铜二十斤。"太宗接受了他的建议，但是大理少卿戴胄却不同意这种判罚。他说校尉不觉，无忌带刀入内都是失误，况且校尉是因为长孙无忌才获罪，按法应从轻发落，现在因为长孙无忌是皇亲功臣就可以罚铜作为替代，而监门校尉因官职低就要处死，这不是公平的判罚。太宗听后说："法者非朕一人之法，乃天下之法，何得以无忌国之亲戚，便欲挠法耶？"④ 于是太宗乃免校尉之死。

贞观君臣认为要最能体现法令公正、公平的是赏罚公允。君主不应该徇私枉法，必须根据功过进行赏罚。魏征说赏以劝善，罚以惩过，所以君主要"赏不遗疏远，罚不阿亲贵，以公平为

---

① 《贞观政要·刑法第三十一》，(唐)吴兢撰，裴汝城等译注：《贞观政要译注》，第240页。
② 《贞观政要·公平第十六》，裴汝城等译注：《贞观政要译注》，第157页。
③ 同上书，第163页。
④ 同上书，第155页。

规矩，以仁义为准绳，考事以正其名，循名以求其实，则邪正莫隐，善恶自分。"①太宗即位以后就是按照这一原则进行施政的。《贞观政要·封建第八》载太宗登大位后以功封赏，封房玄龄为邢国公，杜如晦为蔡国公，长孙无忌为齐国公，并为第一等。不仅如此，太宗还将高祖分封的"宗室先封郡王其间无功者，皆降为县公"。对此，皇叔淮安王李神通颇为不满。太宗对他说："国家大事，惟赏与罚。赏当其劳，无功者自退；罚当其罪，为恶者咸惧。则知赏罚不可轻行也。"房玄龄"有筹谋帷幄、画定社稷之功"，好比汉之萧何，所以功居第一，虽然"叔父于国至亲，诚无爱惜，但以不可缘私滥与勋臣同赏矣"，虽然皇亲宗室是"我"的亲眷，但是"我"必须根据功劳封赏，而不能以私徇公。这种做法得到了臣下的一致赞赏。"陛下以至公，赏不私其亲，吾属何可妄诉。"

不但对臣民如此，君主有过也不能免于罚，"此所谓君之赏不可以无功求，君之罚不可以有罪免者也"②。因而，当太宗发觉自己的做法不适宜时也能自觉改正错误。太宗对两个案件的处理就是最好的佐证。

第一个是张蕴古事件。贞观五年，相州人李好德有疯癫之病，"言涉妖妄"，妖言惑众，按照法律规定，凡是口出狂言扰乱社会的要受惩罚，所以太宗下诏将他下狱治罪。但是负责此案的张蕴古上奏说李有疯癫之病，应当免罪，于是太宗决定从宽处理。张蕴古私下将太宗的意思告诉了尚在狱中的李好德，而且还与他下棋，结果被人弹劾包庇李好德。太宗大怒，认为张蕴古身为大理寺丞，泄露机密，还与囚犯下棋，罪行非常严重，于是下令杀了张蕴古。但冷静下来之后，太宗意识到张蕴古虽有罪，但

---

① 《贞观政要·择官第七》，裴汝诚等译注：《贞观政要译注》，第85页。
② 同上。

罪不至死，自己杀了他用刑太重了。他对房玄龄等说："蕴古身为法官，与囚博戏，泄露朕言，此亦罪状甚重。若据常律，未至极刑。朕当时盛怒，即令处置，公等竟无一言，所司又不覆奏，遂即决之，岂是道理？"太宗能主动承认自己的错误已属难得，更难能可贵的是太宗还主动采取措施以防止再犯类似错误。太宗下诏："凡有死刑，虽令即决，皆须五覆奏。"①

另一件事是党仁弘事件。贞观十六年，广州都督党仁弘"为人所讼，赃百余万，罪当死"②。起初，太宗为之求情，但是在大臣的劝说下最终还是将党仁弘黜为平民，徙于钦州。事后，太宗总结说："法者，人君受之于天，不可因私而失信，今朕私党仁弘而欲赦其死，是乱法，上负于天。"③他还主动下诏自责，"朕有三罪，知人不明，一也；以私乱法，二也；善善未赏，恶恶未诛，三也。以公等固请谏，且依来请"④。

从上面两件事可以看出以公心行事，就不会违背法令；反之，如果以私心行事，就会违背法令。魏征说："由此言之，公之于法，无不可也，过轻亦可。私之于法，无可也。"⑤

法令的公正性还体现在选官用人制度上。太宗认为仅靠君主一人的智慧，是难以治理好天下的。"以天下之广，岂可独断一人之虑？"因而应"选天下之才，为天下之务，委任责成，各尽其用"⑥。只有选用天下贤才，共同治理，才能实现天下大治。

---

① 《贞观政要·刑法第三十一》，（唐）吴兢撰，裴汝诚等译注：《贞观政要译注》，第235页。

② 《资治通鉴》卷一九六，《唐纪十二》，李宗侗、夏德仪：《资治通鉴今注》第十一册，台湾商务印书馆1966年版。

③ 《资治通鉴》卷一九六，《唐纪十二》。

④ 同上。

⑤ 《贞观政要·公平第十六》，裴汝诚等译注：《贞观政要译注》，第164页。

⑥ 《旧唐书·太宗本纪》卷三（第一册），中华书局1975年版，第40页。

贞观君臣认为，设立官职的初衷是为民谋公利，所以选官用人必须择贤而用，而不可滥用私人。太宗说：

> 朕与公等衣食出于百姓，此则人力已奉于上，而上恩未被于下，今所以择贤才者，盖为求安百姓也。用人但问堪否，岂以新故异情？凡一面尚且相亲，况旧人而顿忘也！才若不堪，亦岂以旧人而先用？今不论其能不能，而直言其嗟怨，岂是至公之道耶？①

选官用人必须根据其功劳和才能来确定人选，否则就背离公道了。因而贞观初年当有人建议授予秦王府旧兵以武职时，太宗不许。他总结历史经验教训说："古称至公者，盖谓平恕无私。丹朱、商均，子也，而尧、舜废之。管叔、蔡叔，兄弟也，而周公诛之。故知君人者，以天下为公，无私于物。"②太宗认为，尧舜废黜不孝之子而传位于贤良，周公不以私情废公义而诛管、蔡，都是平恕无私的行为，因而应该效法先王，废私立公，如今如果对秦王府旧臣无功封赏是有悖公正无私之道的。太宗还多次告诫官员要灭私徇公。"卿等特须灭私徇公，坚守直道，庶事相启沃，勿上下雷同也。"③

太宗曰："朕以天下为家，不能私于一物，惟有才行是任，岂以新旧为差？况古人云：'兵犹火也，弗戢将自焚。'汝之此意，非益政理。"④魏征也说，为民选官必须抛却私心，如果只

---

① 《贞观政要·公平第十六》，裴汝城等译注：《贞观政要译注》，第154页。
② 同上。
③ 《贞观政要·政体第二》，裴汝城等译注：《贞观政要译注》，第11页。
④ 《贞观政要·公平第十六》，裴汝城等译注：《贞观政要译注》，第155页。

是嘴上号称至公,而心里有私、任人唯亲的话,就背离了至公之道了。"若徒爱美锦,而不为民择官。有至公之言,无至公之实,爱而不知其恶,憎而遂忘其善,徇私情以近邪佞,背公道而远忠良,则虽夙夜不怠,劳神苦思,将求至理,不可得也。"①

选官要公平,提拔或贬谪官员也要公平、公正。礼部侍郎李百药认为必须根据其政绩进行黜陟。"内外群官,选自朝廷,擢士庶以任之,澄水镜以鉴之,年劳优其阶品,考绩明其黜陟。进取事切,砥砺情深,或俸禄不入私门,妻子不之官舍。"②

纵观贞观一朝,太宗基本上能够选贤任能,知人善任。他曾对房玄龄等说:

> 致治之本,惟在于审。量才授职,务省官员。故《书》称:"任官惟贤才。"又云:"官不必备,惟其人。"若得其善者,虽少亦足矣。其不善者,纵多亦奚为?古人亦以官不得其才,比于画地作饼,不可食也。《诗》曰:"谋夫孔多,是用不就。"又孔子曰:"官事不摄,焉得俭?"且"千羊之皮,不如一狐之腋。"此皆载在经典,不能具道。当须更并省官员,使得各当所任,则无为而治矣。③

太宗看到了贤才对于治理国家的作用,所以他求贤若渴,曾先后五次颁布求贤诏令。太宗还进一步废除了以门阀取士的九品中正制,"拔人物则不私于党,负其业则威尽其才"④。而且还改革科举制度,增加考试科目,扩大应试的范围和人数,以便招徕更多的贤才。由于唐太宗重视人才,善于招徕人才,所以他麾下可谓

---

① 《贞观政要·择官第七》,裴汝城等译注:《贞观政要译注》,第85页。
② 《贞观政要·封建第八》,裴汝城等译注:《贞观政要译注》,第94页。
③ 《贞观政要·择官第七》,裴汝城等译注:《贞观政要译注》,第76页。
④ 《旧唐书·太宗本纪》卷三(第一册),中华书局1975年版,第63页。

"人才济济,文武兼备"。文臣有谋略超群的房玄龄,有善于决断的杜如晦,有直言善谏的魏征,也有以文学著称的虞世南;武将有能征善战的传奇将军李靖,有单骑救主、拥立有功的尉迟恭,还有传奇英雄秦叔宝。正是这些栋梁之才,造就了贞观盛世。

## 第四节 韩愈、柳宗元的"公"观念

安史之乱后,唐代社会开始走下坡路,社会矛盾加剧,土地兼并严重,贫富不均现象日益突出。社会思想领域也异常混乱,佛老思想日益盛行,儒家道统岌岌可危。面对这种情形,以韩愈、柳宗元为代表的有识之士忧心忡忡,他们从不同的角度提出了一系列的救世主张。韩愈以恢复道统为己任,"道济天下之溺"①,而且他还以其道统论为理论基础探讨公私关系,提出了仁义博爱的思想。柳宗元则是在讨论封建问题时论及公私的,他认为实行郡县制就是天下为公,他还提出要兴先王之道必须中正无私。

### 一 韩愈:以道统论公私

韩愈(768—825年),字退之,孟州河阳(今河南孟县)人,唐代杰出的文学家。死后谥号"文",故又称为"韩文公"。祖籍昌黎,世称韩昌黎,晚年任吏部侍郎,又称韩吏部,有《韩昌黎集》。韩愈和柳宗元领导了古文运动,主张"文以载道",复古崇儒,抵排异端,攘斥佛老。韩愈生活在社会矛盾日益加剧的中唐,他对社会上的不公现象忧心忡忡,从道统出发探

---

① 苏轼:《潮州韩文公庙碑》,马其昶校注,马茂元整理:《韩昌黎文集校注》附录,上海古籍出版社1986年版,第759页。

讨公私关系，提出了仁义博爱的政治理想。

（一）以道统论公私

韩愈之"道"继承了孔子先王之"道"，这个"道"是尧传舜，舜传禹，禹传汤，汤传文、武、周公，周公传孔子，孔子传孟子，代代相传的。"尧以是传之舜，舜以是传之禹，禹以是传之汤，汤以是传之文、武、周公，文、武、周公传之孔子，孔子传之孟轲；轲之死，不得其传焉。"[1] 韩愈认为孔子先王之道到了孟子就没能延续下去，所以他认为当时社会流行的所谓"道"并非是孔子先王之道，因为这些"道"究其源头，要么出自杨朱，要么就出自墨家，再者或出于老庄道家，或出于佛家。"黄老于汉，佛于晋、魏、梁、隋之间。其言道德仁义者，不入于杨，则入于墨；不入于老，则入于佛。"[2] 韩愈还指出这些"道"之所以不正，是因为其源头就有问题。韩愈以老子之"道"为例，指出老子之"道"乃是坐井观天之小道，和孔子之道相距甚远。

> 其所谓道，道其所道，非吾所谓道也；其所谓德，德其所德，非吾所谓德也。凡吾所谓道德云者，合仁与义言之也，天下之公言也。老子之所谓道德云者，去仁与义言之也，一人之私言也。[3]

可见，在韩愈看来，老子所谓"去仁与义"之道乃是为己的"私言"，而孔子之道"合仁与义言之也"才称得上是"天下之公言"。韩愈把孔子之道认定为"公"，佛老之"道"指斥为

---

[1] 《原道》，马其昶校注，马茂元整理：《韩昌黎文集校注》，上海古籍出版社1986年版，第18页。
[2] 同上书，第14页。
[3] 同上书，第13—14页。

"私",如此一来,二者的高下立显。

既然孔子之道为天下之公言,那么如何才能实行孔子之道呢?韩愈认为要行先王之道需要从源头上堵塞佛老之流布。"然则如之何而可也?曰,不塞不流,不止不行。人其人,火其书,庐其居。明先王之道以道之。鳏、寡、孤、独、废、疾者有养也,其亦庶乎其可也。"① 消除了佛老,就能明先王之道,实现鳏寡孤独废疾者皆有所养。

为了实现这种社会理想,韩愈还以继承和弘扬孔孟之道为己任。"韩愈之贤不及孟子。孟子不能救之于未亡之前,而韩愈乃欲全之于已坏之后。呜呼!其亦不量其力,且见其身之危,莫之救以死也。虽然,使其道由愈而粗传,虽灭死万万无恨!"② 要传承道统当然就要像古之圣王那样正心诚意,以天下为公。"正心而诚意者,将以有为也。"③

"有为"的具体做法就是行仁义,兴政教。因为在韩愈看来仁和义是意义确定的,道和德是意义不确定的,要实现"道"和"德"必须从仁义做起,也就是说仁义是道德的外显和必由之路。"博爱之谓仁,行而宜之之谓义,由是而之焉之谓道,足乎己而无待于外之谓德。仁与义为定名,道与德为虚位。"④ 在韩愈看来,所谓仁就是博爱,所谓义就是得体适宜。韩愈认为实行仁义有诸多的好处。"以之为己,则顺而祥;以之为人,则爱而公;以之为心,则和而平;以之为天下国家,无所处而不当。是故生则得其情,死则尽其常。"⑤ 以仁义来律己,则和顺吉祥;

---

① 《原道》,马其昶校注,马茂元整理:《韩昌黎文集校注》,第19页。
② 《与孟尚书书》,马其昶校注,马茂元整理:《韩昌黎文集校注》,第215页。
③ 《原道》,马其昶校注,马茂元整理:《韩昌黎文集校注》,第17页。
④ 同上书,第13页。
⑤ 同上书,第18页。

用仁义来对待别人,就能做到博爱公正;用仁义来修心养性,就能和顺平静;用仁义来治理天下国家,就不会有不适当的地方。下面我们来看看韩愈是如何实行其仁与义的。

(二) 以仁义行公

在韩愈看来,"仁"、"义"是实现"道"、"德"的必由之路,而且是天下之公论。"凡吾所谓道德云者,合仁与义言之也,天下之公言也。"① "博爱"和"行而宜"则是"仁"、"义"的内核,以此作处世之道则无所不当。仁义、博爱不仅可以提高个人道德水准,而且还是实现天下大公的良方。

1. 仁即博爱,一视同仁

韩愈继承了孔子"仁"的学说和孟子的"仁政"思想,也提倡"仁义"。韩愈的"仁"还继承了孔子"仁者爱人"的思想,提出了"博爱之谓仁"的观点。韩愈"博爱"思想的形成有着深厚的思想渊源,"博爱"一词最早出现于《孝经·三才章》:"先王见教之可以化民也,是故先之以博爱,而民莫遗其亲。"其实博爱之意,儒家先贤早有论述。孔子"仁者爱人"的思想,孟子"老吾老以及人之老,幼吾幼以及人之幼"和《礼记·礼运》"人不独亲其亲,不独子其子"都蕴藏着博爱的种子。韩愈的博爱思想继承了儒家以"仁"为核心的泛爱思想,同时也吸收了墨家的"兼爱"思想。这一点,韩愈也曾暗示过。"孔子泛爱亲仁,以博施济众为圣,不兼爱哉?"② 可知,韩愈所说的"博爱"既有"仁"之义,又有"一视同仁","泛爱"、"兼爱"之义。其中"一视同仁"是"博爱"的前提,"泛爱"、"兼爱"是实现"博爱"之途径,而"仁"是"博爱"之最高境界。孙中山称赞说:"据余所见,仁之定义,诚如唐韩愈所云

---

① 《原道》,马其昶校注,马茂元整理:《韩昌黎文集校注》,第13页。
② 《读墨子》,马其昶校注,马茂元整理:《韩昌黎文集校注》,第40页。

'博爱之谓仁',敢云适当。博爱云者,为公爱而非私爱,即如'天下有饥者,由己饥之;天下有溺者,由己溺之'之意,与夫爱父母、妻子者有别。以其所爱之大,非妇人之仁可比,故谓之博爱。能博爱,即可谓之仁。"①

所谓博爱,首先对待万民要一视同仁,爱无差等。韩愈认为,人们不应该独亲其亲,而应该一视而同仁,这才能比之于天地之德。他说:"天者,日月星辰之主也;地者,草木山川之主也;人者,夷狄禽兽之主也。主而暴之,不得其为主之道矣。是故圣人一视而同仁,笃近而举远。"② 要做到一视同仁,就必须像天地那样大公无私,只有剔除私心才能保证公平、公正地对待天下百姓。韩愈还要求君王要与民同乐。

  与众乐之之谓乐,乐而不失其正,又乐之尤也。四方无斗争金革之声,京师之既庶且丰,天子念致理之艰难,乐安居之闲暇,肇置三令节,诏公卿群有司,至于其日,率厥官属饮酒以乐,所以同其休、宣其和、感其心、成其文者也。③

一视同仁的思想还表现在用人上,韩愈主张用人要不论门第、出身,唯才是举,也就是说要"校短量长,惟器是适"④。只有这样,才符合圣人之道,"圣人一视而同仁,笃近而举远"。韩愈认为,举荐人才是国之大事,应该抛弃私心,以博爱精神为本,一视同仁,广纳英才。"大丈夫文武忠孝,求士为国,不私

---

① 孙中山:《军人精神教育》,《孙中山全集》下卷,中华书局1981年版。
② 《原人》,马其昶校注,马茂元整理:《韩昌黎文集校注》,第26页。
③ 《上巳日燕太学听弹琴诗序》,同上书,第293页。
④ 《进学解》,同上书,第47页。

于家。"① 殷高宗、周文王不拘一格选贤举能的做法就是典范。"以臣之愚,以为宜求纯信之士,骨鲠之臣,忧国如家、忘身奉上者,超其爵位,置在左右,如殷高宗之用傅说,周文王之举太公。"② 对于那些能公平、公正举荐人才的人,韩愈表示由衷的赞赏。他曾在《与祠部陆员外书》中称赞善于荐举人才的陆员外说:"执事好贤乐善,孜孜以荐进良士明白是非为己任,方今天下一人而已。"③

其次,要惠泽万民,为民谋利。韩愈指出:"人之仰而生者在谷帛。谷帛丰,无饥寒之患,然后可以行之于仁义之途,措之于平安之地。"④ 衣食需求是人们的基本需要,君主应该博爱万民,为民谋公利。古之圣人的做法就是他们的榜样。

> 古之时人之害多矣。有圣人者立,然后教之以相生相养之道。为之君,为之师。驱其虫蛇禽兽,而处之中土。寒然后为之衣,饥然后为之食。木处而颠,土处而病也,然后为之宫室。为之工以赡其器用,为之贾以通其有无,为之医药以济其夭死,为之葬埋祭祀以长其恩爱,为之礼以次其先后,为之乐以宣其湮郁,为之政以率其怠倦,为之刑以锄其强梗。相欺也,为之符、玺、斗斛、权衡以信之。相夺也,为之城郭甲兵以守之。害至而为之备,患生而为之防。⑤

圣人教给百姓相生相养的生活方法,帮助他们驱走那些蛇虫

---

① 《送石处士序》,马其昶校注,马茂元整理:《韩昌黎文集校注》,第279页。
② 《论今年权停举选状》,同上书,第587页。
③ 《与祠部陆员外书》,同上书,第198页。
④ 《进士策问十三首》,同上书,第106页。
⑤ 《原道》,同上书,第15页。

禽兽，教他们做衣服免于寒，教他们种庄稼免于饥饿，为他们盖房屋免于洞穴树木之栖。圣人还制定礼节刑罚规范人们的秩序。建立规章制度防止人们相欺，建造城郭兵甲保卫人们。但是，唐中期统治者为满足日益滋长的奢侈之欲而横征暴敛，让百姓生活在水深火热之中。韩愈曾这样描述百姓的困苦："财已竭而敛不休，人已穷而赋愈急，其不去为盗也亦幸矣。"① 一些贪官污吏置百姓死活于不顾，引起韩愈的无比愤慨，他揭露贪赃枉法的京兆尹李实的劣迹云：

> 恃宠强愎，不顾文法。是时，春夏旱，京畿乏食。实一不以介意，方务聚敛征求，以给进奉。每奏时，辄曰："今年虽旱，而谷甚好。"由是租税皆不免，人穷至坏屋卖瓦木贷麦苗以应官。……尝有诏免畿内逋租，实不行用诏书，征之如初，勇于杀害，人吏不聊生。②

有鉴于此，为了让百姓安居乐业，当政者应该关心民生疾苦，不扰民乱民，减少盘剥。韩愈在《论变盐法事宜状》里说：

> 臣今通计所在百姓，贫多富少，除城郭外，有见钱籴盐者，十无二三，多用杂物及米谷博易。盐商利归于己，无物不取，或从赊贷升斗，约以时熟填还。用此取济，两得利便。今令州县人吏，坐铺自粜，利不关己，罪则加身。不得见钱及头段物，恐失官利，必不敢粜。变法之后，百姓贫者无从得盐而食矣……不比所由为官所使，到村之后，必索百

---

① 《送许郢州序》，马其昶校注，马茂元整理：《韩昌黎文集校注》，第237页。
② 韩愈：《顺宗实录》，马其昶校注，马茂元整理：《韩昌黎文集校注》，第699页。

姓供应。所利至少，为弊则多。此又不可行者也。①

百姓本不富足，实行新的盐政之后给百姓带来了困难，而且官员到乡村必然会向百姓索取供应，加重百姓负担，这不符合仁者爱人的博爱思想。

韩愈"博爱"思想的提出具有非常积极的意义，虽然儒家先贤早就有类似的论述，"但是，明白表示博爱就是仁，韩愈是第一人。这是韩愈对中国人道思想的一个发展。《原人》：'一视而同仁，笃近而举远。'则是对博爱所提供的终极依据和具体规范"②。

2. 行而宜之之谓义

韩愈还提出了"行而宜之之谓义"的主张。这一思想源于《中庸》。"义者，宜也。"所谓"宜"，《说文》曰："宜，所安也。"《玉篇》则曰："宜，当也。"《诗·周南》有："宜其室家。"传曰："宜者，和顺之意。"可见，"宜"就是适当和顺，恰如其分，各得其所的意思。那么，"行而宜之"，就是使人们各得其所，行为得体适宜、公正、公平，能做到这些就可以称之为"义"了。

韩愈认为只有心怀"义"，才能"爱而公"，他强烈反对只顾私利的做法。"杨之道，不肯拔一毛而利天下。"③ 韩愈认为，人应以义为先，为天下谋公利。"惟义之趋，岂利之践。"④ 在韩

---

① 《论变盐法事宜状》，马其昶校注，马茂元整理：《韩昌黎文集校注》，第646—647页。

② 邓小军：《新儒学本体——人性论的建立——韩愈人性思想研究》，《孔子研究》1993年第3期。

③ 《圬者王承福传》，马其昶校注，马茂元整理：《韩昌黎文集校注》，第55页。

④ 《祭张给事文》，马其昶校注，马茂元整理：《韩昌黎文集校注》，第343页。

愈看来，君子应该"适于时，救其弊"①，为了百姓国家，要尽最大努力。"苟利于国，知无不为。"②韩愈要求自己。"于为义若嗜欲，勇不顾前后；于利与禄，则畏避退处如怯夫然"③。韩愈不仅是这样说的，而且也是这样做的。唐元和十四年（819年）正月，宪宗皇帝遣使到凤翔迎佛骨，韩愈认为"事佛求福，乃更得祸"，而且对百姓有害无利。"焚顶烧指，百十为群，解衣散钱。自朝至暮，转相仿效，惟恐后时。老少奔波，弃其业次。若不即加禁遏，更历诸寺，必有断臂脔身，以为供养者。"④为了天下之大义，韩愈甘于冒着生命危险上表反对，他甚至主张把佛骨"投入水火，永绝根本，断天下之疑，绝后代之惑"⑤。结果触怒了宪宗，差点被处以极刑，幸得宰相裴度为之说情，才幸免于难，最终被贬谪潮州。

韩愈心怀天下，以拳拳仁义博爱之心立于世，可谓"行而宜"矣。正因如此，韩愈赢得了后人的推崇。《旧唐书》称赞说："发言真率，无所畏避，操行坚正。"⑥

二　柳宗元：以封建郡县论公私

柳宗元（773—819年），字子厚。唐代文学家、哲学家、散文家和思想家，与韩愈等人并称为唐宋八大家。河东（今山西

---

① 《进士策问》其二，马其昶校注，马茂元整理：《韩昌黎文集校注》，第102页。
② 《为裴相公让官表》，马其昶校注，马茂元整理：《韩昌黎文集校注》，第600页。
③ 《唐朝散大夫赠司勋员外郎孔君墓志铭》，马其昶校注，马茂元整理：《韩昌黎文集校注》，第388页。
④ 《论佛骨表》，马其昶校注，马茂元整理：《韩昌黎文集校注》，第615页。
⑤ 同上书，第616页。
⑥ 《旧唐书·韩愈传》，中华书局1975年版。

永济）人，世称柳河东。因官终柳州刺史，又称柳柳州。

柳宗元是在讨论封建问题时论及公私的。他认为实行郡县制就是天下为公。柳宗元之前，有很多人推崇汤武为圣王，认为他们实行分封制乃是大公无私之举；他们还批评秦代开始的郡县制，认为秦始皇实行这种制度必损天下之公。柳宗元对此不以为然，他说："或者曰：'封建者，必私其土，子其人，适其俗，修其理，施化易也。守宰者，苟其心，思迁其秩而已，何能理乎？'余又非之。"① 柳宗元认为秦始皇推行的郡县制坚持了中央集权，维护了国家统一，反对地方割据，反对国家分裂，分权于百官，是莫大的天下为公。

柳宗元在《封建论》中首先阐述了封建制的产生，他说，人类原本是过着原始的生活。"彼其初与万物皆生，草木榛榛，鹿豕狉狉，人不能搏噬，而且无毛羽，莫克自奉自卫"，为了供养、保护自己，人不得不借助于外物，但是外界资源是有限的，人为了获得这些有限的资源而产生了争夺。随着社会的发展，这种争夺逐渐升级，人们聚集成群，分成许多群以后，相互间争斗的规模就又升级，于是后来便有了诸侯、方伯、天子。

> 故近者聚而为群，群之分，其争必大，大而后有兵有德。又有大者，众群之长又就而听命焉，以安其属。于是有诸侯之列，则其争又有大者焉。德又大者，诸侯之列又就而听命焉，以安其封。于是有方伯、连帅之类，则其争又有大者焉。德又大者，方伯、连帅之类又就而听命焉，以安其人，然后天下会于一。是故有里胥而后有县大夫，有县大夫而后有诸侯，有诸侯而后有方伯、连帅，有方伯、连帅而后有天子。自天子至于里胥，其德在人者死，必求其嗣而奉

---

① 《封建论》，《柳河东全集》，中国书店1991年版，第33页。

之。故封建非圣人意也,势也。①

可见,国家的出现,封土建制的产生都不是出于圣人的本意,乃是大势所趋,不得不为之。

柳宗元进而认为实行分封制并非是大公无私的美德,因为其出发点也是"私其力于己也",也就是要使诸侯为自己出力,并保卫其子孙后代的基业,是不得已的行为"故封建非圣人意也,势也"。柳宗元认为,秦朝实行置郡建县才是最大的公,当然秦代实行郡县制的出发点也是为私,是皇帝想要巩固个人的权威,使天下的人都臣服于自己,但这是小"私";废除分封制和以宗法亲亲为基础的选官制度,在一定程度上实现了天下权力的共享,这才是大公无私。

> 徇之以为安,仍之以为俗,汤、武之所不得已也。夫不得已,非公之大者也,私其力于己也,私其卫于子孙也。秦之所以革之者,其为制,公之大者也;其情,私也,私其一己之威也,私其尽臣畜于我也。然而公天下之端自秦始。②

柳宗元首先指出了分封制本身的制度缺陷,他举了周朝的例子。周王朝实行分封制和宗法制,没有实行封建制,而且是位传其子,可是照样灭亡了,"侯伯不得变其政,天子不得变其君。私土子人者,百不有一"。这是什么原因造成的呢?柳宗元认为,其根本原因在于制度有问题,"失在于制,不在于政"。柳宗元进而针对有人批评秦朝灭亡是因为改变了先王之制,实行郡县制的观念进行了反驳,提出秦之所以亡国是因为统治者的暴虐而非

---

① 《封建论》,《柳河东全集》,中国书店1991年版,第32页。
② 同上书,第34页。

郡县制有问题，他说：

> 秦有天下，裂都会而为之郡邑，废侯卫而为之守宰，据天下之雄图，都六合之上游，摄制四海，运于掌握之内，此其所以为得也。不数载而天下大坏，其有由矣……咎在人怨，非郡邑之制失也。……秦之事迹，亦断可见矣。有理人之制，而不委郡邑，是矣；有理人之臣，而不使守宰，是矣。郡邑不得正其制，守宰不得行其理，酷刑苦役，而万人侧目。①

柳宗元说，秦实行郡县制是"公"，其灭亡并不是因为郡县制，而是因为"失在于政，不在于制"。汉统一全国之后，汉初的统治者也认为分封制优于郡县制，所以纠正秦朝的错误，沿袭周朝的封建制，分封自己的子弟和功臣为诸侯王。"矫秦之枉，徇周之制，剖海内而立宗子，封功臣。"结果没几年，这样做的恶果就显现出来了。

> 汉兴，天子之政行于郡，不行于国；制其守宰，不制其侯王。侯王虽乱，不可变也；国人虽病，不可除也。及夫大逆不道，然后掩捕而迁之，勒兵而夷之耳。大逆未彰，奸利浚财，怙势作威，大刻于民者，无如之何。②

天子的政令只能在郡县推行，而无法在诸侯国推行；天子只能控制郡县的官员，而不能掌控诸侯王。诸侯王即便犯错，天子也无法撤换他们；王国的百姓尽管深受其害，朝廷却无法解除他们的

---

① 《封建论》，《柳河东全集》，中国书店1991年版，第33页。
② 同上。

痛苦，最后的结果是导致七国之乱，汉王朝不得不为了平息诸侯国的叛乱而烦恼，并因此衰落不振达三代之久。后来采取了削弱诸侯王势力的政策，并派官员管理才得以太平。汉朝恢复分封制的时候，诸侯国和郡县各占一半疆域，但是只有诸侯国叛乱而无郡县反叛，可见，郡县制的优越性是何其大。施行郡县制，再配以好的政策，那么国家就不会轻易灭亡，汉朝恢复郡县制后的繁荣昌盛就是一个成功的例子。

  及夫郡邑，可谓理且安矣。何以言之？且汉知孟舒于田叔，得魏尚于冯唐，闻黄霸之明审，睹汲黯之简靖，拜之可也，复其位可也，卧而委之以辑一方可也。有罪得以黜，有能得以赏。朝拜而不道，夕斥之矣；夕受而不法，朝斥之矣。①

实行郡县制可以让天子任用贤臣，赏赐有功的，罢黜有罪的，这样国家就能安定和谐。反之，如果汉代没有实行郡县制，而是继续沿袭周代的分封制，那么就会出现完全相反的情况，诸侯纷争，法令不行。

  设使汉室尽城邑而侯王之，纵令其乱人，戚之而已。孟舒、魏尚之术，莫得而施；黄霸、汲黯之化，莫得而行。明谯而导之，拜受而退已违矣。下令而削之，缔交合从之谋，周于同列，则相顾裂眦，勃然而起。幸而不起，则削其半。削其半，民犹瘁矣，曷若举而移之以全其人乎？②

---

① 《封建论》，《柳河东全集》，中国书店1991年版，第33页。
② 同上。

如果把国家分封给诸侯王,那么国家就拿他们没办法了,他们阳奉阴违,甚至还会叛乱。即便能削减他们的分地,仍还会损害百姓的利益,所以还是应该彻底废除分封制。通过上面的论述,柳宗元得出结论,他认为实行郡县制坚持了中央集权,维护了国家统一,反对地方割据,反对国家分裂,就是天下为公,就是公天下。

但是柳宗元的这种看法引起了后人极大的争论。① 有很多人支持这一观点。明末清初思想家王夫之非常赞同柳宗元的看法,他说:"则分之为郡,分之为县,俾才可长民者,皆居民上,以尽其才而治民之纪,亦何为而非天下之公乎?"② 设郡立县,让有才能的人据官位来管理百姓,人尽其才而且能管理好百姓,这怎能说不是"天下为公"呢?王夫之还进一步指出,正是由于秦始皇私心太重,所以获罪于天下。

> 秦以私天下之心而罢侯置守,而天假其私以行其大公。……选举不慎,而贼民之吏代作,天地不能任咎,而况圣人?未可为郡县咎也。若夫国祚之不长,为一姓言,非公义也。秦之所以获罪于万世者,私已而已矣。斥秦之私,而欲私其子孙以长存,又岂天下之大公哉?③

但是并不能因此得出郡县制亡国的结论,如果那么想,定是为一朝一代说话,那就失去公义了。至于梦想其子孙万世长存,又怎么能称得上天下为公呢?和王夫之同时代的另一思想家顾炎武也

---

① 关于这一点,周积明、田勤耘《清人对柳宗元〈封建论〉的批评》(《光明日报》2008年第7版)一文介绍甚详。
② 王夫之:《读通鉴论·秦始皇》(万有文库本),商务印书馆1936年版,第1页。
③ 《读通鉴论·秦始皇》(万有文库本),商务印书馆1936年版,第1页。

说:"有圣人起,寓封建之意于郡县之中,而天下治矣。"①

当然也有人不赞成柳宗元的看法,清人袁枚则批评说:"先王有公天下之心,而封建亲亲也,尊贤也,兴绝国也,举废祀也,欲百姓之各亲其亲,各子其子,故封建行而天下治。后世有私天下之心而封建,宠爱子也,牢笼功臣也,求防卫也,其视百姓之休戚,如秦人视越人之肥脊也,故封建行而天下乱。无先王之心,行先王之法,是谓徒政。"② 袁枚认为,先王的封建制之所以能实现天下大治是因为他们有公天下之心;后世行封建之所以失败是因为有私心。

除了以封建论公私之外,柳宗元还有一些关于"公"的论述,比如他认为兴先王之道必须中正无私,讲求信义。"唯以中正信义为志,以兴尧舜孔子之道,利安元元为务。"③"中正"是他一生的追求,他在写给其内弟的书信中说:"中之正不惑于外","秉其正以抗于世"④。为了实现这种中正之道,他甚至不惧刑祸。"退之之恐,唯在不直、不得中道,刑祸非所恐也。"⑤

---

① 《顾亭林诗文集·郡县论一》,《亭林文集》卷一,载《顾亭林诗文集》,中华书局1959年版,第12页。
② 《书柳子封建论后》,袁枚著,周本淳校注:《小仓山房诗文集》,上海古籍出版社1988年版,第1636页。
③ 《寄许京兆孟容书》,《柳河东全集》,中国书店1991年版,第322页。
④ 《与杨诲之书》,《柳河东全集》,中国书店1991年版,第348页。
⑤ 《与韩愈论史官书》,《柳河东全集》,中国书店1991年版,第332页。

# 第六章　宋元时期的"公"观念

　　宋元时期是中国封建社会的持续发展时期，但是由于种种原因，宋代在政治上是守内虚外、外强中干，在经济上则是土地兼并日趋严重，人民生活困苦，因而导致阶级矛盾日益尖锐。较之于政治、经济方面，宋代社会在思想领域取得的成就更大，这一时期最明显的是理学的出现。理学是在儒释道三家长期斗争和相互作用的基础上形成的，理学的出现对中国社会影响深远，反映到公私关系问题上就是以理欲论公私。以程朱为代表的理学家们开口闭口便是天理、人欲，"公"成了极端道德化的化身，而"私"则遭到了前所未有的极端压制。这一时期的公私关系探讨大致可以分为三个阶段：第一个时期为宋代前期，理学处在形成、奠基阶段，对公私问题的看法还比较开明，比如李觏主张利欲可言；第二个时期为宋代中期，以张载、二程为代表的理学家崛起。张载主张以义理战退私己，二程则比较系统地以理欲、义利论述公私关系；第三个阶段为南宋时期，这一时期理学发展到了鼎盛阶段，理学的集大成者朱熹提出了"存天理，灭人欲"的极端道德准则，公私关系也成了辨析人品的道德价值标准。当然这三个阶段主要是以理学发展为基础划定的，在理学家之外，还有一些著名思想家论及公私关系问题，他们对公私问题的看法较之于理学家要开放得多，比如王安石就非常重视功利问题，再如南宋以陈亮为代表的事功学派对利的看法就更开明了。

## 第一节 宋代前期的"公"观念

宋代前期是理学的形成、奠基阶段，这一时期的思想家如李觏、周敦颐等人对义利关系问题比较重视，开启了宋代以义利理欲论公私的风气。李觏认为，利欲是人的合理需求，而且是产生仁义的基础，因而李觏主张"利欲可言"。但是李觏也看到了过度追求利欲可能带来的危害，所以他提出了"徇公不私"主张来引导人们。理学的奠基人周敦颐则认为"公"是圣人之道，是最高的道德境界，"圣人之道，至公而已矣"[①]。为了达到这种境界，他提出要清净无欲。

### 一 李觏：徇公不私

李觏（1009—1059 年），字泰伯，北宋建昌军南城（今江西南城县）人。出身于小地主家庭，李觏提倡公利，注重社会的公平公正。

#### （一）利欲可言

李觏提倡重视公义，同时还强调要注重私利，提出了义利双行的义利观。儒家向来主张重义轻利，孟子更是说"何必曰利"，李觏认为孟子的这种看法是偏激的，利不仅是可以言说的，而且利乃是仁义产生的基础。

> 利可言乎？曰：人非利不生，曷为不可言？欲可言乎？曰：欲者人之情，曷为不可言？言而不以礼，是贪与淫，罪矣。不贪不淫而曰不可言，无乃贼人之生，反人之情，世俗

---

[①]《通书·公》，周敦颐著，谭松林、尹红整理：《周敦颐集》，岳麓书社 2002 年版，第 54 页。

之不喜儒以此。孟子谓'何必曰利',激也。焉有仁义而不利者乎?①

李觏认为,"人非利不生",食货乃是治国之实,财用乃是富国之本,因而儒家的"贵义贱利"的传统观念值得推敲。他说:

> 愚窃观儒者之论,鲜不贵义而贱利,其言非道德教化则不出诸口矣。然《洪范》八政,"一曰食,二曰货"。孔子曰:"足食,足兵,民信之矣。"是则治国之实,必本于财用。盖城郭宫室,非财不完,羞服车马,非财不具;百官群吏,非财不养;军旅征戍,非财不给。……礼以是举,政以是成,爱以是立,威以是行。舍是而克为治者,未之有也。是故贤圣之君,经济之士,必先富其国焉。②

李觏还认为,人之所以离不开利欲,与人的本性有关。他说:"盖利者,人之所欲,欲则存诸心,存诸心则计之熟矣。害者,人之所恶,恶则幸其无之,而不知为谋矣。"③ 人对利欲的追求既然是人之本性决定的,传统不言利欲的说法就是违背人性的,"贼人之生,反人之情"④。追求利欲是人之常情,这对圣人也不例外。

> 形同则性同,性同则情同。圣人之形与众同,而性情岂有异哉?然则众多欲而圣寡欲,非寡欲也,知其欲之生祸

---

① 《杂文·原文》,《李觏集》卷二十九,中华书局1981年版,第326页。
② 《富国策第一》,《李觏集》卷十六,第133页。
③ 《易论第六》,《李觏集》卷三,第38页。
④ 《杂文·原文》,《李觏集》卷二十九,第326页。

也。……圣人寡欲，故能得所欲；众人多欲，以所欲奉他人。①

圣人之所以为圣人不在于他们无欲，而在于他们明白过度地追求私利、私欲会带来灾祸，因而能自我节制。人也应效法圣人，在追求利欲时也要"节以制度"。在李觏看来，利、欲是礼义产生的前提，所谓"食不足，心不常，虽有礼义，民不可得而教也"②。同时李觏还指出，"礼"是规范利欲的准绳，它保证人对利欲的追求不过度。他说：

> 言乎人，则手足筋骸在其中矣；言乎礼，则乐、刑、政、仁、义、智、信在其中矣。故曰："夫礼，人道之准，世教之主也。圣人之所以治天下国家、修身正心，无他，一于礼而已矣。"③

李觏不仅主张要用"礼"来规范人对利欲的追求，同时他所强调的利，不仅仅指个人之私利，还指利国利民之公利。李觏认为，人不能只顾追求一己之私利，还应该为天下谋公利。

(二) 循公不私

李觏强烈反对损公肥私的极端功利主义，主张要"循公而灭私"。他说：

> 古之君子以天下为务。故思与天下之明共视，与天下之聪共听。与天下之智共谋，孳孳焉唯恐失一士以病吾元元

---

① 《庆历民言·损欲》，《李觏集》卷二十一，第234—235页。
② 《平土书序》，《李觏集》卷十九，第183页。
③ 《礼论第一》，《李觏集》卷二，第7页。

也。如是安得不急于见贤哉？后之君子以一身为务，故思以一身之贵穷天下之爵。以一身之富尽天下之禄，以一身之能擅天下之功。名望望焉唯恐人之先己也。如是谁暇于求贤哉？嗟乎！天下至公也，一身至私也，循公而灭私，是五尺竖子咸知之也。然而鲜能者，道不胜乎欲也。①

李觏认为，那些"名望望焉唯恐人之先己"的人只为一己谋利的做法是非常自私的，真正的君子应为天下谋公利，做到循公灭私。要做到循公灭私，还应该通过法制来保障社会的公平、公正。如前所述，李觏认为，"礼"乃是规范人们追求利欲的准绳，具体落实到制度层面便是法制。"礼者，虚称也，法制之总名。"②

但是现实社会中总有一些特权阶层无视礼法，他们享有特权，触犯法度时也难以得到应有的惩罚，李觏对此提出了强烈的批评。"吁，微三尺之法，几何其不锦衣而舞柩也！法禁怯而不禁豪，礼则左右而胜焉。知礼而违曰：'吾能'，不自愧乎？知禁而犯，曰：'谁敢言我。'"③

为了实现循公灭私，保障社会的公平、公正，李觏认为法制一旦制定，便是天下所共同遵守的标准，对任何人都不应该有差别，无论亲疏贵贱，都应遵守。李觏说：

> 法者，天子所与天下共也。如使同族犯之而不刑杀，是为君者私其亲也。有爵者犯之而不刑杀，是为臣者私其身也。君私其亲，臣私其身，君臣皆自私，则五刑之属三千止

---

① 《上富舍人书》，《李觏集》，第277页。
② 《礼论第五》，《李觏集》卷二，第11页。
③ 《广潜书第十二》，《李觏集》卷十六，第226页。

谓民也。赏庆则贵者先得，刑罚则贱者独当，上不媿于下，下不平于上，岂适治之道邪？故王者不辨亲疏，不异贵贱，一致于法。①

如果有爵位的人犯罪，君王袒护而不处罚就是徇私枉法，如果君臣都徇私枉法，那么社会就失去最基本的公正了，这样的社会是难以实现太平的。正确的做法应该是效法先王"先王之制，虽同族，虽有爵，其犯法当刑，与庶民无以异也"②，做到"君者不得私其亲，臣者不得私其身"③。

不仅普通人要徇公灭私，君王也应如此。李觏要求君王要以天下为公。在李觏看来，上天立君乃是使其养万民。

> 天生斯民矣，能为民立君，而不能为君养民。立君者，天也；养民者，君也。非天命之私一人，为亿万人也。民之所归，天之所右也；民之所去，天之所左也，天命不易哉！民心可畏哉！是故古先哲王皆孳孳焉，以安民为务也。④

君王是上天为民而设，"为天下威一人"，而不是"为一人威天下"⑤，所以君王应该"徇公而灭私"。具体来说包括以下几个方面。

首先，君王要以民为本，为天下谋公利，而不能只顾一己之享乐而聚敛私财。

---

① 《周礼致太平论·刑禁第四》，《李觏集》卷十，第99页。
② 同上书，第100页。
③ 同上。
④ 《安民策》，《李觏集》卷十八，第168页。
⑤ 《潜书》，《李觏集》卷二十，第217页。

  盖王者无外,以天下为家,尺地莫非其田,一民莫非其子,财物之在海内,如在橐中,况于贡赋之入,何彼我之云哉?历观书传,自《禹贡》以来,未闻天子有私财者。汉汤沐邑,为私奉养,不领于经费,灵帝西园,万金常聚为私藏,皆衰乱之俗,非先王之法也。故虽天子器用、财贿,燕私之物,受贡献,备常赐之职,皆属于大府。属于大府,则日有成,月有要,岁有会。职内之人,职岁之出,司书之要,贰司会之,钩考废置,诛赏之典存焉。如此,用安得不节?财安得不聚?①

  君王以天下为家,没有任何的私财,更不得藏匿私物,挥霍财物,这是先王之法早已规定了的,任何人都不应当违反。②

  君王还要以身作则,不徇私情。李觏还要求君主要"天子所御,而服官政,从官长,是天子无私人。天子无私人,则群臣焉得不公?"

  其次,经济方面,要安民、养民。李觏认为上天为民立君,那么君王就要善理财政,以养万民。"天之生物而不自用,用之者人;人之有财而不自治,治之者君。……君不理,则权在商贾。商贾操市井之权,断民物之命。"③ 李觏认为,"民心可畏哉!是故古先哲王皆孳孳焉以安民为务也"。那么如何做到安民呢?李觏是这样描述的:

  百亩之田,不夺其时,而民不饥矣。五亩之宅,树之以桑,而民不寒矣。达孝悌,则老者有归,病者有养矣。正丧

---

① 《周礼致太平论·国用第二》,《李觏集》卷五,第86页。
② 姜国柱:《李觏思想研究》,中国社会科学出版社1984年版。
③ 《国用第十一》,《李觏集》卷八,第85页。

纪,则死者得其藏。修祭祀,则鬼神得其飨矣。征伐有节,诛杀有度而民不横死矣。此温厚而广爱者也,仁之道也。①

为了实现上述理想,就必须从根本上保障百姓享有基本的土地。但是当时社会土地兼并严重,以致出现"贫者无立锥之地,而富者田连阡陌"②的现象,导致人民生活困难,甚至危及国家财政。"自阡陌之制行,兼并之祸起,贫者欲耕而无地,富者有地而或乏人。野夫有作惰游,况居邑乎!沃壤犹为芜秽,况瘠土乎!饥馑所以不支,贡赋所以日削。"③针对这种现象,李觏提出了"平土均田"的思想,希望通过土地分配实现社会的公正。

  法制不立,土田不均,富者日长,贫者日队,虽甫来稻,谷不可得而食也。食不足,心不常,虽有礼仪,民不可得而教也。尧舜复起,末如之何矣!故平土之法,圣人先之。④

当然由于时代的局限性,李觏的"平土均田"乃是想恢复周代的井田制,但不管怎样,这种思想的出发点是为了社会的公平、公正。他说:"呜呼!吾乃今知井地之法,生民之权衡乎!井地立则田均,田均则耕者得食,食足则蚕者沿衣;不耕不蚕,不饥寒者希矣。"⑤如果实行了平土均田,那么百姓拥有了土地,就可以在自己的土地上耕种收获,植桑养蚕,使耕者得食,蚕者得衣,这样便可以使百姓丰衣足食,免于饥寒之苦。

---

① 《礼论第三》,《李觏集》卷二,第10页。
② 《富国策第二》,《李觏集》卷十六,第135页。
③ 《国用第四》,《李觏集》卷六,第78页。
④ 《平土书》,《李觏集》卷十九,第183页。
⑤ 《潜书第十一》,《李觏集》,第214页。

## 二　周敦颐：圣人之道，至公而已

周敦颐（1017—1073年），字茂叔，号濂溪，原名惇实，避英宗旧讳而改名敦颐。宋代思想家、理学家、哲学家。道州营道县（今湖南道县）人，晚年定居庐山莲花峰下，人称濂溪先生，谥号元。与邵雍、张载、程颢、程颐并称为"北宋五子"。周敦颐是我国理学的开山祖师，在中国思想史上的影响深远。

### （一）清静无欲

周敦颐论公私也是从人性论出发的，他认为人性本质上是由阴阳之气相互交合而成。《太极图说》云："无极之真，二五之精，妙合而凝。乾道成男，坤道成女，二气交感，化生万物。万物生生，而变化无穷焉。"① 人乃天地阴阳所生，那么人之本性亦应出于此。他说："一阴一阳之谓道，继之者善也，成之者性也。"② 源于天地阴阳之道的人性本质到底是什么呢？周敦颐发挥了《中庸》"诚者，天之道也，诚之者，人之道也"的观点，认为人的本性是"诚"，是至善的。"诚者，圣人之本。大哉乾元，万物资始，诚之源也。乾道变化，各正性命，诚斯立焉。纯粹至善者也。"③ 周敦颐认为，"诚"乃是人间道德的源头。

> 圣，诚而已矣。诚，五常之本，百行之原也。静无而动有，至正而明达也。五常百行，非诚非也，邪暗塞也。故诚则无事矣。至易而行难。果而确，无难矣。故曰："一日克己复礼，天下归仁焉。"④

---

① 《太极图说》，（北宋）周敦颐著，谭松林、尹红整理：《周敦颐集》，岳麓书社2002年版，第6页。
② 《通书·诚上》，《周敦颐集》，第16页。
③ 同上书，第15页。
④ 《通书·诚下》，《周敦颐集》，第19页。

诚乃是五常、百行之源,是人之天性,是至善的,恶是后天所产生的。但人之本性并不能简单分为善恶两类,周敦颐认为有刚善、刚恶、柔善、柔恶四种。

> 性者,刚柔善恶,中而已矣。不达。曰:"刚善为义、为直、为断、为严毅、为干固,恶为猛、为隘、为强梁;柔善为慈、为顺、为巽;恶为懦弱、为无断、为邪佞。惟中也者,和也,中节也,天下之达道也,圣人之事也。"①

所谓刚,《说文解字》曰:"刚,强断也。"所谓柔,《说文解字》:"柔,木曲直也。"周敦颐认为,恶乃是由于后天环境影响而造成的,无论是刚恶还是柔恶都是因为人的行为背离了中和之性。刚善、柔善虽较之刚恶、柔恶略胜一筹,但是仍有改进的空间。在周敦颐看来,它们都不是最理想的状态,只有中和之性才是完美的、"纯粹至善"的。

当然,周敦颐很清醒地意识到在现实社会中由于受到外在环境的影响,人是容易变恶的,因而应引导人去恶向善。他说:"故圣人立教,俾人自易其恶,自至其中而止矣。……师道立,则善人多。善人多则朝廷正,而天下治矣。"② 除了圣人的引导,人还应该提高自我修养,消除私欲,也就是要"无欲"。他在《养心亭说》中说:

> 孟子曰:"养心莫善于寡欲。其为人也寡欲,虽有不存焉者,寡矣;其为人也多欲,虽有存焉者,寡矣。"予谓养

---

① 《通书·师第七》,《周敦颐集》,第24—25页。
② 同上书,第25页。

心不止于寡而存耳，盖寡焉以至于无，无则诚立明通。诚立，贤也；明通，圣也。①

圣人拥有"诚"的美好品质，是纯粹至善的，普通人应该努力学习圣人的这种品德。周敦颐在《通书·圣学》中说：

"圣可学乎？"曰："可。"曰："有要乎？"曰："有。""请问焉。"曰："一为要。一者，无欲也。无欲则静虚动直。静虚则明，明则通。动直则公，公则溥。明通公溥，庶矣乎！"②

周敦颐认为，无欲则能心如止水、行动公正，也只有做到"无欲"，才能"静"、"明"、"通"、"直"、"溥"、"公"，所以实现公正无私的关键在于无欲清静。朱伯崑先生在《周敦颐评传》中说："佛道二教讲无欲清静，排除同外物接触，使内心保持一种永恒的虚静的状态。而周敦颐讲无欲主静，其内容是无私，所以不排除同外物接触，无思也不是废弃思考，而是实现动直，没有私心，以履行仁义道德的教条。"③

（二）圣人之道，至公而已

周敦颐认为，公私与道德相联系，"至公"乃是圣人应有的品德。"圣人之道，至公而已矣。或曰'何谓也？'曰：'天地至公而已矣。'"④ 要做到至公，必须从以下几个方面努力。

---

① 《养心亭说》，《周敦颐集》，第59页。
② 《通书·圣学》，《周敦颐集》，第40页。
③ 朱伯崑：《周敦颐评传》，《中国古代著名哲学家评传》第三卷上，齐鲁书社1981年版，第56页。
④ 《通书·公》，《周敦颐集》，（丛书集成初编），中华书局1985年版，第54页。

首先，要拥有仁义中正之胸襟。《通书·道第六》说："圣人之道，仁义中正而已矣。守之贵，行之利，廓之配天地。"《太极图说》也表达了类似的意思："圣人定之以中正仁义而主静，立人极焉。故圣人与天地合其德，日月合其明，四时合其序，鬼神合其吉凶。"

人只有无欲清静才能做到中正仁义。《太极图说》曰："圣人定之以中正仁义（自注：圣人之道，仁义中正而已矣）而主静（自注：无欲故静），立人极焉。"① 圣人只有中正仁义才能为百姓作主，才能捍卫社会的公正。

> 民之盛也，欲动情胜，利害相攻，不止则贼灭无伦焉，故得刑以治。情伪微暧，其变千状。苟非中正明达果断者，不能治也。……呜呼！天下之广，主刑者民之司命也。任用可不慎乎！②

周敦颐认为，人为了谋求私利而利害相攻，为了保证社会的公正，人应该提高自我修养，清静无欲，但是并不是每个人都能做到无欲的，所以要辅之以刑罚。为了保证刑罚的公正，主刑者用刑要慎重，而且还要公平、公正，绝不能为了私利而滥用刑罚。

其次，必须推己及人。周敦颐认为，天下之治，本在一人，"治天下观于家，治家观于身而已矣"③。当政者应该像圣人那样效法天地自然，以己之无私率人以无私。他说："公于己者公于人，未有不公于己而能公于人也。明不至则疑生。明，无疑也。谓能疑为明，何啻千里？"④ 也就是说，要做到公平、公正，人

---

① 《太极图说》，周敦颐：《周濂溪集》卷一，第 17 页。
② 《通书·刑第三十六》，《周敦颐集》，第 54 页。
③ 《通书·家人睽复无妄》，《周敦颐集》，第 51 页。
④ 《通书·公明》，《周敦颐集》，第 41 页。

必须首先要以身作则，率先垂范，只有自己做到了，才能进而要求和教导别人做到至公无私。正因为要推己及人，所以君子慎动。"动而正曰道，用而和曰德。匪人、匪义、匪礼、匪智、匪信，悉邪也。邪动，辱也；甚焉，害也。故君子慎动。"① 行动合乎道德才能为人推崇，否则，邪动只会招致辱害，因而必须通过"诚心"把"不善之动"恢复到"无妄则诚"的境界："身端，心诚之谓也；诚心，复其不善之动而已矣。不善之动，妄也；妄复，则无妄矣；无妄则诚焉。"②

再次，要迁善改过。人生在世，孰能无过？只有知过能改，便能迁善。"君子乾乾不息于诚，然必惩忿窒欲，迁善改过而后至。"③ 周敦颐认为改过迁善是培养至公品格的必由之路。《通书·爱敬》载：

> 有善不及，曰："不及，则学焉。"问曰："有不善？"曰："不善，则告之以不善，且劝曰：'庶几有改乎！'斯为君子。有善一，不善二，则学其一而劝其二。有语曰：'斯人有是之不善，非大恶也？'则曰：'孰无过，焉知其不能改。改则为君子矣。不改为恶，恶者天恶之，彼岂无畏邪？乌知其不能改。'故君子悉有众善，无弗爱且敬焉。"④

周敦颐把改过迁善作为修诚至公的重要途径。他说："人之生，不幸，不闻过；大不幸，无耻。必有耻，则可教；闻过，则可贤。"⑤ 他还把闻过则喜的仲由推为楷模。"仲由喜闻过，令名无

---

① 《通书·慎动》，《周敦颐集》，第22—23页。
② 《通书·家人睽复无妄》，《周敦颐集》，第51页。
③ 《通书·乾损益动》，《周敦颐集》，第50页。
④ 《通书·爱敬》，《周敦颐集》，第33—34页。
⑤ 《通书·幸》，《周敦颐集》，第26页。

穷焉。"相比之下，当今那些有过不改，讳疾忌医的人反倒是自欺欺人了。"今人有过，不喜人规，如护疾而忌医，宁灭其身而无悟也。噫！"①

## 第二节 宋代中期的"公"观念

理学发展到北宋中期，理欲之辩开始升温，道德倾向也越来越严重。张载认为，人性中的气质之性是恶产生的根源，为了矫正自己的性情，节制私欲，他提出要"以义理战退私己"的主张。理学的另外两位大师，程颐、程颢二兄弟则进一步把公私与理欲联系在一起，提出了公为仁之理，公是天理的体现，私欲则是邪恶的，所以"灭私欲则天理明矣"②。

### 一 张载：以义理战退私己

张载（1020—1077年），字子厚，大梁（今河南开封）人，徙家凤翔郿县（今陕西眉县）横渠镇，学者称横渠先生。北宋哲学家，理学创始人之一。张载著有《正蒙》、《横渠易说》，以及后人整理而成的《经学理窟》、《张子语录》。张载是理学的奠基人之一，影响很大，以他为中心在关中地区形成了一个颇为壮观的"关学"学派。张载的"公"观念是从其对人性内涵的分析引出的，他认为"性于人无善无不善"，人性中有善的"天地之性"，也有可以产生的恶的"气质之性"。因为人性中有恶的分子，所以张载提出天理、天性来统率性情，以义理战退私欲。

（一）人性论：天地之性善，气质之性恶

张载把人性分为"天地之性"与"气质之性"。他说："性

---

① 《通书·过》，《周敦颐集》，第45页。
② 《河南程氏遗书》卷二十四。

其总,合两也。"① 明儒徐必达在《正蒙释·发明》中解释说:"性者万物之一源,故曰其总;然有天地之性、气质之性两者,故曰合两。"

张载认为"天地之性"是天地万物所共有的。"体万物而谓之性。"② 性乃是天道的体现,所以是无私的。他说:"性者,万物之一源,非有我之得私也。惟大人为能尽其道,是故立必俱立,知必周知,爱必兼爱,成不独成。彼自蔽塞而不知顺吾理者,则亦未如之何矣。"③ 正因为性乃是源自天道的,所以是没有善恶之分的。"性于人无不善。"④

尽管"天地之性"相同,但是气质之性是不同的。"大凡宽褊者,是所禀之气也,气者自万物散殊时,各有所得之气……人之性虽同,气则有异。天下无两物一般,是以不同。"⑤

张载认为气质之性是可以改变的,原因有两个。其一是气质之性由气构成,而构成人的气质的气并不是固定的,"太虚无形,气之本体,其聚其散,变化之客形尔"⑥。其二,气质之性是后天习养所致的,通过学习和修养是可以改变的。张载发挥了孔子的"性相近,习相远"的理论,认为气质之性是可以通过学习改变的。"天下无两物一般,是以不同……孔子曰:'性相近也,习相远也'……是性莫不相同也,至于习之异斯远矣。"⑦ 人之所以陷入恶的深渊而戕害天地之性是因为未学。

---

① 《正蒙·诚明》,《张载集》,中华书局1978年版,第22页。
② 《正蒙·乾称》,《张载集》,第64页。
③ 《正蒙·诚明》,《张载集》,第21页。
④ 同上书,第22页。
⑤ 《张子语录下》,《张载集》,第329页。
⑥ 《正蒙·太和》,《张载集》,第7页。
⑦ 《张子语录下》,《张载集》,第330页。

> 变化气质。孟子曰："居移气，养移体"，况居天下之广居者乎！居仁由义，自然心和而体正。更要约时，但拂去旧日所为，使动作皆中礼，则气质自然全好。礼曰"心广体胖"，心既弘大则自然舒泰而乐也。若心但能弘大，不谨敬则不立；若但能谨敬而心不弘大，则入于隘，须宽而敬。大抵有诸中者必形诸外，故君子心和则气和，心正则气正。其始也，固亦须矜持，古之为冠者以重其首，为履以重其足，至于盘盂几杖为铭，皆所以慎戒之。①

既然人善良的天性为后天原因所戕害，那么通过提高修养是可以恢复人的天性的。"形而后有气质之性善反之，则天地之性存焉。"② 张载在这里提出通过修养、学习来培养"善反"之法是非常重要的。

> 气者在性学之间，性犹有气之恶者为病，气又有习以害之，此所以鞭辟至于齐，强学以胜其气习。③
>
> 为学大益，在自能变化气质，不尔，卒无所发明，不得见圣人之奥，故学者先须变化气质，变化气质与虚心相表里。④
>
> 人之气质美恶与贵贱夭寿之理，皆是所受定分。如气质恶者学即能移，今人所以多为气所使而不得为贤者，盖为不知学。⑤

---

① 《经学理窟·气质》，《张载集》，第 265 页。
② 《正蒙·诚明》，《张载集》，第 23 页。
③ 《张子语录下》，《张载集》，第 329 页。
④ 《经学理窟·义理》，《张载集》，第 274 页。
⑤ 《经学理窟·气质》，《张载集》，第 266 页。

变化气质的目标就是要以天理、天性来节制自己的欲，即立天理、寡人欲。需要说明的是，张载主张寡欲而非灭欲，因为他认为人欲的产生有其社会基础，是不可能完全消灭的。

> 子之不欲，虽赏之不窃。欲生于不足则民盗，能使无欲则民不为盗。假设以子不欲之物赏子，使窃其所不欲，子必不窃。故为政者在乎足民，使无所不足，不见可欲而盗必息矣。①

在张载看来，并非所有的欲都是恶的，所以他反对灭欲，他比较赞同"寡欲"说。"仁之难成久矣，人人失其所好，盖人人有利欲之心，与学正相背驰，故学者要寡欲。"人人都有利欲之心，如何对待公私利欲就成为张载区分君子小人的标准之一。他认为真正的君子应该"克己要当以义理战退私己"②。

（二）以义理战退私己

1. 以公私区别君子小人

张载认为，君子也会尽性，但君子能以心统性，所以不至于徇物丧心。君子也会尽性，但他们不会为"闻见之心"所束缚。

> 世人之心，止于闻见之狭；圣人尽性，不以见闻梏其心，其视天下无一物非我。孟子谓尽心则知性知天以此。天大无外，故有外之心不足以合天心。见闻之知，乃物交而知，非德性所知。德性所知，不萌于见闻。③

---

① 《正蒙·有司》，《张载集》，第47页。
② 《易说·下经·大壮》，《张载集》，第130页。
③ 《正蒙·大心》，《张载集》，第24页。

张载认为，见闻之知乃是物交之知，是不合于天心的，只有德行所知才是知性知天的正确途径，才是合乎天心的。

既然闻见之知是有悖于君子品德的，那么君子就应该消除它的影响。"成心忘然后可与进于道。（成心者，私意也。）化则无成心矣。成心者，意之谓与！无成心者，时中而已矣。"① 张载认为，所谓成心就是私心、私意，只有抛弃成心才能进道。

不仅如此，君子还应该不私其身，要实现这一目的需要做到两点。

其一，应该具有无物我之私的品德。"君子于天下，达善达不善，无物我之私。"② 就是说君子应该"无所私系，用心存公"③，这是君子区别于小人的重要标志。"小人私己，利于不治，君子公物，利于治。"④

其二，要克己以义理战退私己。张载非常重视克己的作用，他说："惟其能克己则能为变，化却习俗之气性。所以养浩然之气是集义所生者，集义犹言积善也，义须是常集，勿使有息，故能生浩然道德之气。"⑤ 所谓"克己"就是克服自己的气质之性，不贪图私利，就是要做到以义理战退私己。"克己要当以理义战退私己，盖理乃天德，克己者必有刚强壮健之德乃胜己。"⑥ 君子要正民心，必须从克己正己起。"大抵天道不可得而见，唯占之于民……只为人心至公也，至众也。民正心之始，当以己心为严师。"⑦

---

① 《正蒙·大心》，《张载集》，第 25 页。
② 《正蒙·中正》，《张载集》，第 29 页。
③ 《横渠易说·蒙》，《张载集》，第 85 页。
④ 《正蒙·有司》，《张载集》，第 48 页。
⑤ 《经学理窟·学大原上》，《张载集》，第 281 页。
⑥ 《横渠易说·下经·大壮》，《张载集》，第 130 页。
⑦ 《经学理窟·学大原上》，《张载集》，第 280 页。

其三，君子还应有以义为重，公天下之利。张载认为，利有公利、私利之分，君子应以公利为重，这样才符合"义"之标准。他给义下的定义是："义，公天下之利。"① 公利就是义，就是为民谋福利，与之相悖的都是非利。"利于民则可谓利，利于身，利于国皆非利也。"② 不仅利己是非利，张载甚至认为利国也与利民之义相悖。张载要求君子要经世利民，"为天地立心，为生民立道，为去圣继绝学，为万世开太平"③。

2. "民胞物与"的大同思想

"天地之性"是天地万物和所有人都共有的，以此为理论出发点，张载提出了"民胞物与"的博爱思想。在《西铭》中，张载为我们描绘了这样一幅大同世界的美妙图景。

> 乾称父，坤称母；予兹藐焉，乃混然中处。故天地之塞，吾其体；天地之帅，吾其性。民吾同胞，物吾与也。大君者，吾父母宗子；其大臣，宗子之家相也。尊高年，所以长其长；慈孤弱，所以幼吾幼。圣其合德，贤其秀也。凡天下疲癃残疾，惸独鳏寡，皆吾兄弟之颠连而无告者也。

> 于时保之，予之翼也；乐且不忧，纯乎孝者也。违曰悖德，害仁曰贼；济恶者不才，其践形、惟肖者也。知化则善其事，穷神则善继其志，不愧屋漏为无忝，存心养性为匪懈。恶旨酒，崇伯子之顾养；育英才，颍封人之锡类。不驰劳而底豫，舜其功也；无所逃而待亨，申生其恭也。体其受而归全者，参乎！勇于从而顺令者，伯奇也。富贵福泽，将

---

① 《正蒙·大易》，《张载集》，第50页。
② 《张子语录中》，《张载集》，第323页。
③ 《近思录拾遗》，《张载集》，第376页。

厚吾之生也；贫贱忧戚，庸玉汝于成也，存。吾顺事；没，吾宁也。①

在这样一个大同社会里，人互爱互敬，其乐融融。人同生于天地，人与人之间都是同胞兄弟，人与人之间是平等的，即便帝王公卿亦不例外，君主是天地的宗子，臣子是协助其管天地之业的"家相"。尊老爱幼，鳏寡孤独废疾者都是吾之兄弟，所以都应该加以同情和爱护。

张载"民胞物与"的博爱思想是对儒家"仁者爱人"思想的发展，他同样强调仁的重要性。"圣人之所以有忧者，圣人之仁也；不可忧言者，天也。"②"民胞物与"的思想虽难以实现，但是具有积极的社会意义，正如当代研究者所说，张载的"理想确有许多富有人道主义博爱精神的有价值的思想。他不但把普通百姓一律视为亲兄弟，特别把社会的弱势群体（疲癃残疾、茕独鳏寡）都视为自己的亲兄弟，伸出援助之手，解救他们的困难，期望给他们以保护和安全，使他们脱离忧伤而得到快乐和幸福。张载把国君并不当成'天子'，仍然以平等观念视之为与普通百姓一样的父母所生之子，把朝廷的大臣视为普通百姓的管家。这在封建专制统治时代很盛行的宋代，是对尊卑等级观念的极大冲击和无情批判。"③

"民胞物与"的大同理想还必须要有经济基础作为保证，为此，张载提出以井田制实现土地均平的主张。他说："治天下不由井地，终无由得平，周道止是均平。"④ 宋代中期土地兼并加剧了社会贫富悬殊，阶级矛盾尖锐。面对此情形，张载主张通过

---

① 《正蒙·乾称·西铭》，《张载集》，第62页。
② 《横渠易说·系辞上》，《张载集》，第189页。
③ 杨亚利：《论张载的社会和谐思想》，《学习论坛》2007年第9期。
④ 《经学理窟·周礼》，《张载集》，第248页。

均平井田对土地所有权进行重新分配，目的是保障社会最基本的公平、公正，使社会和谐。

## 二 二程：公只是仁之理，克尽己私乃成仁

北宋理学家程颢、程颐兄弟是中国理学史上重要的一对，对后世影响深远。程颢（1032—1085年），字伯淳，世称明道先生；程颐（1033—1107年），字正叔，世称伊川先生，两人并称"二程"，洛阳人。二程从人性推衍出灭私欲明天理的主张，并进而提出克己复礼乃成仁的思想。

### （一）人性与私欲

#### 1. 人性与私欲、私利的推衍

二程继承了张载关于人性分为"天命之性"和"气质之性"的观点，把性区分为"天命之性"和"气禀之性"。程颐曰："性字不可一概论。'生之谓性'，止训所禀受也。'天命之谓性'，此言性之理也。今人言天性柔缓，天性刚急，俗言天成，皆生来如此，此训所禀受也。若性之理也，则无不善。"① 天命之性是善的。"称性之善谓之道，道与性一也。以性之善如此，故谓之性善。性之本谓之命，性之自然者谓之天；自性之有形者谓之心，自性之有动者谓之情。凡此数者，皆一也。"②

"气禀之性"则类似于张载所说的"气质之性"，所谓"五常"就是"气禀之性"。"仁义礼智信五者，性也。"③ "自性而行，皆善也。圣人因其善也，则为仁义礼智信以名之；以其施之

---

① 《河南程氏遗书》卷二十四，《二程集》，中华书局1981年版，第313页。
② 《河南程氏遗书》卷二十五，《二程集》，中华书局1981年版。
③ 《河南程氏遗书》卷二上，《二程集》，中华书局1981年版，第14页。

不同也,故为五者以别之。合而言之皆道,别而言之亦皆道也。"①

当然,"气禀之性"不仅仅包括五常等正面道德,它还包括对私欲的追求。二程并不是完全否定私欲的合理性,他说:"口目耳鼻四支之欲,性也。"② "利者,众之所同欲也。"③ 追逐利欲是人之本性,这一点圣人亦不例外,但是圣人能很好地把握其度。"圣人所欲,不逾矩。"④ 不仅如此,二程还主张当政者应该"与民同欲","不与民同欲,故民疾上之为。诗人言:'为君当与民同欲也。'能同袍,则虽寒不怨矣;若推同袍之恩,则民亦同上之欲。"⑤

但是二程认为满足人的欲望是基于人的天性,如果存有私心那么就违背了自然天理。程颢说:"饥食渴饮,冬裘夏葛,若致些私吝心在,便是废天职。"⑥ 因为在二程看来,凡是超过人的自然本性的欲望,都是私欲。过分的追求私欲会让人迷失本性,害人为恶。

> 甚矣,欲之害人也。人之为不善,欲诱之也。诱之而弗知,则至于天理灭而不知反。故目则欲色,耳则欲声,以至鼻则欲香,口则欲味,体则欲安。此皆有以使之也。⑦

---

① 《河南程氏遗书》卷二十五,《二程集》,中华书局1981年版,第318页。
② 《河南程氏遗书》卷十九,《二程集》,中华书局1981年版。
③ 《河南程氏粹言》卷一,《二程集》,中华书局1981年版。
④ 《河南程氏遗书》卷六,《二程集》,中华书局1981年版。
⑤ 同上书,第1061页。
⑥ 同上书,第86页。
⑦ 《河南程氏遗书》卷二十五,《二程集》,中华书局1981年版,第319页。

人之所以迷失善良本性而变恶是因为人心"有以使之"。二程认为人心即私欲，人心等同于人欲。"人心，私欲也；道心，正心也。"① 朱熹解释这句话说："人自有人心、道心，一个生于血气，一个生于义理。饥寒痛痒，此人心也。恻隐、羞恶、是非、辞让，此道心也。"② 二程将人心等同于私欲，是偏离了本性的，而道心才是正心，才符合天理本性。"人心，私欲，故危殆；道心，天理，故精微。灭私欲则天理明矣。"③ 在二程看来，"性"与"理"在本质上是相同的。程颐曰："性即理也，所谓理，性是也。天下之理，原其所自，未有不善。喜怒哀乐未发，何尝不善？发而中节，则无往而不善。"④

2. "灭私欲明天理"反映出的公私观

二程把理欲问题归结为公私关系，提出灭私欲明天理的主张。当然二程也意识到消灭私欲是很困难的。"大抵人有身，便有自私之理，宜其与道难一。"⑤ 但是由于私欲危害甚大，必须予以剔除，因为"理者，天下之至公"⑥。人欲既然是与天理相对立，那么必然会危及公义，所以必须灭人欲以张公义，明天理。在二程看来，道心和人心的对立，就是天理和人欲的对立，如果道心为人欲所蔽就会丧失天理。天理与私欲是二元对立的。"不是天理，便是私欲。……无人欲，即皆天理。"⑦ 如果人欲横行就会迷失天理。"欲之甚则昏蔽而忘义理"⑧，"昏于天理者，

---

① 《河南程氏遗书》卷十九，《二程集》，中华书局1981年版，第256页。
② 《朱子语类》卷六十二，（宋）黎靖德编，王星贤点校：《朱子语类》，中华书局1986年版。
③ 《二程遗书》卷二十四，《二程集》，第312页。
④ 《河南程氏遗书》卷二十二上，《二程集》，第292页。
⑤ 《河南程氏遗书》卷三，《二程集》，第66页。
⑥ 《周易程氏传》卷二，《二程集》，第917页。
⑦ 《河南程氏遗书》卷十五，《二程集》第一册，第144页。
⑧ 《河南程氏遗书》卷十五，《二程集》，第917页。

嗜欲乱之耳"①，"人欲肆而天理灭矣。"② 因而只有克尽私欲才能明天理。"灭私欲，则天理自明。"③

去私欲，明天理，可以通过外在的道德、刑罚约束来实现，但是仅靠外在规范是不够的，要明天理就必须从根本上去私欲之心。

> 夫以亿兆之众，发其邪欲之心，人君欲力以制之，虽密法严刑，不能胜也。……君子发毅家之义，知天下之恶不可以力制也，则察其机，持其要，塞绝其本原，故不假刑法严峻，而恶自止也。④

在这方面，圣人的做法是值得效法的。"圣人与理为一。"⑤ 程颢又说："夫天地之常，以其心普万物而无心；圣人之常，以其情顺万物而无情。故君子之学，莫若廓然而大公，物来而顺应。"⑥ 其实，人之道心与天理是一致的，普通人之所以不能"会为一"，是因为他们有自私之心，难以达到圣人的境界。"理与心一，而人不能会为一者，有己则喜自私，私则万殊，宜其难一也。"⑦ 尽管如此，普通人还是可以学习圣人的做法，人之所以没有成为圣人是因为半途而废。"人皆可以至圣人，而君子之学必至于圣人而后已。不至于圣人而后已者，皆自弃也。"⑧ 如果半途而废，那么即便与圣人相处也不会有什么成效。"惟自暴

---

① 《河南程氏粹言》卷一，《二程集》，第1194页。
② 《河南程氏粹言》卷二，《二程集》，1242页。
③ 《河南程氏遗书》卷二十四，《二程集》，第144页。
④ 《周易程氏传》卷二，《二程集》，中华书局1981年版。
⑤ 《河南程氏遗书》卷二十三，《二程集》，中华书局1981年版。
⑥ 《二程集》，中华书局1981年版，第460页。
⑦ 同上书，第1254页。
⑧ 《河南程氏遗书》卷二十，《二程集》，第318页。

者拒之以不信，自弃者绝之以不为，虽圣人与居，不能化而入也。"① 可见，要明天理去人欲必须有信心而且还要持之以恒。在此前提下，还应做到以下几点。

其一，唯思为能窒欲。二程受佛教影响，主张通过心性思考以明理去欲，他说："然则何以窒其欲？曰思而已矣。学莫贵于思，唯思为能窒欲。曾子之三省，窒欲之道也。唯思能窒其欲。"②

其二，以道制欲。程颢认为人的自私会影响至公，他说："人之情各有所蔽，故不能适道，大率患在于自私而用智。自私则不能以有为为应迹，用智则不能以明觉为自然。"③ 人在处事时运用私智而影响了至公，而且唯欲是从会丧失人性。"人虽有欲，当有信而知义，故言其大无信，不知命，为可恶也。苟惟欲之从，则人道废而入于禽兽矣。"④ 为了消除这种不良现象，人必须以道制欲。"以道制欲，则顺命。"⑤

其三，要养心、养气，或曰存心养性。程颐说："孟子所以养气者，养之至则清明纯全而昏塞之患去失。或曰养心，或曰养气，何也？曰：养心则无害而已，养气在有所帅也。"⑥ 二程认为这是儒家与释家心性论的重要区别之一。"质夫曰：'尽心知性，佛亦有至此者。存心养性，佛本不至此。'先生曰：'尽心知性，不假存养，其惟圣人乎！'"伊川曰："释氏只令人到知天处休了，更无存心养性事天也。"⑦

---

① 《周易程氏传》，《二程集》，第956页。
② 《河南程氏遗书》卷二十五，《二程集》，第319页。
③ 《定性书》，《二程集》，中华书局1981年版。
④ 《程氏经说》卷三，《二程集》，中华书局1981年版。
⑤ 同上。
⑥ 《河南程氏遗书》卷二十一下，《二程集》，中华书局1981年版。
⑦ 《二程全书·外书第十二》，《二程集》，中华书局1981年版。

(二) 克尽己私乃成仁

二程从理欲之辩又进一步推衍出义利之辩，并指出义与利实则是公与私。二程还进一步发挥了孔子"克己复礼以为仁"的思想，提出"克尽己私乃成仁"。

1. 义与利，只是公与私

二程对儒家的义利之辩作了辨析，把义利与公私紧密联系起来。二程首先指出了义利的对立统一关系。程颢说："大凡出义则入利，出利则入义。天下之事，惟义利而已。"① 二程还指出："利者，众人所同欲也。专欲益己，其害大矣。欲之甚，则昏蔽而忘义理；求之极，则侵夺而致仇怨。"② 既然二者相互对立，那么对于义利的不同态度就成了区别君子小人的标志。程颐说："君子之于义，犹小人之于利也。"③

虽然利与义相对立，但是二程并没有一概否定"利"，相反，他们承认利的合理性。"天下只有一个利……人无利只是生不得，安得无利？且譬如椅子，人坐此便安，是利也。如求安不已，又要褥子，以求温暖，无所不为，然后夺之于君，夺之于父，此是趋利之弊也。"④ 可见，利乃是人之常情，程颐说："利害者，天下之常情也。人皆知趋利避害。"⑤ 不仅普通人趋利避害，就连君子亦不例外。"君子未尝不欲利。"⑥ 在二程看来，并非所有的利都是有害的，只要不妨碍义，利就是合理的。"利非不善也，其害义则不善也，其和义则非不善也。"⑦ 因而，二程

---

① 《河南程氏遗书》卷十一，《二程集》，中华书局1981年版。
② 《周易程氏传》卷三《益》，《二程集》，中华书局1981年版。
③ 朱熹：《论语集注》，引程颐语，齐鲁书社1992年版。
④ 《河南程氏遗书》卷十八，《二程集》，中华书局1981年版。
⑤ 《河南程氏遗书》卷十七，《二程集》，第176页。
⑥ 《河南程氏遗书》卷十七，《二程集》，中华书局1981年版。
⑦ 《河南程氏萃言》卷一，《二程集》，中华书局1981年版。

反对彻底消灭私利的看法。

> 今彼言世网者只为些秉彝，又殄灭不得。故当忠孝仁义之际，皆处于不得已，直欲和这些秉彝都消杀得尽。然后可以为至道也。然而毕竟消杀不得。如人之有耳目口鼻，既有此气，则须有此识：所见者色，所闻者声，所食者味。人之有喜怒哀乐者，亦其性之自然。今强曰必尽绝为得天真，是所谓丧天真也。①

既然利不能完全消灭，那么如何处理好义利之间的关系呢？二程认为要以义为本，以义制利，反对以利害义。人可以追求合理的利，但是不能过度，更不能妨碍义。"圣人于利不能全不较论，但不至妨义耳。乃若唯利是辨，则忘义矣，故罕言。"② 天下只有一个利，圣人所求之利无异于常人所求之利，但是圣人求利而不害义，而后人趋利便会害义，圣人为了从根本上杜绝这种弊端，所以罕言利。"只为后人趋着利便有弊，故孟子拔本塞源，不肯言利。"③ 罕言利的目的不是去利就害，而是要求人不能以利为本。"子罕言利，非使人去利而就害也，盖人不当以利为心。"④ 程颐认为正确的做法应该是像圣人那样。"圣人以义为利，义安处便是利。"⑤ 何谓"义"？程颐说："义便知有是有非。顺理而行，是为义也。"⑥ 可见所谓合乎义就是要合乎是非，顺乎情理。

---

① 《河南程氏遗书》，《二程集》，第24页。
② 《程氏外书》卷七，《二程集》，第396页。
③ 《河南程氏遗书》卷十八，《二程集》，中华书局1981年版。
④ 《程氏外书》卷六，《二程集》，中华书局1981年版。
⑤ 《河南程氏遗书》卷十六，《二程集》，中华书局1981年版。
⑥ 《河南程氏遗书》卷十八，《二程集》，第206页。

二程还指出义与利的关系实则是公与私的关系。程颢说：

> 义与利，只是个公与私也。才出义，便以利害也。只那计较，便是为有利害；若无利害，何用计较？利害者，天下之常情也；人皆知趋利而避害，圣人则更不论利害，惟看义当为不当为，便是命在其中也。①

人之所以会计较，就是因为有利害存在，趋利避害是人之常情，但是圣人更看重义，因为义利关系到公私，更关系到天命。既然如此，处理好公私义利关系是非常重要的，要处理好这点必须要抛弃私欲，遵从天理。

> 理者，天下之至公，利者，众所同欲。苟公其心，不失其正理，则与众同利；无侵于人，人亦欲与之。若切于好利，蔽于自私，求自益以损于人，则人亦与之力争，故莫肯益之，而有击夺之者矣。②

在二程看来，只有以公正之心面对利欲才能不损害他人的利益；否则，若有私心，必然会损害他人的利益而招致怨恨。"心存乎利，取怨之道也，盖欲利于己，必损于人"③，发展到极端甚至会"以天下徇其私欲"④。

2. 公只是仁之理，克尽己私乃成仁

二程发挥了儒家"克己复礼以为仁"的思想，认为公乃是

---

① 《河南程氏遗书》卷十七，《二程集》，第176页。
② 程颐：《周易程氏传》卷三，《二程集》，中华书局1981年版。
③ 程颐：《经说》卷六，《二程集》，中华书局1981年版。
④ 《程氏文集·代吕公著应诏上神宗皇帝书》卷五，《二程集》，中华书局1981年版，第530页。

仁的本质，而成仁之道只有"克尽己私乃成仁"。

首先，公只是仁之理。二程又用"公"释仁："仁者，公也。"① "仁者，天下之公，善之本也。"② 二程认为公乃是仁的核心理念。

> 伯温问："'回也三月不违仁'，如何？"曰："不违处，只是无纤毫私意。一作欲，下同。有少私意，便是不仁……"又问："如何是仁？"曰："只是一个公字，学者问仁，则常教他们将公字思量。"③

> 仁之道，要之只消道一公字。公只是仁之理，不可将公便唤做仁。公而以人体之，故为仁。只为公，则物我兼照，故仁，所以能恕，所以能爱，恕则仁之施，爱则仁之用也。④

在二程看来，"公"是"仁"的本质所在，能做到"公"就能为"仁"。否则，"虽公天下事，若用私意为之，便是私"⑤。在这一点上，公与私是泾渭分明、不容混淆的。"公则一，私则万殊，至当归一。精义无二。人心不同如面，只是私心。"⑥ 所以要为仁，必须要抑制私欲。"各任私意，是非颠倒，故愚。盖公义在，私欲必不能胜也。"⑦ 圣人正是在抑制私欲的前提下而实

---

① 《河南程氏遗书》卷九，《二程集》，中华书局1981年版，第105页。
② 程颐：《周易程氏传》卷二，《二程集》，中华书局1981年版。
③ 《河南程氏遗书》卷二十二，《二程集》，中华书局1981年版，第285页。
④ 《河南程氏遗书》卷十五，《二程集》，第153页。
⑤ 《河南程氏遗书》卷五，《二程集》，中华书局1981年版，第77页。
⑥ 《河南程氏遗书》卷十三，《二程集》，中华书局1981年版。
⑦ 《河南程氏遗书》卷二十三，《二程集》，中华书局1981年版。

现"仁"的。"圣人以大公无私治天下。"① 二程赋予仁以"大公无私"的崭新内蕴,这是二程对儒家仁学说的一大贡献。

其次,克尽己私乃成仁。二程认为人的私欲会妨碍为仁,所以必须克制自己的私欲才能达到仁的境界。"棣又问:'克己复礼,如何是仁?'曰:'非礼处便是私意。既是私意,如何得仁?凡人须是克尽己私后,只有礼,始是仁处。'"② 二程还把能否克己复礼以为仁看做君子与禽兽的区别。程颐曰:"君子所以异于禽兽者,以有仁义之性也。苟纵其心而不知反,则亦禽兽而已。"③ 仁者要想为仁,必须首先从自身做起。"孔子曰:'仁者己欲立而立人,己欲达而达人,能近取譬,可谓仁之方也。'尝谓孔子语仁以教人者,唯此为尽,要之不出于公也。"④ 只有克制私欲才能恢复其本心。"克己之私既尽,一归于礼,此之谓得其本心。"⑤ 如果能克制己欲,大公无私,就可以德配天地了。"至公无私,大同无我,虽渺然一身,在天地之间,而与天地无以异也。"⑥

二程主张提高涵养,克己为仁的途径应以"以敬为本"⑦。程颐说:"入道莫如敬,未有能致知而不在敬者。"⑧ 二程认为"敬"不仅是防止私欲、提高修养的有效途径。"一不敬则私欲万端生焉,害仁以此为大"⑨,而且由于"敬"排除了私心还可以闭邪存诚,程颐说:"敬是闭邪之道,闭邪存其诚。虽是两

---

① 《周易程氏传》卷一《比》卦,《二程集》,中华书局1981年版。
② 《河南程氏遗书》卷二十二,《二程集》,中华书局1981年版。
③ 《河南程氏遗书》卷二十五,《二程集》,第323页。
④ 《河南程氏遗书》卷九,《二程集》,中华书局1981年版。
⑤ 《河南程氏粹言》卷二,《二程集》,中华书局1981年版。
⑥ 《河南程氏粹言》卷一,《二程集》,中华书局1981年版。
⑦ 《河南程氏粹言》,《二程集》,第1183页。
⑧ 《河南程氏遗书》卷三,《二程集》,中华书局1981年版。
⑨ 《河南程氏粹言》卷一,《二程集》,中华书局1981年版。

事，然亦只是一事，闭邪则诚自存矣。"①

普通人要克尽己私，君王更应该这样做，因为君主"一言可以兴邦，公也；一言可以丧邦，私也。公则明。"② 故而"人君当与天下大同，而独私一人，非君道也。"③ 程颐在熙宁八年十月写的《代吕公着应诏上神宗皇帝书》中就请求宋神宗要"省己之存心"。

> 所谓省己之存心者，人君因亿兆以为尊，其抚之治之之道，当尽其至诚恻怛之心。视之如伤，动敢不慎？兢兢然惟惧一政之不顺于天，一事之不合于理。如此，王者之公心也。若乃恃所据之势，肆求欲之心，以严法令、举条纲为可喜，以富国家、强兵甲为自得，锐于作为，快于自任，贪惑至于如此，迷错岂能自知？若是者，以天下徇其私欲者也。勤身劳力，适足以致负败，夙兴夜寐，适足以招后悔。以是而致善治者，未之闻也。④

程颐认为君王身居高位，他的一举一动都事关重大，所以更应克己存心。君王应该发扬"王者之公心"，而不应让眼前的私欲遮蔽了目光。二程认为"私欲"只可能带来一时的成功，只有"王者之公心"才会让国家长盛久安。

## 第三节 南宋时期的"公"观念

理学发展到朱熹这里算是到了顶峰，朱熹将北宋五子提出的

---

① 《河南程氏遗书》卷十八，《二程集》，中华书局1981年版。
② 《河南程氏外书》卷三，《二程集》，中华书局1981年版。
③ 《周易程氏传》卷一，《二程集》，中华书局1981年版。
④ 《程氏文集》卷五，《二程集》，第530页。

一系列理学理论进行发挥升华,使之更加系统化。朱熹对公私关系的辨析基本继承了二程的学说,他与以陈亮、叶适为代表的事功学派的论战将义利之辩、公私之辩、理欲之辩推向了新的高度。陈亮等人主张王霸、义利,认为天理人欲可以并行不悖,但是朱熹坚持认为行王道为公,霸道为私,三代之后正是因为王道中绝,霸道横行才导致公私混乱。朱熹还发挥了二程的理欲学说,明确提出"存天理,灭人欲"的主张。除了朱熹、陈亮等人之外,陆九渊则以义利公私辨儒释,他提出重义为公乃是儒家的基本立场。"其教之所以立者如此,故曰义,曰公。"[①] 此外,南宋的胡宏继承了柳宗元的《封建论》以封建、郡县论公私的论述角度,但是对柳宗元的观点提出了批评,他认为封建制乃是"公天下之大端大本",而郡县制乃是"纵人欲,悖大道,私一身之大孽大贼也"[②]。

一 朱熹:存天理,灭人欲

朱熹(1130—1202年),字符晦,后改仲晦,号晦庵。别号紫阳,祖籍徽州婺源(今属江西)人,南宋著名理学家、思想家、哲学家。他是宋代理学的集大成者,继承了北宋程颢、程颐的理学思想。朱熹还发扬了二程对公私、理欲、义利等方面的思想,以天理人欲论公私,并希望通过公私义利之辩提高人的主体道德水平。

(一)以天理、人欲论公私

朱熹认为天理人欲之辩与公私之辩密切相关,他说:

> 人主所以制天下之事者,本乎一心。而心之所主,又有

---

[①] 《与王顺伯》,《陆九渊集》卷二。
[②] 胡宏:《知言·中原》,《胡宏集》,中华书局1987年版。

天理人欲之异。二者一分,而公私邪正之涂判矣。盖天理者,此心之本然,循之则其心公而且正;人欲者,此心之疾疢,循之则其心私且邪。①

可见,天理人欲与公私邪正是密切相关的,所以很有必要分清它们的关系。"而今须要天理人欲、义利公私,分得明白。"那么通过什么途径辨别呢?朱熹认为只有通过"存天理,灭人欲"才能废私立公,改邪归正。"人只有个天理、人欲,此胜则彼退,彼胜则此退,无中立不进退之理。"②

何谓天理、人欲?朱熹说:"仁义根于人心之固有,天理之公也;利心生于物我之相形,人欲之私也。"可见所谓"天理"就是"公",就是仁、义等道德内容。"天理只是仁、义、礼、智之总名,仁、义、礼、智便是天理之件数。"而人欲则是超出合理要求的欲求,是"私","饮食者,天理也;要求美味,人欲也"③。

朱熹认为:"欲是从情发出来底,心如水,性犹如水之静,情则水之流,欲则水之波澜。但波澜有好底,不好底。"④ 据此,杨泽波把朱熹所说的人欲分为两种情况⑤:一种是合乎天理的人欲,通常朱熹把这种人欲称为"欲",这并不是恶的,也是不可

---

① 《朱子文集·延和奏札二》,载(宋)朱熹撰,朱杰人、严佐之、刘永翔主编:《朱子全书》,上海古籍出版社2002年版。
② 《朱子语类》卷二十三,(宋)黎靖德编,王星贤点校:《朱子语类》,中华书局1986年版。
③ 《朱文公文集》卷十三,《朱子全书》,上海古籍出版社2002年版。
④ 《朱子语类》卷五,中华书局1986年版。
⑤ 杨泽波:《从义利之辨到理欲之争——论宋明理学"去欲主义"的产生》,《复旦大学学报》(社科版)1993年第5期。

消灭的。"虽欲灭之,终不可得而灭也。"① 甚至还有好的欲,"欲之好底如'我欲仁'之类"②。较之于合理的"欲",还有另外一种超出自然天理的人欲,"夫营为谋虑非皆不善也,便谓之'私欲'者,盖只一毫发不从天理上自然发出,便是私欲"③。这种人欲是很容易流于邪恶的。"人欲也未便是不好,谓之危者,危险欲堕未堕之间,若无道心以御之,则一向入于邪恶,又不止于危也。"④ 因而应通过天理加以抑制。"人欲隐于天理中,甚几甚微。有个天理,便有个人欲。盖缘这个天理须有个安顿处。才安顿的不恰好,便有人欲出来。"⑤

朱熹认为"人心之公,每为私欲所蔽"⑥,所以朱熹提出以天理防止人欲,因为天理是道的体现,而道是公共的、普遍的真理,是不会因人而变的。

> 道者,古今共由之理,如父之慈,子之孝,君仁,臣忠,是一个公共底道理。德,便是得此道于身,则为君必仁,为臣必忠之类,皆是自有得于己,方解恁地。尧所以修此道而成尧之德,舜所以修此道而成舜之德,自天地以先,羲黄以降,都即是这一个道理,亘古今未常有异,只

---

① 《朱子语类》卷六十二,(宋)黎靖德编,王星贤点校:《朱子语类》,中华书局1986年版。

② 《朱子语类》卷五,(宋)黎靖德编,王星贤点校:《朱子语类》,中华书局1986年版。

③ 《朱熹集》卷三十二,(宋)黎靖德编,王星贤点校:《朱子语类》,中华书局1986年版。

④ 《朱子语类》卷五,(宋)黎靖德编,王星贤点校:《朱子语类》,中华书局1986年版。

⑤ 《朱子语类》卷十三,(宋)黎靖德编,王星贤点校:《朱子语类》,中华书局1986年版,第224页。

⑥ 同上书,第225页。

是代代有一个人出来做主。做主,便即是得此道理于己,不是尧自是一个道理,舜又是一个道理,文王周公孔子又别是一个道理。老子说:"失道而后德。"他都不识,分做两个物事,便将道做一个空无底物事看。吾儒说只是一个物事。以其古今公共是这一个,不着人身上说,谓之道。德,即是全得此道于己。他说:"失道而后德,失德而后仁,失仁而后义。"若离了仁义,便是无道理了,又更如何是道!①

天理既然是天道的体现,那么循天理就能实现公天下,纵私欲只能招致灭其天理。朱熹在《孟子集注·梁惠王下》中说:"盖钟鼓苑囿游观之乐与夫好勇好货好色之心,皆天理之所有而人情所不能无者。然天理、人欲同行异情。循理而公于天下者,圣贤之所以尽其性也;纵欲而私一己者,众人之所以灭其天也。二者之间,不能以发,而是非得失之归,相去甚远。"

天理既然能防止人欲,但是由于二者关系比较复杂,"天理人欲,无硬底界",甚至"人欲便也是天理里面做出来。虽是人欲,人欲中自有天理"②,所以朱熹要求人们要仔细辨别。"人之一心,天理存,则人欲亡;人欲胜,则天理灭。未有天理人欲夹杂者。学者须要于此体认省察之。"而且朱熹也认识到天理人欲的斗争是比较艰巨的。"以理言,人欲自胜不过天理。以事言,则须事事去人欲,存天理,非一跳而几,一下即成。"③

---

① 《朱子语类》卷十三,(宋)黎靖德编,王星贤点校:《朱子语类》,中华书局1986年版,第231—232页。
② 同上书,第224页。
③ 转引自钱穆《朱子新学案》(上),巴蜀书社1986年版,第61页。

(二）公私与人的主体性道德

朱熹认为，主体道德的高低对公私观念影响甚大，所以他要求人慎重处理公私义利的关系，通过公而无私达到"仁"与"正"的道德水准。

1. 公与仁，公与正

朱熹认为，仁和正是人的主体道德的两项主要内容，公与仁、公与正都有着密切的联系。

公不仅是仁之源头，而且还是行仁之方法和材料。朱熹继承并发展了二程关于公与仁关系的思想，他指出公不仅是仁之源头，而且还是行仁之方法和材料。"公是仁的方法，人身是仁之材料。""公却是仁发处。无公，则仁行不得。"① 但是朱熹纠正了二程"仁者，公也"的说法，指出公并不是仁。"公不可谓之仁，但公而无私便是仁。仁是爱底道理，公是仁底道理。故公则仁，仁则爱。"② 他一方面说"公而无私便是仁"；另一方面又说"无私以闲之则公，公则仁"③，"公只是无私，缱无私，这仁便流行"④。这样，朱熹就用"无私"架起了公与仁之间的桥梁。朱熹说："以'无私心'解'公'字……有人无私心，而好恶又未必皆当于理。惟仁者既无私心，而好恶又皆当于理也。"⑤ 朱熹认为只有做到无私欲才能公，然后才能仁。"惟无私欲而后仁始见"⑥，"才公，

---

① 《朱子语类》卷六，（宋）黎靖德编，王星贤点校：《朱子语类》，中华书局1986年版。

② 同上。

③ 同上。

④ 《朱子语类》卷一百一十七，（宋）黎靖德编，王星贤点校：《朱子语类》，中华书局1986年版。

⑤ 《朱子语类》卷二六，（宋）黎靖德编，王星贤点校：《朱子语类》，中华书局1986年版。

⑥ 《朱子语类》卷二十八，（宋）黎靖德编，王星贤点校：《朱子语类》，中华书局1986年版。

仁便在此"①，如果"有一毫私欲便不是仁"②。可见，在朱熹看来只有心底无私，行事顺乎天理才能称之为仁。

> 子升问："令尹子文陈文子之事，集注云：'未知其心果出于天理，而无人欲之私。'又其他行事多悖于道理，但许其忠清，而不许其仁。若其心果出于天理之公，而行事又不悖于道，则可以谓之仁否？"曰："若果能如此，亦可以谓之仁。"③

在和门人萧景昭的一次问答中朱熹提出了公与正的关系——唯公然后能正。"程子只著个'公正'二字解，某恐人不理会得，故以'无私心'解'公'字，'好恶当于理'解'正'字。"④ 朱熹指出所谓"公"就是"无私心"，所谓"正"就是"好与恶皆合于理"。天下的只有一个公私、邪正，人的行为会导向何种结果，完全要看能否处理好"正理"与"私意"的关系。"人只有一个公私，天下只有一个邪正。敬仲。将天下正大底道理去处置事，便公；以自家私意去处之，便私。"⑤ 朱熹进一步分析公与正的关系。

---

① 《朱子语类》卷十二，（宋）黎靖德编，王星贤点校：《朱子语类》，中华书局1986年版。

② 《朱子语类》卷一百一十七，（宋）黎靖德编，王星贤点校：《朱子语类》，中华书局1986年版。

③ 《朱子语类卷》卷四十八，（宋）黎靖德编，王星贤点校：《朱子语类》，中华书局1986年版。

④ 《朱子语类》卷二十六，（宋）黎靖德编，王星贤点校：《朱子语类》，中华书局1986年版。

⑤ 《朱子语类》卷十三，（宋）黎靖德编，王星贤点校：《朱子语类》，中华书局1986年版，第228页。

> 今人多连看"公正"二字,其实公自是公,正自是正,这两个字相少不得。公是心里公,正是好恶得来当理。苟公而不正,则其好恶必不能皆当乎理;正而不公,则切切然于事物之间求其是,而心却不公。此两字不可少一。……惟公然后能正,公是个广大无私意,正是个无所偏主处。①

朱瑞熙对朱熹这段话有精彩的评论,他说朱熹所说的"公"就是"心里公","公"与"正"密不可分,两字不可少一,如果"公而不正"或"正而不公",都不"当乎理"。"公"是"正"的前提,有了"广大无私意"的"公",才有"无所偏主处"的"正"。②

公正之心对于为政者非常重要,"一心可以兴邦,一心可以丧邦,只在公私之间"③。所以朱熹说官职无论高低都应该朝着这一方向努力,只要能做到公正便算得上成功。"官无大小,凡事只是一个公。若公时,做得来也精彩。便若小官,人也望风畏服。若不公,便是宰相,做来做去,也只得个没下梢。"④要培养公正之心其实也不难。"以其平日炎己之心为公家办事,自然修举。"⑤

2. 义利与公私

朱熹认为义利的区别在于为己还是为人。"或问义利之别。

---

① 《朱子语类》卷二十六,(宋)黎靖德编,王星贤点校:《朱子语类》,中华书局1986年版。
② 朱瑞熙:《论朱熹的公私观》,《上海师范大学学报》(社科版)1995年第4期。
③ 《论语集注·子路》,朱熹:《论语集注》,齐鲁书社1992年版。
④ 《朱子语类》卷一百一十二,(宋)黎靖德编,王星贤点校:《朱子语类》,中华书局1986年版。
⑤ 《朱子语类》卷一百零八,(宋)黎靖德编,王星贤点校:《朱子语类》,中华书局1986年版。

曰：'只是为己为人之分。才为己，这许多便自做一边去。义也是为己，天理也是为己。若为人，那许多便自做一边去。'"① 所谓"利"就是为己，当然此处的利乃指"私利"，对于私利，朱熹的态度也不是简单的否定，他认为利与义是对立统一的。

首先，对于私利，朱熹并不是一棍子打死，他承认其存在的合理性。他说："义者，天理之所宜。利者，人情之所欲。"利是人之性情决定的，圣人君子亦不例外。

> 君子未尝不欲利，然孟子言何必曰利者，盖只以利为心，则有害，如"上下交征利而国危"，便是有害。"未有仁而遗其亲，未有义而后其君"，不遗其亲，不后其君便是利。仁义未尝不利。②

合理的利是可以存在的，但是如果超出合理范围就有害了，"循人欲，则求利未得而害已随之"。君子也欲利，但是君子能心怀仁义，所以他们能分清孰轻孰重。

> 将古今圣贤之言，剖析义利处，反复熟读，时时思省义理何自而来，利欲何从而有，二者于人，孰亲孰疏，孰轻孰重，必不得已，孰取孰舍，孰缓孰急。……久之须自见得合剖判处，则自然放得下矣。③

---

① 《朱子语类》卷十三，（宋）黎靖德编，王星贤点校：《朱子语类》，中华书局1986年版。

② 《朱子语类》卷十九，（宋）黎靖德编，王星贤点校：《朱子语类》，中华书局1986年版。

③ 《答时予云》，《朱文公文集》卷五，载（宋）朱熹撰，朱杰人、严佐之、刘永翔主编：《朱子全书》，上海古籍出版社2002年版。

面对义利，只要能保持清醒的头脑，分清轻重缓急，实行仁义并不一定排斥利，关键要看是循天理还是殉人欲。"循天理，则不求利而自无不利；殉人欲，则求利未得而害已随之。"① 朱熹认为"事无大小，皆有义利"②，所以人应该慎重处理义利的关系，他反对不顾仁义，唯利是求的做法。"天下之人惟利是求，而不复知有仁义。"③

其次，和二程相似，朱熹也把对待公私义利的态度作为区分君子、小人的标准。朱熹说："君子小人只是这一个事，而心有公私不同。"④ 又说："君子小人之分，义与利之闲而已。然所谓利者，岂必殖货财之谓？以私灭公，适己自便，凡可以害天理者皆利也。"⑤ 小人唯利是图，以私利灭公义，是有害天理的行为，是圣人所不为的，他还举出"路有遗金"的故事来说明这一问题："有白金遗道中，君子过之，曰：'此他人物，不可妄取。'小人过之，则便以为利而取之矣。"⑥ 朱熹认为由于小人只计较私利，所以他们必害义，为了防止这种情况的发生，朱熹要求"凡事不可先有个利心，才说着利，必害于义。圣人做处，只向义边做"⑦ 朱熹还特别提到君王应该慎重处理公私义利的关系，与民同利。"财者，人之所好，自是不可独占，须推与民共之。"

---

① 《孟子集注·梁惠王上》，朱熹：《孟子集注》，齐鲁书社1992年版。
② 《朱子语类》卷十三，（宋）黎靖德编，王星贤点校：《朱子语类》，中华书局1986年版。
③ 《孟子集注》卷一，朱熹：《孟子集注》，齐鲁书社1992年版。
④ 《朱子语类》卷四十一，（宋）黎靖德编，王星贤点校：《朱子语类》，中华书局1986年版。
⑤ 《论语集注·雍也》，朱熹：《论语集注》，齐鲁书社1992年版。
⑥ 《朱子语类》卷二十七，（宋）黎靖德编，王星贤点校：《朱子语类》，中华书局1986年版。
⑦ 《朱子语类》卷五十一，（宋）黎靖德编，王星贤点校：《朱子语类》，中华书局1986年版。

因为在朱熹看来"天下者,天下之天下,非一人之私有"①。

再次,朱熹认为义利还有统一的一面,在一定情况下,义可生利。他说:"利是那义里面生出来底,凡事处制得合宜,利便承之。"② 人只要处事合宜,以义为先,那么利就不求自来。"利者,义之和,盖是义便兼得利。"③ 不仅如此,而且利中还存在着更大的利。"才说义,乃所以为利,固是义有大利存焉。"④ 朱熹举例说:"如君臣父子各得其宜,此便是义之和处,安得谓之不利! 如'君不君,臣不臣,父下父,子不子',此便是不和,安得谓之利! 孔子所以'罕言利'者,盖不欲专以利为言,恐人只管去利上求也。"⑤ 朱熹强调讲求公义,将个人的私利寓于集体的公义之中才能保证更大的利,反之便是以利害义,便是私。

二 陈亮、叶适:公私合一

陈亮(1143—1194年),字同甫,人称龙川先生,南宋著名学者。因其是浙东永康人,故将其学称为"浙东学派",又因其反对性命之学"专言事功"而称"事功学派"。《宋史》中称其"为人才气超迈,喜谈兵,论议风生"⑥ 他亦称自己"慨然有经

---

① 《孟子集注·孟子万章注》,朱熹:《孟子集注》,齐鲁书社1992年版。
② 《朱子语类》卷二十六,(宋)黎靖德编,王星贤点校:《朱子语类》,中华书局1986年版。
③ 《朱子语类》卷二十,(宋)黎靖德编,王星贤点校:《朱子语类》,中华书局1986年版。
④ 《朱子语类》卷五十一,(宋)黎靖德编,王星贤点校:《朱子语类》,中华书局1986年版。
⑤ 《朱子语类》卷六十八,(宋)黎靖德编,王星贤点校:《朱子语类》,中华书局1986年版。
⑥ 《宋史·儒林列传·陈亮传》,浙江古籍出版社1998年版,第1272页。

略四方之志"①。陈亮对公私问题非常重视，他说："平生所学，所谓公与私所两字者。"② 可见公私问题在陈亮的理论体系中地位何其重要。陈亮关于公私的论述主要蕴藏在其天理人欲观和王霸义利观中。针对朱熹将天理与人欲以及义利对立的看法，陈亮、叶适提出了天理人欲可并行和王霸、义利并用的主张。"有公而无私，私则不复有公。王霸可以杂用，则天理人欲可以并行矣。"③

叶适（1150—1223 年），字正则，号水心，浙江瑞安人，南宋哲学家、文学家。是南宋时期的一位重要的儒学思想家，其德行学说及其批判精神独具特色，并影响着宋明以后的儒学发展。

（一）天理人欲可以并行

陈亮提出"天理人欲可以并行"的观点，并主张在满足人基本需求的基础上"以理制欲"。陈亮是在与朱熹关于理欲、义利的论争中提出这一观点的。针对朱熹的"明天理，灭人欲"的主张，陈亮反驳说：

> 秘书④以为三代以前都无利欲，都无要富贵底人。今《诗》、《书》载得如此洁净……亮以为，才有人心，便有许多不净洁，"革"道只于革面，亦有不尽概圣人之心者。圣贤建立于前，后嗣承庇于后，又经孔子一洗故得如此净洁。⑤

---

① 《中兴五论后记》，《陈亮集》（增订本）卷二，中华书局 1987 年版，第 30 页。
② 陈亮：《与石应之》，《陈亮集》（增订本），中华书局 1987 年版。
③ 陈亮：《又丙午秋书》，《陈亮集》（增订本），中华书局 1987 年版。
④ 指朱熹。
⑤ 《又乙巳秋书》，《陈亮集》（增订本）卷二十八，中华书局 1987 年版。

陈亮认为，人本来就有追求物质欲望的自然本性。"人生何为，为其有欲。欲也必争，惟曰不足。"① 又说："耳之于声也，目之于色也，鼻之于臭也，口之于味也，四肢之于安佚也，性也，有命焉。出于性，则人之所同欲也；委于命，则必有制之者而不违也。富贵尊荣，则耳目口鼻之肢体皆得其欲；危亡困辱则反是。"② 既然"欲"是人的自然本性，那么这种"欲"是合乎道德的。

叶适也对"尊性而贱欲"的观点提出了批评，他说："人生而静，天之性也，感物而动，性之欲也。但不生耳，生即动，何有于静？以性为静，以物为欲，尊性而贱欲，相去几何？"③ 他还进一步指出，按照程朱的说法，三代圣人只有天理没有人欲的，那么"则尧舜禹汤之所以修己者废矣"④。

可见，程朱的说法是自相矛盾的，"以天理人欲为圣狂之分者，其择义未精也"⑤。

尽管陈亮、叶适承认欲乃是人之本性的组成部分，但是他们也注意到如果过度追求私欲会出现的恶果。"不度其力，无财而欲以为悦，不得而欲以悦，使天下冒冒焉惟美好之是趋，惟争夺之是务，以至于丧身而不悔。"⑥ 陈亮还进一步指出，如果人只顾满足自己的私欲，那么就会成为"害道之事"⑦。为了防止这种危害，陈亮指出必须辅之以礼法。"是故天下不得自徇其欲

---

① 陈亮：《刘和卿墓志铭》，《陈亮集》（增订本），中华书局1987年版。
② 陈亮：《问答下》，《陈亮集》（增订本）卷四，中华书局1987年版。
③ 叶适：《习学纪言序目》卷八，刘公纯、王孝鱼、李哲夫点校《叶适集》，中华书局1961年版。
④ 叶适：《习学记言序目》卷二，《叶适集》，中华书局1961年版。
⑤ 同上。
⑥ 陈亮：《问答下》，《陈亮集》（增订本），中华书局1987年版。
⑦ 陈亮：《勉强行道大有功》，《陈亮集》（增订本），中华书局1987年版。

也，一切惟君长之为听。君长非能自制其柄也，因其欲恶而为之节而已。叙五典，秩五礼，以与天下共之。"①

叶适也认为应节制私欲，他根据物欲受道德制约的程序将人分为四个等次。

> 《春秋》者，道之极也，圣人之终事也。天地之大义，在于君臣、父子、兄弟、夫妇、朋友、宾主之交，其尤精者，上通于阴阳，旁达于无间。古之圣人，其必有以合是而出者矣。其于治人也，止恶而进善，有不同焉。止之于心而不行之于事，人不见其自治之迹，而已不多其能自治之功，是虽圣人不能加池。有己则有私，有私则有欲，而既行之于事矣，然而知仁义礼乐之胜己也，折而从之，则圣人之治之也佚，是其次也。仁义礼乐有不能胜，则圣人之治始劳矣，然而闻人之非己也必以为惧，闻人之是己也必以为喜，是故因其所喜惧而治之，是又其次也。是己不喜，非己不惧，不喜者，自弃也，不惧者，自暴也，宜何以治之？②

叶适认为，能有私欲是人之常情，并无善恶之分，但是如何处置这种私欲却能显出人不同的品位层次。他认为能主动将私欲"止之于心而不行之于事"者为上等；能"知仁义礼乐之胜己也"，从而将私欲"折而从之"者为中等；自己不能主动遵从仁义礼乐，但是在圣人引导下能够改过自新者为第三层次；最后一个层次的是那些自暴自弃、完全置道德于不顾者，对这些人别无他法，只好用刑罚来约束。

陈亮、叶适还认为人有私欲并不是坏事，正好可以借此引导

---

① 《问答下》，《陈亮集》（增订本）卷四，中华书局1987年版。
② 《进卷·春秋》，《水心别集》卷五，《叶适集》，中华书局1961年版。

教育，从而实现成人之道。

> 齐宣王之好色、好货、好勇，孟子乃欲进而扩忘之：好色，人心之所同，达之于民无怨旷，则强勉行道以达其同心，而好色必不至于溺，而非道之害也；好货，人心之所同，而达之于民无冻馁，则强勉行道以达其同心，而好货必不至于陷，而非道之害也；人谁不好勇，而独患其不大耳。人心之所无，虽孟子亦不能以顺而诱之也。①

人有欲所以才有通过引导教化改邪归正的可能；反之，即便孟子出马也无法顺而诱之。

朱熹曾写信劝说陈亮放弃理欲并行的思想，改从程朱的理欲对立观念，以醇儒自律。"绌去义利双行、王霸并用之说，而从事于惩忿窒欲、迁善改过之事，粹然以醇儒之道自律。……为今之计，但当穷理修身，学取圣贤事业，使穷而有以独善其身，达而有以兼善天下，则庶几不枉为一世人耳。"② 但是陈亮断然谢绝了这一劝说，因为陈亮是一个有着强烈的社会责任感和道德使命感的智勇之士，他认为儒者理应以济天下为己任，理应做一个"大有为"、"推倒一世"、"开拓万古"的英雄豪杰。

> 研穷义理之精微，辨析古今之同异，原心于秒忽，较礼于分寸，以积累为功，以涵养为正，啐面盎背，则亮于诸儒诚有愧焉。至于堂堂之阵，正正之旗，风雨云雷交发而并至，龙蛇虎豹变见而出没，推倒一世智勇，开拓万古之心

---

① 陈亮：《勉强行道大有功》，《陈亮集》（增订本），中华书局1987年版。
② 朱熹：《与陈同甫》，《朱文公文集》卷三六，载（宋）朱熹撰，朱杰人、严佐之、刘永翔主编：《朱子全书》，上海古籍出版社2002年版。

胸，如世俗所谓粗块大脔，饱有余而文不足者，自谓差有一日之长。①

陈亮这种思想正是其事功主义精神的生动写照。叶适也表达了类似的事功主义思想，他认为君子不仅要提高自身的道德修养，更应兼济天下。"君子体升之象，达民所欲而助其往。"②

（二）王霸、义利并行与公私并用

陈亮关于王霸、义利并行的观点也是在与朱熹的论争中提出的。他认为义利合一，"义"就在"利"中，他说：

> 自孟荀论义理王霸，汉唐诸儒未能深明其说。本朝伊洛诸公辨析天理人欲，而王霸义理之说于是大明。然谓三代以道治天下，汉唐以智力把持天下，其说固已不能使人心服；而近世诸儒遂谓三代专以天理行，汉唐专以人欲行，其间有与天理暗合者，是以亦能长久。信斯言也，千五百年之间，天地亦是架漏过时，而人心亦是牵补度日，万物何以阜藩，而道何以常存乎？故亮以为汉唐之君本领非不宏大开廓，故能以其国与天地并立，而人物赖以生息。……诸儒自处者曰义曰王，汉唐做得成者曰利曰霸，一头自如此说，一头自如彼做。说得虽甚好，做得亦不恶，如此却是义利双行，王霸并用。③

当然，陈亮的"义利合一"实际上是把"利"定位为"公利"的基础上完成的。正如陈会林先生所说："理学家们在大多

---

① 陈亮：《问答下》，《陈亮集》（增订本）卷四，中华书局1987年版。
② 叶适：《习学记言序目》卷二，《叶适集》，中华书局1961年版。
③ 陈亮：《又甲辰秋书》，《陈亮集》（增订本），中华书局1987年版。

数场合下所说的'利'都是指'私利'而言的,而公利实际上被他们归在义的范畴之内,亦即'义'本身是公,就是利。"①对于公利之外的私利,陈亮还是强调要"严义利之辨"的,这对于"正人心"起着十分重要的作用。"夫善观《孟子》之书者,当知其主于正人心。而求正人心之说者,当知其严义利之辨于毫厘之际。"②叶适也曾明确指出义利的不可分。"既无功利,则道义者乃无用之虚语尔。"他也认为义利合一:"故古人以利和义,不以义抑利。"③

王霸义利的实行离不开法度的调节,陈亮、叶适肯定了利与欲的合理性,并希望通过"法"来调节公利与私欲的关系以达到公私统一。陈亮说:"人心之多私,而以法为公,此天下之大势所以日趋于法而不可御也。……法者公理也。"④在陈亮看来,法是天下的公理,通过这一公理的调节,公私是可以合一的。"天运之公,人心之私,苟有相值,公私合一。"⑤

保证法的权威性要做到两点。首先制定法律要公。陈亮说:"圣人之立法,本以天下为公。"⑥如果法令不公,那么很容易导致严重的后果。"夫法度不正则人极不立,人极不立则仁义礼乐无所措。"⑦所以立法要慎重,应效法先王以公天下之

---

① 陈会林:《理学公利主义论》,《郧阳师范高等专科学校学报》2002年第4期。
② 陈亮:《经书发题·孟子》,《陈亮集》(增订本),中华书局1987年版。
③ 叶适:《习学记言序目·汉书三·列传》,《叶适集》,中华书局1961年版。
④ 陈亮:《策·人法》,《陈亮集》(增订本),中华书局1987年版。
⑤ 陈亮:《祭王道甫母太宜人文》,《陈亮集》(增订本),中华书局1987年版。
⑥ 陈亮:《问答上》,《陈亮集》(增订本),中华书局1987年版。
⑦ 陈亮:《三先生论事录序》,《陈亮集》(增订本),中华书局1987年版。

心制定法令。"自伏羲神农黄帝以来,顺风气之宜而因时制法,凡所以为人道立极,而非有私天下之心也。"① 其次,任何人要严格遵守法令,不以私曲害公法。陈亮说:"道之在天下,至公而已矣,屈曲琐碎皆私意也。……岂一人之私智所能曲周哉?"② 法是道在人间的体现,道是至公的,那么法也应如此,绝不能为某一人而改变。这一点对君王也不应例外,君王也应该与天下万民一样遵守法令。"叙五典,秩五礼,以与天下共之。其能行之者,则富贵尊荣之所集也;其违之者,则危亡困辱之所并也。君制其权,谓之赏罚;人受其报,谓之劝惩。"③ 如果君王抛弃法令,以一己之私意滥用赏罚,那么就失去了最基本的公平、公正了,这是亡国之赏罚,只有"公欲恶"才是王者之赏罚。

君长非能自制其极也,天下以其欲恶而为之节而已,人君乃以其喜怒之私而制天下,则是以刑赏为吾所自有,纵横颠倒而天下皆莫吾违……故私喜怒者,亡国之赏罚也;公欲恶者,王者之赏罚也。外赏罚以求君道者,迂儒之论也;执赏罚以驱天下者,霸者之术也。④

陈亮、叶适在反驳理学家的理欲、义利观的基础上肯定了利欲的合理性,并提出天理人欲可并行、义利合一的观点,并希望通过"法"来调节公利与私欲的关系以达到公私统一。

---

① 陈亮:《经书发题》,《陈亮集》(增订本),中华书局1987年版。
② 陈亮:《又丙辰秋书》卷二十八,《陈亮集》(增订本),中华书局1987年版。
③ 陈亮:《问答下》,《陈亮集》(增订本),中华书局1987年版。
④ 同上。

# 第七章　明清时期的"公"观念

明清时期是公私观念的激荡时期，这一时期最明显的特点是一大批特性独立的思想家崛起，比如李贽、颜元、黄宗羲、顾炎武等，他们对传统的"公本位"价值提出了异议，大力提倡"私"。正如王中江先生所说的那样。

> 与把"公"一味抑制"私"的主导性观念相对抗，在中国哲学中还有一种强调"私"、为"私"辩护并使之合理化的要求，这种要求主要开启于明清之际，在中国近代仍在继续。如果说，无限制地提升"公"，抑制"私"，是中国哲学中公私之辨的一个侧面，那么，把"私"的存在正当化、合理化，则是中国哲学中"公私之辨"的另一个侧面，当然，与前者相比，后者的知识资源要小得多。①

明清时期私观念的抬头具有思想启蒙的意义，纠正了两千多年来忽视个体之私的观念，形成了"合天下之私以成天下之公"的新型公私观念。当然，这一时期的公私观念与现代意义的公观私念仍有差距。尽管如此，这种新型的公私关系仍具有冲破时代迷雾的重要意义。

---

① 王中江：《中国哲学中的"公私之辨"》，《中州学刊》1997年第5期。

## 第一节 明代的"公"观念

明代前期，封建专制达到了顶峰，思想控制比较严密，很难出现有创见的思想。但是到了明代中后期，随着思想控制的放松和资本主义萌芽的发展，思想领域出现了异常活跃的现象，各种新奇的学说层出不穷。明代思想家大都在对理学的批判中阐述其思想的，明代中期的王阳明继承并发展了程朱理学的理欲观，提出克除己私、廓然大公的理想。李贽则激烈批评程朱理学，他认为人性本私，程朱理学"存天理，灭人欲"主张是扼杀人性的谬论，他主张公私、义利统一的观点。总之，明代尤其是明代中后期是我国思想史上又一个学术繁荣、思想活跃的时期，这一时期关于公私关系的探讨也具有前所未有的革新力度，具有思想启蒙的意义。

### 一 王阳明：克除己私，廓然大公

王阳明（1472—1529年），名守仁，字伯安，浙江余姚人，因被贬贵州时曾于阳明洞学习，所以世称阳明先生。我国明代著名的哲学家、思想家，"心学"的创始人。

"心"是王守仁哲学的最高范畴，他宣称"圣人之学，心学也"[1]。所谓"心"，王阳明解释说："心者，身之主也，而心之虚灵明觉，即所谓本然之良知也。"[2] 可见，心就是本来之

---

[1] 《〈陆象山先生全集〉叙》，（明）王守仁撰，吴光等编校：《王阳明全集》，上海古籍出版社1992年版。

[2] 《答顾东桥书》，（明）王守仁撰，吴光等编校：《王阳明全集》，上海古籍出版社1992年版。

良知，良知是心的本质属性。"良知者，心之本体。"① 以此为理论基点，王阳明反对程朱理学的性二元说，主张人性一元，他说："性一而已。仁义礼智，性之性也；聪明睿智，性之质也；喜怒哀乐，性之情也；私欲客气，性之蔽也。"② 在王阳明看来，人的一切性情都是性的表现，七情六欲本身并无善恶之分，如果顺其自然天性就是良知之用；反之，如果一心追逐私欲，就会遮蔽真性情。"七情顺其自然之留形皆是良知之用，不可以分别善恶，但不可有所着。七情有着，俱谓之欲，俱为良知之蔽。然才有着时，良知亦自会觉，觉即蔽去，复其体矣。"③

王阳明这样描述人之良知："良知之发见流行，光明圆莹，更无挂碍遮隔处，此所以谓之大知。才有执着意必，其知便小矣。"④ 可见，良知本是光明圆莹，没有任何遮蔽的，然而由于后天私欲的障蔽，才变得暗淡无光了。圣人之所以为圣人就是因为他们能保全其良知，而众人的良知则大多为私欲所障蔽。"这良知人人皆有。圣人只是保全无些障蔽，众人自孩提之童，莫不完具此知，只是障蔽多。"⑤ 既然如此，人就应该努力克制私欲，恢复光明圆莹之良知。王阳明还给人指出了一条除障蔽，致良知的光明大道，这就是著名的王学"四句教"。"无善无恶心之体，

---

① 《答陆原静书》，(明) 王守仁撰，吴光等编校：《王阳明全集》，上海古籍出版社 1992 年版。

② 同上。

③ 《传习录·黄勉之录》，(明) 王守仁撰，吴光等编校：《王阳明全集》，上海古籍出版社 1992 年版。

④ 《答聂文蔚书二》，(明) 王守仁撰，吴光等编校：《王阳明全集》，上海古籍出版社 1992 年版。

⑤ 《传习录·陈九川录》，(明) 王守仁撰，吴光等编校：《王阳明全集》，上海古籍出版社 1992 年版。

有善有恶意之动。知善知恶是良知,为善去恶是格物。"①

王阳明认为良知乃是心之本体,它本身是善的,是"廓然大公"的,这种状态下的心乃是"未发之中也,寂然不动之体"。但是意动之后,就会"昏蔽于物欲"。

> 来书云:"良知,心之本体,即所谓性善也,未发之中也,寂然不动之体也,廓然大公也,何常人皆不能而必待于学邪?中也,寂也,公也,既以属心之二体,则良知是矣。今验之于心,知无不良,而中寂大公实未有也,岂良知复超然于体用之外乎?""性无不善,故知无不良。真知即是未发之中,即是廓然大公,寂然不动之本体,人人之所同具者也;但不能不昏蔽于物欲,故须学以去其昏蔽;然于良知之本体,初不能有加损于毫末也。知无不良,而中、寂、大公未能全者,是昏蔽之未尽去,而存之未纯耳。体既良知之体,用即良知之用,宁复有超然于体用之外者乎?"②

王阳明认为,良知即"廓然大公"的境界,由于人们意动且"昏蔽于物欲",所以产生了善恶,因而王阳明主张对"私欲"的防治要从意动之处开始,"防于未萌之先而克于方萌之际"③。

既然私欲是产生善恶的源头,那么要想去恶存善就应该正本清源,也就要从人欲入手,克去己私,以恢复心之本体。"使之

---

① 《传习录下》,(明)王守仁撰,吴光等编校:《王阳明全集》,上海古籍出版社1992年版。
② 《答陆原静书》,(明)王守仁撰,吴光等编校:《王阳明全集》,上海古籍出版社1992年版。
③ 同上。

皆有以克其私,去其蔽,以复其心体之同然。"① 只有将心中的私欲彻底扫除廓清,"到得无私可克"②,才能达到"廓然大公"的境界。王阳明批评了当时社会上的自私自利之风,指出君子"为己必克己"。王阳明说:"君子之学,为己之学也,为己故必克己,克己则无己。无己者,无我也。世之学者,执其自私自利之心,而自任以为为己。"③ 王阳明还进一步指出,如果能克除私欲,小人也能"其一体之仁犹大人也";反之如果心存私欲,那么虽有大人之心也和小人没什么差别。

小人之心既已分隔隘陋矣,而其一体之仁犹能不昧若此者,是其未动于欲,而未蔽于私之时也。及其动于欲,蔽于私,而利害相攻,忿怒相激,则将戕物纪类,无所不为,其甚至有骨肉相残者,而一体之仁亡矣。是故苟无私欲之蔽,则虽小人之心,而其一体之仁犹大人也;一有私欲之蔽,则虽大人之心,而其分隔隘陋犹小人矣。故夫为大人之学者,亦惟去其私欲之蔽,以明其明德,复其天地万物一体之本然而已耳。④

克除私欲首先要清心寡欲。王阳明认为能做到清心寡欲就能恢复"纯乎天理,而无一毫人欲之私"的心之本体,为此就不能"随人欲生而克之",这样的话会难以彻底清除病根,"非防

---

① 《答顾东桥书》,(明)王守仁撰,吴光等编校:《王阳明全集》,上海古籍出版社1992年版。

② 《传习录上·陆澄录》,(明)王守仁撰,吴光等编校:《王阳明全集》,上海古籍出版社1992年版。

③ 《传习录上·书王嘉秀请益卷》,(明)王守仁撰,吴光等编校:《王阳明全集》,上海古籍出版社1992年版。

④ 《大学问》,(明)王守仁撰,吴光等编校:《王阳明全集》,上海古籍出版社1992年版。

于未萌之先而克于方萌之际不能也"。他说：

> 来书云："养生以清心寡欲为要。夫清心寡欲，作圣之功毕矣。然欲寡则心自清，清心非舍弃人事而独居求静之谓也；盖欲使此心纯乎天理，而无一毫人欲之私耳。今欲为此之功，而随人欲生而克之，则病根常在，未灭于东而生于西。若欲刊剥洗荡于群欲未萌之先，则又无所用其力，徒使此心之不清。且欲未萌而搜剔以求去之，是犹引犬上堂而逐之也，愈不可矣。""必欲此心纯乎天理，而无一毫人欲之私，此作圣之功也。必欲此心纯乎天理，而无一毫人欲之私，非防于未萌之先而克于方萌之际不能也。防于未萌之先而克于方萌之际，此正《中庸》'戒慎恐惧'、《大学》'致知格物'之功：舍此之外，无别功矣。夫谓灭于东而生于西、引犬上堂而逐之者，是自私自利、将迎意必之为累，而非克治洗荡之为患也。今曰'养生以清心寡欲为要'，只养生二字，便是自私自利、将迎意必之根。有此病根潜伏于中，宜其有灭于东而生于西、引犬上堂而逐之之患也。"①

王阳明认为，只有清心寡欲，顺其自然才能克除自私自利之心，达到廓然大公的境界。"如今于凡忿懥等件，只是个物来顺应，不要着一分意思，便心体廓然大公，得其本体之正了。"②

其次还要意志坚决，持之以恒。王阳明认为，一旦发现私欲应坚决予以消灭。"才有一念萌动，即与克去，斩钉截铁，不可姑容与他方便，不可窝藏。不可放他出路，方是真实用功，方能

---

① 《答陆原静书》，（明）王守仁撰，吴光等编校：《王阳明全集》，上海古籍出版社1992年版。
② 《传习录下·黄直录》，（明）王守仁撰，吴光等编校：《王阳明全集》，上海古籍出版社1992年版。

扫除廓清。到得无私可克,自有端拱时在。"① 但是王阳明也意识到要廓清人欲不是一日之功,只有长期坚持才能有成效。"人若真实切己用功不已,则于此心天理之精微,日见一日;私欲之细微,亦日见一日。"②

## 二 李贽:人必有私与公正平等

李贽(1527—1602年),原姓林,名载贽,为避穆宗载垕讳,改名贽。嘉靖三十一年中举后,改姓李,号卓吾,又号宏甫,别号温陵居士、百泉居士等。明后期思想家。泉州晋江(今属福建)人。有《初潭集》、《焚书》、《藏书》等著作。李贽不受儒学传统思想的束缚,具有强烈的反传统理念。李贽对"公私"、"理欲"、"义利"关系的辩证与批驳闪烁着耀眼的人性之光,对后世影响深远。

(一)对"私欲"的肯定和对"无私"的批判

人必有私的私心说

李贽从人性论的角度着眼,认为私即人心的价值所在。"人必有私,而后其心乃见。"他认为私是满足人的基本需要的必要条件,也是人的心性的本质属性。他说:

> 夫私者,人之心也。人必有私而后其心乃见。若无私则无心矣。如服田者,私有秋之获而后治田必力;居家者,私积仓之获而后治家必力;为学者,私进取之获,而后举业之治也必力。故官人而不私以禄,则虽召之必不来矣。苟无高爵,则虽劝之必不至矣。虽有孔子之圣,苟无司寇之任、相

---

① 《传习录上·陆澄录》,(明)王守仁撰,吴光等编校:《王阳明全集》,上海古籍出版社1992年版。
② 同上。

事之摄,必不能一日安其身于鲁也决矣。此自然之理,必至之符,非可以架空而言说也。然则为无私之说者,皆画饼之谈、观场之见,但令隔壁好听,不管脚跟虚实,无益于事,只乱聪耳,不足采也。①

"私"是人性不可或缺的组成部分,没有"私",也就无"心"了,人也就没有进取的动力。这就如同农人自己占有秋之收获,所以能更勤于耕耘;管理家庭的可以让自家仓库丰足,那么他管理起来也会更尽心尽力;为学的有了自己的收获,就会更加勤奋孜孜不倦。假如不给予俸禄爵位,即便征召,想做官的人也不会来,不来为官,即便有孔子之圣,也无法施行其理念。因而那些认为人性本无私的说法是不合乎情理的。李贽说:

> 试观公之行事,殊无甚异于人者。人尽如此,我亦如此,公亦如此。自朝至暮,自有知识以至今日,均之耕田而求食,买地而求种,架屋而求安,读书而求科第,居官而求尊显,博求风水以求福荫于孙。种种日用,皆为自己身家计虑,无一厘为人谋者。及乎开口谈学,便说尔为自己,我为他人;尔为自私,我欲利他;我怜东家之饿矣,又思西家之寒难可忍也;某等肯上门教人矣,是孔孟之志也;某等不肯会人,是自私自利之徒也;某行虽不谨,而肯与人为善;某等行虽端谨,而好以佛徒害人。以此而观,所讲者未必公之所行,所行者又公之所不讲,其与言顾行、行顾言何异乎中。②

---

① 《德业儒臣后论》,《藏书》卷三十二,中华书局1959年版,第544页。
② 《答耿司寇》,《焚书》卷一,张建业主编:《李贽文集》(第一卷),社会科学文献出版社2000年版,第28页。

其实，那些满口人性无私的道学家，都是些追名逐利之徒，他们正是借这些荒谬的理论来牟取名利的。"口谈道德而心存高官，志在巨富。"① "人益鄙而风益下矣！无怪乎其流弊至于今日，阳为道学，阴为富贵，被服儒雅，行若狗彘！"②

由上可见，"私"的正当性和合理性是毋庸置疑的。但是，李贽所说的"私"乃是基于人性的正当合理需求，绝非那种损公肥私、损人利己的"私"。对与合乎人性需求的"私"，李贽鼓励"天下之民，各遂其生，各获其所愿有"，对于损人利己之"私"，李贽是反对的，在他看来，这种做法会让人丧失"童心"。李贽认为："夫童心者，真心也。若以童心为不可，是以真心为不可也。夫童心者，绝假纯真，最初一念之本心也。若夫失却童心，便失却真心；失却真心，便失却真人。人而非真，全不复有初矣。"③

李贽提倡以人性之本真推行天下为公，他说："以率性之真，推而扩之，与天下为公，乃谓之道。"④ 当然，"李贽的人性论，充分尊重个体的自然权利，他所说的'天下为公'不是抽象的，而是由一个个欲望主体组成的'公'"⑤。不管怎样，能做到天下为公都是值得推崇的，他对能公而忘私的晁错赞叹不已。

---

① 《又与焦弱候》，《焚书》卷二，张建业主编：《李贽文集》（第一卷），第44页。

② 《三教归儒说》，《续焚书》卷二，《李贽文集》（上），北京燕山出版社1998年版，第426页。

③ 《童心说》，《焚书》卷三，张建业主编：《李贽文集》（第一卷），第92页。

④ 《答耿中丞》，《焚书》卷一，张建业主编：《李贽文集》（第一卷），第15页。

⑤ 张献忠：《清朝取代明朝是历史的大退步——基于明清易代的思想文化分析》，载王兆成主编《历史学家茶座》2009年第一辑，山东人民出版社2009年版。

"孰知错伤文帝之无辅,而其父反以伤晁错之无父乎!是故国尔忘家,错唯知日夜伤刘氏之不尊也。公尔忘私,而其父又唯知日夜伤晁氏之不安矣。"①

与自私论相呼应,李贽在义利关系上也持义利统一说。他批评了董仲舒"正其谊不谋其利,明其道不计其功"的观点,明确地指出人人都有谋利计功之心,正义明道正是为了谋利计功。他说:"夫欲正义,是利之也。若不谋利,不正可矣。吾道苟明,则吾之功业矣。若不计功,道又何可明也?"②

(二) 公正、平等思想

针对等级分明的封建伦理纲常,李贽提出了"致一之理"的平等思想。他从人性论的角度出发,认为人生而平等,根本不存在所谓贵贱高低之分,李贽进而从智力同等、能力同等和德行同等三个方面论证"致一之理"。

首先,人们的智力方面是同等的,"盖人人各具有大圆镜智"③。李贽在《焚书·答周西岩》一文指出:"天下无一人不生知,无一物不生知,亦无一刻不生知者,但自不知耳,然又未尝不可使之知也。"李贽对孔子所谓"唯上智和下愚不可移"的说法表示怀疑,他指出人认识世界的智慧是同等的,没有所谓超出常人的所谓上智,更没有不可改变的下愚。

其次,人们的处事能力是同等的。李贽认为上天生就每一个人,必有其用,每个人都有其存在的价值。"夫天生一人,必有

---

① 《晁错》,《焚书》卷五,张建业主编:《李贽文集》(第一卷),第190页。
② 《德业儒臣后论》,《藏书》卷三十二,中华书局1959年版,第544页。
③ 《与马历山书》,《续焚书》卷一,《李贽文集》,北京燕山出版社1998年版,第343页。

一人之用"①、"则人人各正一干之元也，各具有是首出庶物之资也"②。李贽还指出，社会上通常所说的圣人能力超乎常人的说法是没有道理的。"自我而言，圣人所能者，夫妇不肖可以与能，勿下视世间夫妇之为也。……夫妇所不能者，则虽圣人亦必不能，勿高视一切圣人为也！"③

再次，人的德行也是同等的。李贽认为上天赋予人们的德行是相同的。"人人各具有是大圆镜智，所谓我之明德是也。是明德也，上与天同，下与地同，中与千圣万贤同，彼无加而我无损者也。"④李贽还说，尧舜等圣人的德行其实同于凡人，人人可以为尧舜。"尔勿以尊德性之人为异人也，彼其所为亦不过众人之所能而已，人但率性而为，勿以过高祖圣人所为可也。尧舜与途人一，圣人与凡人一。"⑤

将"致一之理"落实到社会伦理层面，李贽要求泛爱平等。"泛爱容众，真平等也。"⑥他反对等级制度和男尊女卑，要求男女平等、君王与臣民平等。

李贽认为君君、臣臣的伦理严重违背了人性平等，必须彻底扭转，恢复本应平等如师友的关系。李贽指出侯王之所以自视甚高，认为自己与庶人不同等，是因为他们不懂得致一之道。他说：

---

① 《答耿中丞》，《焚书》卷一，张建业主编：《李贽文集》（第一卷），第15页。
② 《乾为天》，《九正易因》卷上。
③ 《李氏文集·明灯道古录下》。
④ 《与马历山书》，《续焚书》卷一，《李贽文集》，北京燕山出版社1998年版，第343页。
⑤ 《李氏文集·明灯道古录上》。
⑥ 《罗近溪先生告文》，《焚书》卷三，张建业主编：《李贽文集》（第一卷），第116页。

侯王不知致一之道与庶人同等，故不免以贵自高。高者，必蹶下其基也，贵者必蹶贱其本也。何也？致一之理，庶人非下、侯王非高，在庶人可言贵、在侯王可言贱，特未知之耳。……人见其有贵有贱，而不知其致一也；曷尝有所谓高下贵贱者哉？彼贵而不能贱、贱而不能贵，据吾所见，而不能致之一也，则亦落落，如玉如石而已矣。①

李贽还对男尊女卑的社会伦理提出了挑战，主张男女平等。他首先从人性的角度论述这一问题：

　　天地，一夫妇也，是故有天地然后有万物。然则天下万物皆生于两，不生于一明矣。而又谓"一能生二，理能生气，太极能生两仪"，不亦惑欤！夫厥初生人，惟是阴阳二气，男女二命耳，初无所谓一与理也，而何太极之有？②

李贽不仅从人性的角度论述了男女平等的基础，而且还继承并发挥了《周易》的思想把男女夫妇平等看做是实现其他平等的前提。"夫妇，人之始也，有夫妇然后有父子，有父子然后有兄弟，有兄弟然后有上下。夫妇正，然后万物无不出正。……夫性命之正，正于太和；太和之合，合于乾坤。干为夫，坤为妇。故性命各正，自无有不正者。"③

在《答以女人学道为见短书》中，李贽批驳了"女人见短"的说法，认为女性有与男性一样的聪明才智，可以和男子一样

---

① 《李氏丛书·老子解》。
② 《初谭集·夫妇·总论》，张建业主编：《李贽文集》第五卷，社会科学文献出版社2000年版，第1页。
③ 《初谭集·夫妇论》，张建业主编：《李贽文集》第五卷，社会科学文献出版社2000年版，第1页。

369

学道。

> 不可止以妇人之见为见短也。故谓人有男女则可,谓见有男女岂可乎?谓见有长短则可,谓男子之见尽长,女子之见尽短,又岂可乎?设使女人其身而男子其见,乐闻正论而知俗语之不足听,乐学出世而知浮世之不足恋,则恐当世男子视之,皆当羞愧流汗,不敢出声矣!①

李贽认为,女子不仅可以学道,而且她们还能取得不俗的成就,甚至令男子汗颜。李贽举出历史上著名的女性来高扬男女平等的旗帜,他歌颂班昭、蔡文姬、谢道韫等人的才华、德性②,热情赞扬中国历史上唯一的女皇帝武则天的才能"胜高宗十倍,中宗万倍矣"③。《初谭集》卷二部分列举了很多历史上著名的女性,李贽对她们的才识、美德赞叹不已。更值得一提的是,李贽不仅认为女性可以学道,而且高度赞扬女性追求自由爱情,勇敢选择佳偶的行为。他称赞红拂女私奔李靖是"智眼无双"④、"千古来第一个嫁法"⑤;他对文君奔相如的行为热情讴歌,认为他们是"同声相应,同气相求,同明相照,同类相招"⑥,文君的行为绝不是封建卫道士所诬蔑的"淫奔",而是"云从龙,凤从

---

① 《答以女人学道为短见书》,《焚书》卷二,张建业主编:《李贽文集》(第一卷),第54—55页。
② 参见《初谭集·夫妇论》卷二,张建业主编:《李贽文集》第五卷,12—18页。
③ 《藏书·后妃·唐太宗才人武氏》。
④ 《红拂》,《焚书》卷四,张建业主编:《李贽文集》(第一卷),第182页。
⑤ 《评红拂记》。
⑥ 《儒臣传·司马相如》,《藏书》卷三十七,中华书局1959年版,第626页。

虎,归凤求凰,安可诬也?"因而早该如此。"徒失佳偶,空负良缘。不如早自决择,忍小耻而就大计。"① 李贽甚至还把卓文君的行为树为女子的榜样,他说:"好女子与文君奚殊也。有好女子便立家,何必男儿!"② 他还认为要求女子守节的伦理道德是没有人性的。《初潭集》记载的两件事颇能反映李贽对这一问题的态度。"王戎子绥,欲取裴遁女。绥既早亡,戎过伤恸,不许人求,遂全老无敢取者。"王戎儿子早亡,但是王戎不许未过门的儿媳改嫁他人,李贽痛批曰:"王戎不成人,王戎大不成人!"和王戎同时代的庾亮也是儿子早亡,当儿媳希望改嫁时,庾亮回答说:"贤女尚少,故共宜也。"庾亮的开明态度赢得了李贽的由衷赞赏:"好!"③

李贽的这些思想在封建伦理道德极端化的明代可谓振聋发聩,正如侯外庐先生所说:"李贽特别提出了男女平等的观点,……这样的进步观点……在当时是非常大胆的。"④

### 三 吕坤:顺其天理自然之公

吕坤(1536—1618年),字叔简,又字心吾、新吾,自号抱独居士,河南宁陵人,明朝文学家,思想家,官至刑部侍郎。吕坤为人"刚介峭直",为官守正不阿。

吕坤承认人欲存在的合理性,在他看来,人欲也是符合天理人情的,而且是天下共有的。"世间种种皆有所欲,其欲亦是天

---

① 《儒臣传·司马相如》,《藏书》卷三十七,中华书局1959年版,第626页。

② 《夫妇一·合婚》,《初潭集》卷一,张建业主编:《李贽文集》第五卷,第3页。

③ 《夫妇一·丧偶》,《初潭集》卷一,张建业主编:《李贽文集》第五卷,第9页。

④ 侯外庐:《中国思想史纲》,中国青年出版社1980年版,第28页。

理人情，天下万事公共之心。"① 当然人欲不能超出合理的范围，否则就会引发祸乱。

> 天地间之祸人者，莫如"多"。令人易多者，莫如"美"。美味令人多食，美色令人多欲，美声令人多听，美物令人多贪，美官令人多求，美室令人多居，美田令人多置，美寝令人多逸，美言令人多入，美事令人多恋，美景令人多留，美趣令人多思。皆祸媒也。②

过多的私欲会诱发祸乱，发展到极端甚至还会引发不堪设想的局面。"私则利己狗人，乃公法坏。公法坏，则豪强横恣，贫贱无所控诉，愁怨扩。"③ 又说："公正二字是撑持世界底，没了这二字，便塌了天。"④ 吕坤的这种看法不是凭空而生的，他所生活的明代中后期，物欲横流，人对私欲的追求达到了极点。面对此种情形，吕坤认为贪欲乃君子所耻之事，他说："只一个贪爱心，第一可贱可耻。羊马之于水草，蝇蚁之于腥膻，蜣螂之于积粪，都是这个念头。是以君子制欲。"⑤ 吕坤进而提出要克服个人之"私"，顺应天理自然之公。"拂其人欲自然之私，而顺其天理自然之公。"⑥

吕坤认为，对待天理之公与人欲之私的不同态度对社会的影响是非常大的。"'公私'两字，是宇宙的人鬼关。若自朝堂以

---

① 《呻吟语·治道》卷五，（明）吕坤著，王国轩、王秀梅校注：《呻吟语》，学苑出版社1993年版。
② 《呻吟语·养生》卷三，王国轩、王秀梅校注：《呻吟语》，学苑出版社1993年版。
③ 吕坤：《吕氏节录》卷上，广文书局1975年版，第75页。
④ 《呻吟语·治道》卷五，王国轩、王秀梅校注《呻吟语》，第319页。
⑤ 《呻吟语·修身》卷二，王国轩、王秀梅校注《呻吟语》。
⑥ 《呻吟语·治道》卷五，王国轩、王秀梅校注《呻吟语》。

至闾里,只把持得'公'字定,便自天清地宁,政清讼息;只有一个'私'字,扰攘得不成世界。"① "克一个公己公人心,便是吴越一家;任一个自私自利心,便是父子仇雠。天下兴亡、国家治乱、万姓死生,只争这个些子。"② 如果能做到大公无私,"便是包含天下气象"③;反之,如果过度追求私欲就成罪过了。"人一生大罪过,只有'自是自私'四字。"④ 因而君子务必要大公无私。"君子与人共事,当公人己而不私。苟事之成,不必功之出自我也;不幸而败,不必咎之归诸人也。"⑤ 作为天下独尊的君主更应控制自己的私欲。对于荒淫无度的明神宗,吕坤直斥其贪婪。"夫天下之财止有此数,君欲富则天下必贫,天下贫则君岂独富?故曰:同民之欲者,民共乐之;专民之欲者,民共夺之。"⑥ 在吕坤看来,上天立君为公,君王应以天下为公,为民造福。"天之生民,非为君也;天之立君,以为民也。"⑦ 既然公私理欲如此重要,那么君子要慎重对待,要从根本上植下大公无私的种子。

种豆,其苗必豆;种瓜,其苗必瓜。未有所存如是,而所发不如是者。心本人欲,而事欲天理;心本邪曲,而言欲正直,其将能乎?是以君子慎其所存。所存是种,种皆是;所存非种,种皆非,未有分毫爽者。⑧

---

① 《呻吟语·治道》卷五,王国轩、王秀梅校注《呻吟语》。
② 《呻吟语·存心》卷一,王国轩、王秀梅校注《呻吟语》。
③ 同上。
④ 《呻吟语·治道》卷五,王国轩、王秀梅校注《呻吟语》。
⑤ 《呻吟语·应务》卷三,王国轩、王秀梅校注《呻吟语》。
⑥ 吕坤:《忧危疏》。
⑦ 《呻吟语·治道》卷五,王国轩、王秀梅校注《呻吟语》。
⑧ 《呻吟语·存心》卷一,王国轩、王秀梅校注《呻吟语》。

吕坤关于公私理欲的思想虽未超出儒家的伦理传统，但在物欲横流、人人言私的晚明社会，如同一声惊雷，对针砭时弊、警醒世人还是有十分重要的意义的。

## 第二节　清代前期的"公"观念

清代社会初期出现了一大批思想家，他们积极总结明代灭亡的经验教训，提出了一些具有启蒙意义的新观点。比如以颜元为代表的颜李学派提出的"正其谊谋其利，明其道计其功"的新功利主义就是对该时期资本主义发展的集中反映，也是对宋明理学"存天理，灭人欲"的反驳。这一时期的思想家们还提出了抑制贫富分化的方案，如颜李学派的土地平均思想，唐甄的抑富均平思想。此外，人性平等也成为思想家们热衷探讨的问题，反映了人性的觉醒。如唐甄认为世间万物平等，人性从根本上讲也是平等的，他认为君臣之间、男女之间不应该有等级尊卑。这些思想是新的历史条件下人们心声的反映，他们的主张将明代后期以来的思想启蒙向前推进了一大步，有着十分积极的意义。

### 一　颜李学派：正其谊谋其利，明其道计其功

颜李学派的"颜"指颜元（1635—1704年），字易直，又字浑然，号习斋，清初思想家、教育家。河北博野（今河北安国县东北）人，颜李学派的创始者。"李"指颜元的学生李塨（1659—1733年），字刚主，号恕谷。直隶（今河北）蠡县人。颜李学派以义利论公私，认为利有其存在的合理性，义利是统一的，进而提出了谋利计功的主张。

颜元认为，人欲的存在有其合理性，进而承认私利的合理性。他把义利看成是统一的从而提出"正其谊谋其利，明其道

计其功"①。他在与弟子的对话中对董仲舒的"正其谊不谋其利,明其道不计其功"进行了全面的批判。

> 郝公函问:"董子'正谊明道'二句,似即'谋道不谋食'之旨,先生不取,何也?"曰:"世有耕种,而不谋收获者乎?世有荷网持钩,而不计得鱼者乎?抑将恭而不望其不侮,宽而不计其得众乎?这'不谋、不计'两'不'字,便是老无、释空之根;惟吾夫子'先难后获'、'先事后得'、'敬事后食'三'后'字无弊。盖'正谊'便谋利,'明道'便计功,是欲速,是助长;全不谋利计功,是空寂,是腐儒。"公函曰:"悟矣。请问'谋道不谋食'。"曰:"宋儒正从此误,后人遂不谋生,不知后儒之道全非孔门之道。孔门六艺,进可以获禄,退可以食力,如委吏之会计,简兮之伶官可见。故耕者犹有馁,学也必无饥,夫子申结不忧贫,以道信之也。若宋儒之学不谋食,能无饥乎!"②

颜元认为义利是统一的,董仲舒以及宋元诸儒所谓义利对立的看法是站不住脚的,是腐儒之论。"正其谊"便要"谋其利","明其道"就要"计其功",只有这样才符合人之常情。

尽管强调人欲合理、义利统一,但是颜元认为由"引蔽习染"引发的过度私欲、私利会招致祸害,因而不能不慎重,为防止这种祸害,颜元主张存心养性。

> 朱子原亦识性,但为佛氏所染,为世人恶习所混。若无

---

① 《四书正误》卷一,(清)颜元著,王星贤、张芥塵、郭征点校《颜元集》,中华书局2009年版。
② 《颜习斋先生言行录·教及门》,王星贤、张芥塵、郭征点校《颜元集》,中华书局2009年版。

> 程、张气质之论，当必求"性情才"及"引蔽习染"七字之分界，而性情才之皆善，与后日恶之所从来判然矣。惟先儒既开此论，遂以恶归之气质而求变化之，岂不思气质即二气四德所结聚者，乌得谓之恶？其恶者，引蔽习染也。惟如孔门求仁，孟子存心养性，则明吾性之善，而耳目口鼻皆奉令而尽职。①

正因为人性容易为外在的诱惑所引蔽，所以人应该像孔孟那样抛却己私，养性求仁，只有这样才能做到义利统一，为天下谋公利。颜元所说的"谋利计功"更大程度上是为天下人谋公利，为天下人计公利。颜李学派甚至把能否克除己私、为天下人谋公利作为衡量一个人价值的标准。"有为一人之人……有为万人之人；有为一室之人……有为一时之人，有为百年之人，有为千年之人，有为万年之人……有为同天地不朽之人。然则为之者愿为何许人也哉？"②颜元进一步指出其关键在于，"千万人中，须知有己，中正自持；千万人中，不见有己，和平与物"③。见己时要中正自持，努力做到不见己，不见己就是忘己、克己。

颜李学派还注意保障社会的公平。他们认为人们有权力共享天下田地。

> 岂不思天地间田，宜天地间人共享之。若顺彼富民之心，即尽万人之产而给一人所不厌也。王道之顺人情固如是乎？况一人而数十百顷，或数十百人而不一顷，为父母者，

---

① 《存性编·明明德》，（清）颜元著，王星贤、张芥塵、郭征点校《颜元集》，中华书局 2009 年版。
② 《习斋记余》卷六，（清）颜元著，王星贤、张芥塵、郭征点校《颜元集》，中华书局 2009 年版。
③ 王源订，李塨纂：《颜习斋先生年谱》卷上，《颜元集》。

使一子富而诸子贫可乎？……况今荒磨至十之二三，垦而井之，移流离无告之民，给牛种而耕焉，田自更余耳。①

颜元进而提出土地平均思想。"使予得君，第一义在均田。田不均，则教养诸政俱无措施处，纵有施为，横渠所谓终苟道也。"② 颜元的学生李塨继承了老师的均田学说，认为均田是"第一仁政"，只有均田地才能消除贫富不均的现象。"非均田则贫富不均，不能人人有恒产，均田，第一仁政也。"③ 他甚至制定了佃户分田的方案。他说：

> 制田之道有七：民与田相当之方，立行之，一也。其荒县人少者即现在之人分给之，馀田招人来授，……二也。……令多者可卖，而不可买，买田者如数而止，而一县之内则必不可或均或不均以滋变端，六也。……或陆或水，……不得过授田之数耳，每家五十亩亦约略育之，行时以天下户口田亩两对酌计可也，七也。④

颜李学派强调利欲，但是他们也注意抑制过度的欲求，认为最高的追求应是为天下国家谋公利，"人必能斡旋乾坤，利济苍生，方是圣贤"⑤。

## 二 唐甄：抑富均平和天下为公

唐甄（1630—1704年），原名大陶，字铸万，而后改名甄，

---

① 《存治编·井田》。
② 《颜习齐先生言行录·三代》。
③ 《拟太平策》卷二。
④ 《平书订》卷七。
⑤ 《颜习斋言行录》卷下。

字圃园。四川达州人。唐甄有一部和宋儒李觏同名的著作《潜书》，唐甄遗世的唯一著作。唐甄的公思想主要包括人性平等、抑富均平和天下为公等内容。

（一）人性平等说

唐甄的平等思想是建立在人性平等基础上的。唐甄认为世间万物是平等的。"天地之道故平，平则万物各得其所。"① 在万物平等的基础上，唐甄推衍出人性平等。"天地虽大，其道惟人；生人虽多，其本惟心；人心虽异，其用惟情。虽有顺逆刚柔之不同，其为情则一也。"② 他认为，人们具有共同的性情，在趋利避害这一点上，圣人和凡人是没有什么两样的。他说："圣人与我同类者也，人之为人，不少于圣人。"正因为不存在所谓圣凡之别，所以人人可以为圣人。"皂人可以为圣人，丐人可以为丐人，蛮人可以为圣人。"③

在人性平等的基础上，唐甄提出男女平等思想。他认为男女从一生下来就是平等的。《潜书·备孝》说："以言乎所生，男女一也。"唐甄还对男尊女卑的夫妇之道提出了异议，他认为有德者不应该以夫下于妻为耻："夫天高地下，夫尊妻卑；若反高下，易尊卑，岂非大乱之道？……盖地之下于天，妻之下于夫者，位也；天子下于地，夫之下于妻者，德也。"④ 唐甄认为要实现五伦忠恕之道，必先从夫妻平等始。"天之生物，厚者美之，薄者恶之，故不平也；君子于人，不因其故嘉美而矜恶，所以平之也。……恕者，君子善世之大枢也。五伦百行，非恕不

---

① 《潜书·大命》，（清）唐甄撰，《潜书》注释组注：《潜书注》，四川人民出版社1984年版，第285页。
② 《潜书·尚治》，《潜书注》，第304页。
③ 《潜书·格定》，《潜书注》，第173页。
④ 《潜书·内伦》，《潜书注》，第238页。

行,行之自妻始。"①

（二）抑富均平

唐甄提出富民思想,他认为物质财用是民之所需,也是立国之道。关于这一点秦佩珩《唐甄经济思想的考察》②有详细的论述,本文参考了该文的观点,拟从公平的角度论述唐甄的经济思想。富国首先应该富民,财富应该在编户,而非在府库,百姓不富足,府库再富足也只能算是贫国。《潜书·存言》说："立国之道无他,惟在于富。自古未有国贫而可以为国者。夫富在编户,不在府库。若编户空虚,虽府库之财积如丘山,实为贫国,不可以为国矣。"正确的做法应该是以百姓为子孙,以四海为府库,不与民争财,这样就能实现社会的公正和谐。反之,与民争财就会导致分配不公、社会动荡。

> 财者国之宝也,民之命也。宝不可窃,命不可攘。圣人以百姓为子孙,以四海为府库,无有窃其宝而攘其命者。是以家室皆盈,妇子皆宁。反其道者,输于悻臣之家,藏于巨室之窟,蠹多则树槁,痈肥则体散,此穷富之源,治乱之分也。③

由此可见,分配不公、贫富悬殊是社会不稳定的重要根源。这种现象在当时已经达到了非常严重的地步。明末清初,经过长期战乱,经济破坏严重,人民生活困苦,贫富不均,土地兼并严重,而且一些王公贵族却不顾百姓死活大肆盘剥。《潜书·大命》说：

---

① 《潜书·夫妇》,《潜书注》,第243页。
② 秦佩珩：《唐甄经济思想的考察》,《中州学刊》1986年第5期。
③ 《潜书·富民》,《潜书注》,第310页。

> 及其"不平"也，此厚则彼薄，此乐则彼忧，为高台者，必有洿池，为安乘者，必有茧足。王公之家，一宴之味，费上农一岁之获，犹食之而不甘。吴西之民，非凶岁为麦见粥，杂以荍秆之灰，无食者见之，以为是天下之美味也。人之生也，无不同也，今若此，不平甚矣。提衡者权重于物则坠，负担者前重于后则倾，不平故也。是以？惧其不平以倾天下也。

贫富不均如此悬殊的原因，在于"为政者不以富民为功"①。不仅如此，他们还虐取于民，其结果导致百姓陷入极度贫困、流离失所。

> 虐取者，取之一金，丧其百金；取之一室，丧其百室。充东门之外，有鬻羊飱者，业之二世矣。其妻子佣走之属，食之者十馀人。或诬其盗羊，罚之三石粟。上猎其一，下攫其十，尽鬻其釜甑之器而未足也，遂失业而乞于道。此取之一金，丧其百金者也。潞之西山之中有苗氏者，富于铁冶，业之数世。多致四方之贾，椎凿鼓泻担挽，所借而食之者，常百馀人。或诬其主盗，上猎其一，下攫其十，其冶遂废。向之借而食之者，无所得食，皆流亡于河漳之上。此取其一室，丧其百室者也。②

唐甄认为国家的政治方针当以富民为宗旨，"其举事任职虽多，不过使不困穷而已"③，因而唐甄反对当政者统治和豪强巨室对

---

① 《潜书·考功》，《潜书注》，第322页。
② 转引自秦佩珩《唐甄经济思想的考察》，《中州学刊》1986年第5期。
③ 《潜书·考功》，《潜书注》，第320页。

380

民间财富的取之无度。他以植柳为喻,主张植柳而不折枝。他说:

> 今夫柳,天下易生之物也;折尺寸之枝而植之,不过三年而成树。岁剪其枝,以为筐之器。以为防河之扫。不可胜用也。其无穷之用,皆自尺寸之枝生之也。若其始植之时,有童子者拔而弃之。安望岁剪其枝以利用哉!其无穷之用,皆自尺寸之枝绝之也。不扰民者,植枝者也,生不已也;虐取于民者,拔枝者也,绝其生也。①

唐甄认为设立天子百官就是要富民、养民。"虽官有百职,职有百务,要归于养民。"② 因而唐甄把能否富民、养民作为判定官吏贤否的标准。《潜书·抑尊》说:"古之贤君,举贤以图治,论功以举贤;养民以论功,足食以养民。虽官有百职,职有百务,要归于养民。上非是不以行赏,下非是不以效治。"因而唐甄主张重用养民的廉能贤才。"廉者必使民俭以丰财,才者必使民勤以厚利。举廉举才,必以丰财厚利为征。"③ 对于那些贪官污吏应该罢黜,他们强取豪夺,虐取民财,危害极大。《潜书·富民》说:

> 天下之大害莫如贪,盖十百于重赋焉。穴墙而入者,不能尽人之密藏。群刃而进者,不能夺人之田宅,御旅于途者,不能破人之家室,寇至诛焚者,不能穷山谷而偏四海。彼为吏者,星列于天下,日夜猎人之财。所获既多,则有陵

---
① 《潜书·富民》,《潜书注》,第311页。
② 《潜书·考功》,《潜书注》,第320页。
③ 同上书,第321页。

己者负箧而去。既亡于上,复于天下,转亡转取,如填壑谷,不可满也。寇不尽世,而民之毒于贪吏者,无所逃于天地之间。①

在唐甄看来,富在编户乃是富国之本,只有任用贤良的官吏,抑富均平,才能实现社会的公正和谐。

(三)抑尊格君公天下

在主张抑富均平的同时,唐甄还对封建等级制度提出了异议,他提出"抑尊格君"的政治主张,认为君主专制乃是天下之大害,提倡公天下。

从人性平等的角度出发,他认为君主和常人不应该有等级之别,因为"天子非神而皆人也"。《潜书·抑尊》说:"太山之高,非金玉丹青也,皆土也;江海之大,非甘露醴泉也,皆水也;天子之尊,非天帝大神也,皆人也。"但社会的现实是尊卑等级日益严格,人君骄奢淫逸,视臣民如粪土,当下的情况显然让唐甄很不满意,他说:

圣人定尊卑之分,将使顺而率之,非使亢而远之。为上易骄,为下易谀;君日益尊,臣日益卑。是以人君贱视其臣民,如犬马虫蚁之不类于我;贤人退,治道远矣。②

圣人定尊卑之分是为了"顺而率之",而非"亢而远之",君主不明白这一点的话就容易成为独夫民贼了。"是故人君之患莫大于自尊,自尊则无臣,无臣则无民,无民则为独夫。《乾》之上九曰:'亢龙有悔。'龙德既亢,必有宇宙玄黄之战,而开

---

① 《潜书·富民》,《潜书注》,第311页。
② 《潜书·抑尊》,《潜书注》,第211页。

草昧之运矣,可不惧哉!可不戒哉!"① 天子是万民之主,只有他克除己私,才能为民谋公利,"天下之主在君,君之主在心"②。其实天子和普通人一样,他们也应该抑制自己的私欲,戒骄戒奢。

> 位在十人之上者,必处十人之下;位在百人之上者,必处百人之下;位在天下之上者,必处天下之下。古之贤君不必大臣,匹夫匹妇皆不敢陵;不必师傅,郎官博士皆可受教;不必圣贤,闾里父兄皆可访治,尊贤之朝,虽有佞人,化为直臣;虽有奸人,化为良臣;何贤才之不尽,何治道之不闻!是故殿陛九仞,非尊也;四译来朝,非荣也。海惟能下,故川泽之水归之;人君唯能下,故天下之善归之;是乃所以为尊也。③

唐甄的天子与臣民平等的思想意义重大,这也是他理论的一个闪光点,朱义禄评价说:"唐甄对政治文化批判之深刻,不在于他有'帝王皆贼'的异端思想,而在于'天子虽尊亦人'的平等意识。"④

抑尊格君主要是从平等的角度说的,以此为切入点,唐甄对君主专制从制度层面进行了猛烈抨击,提出了公天下的思想。

首先,唐甄视君主专制为天下大害,提出乱天下者唯君。唐甄认为,历史上大多数的君主只顾自己的权力和利益而致生灵涂炭:"自秦以来,凡为帝王者皆贼也……杀一人而取其匹布斗

---

① 《潜书·任相》,《潜书注》,第353页。
② 《潜书·良功》,《潜书注》,第162页。
③ 《潜书·抑尊》,《潜书注》,第214页。
④ 朱义禄:《逝去的启蒙》,河南人民出版社1995年版,第83页。

粟,犹谓之贼;杀天下之人而尽其布粟之富,而反不谓之贼乎?"① 唐甄指出君主至尊权势的取得,是建立在杀天下之人、掠天下之财的残暴野蛮行为之上的。"川流溃决,必问为防之人,比户延烧,必罪失火之主,至于国破家亡,流毒无穷,孰为之而孰主之,非君其谁乎?"② 掌握生杀大权的君主视百姓如犬马虫蚁,随意屠戮,《潜书·止杀》指出君主与臣民之间简直成了"屠夫"与"羊豕"的关系。

两千年以来,百姓屡遭杀戮,"杀人者众手,实天子为之大手"。③ 可以说"杀人者虽盗贼居其半,帝王居其半"④,帝王的滥杀致使生灵涂炭,以致出现了"父兄子弟,肝脑涂地;舆尸载伤,哭声满野;城堡毁堕,田土荒芜;百千里之间,不闻鸡犬之声"的悲惨景象。⑤ 唐甄甚至认为两千多年来的君主专制就是一部帝王的屠杀史。"盖自秦以来,屠杀二千余年,不可究止。嗟乎!何帝王盗贼之毒至于如此其极哉!"⑥ 因为有些残暴的君主恶贯满盈,即便以极刑去处置,亦难以抵其屠戮祸害天下人之罪。"其上帝使我治杀人之狱,我则有以处之矣。匹夫无故而杀人,以其一身抵一人之死,斯足矣;有天下者无故而杀人,虽百其身不足以抵其杀一人之罪。"⑦

其次,唐甄倡导废除一家之天下,天下为公。唐甄认为君主专制建立以来"君之无道也多矣,民之不乐其生也久矣"⑧。两千多年的历史为什么会出现治世少、乱君多的现象呢? 唐甄认为

---

① 《潜书·室语》,《潜书注》,第 530 页。
② 《潜书·远谏》,《潜书注》,第 362 页。
③ 《潜书·室语》,《潜书注》,第 531 页。
④ 《潜书·全学》,《潜书注》,第 479 页。
⑤ 《潜书·厚本》,《潜书注》,第 540 页。
⑥ 《潜书·全学》,《潜书注》,第 480 页。
⑦ 《潜书·室语》,《潜书注》,第 531 页。
⑧ 《潜书·鲜君》,《潜书注》,第 207 页。

这都是君主专制造成的，因为天下治乱全系于君主一人："治天下者惟君，乱天下者惟君。治乱非他人所能为也，君也。"① 但是自君主专制建立以来，鲜有能以天下为公的君主，更多的是懦弱无能、荒淫昏庸之辈。

> 天之生贤也实难。博征都邑，世族贵家，其子孙鲜有贤者，何况帝室富贵，生习骄恣，岂能成贤！是故一代之中，十数世有二三贤君，不为不多矣。其余非暴即暗，非暗即辟，非辟即懦。此亦生人之常，不足为异。惟是懦君蓄乱，辟君生乱，暗君召乱，暴君激乱。君罔救矣，其如斯民何哉！②

大多数的君主都非良善之辈，他们自小生活在安乐窝中，根本不了解民生疾苦，这样的环境中成长起来的君主岂能成为贤君？不仅如此，他们视臣民如犬马虫蚁，长此以往，"贤人退，治道远矣"③。可见，建立在家天下基础上的君主专制导致社会动乱，所以唐甄提出废除荒谬的传子不传贤的皇位世袭制度，倡导"圣人之治天下"。他说："自闻孟子之言，而后知圣人之治天下……甄虽不敏，愿学孟子焉。"④ 可见，在唐甄看来废除一家之天下，还天下人之天下，是实现社会公正和谐的保障。

当然由于时代的局限性，唐甄没有提出彻底的废除君主专制的主张，正如萧父、许苏民指出的那样："与18世纪的多数法国启蒙学者一样，唐甄没有设想出一个没有皇帝的社会，而是主张实行一种限制君主权力，提倡君民平等，改革封建吏治，确认

---

① 《潜书·鲜君》，《潜书注》，第206页。
② 同上书，第207页。
③ 《潜书·抑尊》，《潜书注》，第211页。
④ 《潜书·潜存》，《潜书注》，第548页。

言论自由的开明专制政治。"① 尽管如此，唐甄对君主专制的看法是对明清君主专制日趋鼎盛的挑战，也是近代启蒙思想的重要组成部分。唐甄的这些思想至今仍熠熠生辉，对今天建设公平、公正的和谐社会仍有重要的启发意义。

## 第三节 清代中期的"公"观念

随着资本主义萌芽的发展和西学东渐的深入，一些学者开始对传统的公私观念进行重新思考。清代大儒戴震在对儒家经典考据注释的同时提出了一些颇有创见观点，他认为人欲并不等于私欲，他反对程朱理学"存天理，灭人欲"的观点，并提出理欲统一的看法。史学家章学诚"有《言公》三篇，集中讨论了'立言'中的公与私，强调在立言中，追求客观性的道，是公，迷执主观性的虚文则是私。"② 鸦片战争的炮声惊醒了清朝统治者天朝上国的美梦，也给知识分子带来很大震动。一批有识之士开始寻找救国之路，他们一方面积极学习西方的技术，另一方面也对中国传统文化进行了反思。反思的内容很广泛，公私关系、个体与群体关系都在其范围之内。龚自珍以其深邃的思想和新奇的观点成为清代中期令人瞩目的一位。

龚自珍（1792—1841年），一名巩祚，字璱人，号定庵，浙江仁和（今杭州）人。道光九年（1829年）进士，官礼部主事。龚自珍以其对"私"的承认和对"大公无私"的否定而独树一帜。

---

① 萧萐父、许苏民：《明清启蒙学术流变》，辽宁教育出版社1995年版，第319页。

② 王中江：《中国哲学中的公私之辩》，《中州学刊》1995年第6期。

## （一）人情怀私

龚自珍在其《论私》中提出了人情怀私的观点。他说："天有闰月，出处赢缩之度，气盈朔虚，夏有凉风，冬有燠日，天有私也；地有私也，有畸零华离，为附庸闲田，地有私也。日月不照人床闼之内，日月有私也。"① 私是天地自然之本性，是人之自然之情，自古至今莫不如此。"上古不讳私"②、"怀私者，古人之情也"③。这一点连圣王先贤亦不例外。"圣帝哲后，……究其所为之实，亦不过曰：庇我子孙，保我国家而已，何以不爱他人之国家，而爱其国家？何以不庇他人之子孙，而庇其子孙？"④

龚自珍认为"私"乃是人考虑一切问题出发点，人间的一切伦理道德都是"私"的表现。"忠臣何以不忠他人之君，而忠其君？孝子何以不慈他人之亲，而慈其亲？寡妻贞妇何以不公此身于都市，乃私自贞，私自葆也。"⑤ 人忠君之所以不忠别国之君，孝子之所以不孝他人，寡妇之所以坚守贞节，说到底都是为自身考虑的，所以也是私。他认为凡是人必有私，这是人之所以别禽兽的标志。

且夫狸交禽媾，不避人于白昼，无私也。若人则必有闺闼之蔽，房帏之设，枕席之匿，赪瓶之拒矣。禽之相交，径直何私？孰疏孰亲，一视无差。尚不知父子，何有朋友？若人则必有孰薄孰厚之气谊，因有过从燕游，相援相引，款曲

---

① 《论私》，《龚自珍全集》，上海人民出版社1975年版，第92页。
② 《农宗》，《龚自珍全集》，上海人民出版社1975年版，第49页。
③ 《送广西巡抚梁公序三》，《龚自珍全集》，上海人民出版社1975年版，第168页。
④ 《论私》，《龚自珍全集》，上海人民出版社1975年版，第92页。
⑤ 同上。

燕私之事矣。今日大公无私，则人耶，则禽耶？①

龚自珍还举出历史上所说的大公无私的人物其实都是有私心的。号称天下至公的夫子哙"以八百年之燕，欲予子之"；汉哀帝不顾高祖创业之艰难，国家社稷之增功累阼，为了落得清闲"帝不爱之，欲以予董贤"。龚自珍还举出墨子、杨朱、《诗经》、《论语》的例子说明人可以先公后私、先私后公、公私并举、公私互举，但是天下根本就不存在所谓的大公无私。

当然，需要说明的是，龚自珍肯定私并不是说人可以为了一己之私利而置天下之公利于不顾。龚自珍还提出了知耻说，认为君子应该以见利思义，以天下之公义为先，他把不顾公利的行为视为辱国辱社稷的行为。"士皆有耻，则国家永无耻矣；士不知耻，为国之大耻。"② 冯契先生说龚自珍提出人皆有私，谋私并非为恶的鲜明观点，实际上批判了当时占统治地位的程朱理学"存天理，灭人欲"的谬论，透露了他尊重个人意志、要求个性解放的思想。③

（二）群体（公）与个体（私）关系

儒家向来强调群体利益高于一切，要求人以公灭私，个体利益应当服从群体利益，宋明理学家更强调"灭人欲，存天理"，龚自珍认为这种伦理道德是不合情理的，是衰世的表现。

当彼其世也，而才士与才民出，则百不才督之缚之，以至于戮之。戮之非刀、非锯、非水火，文亦戮之，名亦戮

---

① 《论私》，《龚自珍全集》，上海人民出版社1975年版，第92页。
② 《明良论二》，《龚自珍全集》，上海人民出版社1975年版，第31页。
③ 冯契：《中国近代哲学史》（上册），上海人民出版社1989年版。

之，声音笑貌亦戮之。戮之权不告于君，不告于大夫，不宣于司市，君大夫亦不任受。其法亦不及要领。徒戮其心，戮其能忧心、能愤心、能思虑心、能作为心、能有廉耻心、能无渣滓心。①

而且这种束缚与摧残是日久天长的，长此以往，导致对个体、个性的忽略甚至压抑，严重摧残了人的性情，人的个性也消融于群体之中，完全没有了自我，甚至导致社会的混乱。

又非一日而戮之，乃以渐，或三岁而戮之，十年而戮之，百年而戮之。才者自度将见戮，则蚤夜号以求治，求治而不得，悖悍者则蚤夜号以求乱。夫悖且悍，且睊然瞯然以思世之一便已，才不可问矣。向之人，琨有辞矣。然而起视其世，乱亦竟不远矣。②

此外，龚自珍还指出，八股取士的科举制度也严重束缚了人的个性思想和个性。人在八股文的束缚下，失去了自由发挥的空间，只能强行说些空洞无物的话，甚至模拟、剽窃，扼杀了人的个性。

言也者，不得已而有者也。如其胸臆本无所欲言，其才武又未能达于言，强之使言，茫茫然不知将为何等言；不得已，则又使之姑效他人之言：效他人之种种言，实不知所以言。于是剽掠脱误，摹拟颠倒．如醉如呓以言，言毕矣，不

---

① 《乙丙之际筹议第九》，《龚自珍全集》，上海人民出版社1975年版，第6页。

② 同上书，第7页。

知我为何等言。①

　　为了扭转这种不合理的现象，龚自珍在《病海馆记》② 中以梅喻人，提出了个性解放的要求。他指出梅的自然天性是直、正、密。然而由于文人画士的"孤癖之瘾"，他们喜好曲、欹、疏的病态之梅，所以将正常之梅"斫直、删密、锄正"。龚自珍认为用统一的标准来"绳天下之梅"是不合乎梅的自然天性的，至于"斫其正，养其旁条，删其密，夭其稚枝，锄其直，遏其生气"的做法只能使"天下之梅皆病矣"。为了挽救病入膏肓的病梅，恢复其天性，龚自珍提出要"纵之顺之，毁其盆，悉埋于地，解其棕缚"，这样做，必能使梅的本性"复之全之"。

　　梅的自然天性不应受束缚，人亦应如此。"情之为物也，亦尝有意乎锄之矣，锄之不能反宥之，宥之不已而反尊之。"③ 龚自珍认为对于自己真实的情感应该任其自然发挥。正如《龚自珍的思想发展及其体系》一文所指出的那样："对于自然真实的情感，从'锄之'（压抑、锄荡）到'宥之'（宽容）到'尊之'（尊重）的过程，包含着维护人的健康的精神需求过程；也是对理学家所宣扬的：'情，人之阴气而有欲者也'的禁欲窒情教条的反叛和抗争的过程。"④

　　龚自珍还十分强调"自我"本性的"自然"表现，认为通过"造化自我"来反驳伦理道德的束缚。高瑞泉先生说："强调'造化自我'，以'自我'唤醒'人人灵觉之本明'，'回光返

---

① 《述思古子议》，《龚自珍全集》，上海人民出版社1975年版，第123页。
② 《病梅馆记》，《龚自珍全集》，上海人民出版社1975年版，第186页。
③ 《长短言自叙》，《龚自珍全集》，上海人民出版社1975年版，第232页。
④ 李建军：《龚自珍的思想发展及其体系》，对话网，2006年3月18日。

照，则为独知独觉，彻悟心源，万物备我，则为大知大觉．'反对束缚人性的陈规陋习，强调'各因其性情之近而人才成'．"①

（三）公平思想

清代中期，社会不均加剧，贫富分化到了令人惊叹的地步，阶级矛盾日益尖锐。龚自珍对此十分担忧，他在《西域置行省议》中说："自京师始，概乎四方，大抵富户变贫户，贫户变饿户，四民之首，奔走下贱，各省大局，岌岌乎皆不可支月日。"②社会财富分配的两极分化，导致社会动荡不安，纷争不断。

> 人心者，世俗之本也；世俗者，王运之本也。人心亡，则世俗坏；世俗坏，则王运中易。……有如贫相轧，富相耀，贫者阽，富者安。贫者日愈倾，富者日愈壅。或以羡慕、或以愤怨、或以骄汰、或以啬吝。浇漓诡异之俗百出，不可止。致极，不祥之气，郁于天地之间，郁之久，乃发为兵燧、为疫疠，生民焦类，靡有孑遗。人畜悲痛，鬼神思变置。③

龚自珍认为，社会贫富不均，贫富差距不断扩大造成了阶级矛盾日益尖锐，如不采取措施必然会导致国家社稷的危亡。"小不相齐，渐至大不相齐；大不相齐，即至丧天下。"④ 只有实行公平的政策，调节社会财富的分配，努力消除社会贫富差距才能实现

---

① 高瑞泉：《近代价值观变革与晚清知识分子》，《华东师范大学学报》2004年第1期。
② 《西域置行省议》，《龚自珍全集》，上海人民出版社1975年版，第106页。
③ 《平均篇》，《龚自珍全集》，上海人民出版社1975年版，第78页。
④ 同上。

社会的稳定。"有天下者,莫高于平平之尚也,……此贵乎操其本源,与随其时而剂调之。"①

龚自珍不仅从理论上阐述了调节贫富差距的道理,而且他还在《农宗》中提出了具体的调剂方案——限田、均田。他要求限制官僚地主占有过多的土地,按照宗法体系分配土地。虽然龚自珍的均田并不是要对所有人平均分配,但是对于限制土地兼并,消除贫富不均还是有积极意义的。

生活在社会大变革时代的龚自珍顺应了时代潮流,开风气之先,提出了一系列具有前瞻性的思想,在我国社会思想史上具有重要的地位,也得到了后人的赞赏。梁启超称赞说:"晚清思想之解放,自珍确与有功焉。光绪间所谓新学家者,大率人人皆经过崇拜龚氏之一时期。初读定庵文集,若受电然,稍进,乃厌其浅薄。"② 在《论中国学术思想变迁之大势》中又说:"语近世自由思想之向导,必数定庵,吾见并世诸贤,其能为现今思想界放光明者,彼最初率崇拜定庵,当其始读定庵集,其脑识未有不受其刺激者也……数新思想之萌蘖,其因缘固不得远溯龚、魏。"③

---

① 《平均篇》,《龚自珍全集》,上海人民出版社 1975 年版,第 78 页。
② 梁启超:《清代学术概论》,上海古籍出版社 1998 年版。
③ 梁启超:《论中国学术思想变迁之大势》,《饮冰室文集》二集,卷六。

# 第八章　明末清初诸儒对"公"观念的整合

明清鼎革之际,社会剧烈动荡,思想领域也异常活跃,"公"观念在这一时期也发生了具有转折意义的发展。如刘畅教授所说:"明末清初之际为公私观念发展史上的一大关键,其标志是出现了一大批以'私'为本为的思想家。"[①] 对"私"的突出强调以明末清初三大思想家黄宗羲、顾炎武、王夫之最具代表性。他们或认为自私即公,或提倡用私论,或认为私欲合理。这是明代以来资本主义萌芽在思想领域的反映。虽然他们强调"私",但是并未放弃"公"的道德理想。黄宗羲反对君主专制,倡导公天下;顾炎武通过天下家国之辩,强调要"合天下之私以成天下之公";王夫之反对"家天下",主张"公天下",认为"天下非一姓之私",不应"不以天下私一人",必须"循天下之公"。

尽管这一时期的公私观念与现代意义上的公私观还有一定的差距,还不够健全,但是,从某种程度上可以说,明末清初之际对公私关系的讨论具有思想启蒙的意义。

---

[①] 刘畅:《中国公私观念研究综述》,《公私观念与中国社会》,中国人民大学出版社2003年版,第378页。

## 第一节 黄宗羲的"公"观念

黄宗羲（1610—1695年），字太冲，号南雷，晚年自称梨洲老人，学者称梨洲先生。浙江余姚人。明末清初经学家、史学家、思想家。针对灭私立公的传统公私观，黄宗羲提出"自私即公"，他还把这种思想升华到国家政治制度层面，认为君主专制制度乃是以"私"害"公"的根本，他提出君为私，民为公，天下为主，君为客，应当废除基于君主私心的"一家之法"，倡导为万民谋公利的"天下之法"，以实现公天下的理想。

### 一 自私即公

黄宗羲认为应承认和肯定人的私利，因为合理的私和利也是"公"，即所谓"自私即公"。黄宗羲首先从人性角度区分了符合自然天性的私与违背天下的大私，指出了前者存在的合理性，并揭露了后者"大私加之于天下之大公"的本质。为了防止大私的泛滥，黄宗羲以圣人无私无欲之人格激励人，要求人提高涵养，大公无私。

黄宗羲认为，人性与气有关，人性的原初状态是不偏于刚亦不偏于柔的，它以中为本。"窃以为气即性也，偏于刚，偏于柔，则是气之过不及也。其无过不及之处，方是性，所谓中也。周子曰：'性者，刚柔善恶中而已矣。'气之流行，不能无过不及，而往而必返，其中体未尝不在。"[①] 黄宗羲认为，义理之性就是气质之本性，气质、人心本身是浑然流行的公共之物，其本身同于天理，所以是"公"；人欲是落在方所，便是"私"。

---

① 《明儒学案·南中王门学案·中丞杨幼殷先生豫孙》，沈善洪主编：《黄宗羲全集》（第七册），浙江古籍出版社1985年版，第721页。

> 道心即人心之本心，义理之性即气质之本性，离气质无所谓性而来。然以之言气质、言人心则可，以之言人欲言则不可。气质、人心是浑然流行之体，公共之物也，人欲是落在方所，一人之私也。天理、人欲，正是相反，此盈则彼绌，彼盈则此绌。故寡之又寡，至于无欲，而后纯乎天理。①

人生而有自私自利、好逸恶劳之心，这种欲求是与生俱来的。"有生之初，人各自私也，人各自利也……好逸恶劳，亦犹夫人之情也。"② 天下没有人会乐意"以千万倍之勤劳，而己又不享其利，必非天下之人情所欲居也"。当然，黄宗羲所肯定的是合理的私和利，也就是合乎人性自然之道之私和"以千万倍之勤劳"换来的利。正是人自私自利之心推动人不断追求，推动社会不断向前发展。马克思说："正是人的恶劣的情欲——贪欲和权势欲成了历史发展的杠杆。"③

但是，黄宗羲对后世之君以权谋私、化公为私，甚至以大私加之于天下之大公的做法颇为不满。

> 后之为人君者不然。以为天下利害之权皆出于我，我以天下之利尽归于己，以天下之害尽归于人，亦无不可。使天下之人不敢自私，不敢自利，以我之大私为天下之大公。④

在黄宗羲看来，后世之君的做法超出了基本的人性需求，是不合

---

① 《与陈干初论学书》，《黄宗羲全集》（第十册），第153页。
② 《明夷待访录·原君》，《黄宗羲全集》（第一册），第2页。
③ 《马克思恩格斯选集》第4卷，人民出版社1972年版，第233页。
④ 《明夷待访录·原君》，《黄宗羲全集》（第一册），第2页。

乎道义的。那种无私无欲"不以一己之利为利,而使天下受其利;不以一己之害为害,而使天下释其害"的圣人人格才是理想的状态。古之君主的圣人人格必然会受到人们的推崇。"古者天下之人爱戴其君,比之如父,拟之如天,诚不为过也。"①

黄宗羲认为,人性之气乃中气,是无过无不及的。"盖此气虽有调理,而其往来屈伸,不能无过不及,圣贤得其中气,常人所受,或得其过,或得其不及。"② 圣人之所以能有无私无欲的人格,是因为圣人之气没有为外在的诱惑所改变,没有"有我之私",所以既无过也无不及。但是常人则由于"有我之私未去",所以或过或不及,难以达到无私无欲的境界。

> 孟子言万物皆备于我,言我与天地万物一气流通,无有碍隔。故人心之理,即天地万物之理,非二也。若有我之私未去,堕落形骸,则不能备万物矣。不能备万物,而徒向万物求理,与我了无干涉,故曰理在心,不在天地万物,非谓天地万物竟无理也。③

要做到无私无欲,就必须提高涵养之功。黄宗羲说:"至于学之之道,大要在涵养性情,而以克己安贫为实地。此正孔、颜寻向上工夫,故不事著述,而契道真,言动之间,悉归平澹。"④ 黄宗羲还比较了"得其养"与"失其养"的差距。"心得其养,则以性御情,而五常百行由此而正;心失其养,则以情荡性,而五

---

① 《明夷待访录·原君》,《黄宗羲全集》(第一册),第3页。
② 《明儒学案·南中王门学案二·太常唐凝庵先生鹤征》,《黄宗羲全集》(第七册),第701页。
③ 《明儒学案·江右王门学案第七》,《黄宗羲全集》(第七册),第594页。
④ 《明儒学案·师说·吴康斋与弼》,《黄宗羲全集》(第七册),第10页。

常百行由此而隳。此心之所主，顾不重乎？"① 提高涵养的途径，黄宗羲认为静中涵养。圣人之所以能纯乎天理之公，就是因为他们能静心涵养，通达万事之理。"涵养省察，虽是动静交致其力，然必静中涵养之功多，则动时省察之功易也。在一心之理，与在万事之理，本无二致，惟圣人一心之理，能通万事之理者，以其纯乎天理之公也。"②

## 二 "公天下"的思想

黄宗羲把"公"与"私"的关系与君主制度联系起来，从而上升到国家政治制度的层面。他认为君权民授，君为私，民为公，天下为主，君为客，并进而指出基于君主私心的"一家之法"为私，为万民谋公利的"天下之法"为公。

（一）君权民授、天下为主君为客

原初之时，人只知道为私，而不知有公，以至于公利不行，公害莫除。为了消除这种无序的状况，所以上天设立了君主。

> 有生之初。人各自私也，人各自利也，天下有公利而莫或兴之，有公害而莫或除之，有人者出，不以一己之利为利，而天下受其利，不以一己之害为害，而使天下释其害。此其人之勤劳必千万于天下之人。夫以千万倍之勤劳，而己又不享其利，必非天下之人情所欲居也。③

立君的初衷是为民谋公利，消除公害，这是君主的本分，所以君

---

① 《明儒学案·诸儒学案·琼山赵考古先生谦》，《黄宗羲全集》（第八册）。
② 《明儒学案·河东学案上·文清薛敬轩先生瑄读书录》，《黄宗羲全集》（第七册），第134页。
③ 《明夷待访录·原君》，《黄宗羲全集》（第一册），第2页。

主应心怀仁义，不能有任何的私心，只有如此才能赢得万民之心。"天之生物，仁也。帝王之养万民，仁也。宇宙一团生气，聚于一人，故天下归之，此是常理。"① 古之圣王的做法是设君之道的最好体现，也是为君的楷模。然而，现实的情况却让人失望，君主不仅"私天下"，且"后世骄君自恣，不以天下万民为事"②。今之君王不仅不能以天下为公，将天下之利尽归于己，将害尽归于他人。"后之为人君者不然。……视天下为莫大之产业，传之子孙，受享无穷；汉高帝所谓'某业所就，孰与仲多'者，其逐利之情，不觉溢之于辞矣。"③ 正所谓"普天之下莫非王土，率土之滨莫非王臣"，后世君王视天下为自己的私有财产。既然君主之位可以随心所欲地获得更多的利益，所以君主职位成了美差，人人都想居之，他们不但不再效仿尧舜禅让，反而将天下之江山社稷传之子孙后世而不以为耻。究其根本，黄宗羲认为是今之君主弄颠倒了主客关系。

　　此无他，古者以天下为主，君为客，凡君之所毕世而经营者，为天下也。今也以君为主，天下为客，凡天下之无地而得安宁者，为君也。是以其未得之也，屠毒天下之肝脑，离散天下之子女，以博我一人之产业，曾不惨然！曰："我固为子孙创业也。"其既得之也，敲剥天下之骨髓，离散天下之子女，以奉我一人之淫乐，视为当然。曰："此我产业之花息也。"④

古之圣王明白天下为主、君为客的道理，所以能尽心尽力为

---

① 《孟子师说》卷四，《黄宗羲全集》（第一册），第90页。
② 《明夷待访录·原臣》，《黄宗羲全集》（第一册），第5页。
③ 同上书，第2页。
④ 同上。

天下人谋公利；但是今之君却反客为主，搞得天下不得安宁。他们吸进民脂民膏，离散天下女子以供一人享乐而认为理所当然。这种行为不仅让黄宗羲感叹"岂天地之大，于兆人万姓之中，独私其一人一姓乎"！① 黄宗羲对今之主的做法很不齿，他强烈谴责他们以一己之私损害天下之大公的做法，甚至提出要从根本上废除君主制度。他说："然则，为天下之大害者，君而已矣，向使无君，人各得自私也，人各得自利也。"②

由于天下非常广阔，仅靠君主一人不能治理，所以又设立公卿辅助君主。"缘夫天下之大，非一人之所能治，而分治之以群工。"③ 可见，不仅设君为公，设立公卿大臣的初衷也是为公为民，所以公卿大臣也应以利天下为己任。那么臣道当如何呢？是不是舍身事君就算得上理想之臣呢？黄宗羲说："否。夫视于无形，听于无声，资于事父也；杀其身者，无私之极则也。而犹不足以当之。"④ 因为在黄宗羲看来，设臣为民不为君，君子出仕是为天下谋公利。如果只为一姓谋私利，而不管"万民之忧乐"，就背离了为臣之道。

> 故我之出而仕也，为天下，非为君也；为万民，非为一姓也。吾以天下万民起见，非其道，即君以形声强我，未之敢从也，况于无形无声乎！非其道，即立身于其朝，未之敢许也，况于杀其身乎！不然，而以君之一身一姓起见，君有无形无声之嗜欲，吾从而视之听之，此宦官宫妾之心也；君为己死而为己亡，吾从而死之亡之，此其私昵者之事也。是

---

① 《明夷待访录·原君》，《黄宗羲全集》（第一册），第3页。
② 同上书，第2页。
③ 同上书，第4页。
④ 同上。

乃臣不臣之辨也。①

如果仅仅是为君杀身，从利万民的角度看算不得理想之臣道。如果君主不以万民为意，心存骄奢之心，就会选用些肯听从他的命令的人为之奔走服役；这些臣子如果再忽视万民，一心讨好君主，那么就和仆妾没什么差别了。

> 后世骄君自恣，不以天下万民为事。其所求乎草野者，不过欲得奔走服役之人。乃使草野之应于上者，亦不出夫奔走服役，一时免于寒饿，遂感在上之知遇，不复计其礼之备与不备，跻之仆妾之间而以为当然。②

理想的臣子应该时刻心系天下万民，只要符合万民之公利，即便违背君主之命也在所不惜。

既然立君设臣都是为天下万民谋公利，那么君臣就应该同心协力造福万民。"夫治天下犹曳大木然，前者唱邪，后者唱许。君与臣，共曳木之人也；若手不执绋，足不履地，曳木者唯娱笑于曳木者之前，从曳木者以为良，而曳木之职荒矣。"③ 如果二者不以天下万民为意，那么就荒废了为君、为臣之道了。黄宗羲认为君臣关系之所以存在就是因为"从天下而有"，理想的臣子应该"以天下为事，则君之师友也"。④

当然，由于时代的局限，黄宗羲不可能提出脱离君主体制的制度，所以我们不能以今天的标准来要求古人。正如萧公权所说："以今日之眼光观之，其言不脱君主政体之范围，实际上大

---

① 《明夷待访录·原臣》，《黄宗羲全集》（第一册），第4页。
② 同上书，第5页。
③ 同上。
④ 同上。

多价值。然其抨击专制之短,深切著明,办白具钉历史上之重要意义。"①

(二) 法的公私之辨

黄宗羲认为:"天下之治乱,不在一姓之兴亡,而在万民之忧乐。"② 为了保证社会的公正,必须以"天下之法"取代"一家之法"。黄宗羲认为,"一家之法"是违背立君为民本意的"非法之法",是君主谋取私利的工具,所以是"私"。"天下之法"才是为天下谋公利的,所以是"公"。可见,"天下之法"和"一家之法"实际上是"公"与"私"的关系。

黄宗羲认为三代之所以会成为理想社会,关键就在于"三代以上有法",且"三代以上之法也,因未尝为一己而立也"③。黄宗羲进一步指出:

> 三代之法,藏天下于天下者也:山泽之利不必其尽取,刑赏之权不疑其旁落,贵不在朝廷也,贱不在草莽也。在后世方议其法之疏,而天下之人不见上之可欲,不见下之可恶,法愈疏而乱愈不作,所谓无法之法也。④

所谓"藏天下于天下"就是以天下为公的意思。正因为三代之法以万民为本,所以天下人就没了私欲和恶,因而也就不需要法的约束了,这就是所谓"无法之法"。

后世之所以出现动乱在于"三代以下无法",即便有法也是"一家之法,而非天下人之法",所以不能称之为真正的法。《原法》篇说:

---

① 萧公权:《中国政治思想史》,新星出版社2005年版,第395页。
② 《明夷待访录·原臣》,《黄宗羲全集》(第一册),第5页。
③ 同上书,第6页。
④ 同上。

后世之法，藏天下于筐箧者也；利不欲其遗于下，福必欲其敛于上；用一人焉则疑其自私，而又用一人以制其私；行一事焉则虑其可欺，而又设一事以防其欺。天下之人共知其筐箧之所在，吾亦鳃鳃然日唯筐箧之是虞，向其法不得不密。法愈密而天下之乱即生于法之中，所谓非法之法也。①

后世之法以谋私利为出发点，从根本上说是为了防止他人争夺自己的利益，虽然法令很多，但是即便这样也无法消除人的私心，所以有法也形同虚设。

黄宗羲还指出，秦设立废封建而设郡县的初衷是防止他人争夺王位，以确保子孙万世为王；汉初大封藩国也是为了保住刘家帝业；宋代吸取了唐代藩镇割据的惨痛教训，解除方镇兵权亦是为保卫赵家天下。由此可见，这些所谓的"法"从源头上就偏离了正确的方向，"何曾有一毫为天下之心"，所以这些"法"乃是一家之"法"，而非天下人之"法"。

黄宗羲认为，经过秦代和元代两次大的变革，三代之法荡然无存了。"夫古今之变，至秦而一尽，至元而又一尽，经此二尽之后，古圣王之所恻隐爱人而经营者荡然无具。"② 既然三代之法公正无私，而后人之法不可取，所以人才向往三代，甚至希望恢复三代的制度。"一一通变，以复井田、封建、学校、卒乘之旧，虽小小更革，生民之戚戚终无已时也。"③

黄宗羲认为，社会的治乱系于法，因而"有治法而后有治人"，也就是说法治高于人治，公正的法律远比圣人更重要，只

---

① 《明夷待访录·原法》，《黄宗羲全集》（第一册），第6—7页。
② 同上书，第7页。
③ 同上。

有法治才能保证社会的公正、公平。

> 即论者谓有治人无治法,吾以谓有治法而后有治人。自非法之法桎梏天下人之手足,即有能治之人,终不胜其牵挽嫌疑之顾盼,有所设施,亦就其分之所得,安于苟简,而不能有度外之功名。使先王之法而在,莫不有法外之意存乎其间。其人是也,则可以无不行之意;其人非也,亦不至深刻罗网,反害天下。故曰有治法而后有治人。①

为了让法顺应时代,他提出制定法要"远思深览,一一通变",他批评"一代有一代之法,子孙以法祖为孝"的说法是不知道治乱系于法的腐儒之论,他认为法令必须随着时代而改变。不仅要变更法度,而且还要从根本上改变为一人一姓的社会制度。萧公权指出黄宗羲主张通变的目的"在尽废专制天下之君本位制度,以恢复封建天下之民本位制度"②。

(三) 朴素的民主平等思想

受明代后期东林党人和复社民间论政的思想影响,黄宗羲提出设学校让天下万民公议天下之政,用公众舆论来监督和制衡王公之政,表现出朴素的民主平等意识。

黄宗羲认为,学校是培养士人的场所,但这不是学校的最终目的和功用。"是故养士为学校之一事,而学校不仅为养士而设也。"黄宗羲认为,它还应有更高的终极目标,这就是要使学校成为公议是非的场所,以舆论监督和制衡君主公卿之行为,防止君害、臣害的出现,调整"公""私"冲突,实现天下为公,社会公正和谐。他说:

---

① 《明夷待访录·原法》,《黄宗羲全集》(第一册),第 7 页。
② 萧公权:《中国政治思想史》,新星出版社 2005 年版,第 396 页。

然古之圣王，其意不仅此也。必使治天下之具，皆出于学校，而后设学校之意始备。非谓班朝、布令、养老、恤孤、讯馘、大师旅则会将士，大狱讼则期吏民，大祭祀则享始祖，行之自辟雍也。盖使朝廷之上，闾阎之细，渐摩濡染，莫不有诗书宽大之气。天子之所是未必是，天子之所非未必非，天子亦遂不敢自为非是，而公其非是于学校。是故养士为学校之一事，而学校不仅为养士而设也。①

由此可见，学校不仅是司教、养士的场所，还是治天下的源头，而且通过"公其是非"还可以督促君主公卿不敢"自为是非"，并引导他们培养"诗书宽大之气"。牟宗三曾经指出："今《学校》则是自社会方面说，予政治以制衡之作用。学校为教化之系统，其作用有三：一、司教。二、养士。三、议政。是非不独存于朝廷，亦且公诸天下，而由学校之是非以制衡天子之是非。"② 但是，三代之后，由于"后世骄君自恣，不以天下万民为事"③，天下的是非曲直完全出自天子一人，以至于影响到学校的功能，甚至连最基本的养士功能都丧失了，至于公议功能更无从说起，最终只能沦为书院，更有甚者，朝廷对视学校为异端，事事与之作对。

三代以下，天下之是非一出于朝廷。天子荣之，则群趋以为是；天子辱之，则群擿以为非。……于是学校变而为书院。有所非也，则朝廷必以为是而荣之。有所是也，则朝廷

---

① 《明夷待访录·学校》，《黄宗羲全集》（第一册），第10页。
② 牟宗三：《〈待访录〉中之论〈学校〉》，载《政道与治道》，《牟宗三先生全集》第10册，联经出版事业公司2003年版，第193页。
③ 《原臣》，《黄宗羲全集》（第一册），第5页。

必以为非而辱之。伪学之禁，书院之毁，必欲以朝廷之权与之争胜。①

这样做的结果只能是"学校之法废，民蚩蚩而失教。犹势利以诱之"。牟宗三说："'家天下'之私，一切皆私。故学校养士，亦必威迫诱，使之从于己。蹂躏其人格，奴靡其心神，牵率天下之知识分子而为奴才是归，则道德学术皆无可言矣。"②

为了改变这种局面，黄宗羲认为必须以"有治法而后有治人"作为保障，通过"公议"约束君主公卿的行为。黄宗羲设计了一套制度努力增大学校的独立性，其中最重要的莫过于废除由官府任命学官的旧制，实行公议选贤的用人制度。他说：

> 郡县学官，毋得出自选除。郡县公议，请名儒主之。自布衣以至宰相之谢事者，皆可当其任，不拘已仕未仕也。其人稍有干于清议，则诸生得共起而易之，曰：是不可以为吾师也。其下有五经师。兵法、历算、医、射，各有师。皆听学官自择。凡邑之生童，皆裹粮从学。离城烟火聚落之处，士人众多者，亦置经师。民间童子十人以上，则以诸生之老而不仕者，充为蒙师。故郡邑无无师之士，而士之学行成者，非主六曹之事，则主分教之务，亦无不用之人。③

黄宗羲还"尽力提高师教之地位。讲学之时，政治系统者

---

① 《明夷待访录·学校》，《黄宗羲全集》（第一册），第10页。
② 牟宗三：《〈待访录〉中之论〈学校〉》，载《政道与治道》，《牟宗三先生全集》第10册，联经出版事业公司2003年版，第193页。
③ 《明夷待访录·学校》，《黄宗羲全集》（第一册），第12页。

皆就弟子列,且得议政之缺失。'小则纠绳,大则伐鼓号于众。'① 在《学校》一文中,黄宗羲还给出了具体的做法。

> 每朔日,天子临幸太学,宰相、六卿、谏议,皆从之。祭酒南面讲学,
> 天子亦就弟子之列。政有缺失,祭酒直言无讳。
> 天子之子年至十五,则与大臣之子就学于太学,使知民之情伪,且使之稍习于劳苦,毋得闭置宫中,其所闻见不出宦官宫妾之外,妄自崇大也。
> 郡县朔望,大会一邑之缙绅士子。学官讲学,郡县官就弟子列,北面再拜。……郡县官政事缺失,小则纠绳,大则伐鼓号于众。②

黄宗羲认为"公议"绝非像魏晋清谈那样毫无用处,"公议"可以矫正朝政之误,可以对重大的政治问题产生决定性的影响,甚至可以力挽狂澜,挽救江山社稷于危难。他举出宋代太学生上书支持李纲抗金从而击退金兵的故事来证明他的观点。可见,学校的功能何其巨大,他不仅可以监督君王公卿,还可出谋划策,甚至成为一切价值标准的策源地,"换言之,对黄宗羲而言,学校应当是一切价值判断的最终来源和根据,而士人群体包括学校的'学官'以及受教的诸生,则是这种价值判断的具体实施者"③。其实,通过公议的监督和制衡,让没有官职的士人群体也获得了参政议政的资格,获得了一定的民主权力,因而黄

---

① 牟宗三:《〈待访录〉中之论〈学校〉》,载《政道与治道》,《牟宗三先生全集》第10册,联经出版事业公司2003年版,第193页。
② 《明夷待访录·学校》,《黄宗羲全集》(第一册),第12页。
③ 彭国翔:《公议社会的建构:黄宗羲民主思想的真正精华——从〈原君〉到〈学校〉的转换》,《求是学刊》2006年第4期。

宗羲的公议思想从一定程度上讲，有为士人争取发言权的意思。

## 第二节 顾炎武的"公"观念

顾炎武（1613—1682年），原名绛，字忠清。明亡后，秘密进行抗清活动，因仰慕宋代王炎午之为人，改名炎武，字宁人，别号亭林，后世尊为亭林先生。江苏昆山人。明末清初著名的史学家、思想家。着有《日知录》《肇域志》《音学五书》《天下郡国利病书》《亭林诗文集》等。

同黄宗羲相似，顾炎武也反对宋元以来扼杀人性的"存天理，灭人欲"以及完全否定"私"的做法，认为人性自私，应该承认"私"存在的合理性，只有在此基础上才能实现天下之公，即所谓"合天下之私以成天下之公"。

### 一 合天下之私以成天下之公

（一）合私成公

首先是对"私"的肯定。顾炎武不仅不认为"私"与"公"构成对立关系，而且认为人性自私，"私"乃是"公"的人性基础，"公"寓于"私"之中。"天下之人，各怀其家，各私其子，其常情也。为天子、为百姓之心必不如其自为之心，必不如其自为。此在三代以上已然矣。"① 人为天子、为百姓之心都不如为己之心强烈，这是由人之本性决定的，是人之常情，自古以来如此，是难以避免的。"自天下为家，各亲其亲，各子其子，而人之有私，固情之所不能免矣。"② 顾炎武认为，从天子

---

① 《郡县论五》，《亭林文集》卷一，载《顾亭林诗文集》，中华书局1959年版，第14页。

② 《日知录》卷三，《言私其豵》，栾保群、吕宗力校点本：《日知录集释》，花山文艺出版社1990年版，第120页。

到臣民都是有私心的，但是这种私在某种意义上也是公。

> 于是有效死勿去之守，于是有合从缔交之拒，非为天子也，为其私也；为其私，所以为天子也。故天下之私，天子之公也。公则说，信则人任焉。此三代之治，可以庶几而况乎，汉唐之盛不难致也。①

能效死的臣民是为自身而非为天子，正是因为为自己效死而守，所以同时也为天子作出了贡献，所以说，天下所有的"私"，在某种程度上都可以说是为天子效力的"公"，这是"先私后公"；同样的道理，"用天下之私，以成一人之公而天下治"天子能以公心保证天下之"私"，其实既捍卫了自己的"私"，又能"成一人之公"，能赢得百姓的信任和爱戴，这是"先公后私"。天子、臣民的公私结合正是三代和汉唐兴盛的原因。

顾炎武考察了《诗经·言私其豵》中的公私现象指出，"雨我公田，遂及我私"是先公而后私；"言私其豵，献豜于公"是先私而后公，这是公私关系上不同的两种态度。但从人性的角度看，先私后公在前，世之君子所说的"先公后私"乃是后世的溢美之词，因而，不足为训。

> "雨我公田，遂及我私"，先公而后私也。"言私其豵，献豜于公"，先私而后公也。自天下为家，各亲其亲，各子其子，而人之有私，固情之所不能免矣。故先王弗为之禁；非惟弗禁，且从而恤之。建国亲侯，胙土命氏，画井分田，合天下之私以成天下之公，此所以为王政也。至于当官之训

---

① 《郡县论五》，《亭林文集》卷一，载《顾亭林诗文集》，中华书局1959年版，第15页。

则曰以公灭私，然而禄足以代其耕，田足以供其祭，使之无将母之嗟，室人之谪，又所以恤其私也。此义不明久矣。世之君子必曰：有公而无私，此后代之美言，非先王之至训也。①

正因为"私"是人之本性、人之常情，所以私不应该禁止，如果废除了"私"，那么"公"就失去了依托，"故先王弗为之禁。非为弗禁，且从而恤之"②。理想的做法应该像圣人那样"因而用之"，合天下之私以成天下之公。

（二）行己有耻，天下为公

顾炎武倡导经世致用的学术思想，反对脱离实际的空谈。顾炎武回顾历史，指出魏晋清谈导致刘渊、石勒之乱，他批评宋明理学空谈性理祸大于清谈。

刘、石乱华，本于清谈之流祸，人人知之。孰知今日之清谈，有甚于前代者。昔之清谈，谈老、庄，今之清谈，谈孔、孟，未得其精，而已遗其粗，未究其本，而先辞其末，不习六艺之文，不考百王之典，不综当代之务，举夫子论学、论政之大端一切不问，而曰："一贯"，曰："无言"，以明心见性之空言，代修己治人之实学。股肱惰而万事荒，爪牙亡而四国乱；神州荡覆，宗社丘墟。③

魏晋清谈的结果是社稷动乱，误国误民，但是明代士大夫并

---

① 《日知录》卷三，《言私其豵》，栾保群、吕宗力校点本：《日知录集释》，第120页。
② 同上。
③ 《日知录》卷七，《夫子之言性与天道》，栾保群、吕宗力校点本：《日知录集释》，第310页。

未接受教训,他们不问民生疾苦,空谈心性之学。明代士大夫这种舍本逐末的做法使得仁义不行、道德沦丧,结果亡国导致了明王朝的倾覆。顾炎武还转引《五代史·冯道传》的话说明抛却空谈,讲求仁义的重要性。"礼、义、廉、耻,国之四维;四维不张,国乃灭亡。善乎管生之能言也!礼、义,治人之大法;廉耻,立人之大节。"①

在顾炎武看来,礼、义、廉、耻是维护国家社会稳定的支柱,事关国家的兴亡。礼和义是治理人民的根本,廉耻是人安身立命的大节。没有了廉耻那么人就为所欲为了,发展到一定程度就会引致祸乱败亡。"盖不廉则无所不取,不耻则无所不为。人而如此,则祸败乱亡,亦无所不至。"②顾炎武认为三代以下世道衰微就是因为抛弃了礼义廉耻。"吾观三代以下,世衰道微,弃礼义,捐廉耻,非一朝一夕之故。"③顾炎武还指出"然而四者之中,耻尤为要",人之所以悖礼犯义的根本原因是因为人不知耻啊。找到了问题的症结,顾炎武对症下药地提出了"行己有耻"的思想。他说:

> 愚所谓"圣人之道"者如之何?曰:"博学于文"。曰:"行己有耻。"自一身以至于天下国家,皆学之事也;自子臣弟友以至出入往来辞受取与之间,皆有耻之事也。耻之于人大矣。不耻恶衣恶食,而耻匹夫匹妇之不被其泽,故曰:"万物皆备于我矣,反身而诚。"呜呼!④

---

① 《廉耻》,栾保群、吕宗力校点本:《日知录集释》,第602页。
② 同上。
③ 同上。
④ 《与友人论学书》,《亭林文集》卷三,载《顾亭林诗文集》,中华书局1959年版,第41页。

鉴于明代亡于士大夫的清谈无耻,所以顾炎武首先要求士大夫要"有耻",因为"士而不先言耻,则为无本之人;非好古而多闻,则为空虚之学。以无本之人,而讲空虚之学,吾见其日从事于圣人而去之弥远也。"① 如果士人不知耻,那么就与圣人之道背道而驰了,所以国家也就危险了,所以说"故士大夫之无耻,是谓国耻"②。士君子只有知耻才能行仁义,才能"明学术,正人心,拨乱世以兴太平之事"③,也只有如此,才能"以明道也,以救世也"④。

士君子还应以恩泽万民,天下为公为自己的最高理想。如不能做到这点便是莫大的耻辱。"耻之于人大矣!不耻恶衣恶食,而耻匹夫匹妇之不被其泽。"⑤

顾炎武天下为公、恩泽万民的思想不仅反映在他的著述内容上,甚至还反映到著述的命名上。《诗经·玄鸟》有诗曰:"邦畿千里,维民所止,肇域彼四海。"郑玄笺云:"肇,当作兆。王畿千里之内,其民居安,乃后兆域,正天下之经界。"孔颖达疏曰:"笺以肇域共文,当谓界域营兆,故转肇为兆。记令千里之内,民得安居,乃后正天下之经界,以四海为兆域。"可见,只有恩泽万民,百姓安居乐业才能称之为肇域。顾炎武以此意命名他的地理著作《肇域志》,足见其用意。他还在《与人书二十五》中强调君子应以救世济民为明道之本。"君子之为学,以明

---

① 《与友人论学书》,《亭林文集》卷三,载《顾亭林诗文集》,中华书局1959年版,第41页。
② 《廉耻》,栾保群、吕宗力校点本:《日知录集释》,第602页。
③ 《初刻日知录自序》,《亭林文集》卷二,载《顾亭林诗文集》,中华书局1959年版,第27页。
④ 《与人书二十五》,《亭林文集》卷四,载《顾亭林诗文集》,中华书局1959年版,第98页。
⑤ 《与友人论学书》,《亭林文集》卷三,载《顾亭林诗文集》,中华书局1959年版,第41页。

道也，以救世也。"他还指出自己著书立说的目的就在于此，绝不仅仅是为了藏之深山，传之后世。"今为《五书》以续三百篇以来久绝之传，而别着《日知录》上篇经术，中篇治道，下篇博闻共三十余卷。有王者起，将以见诸行事，以跻斯世于治古之隆。"①

## 二　天下国家之辨与天下为公

### （一）一家一姓为私，天下为公

顾炎武首先辨别了天下与家国之别，认为"家国"是一家一姓之私，"天下"是天下人之天下，是"公"。顾炎武是从国家兴亡的角度论述这一问题的。

> 有亡国，有亡天下。亡国与亡天下奚辨？曰："易姓改号，谓之亡国。仁义充塞，而至于率兽食人，人将相食，谓之亡天下。……是故知保天下然后知保国。保国者，其君其臣，肉食者谋之；保天下，匹夫之贱与有责焉耳矣。"②

易姓改号谓之亡国，也就是国家为外敌所灭或改朝换代，亡国只是亡一朝一代。中国历史上不断上演着朝代更替的悲喜剧，自秦灭六国到二世失国，从刘邦建汉到曹魏代汉，再从六朝时期朝代的不断更替，以及其后唐宋、元、明、清的兴衰存亡，历史上朝代更迭不可胜数。然而，"国破山河在"，所亡的乃是一家一姓之国，天下百姓仍然生生不息、照常生活。但是，亡天下则不然，道德沦丧，仁义不行于世，人与人之间相互争夺甚至相食。

---

① 《与人书二十五》，《亭林文集》卷四，载《顾亭林诗文集》，中华书局1959年版，第98页。
② 《日知录》第十三《正始》，栾保群、吕宗力校点本：《日知录集释》，第590页。

从顾炎武的亡国与亡天下之辨中我们不难看出一家一姓之国家乃是"私",万民之天下才是"公",因而顾炎武的天下国家之辨实际上就是公私之辨。

正因为国家为"私",所以顾炎武认为一朝一代、一家之国的兴亡较之于天下兴亡之大"公"微不足道,只有天下兴亡才是事关天下万民的头等大事。也正因如此,所以王夫之才喊出了了那个响亮的口号:"天下兴亡,匹夫有责"。[1]

顾炎武还指出,即便一家一姓之国家是"私",也不能不顾及天下百姓的死活,因为设立君主的初衷是为民。

> 为民而立君,故班爵之意,天子与公侯伯男子一也,而非绝世之贵。代耕而斌之禄,故班禄之意,君卿大夫士与庶人在官一也,而非无事之食。是故知天子一位之义则不敢肆于民上以自尊,知禄以代耕之义则不敢厚取民以自奉。不明乎此,而侮夺人之君,唱多于三代以下矣。[2]

立君为民,设官为公,所以贵为天子公卿也不能自尊于民之上。如果不明白这个道理,肆意妄为,擅天下之利,结果只会招致国破家亡的灾祸。

> 财聚于上,是谓国之不祥。不幸而有此,与其聚于人主,无宁聚于大臣。昔殷之中年有乱政,同位具乃贝玉,总于货宝,贪浊之风,亦已甚矣。有一盘庚出焉,遂变而成中兴之治。及纣之身,用又雠敛,鹿台之钱,巨桥之粟,聚于

---

[1] 《日知录》第十三《正始》,栾保群、吕宗力校点本:《日知录集释》,第590页。

[2] 《日知录》卷七,《周氏班爵禄》,栾保群、吕宗力校点本:《日知录集释》,第332页。

人主,而前徒倒戈,自燔之祸至矣。故尧之禅舜,犹曰四海困穷,天禄永终。而周公之系《易》曰:涣,王居无咎。《管子》曰:"与天下同利者,天下持之;擅天下之利者,天下谋之。"呜呼,崇祯末年之事,可为永鉴也已。后之有天下者,其念之哉!①

君主的私心是导致社会动乱、国家灭亡的重要原因,所以顾炎武劝诫后世君王应引以为戒,他们应该效法古之圣人,"以公心待天下之人"②。

(二)以封建、郡县论公私

所谓"封建"是指武王灭商后建立后实行的以血缘宗法为基础的分封制,其初衷是"以藩屏国";所谓"郡县",是秦始皇统一全国后实行的废除分封、设郡县的中央集权制度,其本质是集大权于一人的皇权专制制度。萧公权说:"秦灭六国为吾国政治史上空前之巨变。政制则由分割之封建而归于统一之郡县,政体则由贵族之分权而改为君主之专制。"③

顾炎武认为立君为民,他们理应为民谋公利,他说:"何谓称职?曰:土地辟,树木蕃,沟洫修,城郭固,仓廪实,学校兴,盗贼屏,戎器完,而其大者则人民乐业而已。"④但是在顾炎武看来,这两种制度各有利弊,都难以保障社会的公利,所以都不是最理想的,因而他主张合两种制度于一体,建立新

---

① 《日知录》卷十二,《财用》,栾保群、吕宗力校点本:《日知录集释》,第537页。
② 《郡县论一》,《亭林文集》卷一,载《顾亭林诗文集》,中华书局1959年版,第12页。
③ 萧公权:《中国政治思想史》(二),辽宁教育出版社1998年版,第241页。
④ 《郡县论三》,《亭林文集》卷一,载《顾亭林诗文集》,中华书局1959年版,第13页。

型政治制度,以捍卫天下之公。"为此,他灵活地运用儒家'执两用中'的中庸思维方法,拟定了'寓封建之意于郡县之中'的改革方案——其实质在于执'封建''郡县'之两端而用其中。"①

分封制建立之初不仅能保卫周王室,而且可以平衡天子的权力,使得天子"非绝世之贵",而且也"不敢肆于民上以自尊,知禄以代耕之义则不敢厚取民以自奉"②。分封制鼎盛时期的西周初年也因此成了人们向往的太平盛世。但是以血缘宗法为基础的分封制具有很强的排他性,说到底是一种以私家利益为中心的贵族政治,而且随着时代的发展,分封制暴露出越来越多的弊端。萧公权说:"当封建鼎盛之时,生活大体有序,上下守分相安,固不失为一太平之世。然而时迁世易,政治与社会均起变化,乃由安定以趋于骚动。"③顾炎武认为封建之所以背离了初衷,是因为"封建之失,其专在下"④。由于受封的诸侯具有独立的政治、经济、军事权力,所以势力日益膨胀,以至于威胁到周王室。

郡县制的建立有着积极的意义。首先是废除了以宗法亲亲为基础的选官制度,破除了权力的排他性,使得不同出身的人有机会参与到政治中来,在一定程度上实现了天下权力的共享,在这个意义上可以说是"公",也算的上是以一人之私"成天下之公"。其次,"海内为郡县,法令由一统,自上古以来未尝有,

---

① 周可真:《论顾炎武的"众治"思想》,《苏州大学学报》(哲社版) 1999 年第 4 期。

② 《日知录》卷七,《周氏班爵禄》,栾保群、吕宗力校点本:《日知录集释》,第 332 页。

③ 萧公权:《中国政治思想史》(一),辽宁教育出版社 1998 年版,第 18 页。

④ 《郡县论一》,《亭林文集》卷一,载《顾亭林诗文集》,中华书局 1959 年版,第 12 页。

五帝所不及"①。由于消除了林立的诸侯国,而且"书同文,车同轨,行同伦",法令统一,这些统一的制度为公平、公正提供了可能。再次,郡县制适应了时代发展的要求,所以取代分封制是历史发展的必然趋势。"封建之废,故自周衰之日而不自于秦也。封建之废,非一日之故也,虽圣人起亦将变而为郡县。"②而且"以诸侯为郡县,人人自安乐,无战争之患,传之万世。自上古不及陛下威德。"

虽然郡县制有诸多优点,但是也有很多的弊端,其出发点也是为私,"秦以私天下之心而罢侯置守"③,其目的是皇帝想巩固个人的权威,使天下的人都臣服于自己,是为了更有效地巩固"家天下"的皇族统治。而且"尽天下一切之权,而收之在上"④的做法则走到了另一个极端,皇权无人约束而容易随心所欲。由于权力的无限制,人君的私欲也随之膨胀,他们意欲穷尽天下之财富、土地归己有,而且对于百官也不信任,任命一官职必设另一官职来监督约束之,以为这样就能约束百官不害民,岂不知百官根本为民兴利,其结果是民贫国弱。"方今郡县之弊已极,而无圣人出焉,尚一一仍其故事,此民生之所以日贫,中国之所以日弱而益趋于乱也。"有鉴于此,顾炎武亟求变革。"率此不变,虽千百年而吾知其与乱同事,日甚一日者矣。"变革的方向何在呢?是不是再回到分封制的旧路上去呢?顾炎武给出了否定的答案,他说:"知封建之所以变而为郡县,则知郡县之敝而将复变。然则将复变而为封建乎?曰,不能。有圣人起,寓封

---

① 《史记·秦始皇本纪》,中华书局1959年版。
② 《郡县论一》,《亭林文集》卷一,载《顾亭林诗文集》,中华书局1959年版,第12页。
③ 柳宗元:《封建论》,《柳河东全集》,中国书店1991年版,第33页。
④ 《郡县论一》,《亭林文集》卷一,载《顾亭林诗文集》,中华书局1959年版,第12页。

建之意于郡县之中,而天下治矣。"①

王家范指出:"集权与分权乃是一切国家权力统治必难避开的两极,相反而相成,犹如广阔光系的两极。向心力与离心力构成一种弹性张力,仅执其一端,必偏执僵硬而丧失生机活力。"②封建制和郡县制各有利弊,因而如果能综合封建与郡县两种政治制度的优点,抛弃二者的缺陷,那么就不失为一种理想的政治制度,这就是"寓封建之意于郡县之中"③。具体的做法是:

选择贤良之士分封以百里之地以为郡县,使县令私之,那么县里的人民都是他的子民,县里的土地都是他的田畴,如此县令必会尽心尽力,爱护百姓。县令这样做的出发点是"私",然而这样却能实现天子所梦寐以求的天下大治,因而对于天子而言是"公",这样集天下县令之"私"便成就了天子之"公",此所谓"用天下之私,以成一人之公而天下治"④。因而要行王政必须采取如下措施。

> 建国亲侯,胙土命氏,画井分田,合天下之私以成天下之公,此所以为王政也。至于当官之训则曰以公灭私,然而禄足以代其耕,田足以供其祭,使之无将母之嗟,室人之谪,又所以恤其私也。⑤

---

① 《郡县论一》,《亭林文集》卷一,载《顾亭林诗文集》,中华书局1959年版,第12页。
② 王家范:《重评明末"封建与郡县之辨"》,《华东师范大学学报》2000年第4期。
③ 《郡县论一》,《亭林文集》卷一,载《顾亭林诗文集》,中华书局1959年版,第12页。
④ 《郡县论五》,《亭林文集》卷一,载《顾亭林诗文集》,中华书局1959年版,第14页。
⑤ 《郡县论五》,《亭林文集》卷一,载《顾亭林诗文集》,中华书局1959年版,第12页。

建国封侯，胙土命氏，画井分田等措施既可以训之曰"以公灭私"，而又"恤其私"，如此则"二千年来之敝可以复振"。顾炎武还告诫说："后之君苟欲厚民生，强国势，则必用吾言矣。"①

君主专制制度经过秦汉、隋唐、宋元等阶段的不断发展，明清时期发展到了顶峰，天子把一切权力掌握在自己手中，这样做的结果使得天下疲敝。顾炎武"寓封建之意于郡县之中"的呼声是对明清之际君主集权专制极端发展的反驳。正如杨联升所说："顾炎武'寓封建于郡县'一语，事实上是传统中国学者反对过度中央集权的延续。"②

## 第三节 王夫之的"公"观念

王夫之（1619—1692年），字而农，号姜斋、又号夕堂，或署一瓢道人、双髻外史，晚居石堂山，又自署船山病叟，学者称船山先生。明末清初思想家、哲学家，他在哲学、史学、文学乃至音韵学、地理学等方面都有卓越的贡献，被誉为"南国儒林第一人"。代表作有《读通鉴论》《噩梦》《尚书引义》《读四书大全说》等。

一　人性论为基础的公私、理欲观

（一）理欲之辨中的公与私

王夫之说："天理、人欲，只争公私诚伪。如兵农礼乐，亦可天理，亦可人欲。春风沂水，亦可天理，亦可人欲。才落机处

---

① 《郡县论一》，《亭林文集》卷一，载《顾亭林诗文集》，中华书局1959年版，第12页。
② 杨联升：《国史探微》，辽宁教育出版社1998年版，第104页。

即伪。夫人伺乐乎为伪,则亦为己私計而已矣。"① 在王夫之看来,"天理"与"人欲"的关系实则为"公"与"私"的关系。王夫之从两个方面论述这一问题。

王夫之反对把天理与人欲对立的观点,认为"天理与人欲同行","合二者而互为体"。王夫之认为人性是天生的,人欲是人性的组成部分,也是天生的,它们都是不可废不可灭的。"饮食男女之欲,人之大共也。"② 人欲既然是天生的,所以有存在的合理性,因而与天理也并非是非此即彼,不可调和的。"天理充周,原不与人欲相为对垒。"③ 不仅如此,天理和人欲还是不可分割的。"故终不离人而别有天,终不离欲而别有理也。"④ 没有脱离人欲的天理,"随处见人欲,即随处见天理"⑤ 所以宋明理学家希望通过灭人欲存天理的说法是极其荒谬的。更何况人欲中不仅有声色臭味之欲,还包括仁义礼智等美好的道德分子呢?

其实,理和欲都是人性的不可或缺的有机组成部分,不可偏废。"盖性者,生之理也。均是人也,则此与生俱有此理,未尝或异;故仁义礼智之礼,下愚所不能灭。而声色臭味之欲,上智所不能废,俱可谓之性。……理与欲皆自然而非由人为。"⑥ 在王夫之看来,人性中包括声色臭味之人欲,还包括仁义礼智等天理,所以说二者是可以共生共存的,二者是"合二者而互为体"

---

① 《读四书大全说》卷六,傅云龙、吴克主编:《船山遗书》,北京出版社1999年版,第2505页。
② 《诗广传·陈风四》。
③ 《读四书大全说》卷六,傅云龙、吴克主编:《船山遗书》,北京出版社1999年版,第2522页。
④ 《读四书大全说》卷八,傅云龙、吴克主编:《船山遗书》,北京出版社1999年版,第2576页。
⑤ 同上。
⑥ 《正蒙注》卷三,傅云龙、吴克主编:《船山遗书》,北京出版社1999年版,第3681页。

的关系。"天以其阴阳五行之气生人,理即寓焉,而凝之为性。故有声色臭味以厚其生,有仁义理智以正其德,莫非理之所宜。声色臭味顺其道,则与仁义理智不相悖害,合二者而互为体也。"① 天理就寄寓于人欲之中,二者的合体就是"性"。因而满足合理的人欲是合乎天理的。"人欲之各得,即天理之大同。"(《诗广传》)

王夫之继承并发挥了南宋初著名理学家胡宏"天理人欲同体而异用,同行而异情"的思想,他说:"阳主性而阴主形,理自性生,欲以形开。其或冀夫欲尽而理乃孤行,亦似矣。然天理人欲同行而异情,异情者异以变化之机,同行者同于形色之实。"② 王夫之认为,理欲生于阴阳,理生于阳所主之性,欲生于阴所主之形,二者同于形色,也就是说二者的源头相同,都是人性的组成部分。但是二者的变化不同,随着外界条件的改变,人的欲望也会变化,而且天理的标准也会改变。因而今日之人欲或许就是明日之天理;反之,今日之天理或许有朝一日会变为人欲③。

人欲的组成也是比较复杂的,王夫之说:"孔子曰:'吾其为东周呼?'岂不有大欲存焉?为天下须他作君师,则欲即是志。人所不可有者,私欲尔。若志欲如此,则从此作去以底于成功,圣人亦不废也。"④ 王夫之把人欲分为"私欲"和"公欲"两种。他认为,孔子为天下的宏伟抱负也是一种人欲,但这种人

---

① 《正蒙注》卷三,傅云龙、吴克主编:《船山遗书》,北京出版社1999年版,第3679页。

② 《周易外传》卷一,傅云龙、吴克主编:《船山遗书》(第一卷),北京出版社1999年版。

③ 沈善洪、王凤贤:《中国伦理学说史》(下),浙江人民出版社1988年版,第523页。

④ 《读四书大全说》卷八,傅云龙、吴克主编:《船山遗书》(第四卷),北京出版社1999年版。

欲是合理的是合乎人性的，王夫之把它定为"公欲"。这种人欲是人们与生俱来的，人人皆有的普遍性的欲望，如饥则食，寒则衣，以及孟子所说的"食色性也"之性欲；所谓"私欲"是超乎人性自然需求的过度的欲望，是"同我者从之，异我者违之"的欲求，是一种为"我"所独有的不具有普遍性的欲望，而且这种欲望的本质是利己主义的。[①]

"公欲"是王夫之所肯定的，他甚至十分推崇其中的某些部分。他认为人追求这样的人欲的过程也是实现天理的过程，"人欲之大公，即天理之至正"[②]，人欲得到满足也就实现了天理之大同，没有了"公欲"，天理或许会走样。"圣人有欲，其欲即天之理。天无欲，其理即人之欲。——于此可见，人欲之各得，即天理之大同；天理之大同，无人欲之或异。"[③] 对于私欲，王夫之则是否定的，他的"以理制欲"的主张就是针对"私欲"而提出的。

既然人欲中还存在着"私欲"，那么为了防止私欲的泛滥，就必须采取措施进行预防。王夫之反对理学家"窒欲""灭欲"的主张："若遏欲闭邪之道，天理原不舍人欲而别为体，则其始而遽为禁抑，则且绝人绝而未得天理之正，必有非所止而强止之患。"[④] 王夫之认为只有通过"以理制欲"和"养性导欲于理"来进行疏导。"以理制欲者，天理即寓于人情之中。天理流行，而声色货利皆从之而正。"[⑤] 他提出"率性""尊性""养性"的

---

[①] 唐凯麟、陈科华：《中国古代经济伦理思想史》，人民出版社2004年版，第401页。
[②] 《四书训义》卷三。
[③] 《读四书大全说》卷四，傅云龙、吴克主编：《船山遗书》（第四卷），北京出版社1999年版。
[④] 《周易内传》，傅云龙、吴克主编：《船山遗书》（第一卷），北京出版社1999年版。
[⑤] 同上。

主张，因为人不可能没有任何的私欲，堵塞的办法不能从根本上解决问题，而灭欲是不可能的，最好的办法唯有将这种私欲引导到"公欲"的路上去，让人把个人之"欲"与天下之公义相结合，培养人"心悬天上，忧满人间"的情怀和"以身任天下"的宏伟志向。

（二）以"义"论"公"

王夫之不仅以理欲论公私，而且还以义利论公私。"公私之别，义利而已矣""公私之辨，辨于义利"。① 王夫之还把公私义利提高到事关国家、天下之生死存亡的高度，他说："然则义利公私之别，存亡得失之机，施之一家，而一家之成败在焉，施之一国，而一国之成毁在焉，施之于天下，天下之安危在焉，岂有二哉？"② "道之所在，义而已矣；道之所否，利而已矣。是非者，义之衡也；福祸者，利之归也。"③ 王夫之特别重视以义立人。"立人之道曰义，生人之用曰利。出义入利，人道不立；出利入害，人用不生。智者知此者也，智如禹而亦知此者也。"④ 要以义立人，首先需要弄清楚"义"的含义。

所谓"义"，是指"处事得宜曰义""行焉而各适其宜之谓义""事之所宜然者曰义"。⑤ 王夫之以中庸思想为指导来界定"义"，他的解释也坚持了儒家的一贯立场。王夫之还指出："义者天理之公，利者人欲之私。"⑥ 可见，"义"就是天理，就是"公"，其核心是"宜"，即公正无私。

---

① 转引自朱义禄《船山公私观发微——兼论船山与中国传统文化》，《船山学刊》1993年第2期。
② 同上。
③ 《读通鉴论》卷二十五《唐宪宗》（万有文库本），商务印书馆1936年版，第536页。
④ 《尚书引义》卷二《禹贡》，中华书局1976年版，第41页。
⑤ 转引自陈力祥《王船山义利观辨正》，《江淮论坛》2006年第6期。
⑥ 《四书训义》卷六。

王夫之还区别了三种不同的"义",并指出"义"有其相对性,在一定情况下可能为"公",但在另一种情况下可能为"私",因而不能以一人之"公"来衡量天下之"公"。

有个人的正义,有一时的正义,也有古今通用的道义。对这三种"义"轻与重的权衡、公与私的辨析,不能不认真省察。把个人之"义"与时代大义相比较,那么个人之"义"为"私";把一时之"义"与古今之通义相比较,那么一时之义又成了"私"。仔细权衡就可以明白。"公"为重,"私"为轻。王夫之还进一步指出不可以一人之义废天下之公义。

所谓"一人之义"乃是对自己所奉之主的"义";"一时之义"是对天下所奉君主的忠;"古今之通义"则是严守夷夏之别。效忠君主是符合"义之正",但是,如果所奉之主不是天下人所共奉之主,那么这种"一人之义"就成了"一人之私"了。如果为了"偏方割据之主"而就私,更是以"一人之私"对抗"大公至正"。在天下大义面前,以死事主的行为也算不得"义"了。子路的事迹就是很好的说明。所以,切不可以一人之义非天下之公。只有为天下所共奉之主之"事",才算得上"义",才符合"公"之标准。既不能以一人之义衡量天下之事,同时也不能以一时之义废古今夷相夏之辩的通义。"不以一时之君臣,废古今夷夏之通义也。"① 当"一时义"与"古今通义"发生冲突时,应该以"古今之通义"为先。王夫之举出了南朝刘宋时期的史实来说明这一问题,当时,刘彧杀了本应继承皇位的刘子勋,即位为明帝,刘子勋的谋臣殷琰"畏明帝之诛己,欲降于拓拔氏",被夏侯详所劝止,王夫之称夏侯详的行为说:"为先君争嗣子之废兴,义也;为□□(中国)争人禽之存去,亦

---

① 《读通鉴论》卷十四《东晋安帝》(万有文库本),商务印书馆1936年版,第276页。

义也;两者以义相衡而并行不悖。如其不可两全矣,则先君之义犹私也,□□(中国)之义,人禽之界,天下古今之公义也。不以私害公,不以小害大,则耻臣明帝而归拓拔,奚可哉?"①在王夫之看来,殷琰为自己的主子争嗣子之位是"义",但是如果因此而投奔异族就破坏了夷夏之别的大义,是"以私害公"的行为。

义是相对的,"一人之义"未必是天下公义;"一时之义"未必是古今通义。同样的道理,"利于一事"未必利于他人,利于一时未必利于后世,至于利于一己的就更不会利于天下了:"乃义或有不利,而利未有能利者也。利于一事则他之不利者多矣,利于一时则后之不利者多矣,不可胜言矣。利于一己而天下之不利于己者至矣。"②

为了防止这以利害义,以私害公的行为,王夫之认为必须提高修养,克除私欲。要做到这点,必须从"心"开始。因为王夫之认为"心"是"义"的主宰,他说:"义不义,决于心而即征于外"③"吾心所以宰制手下者谓之义……以吾心之制,裁度以求道之中者,义也。"④王夫之认为真正的君主应该"储天下之用",也就是以己为天下用,而不是一味地向天下索取。"君子之道,储天下之用,而不求用于天下。知者知之,不知者以为无用而已矣。故曰其愚不可及也。……非圣人之徒,其孰与

---

① 《读通鉴论》卷十三《宋明帝》(万有文库本),商务印书馆1936年版,第307页。

② 《四书训义》卷六。

③ 《读通鉴论》卷十六《齐高帝》(万有文库本),商务印书馆1936年版,第314页。

④ 《读四书大全说》卷八,傅云龙、吴克主编:《船山遗书》(第四卷),北京出版社1999年版。

归?"① 王夫之还强调要修身必须由此始:"欲修其身者为吾身之言,行动立主宰之学。"②

## 二 公天下的思想:天下为公,君为私

与黄宗羲、顾炎武相似,王夫之对封建、郡县也产生了浓厚的兴趣。他认为较之于封建制,郡县制有其进步意义,他从人性论和历史论的角度论述了郡县制取代封建制的必然性,指出郡县制更能体现天下之大公。但是王夫之也意识到了郡县制容易导致专制,所以他又提出了环相而治和分统而治的制衡方略以矫正皇权专制的弊端。王夫之认为"天下非一姓之私",所以不管封建还是郡县都应"以公天下为心"。

(一) 封建、郡县论所体现的公私观

王夫之首先从人性论的角度论述封建制衰落、郡县制兴起的原因,王夫之认为郡县制取代封建制是人性之必然。他在《诗广传·大雅》中说:"禽兽终其身以用天而自无功,人则有人之道矣。禽兽终其身以用其初命,人则有日新之命矣。"由于本能的制约,禽兽只是被动地"用其初命",但是人则不同,他们不会满足于本能状态,他们有着强烈的主观能动性,因而可以不断革新进取。在王夫之看来,人性就是一个日新月异、不断发展的过程:"夫性者生理也,日生则日成也。"③ 因而当旧的制度不适应社会发展的需要时,人们就会除旧布新。君主制度的产生有其历史必然性,更有其人性基础,源于人们的人性需要。"天之使人必有君也,莫之为而为之。故其始也,各推其德之长人、功之

---

① 《读通鉴论》卷一《秦始皇》(万有文库本),商务印书馆1936年版,第2页。

② 《读四书大全说》卷一,傅云龙、吴克主编:《船山遗书》(第四卷),北京出版社1999年版。

③ 《尚书引义》卷三,中华书局1976年版,第63页。

及人者而奉之，因而尤有所推以为天子。人非不欲自贵，而必有奉以为尊，人之公也。"① 上天设立君主之职并非有意为之，而是不得不所以然。最初的时候，推举品德高尚，功劳显著的人来尊奉之，后来逐渐推举出天子。人人都有私心，所以人人都想自贵，但是只有受到众人尊奉的人才能获得这种荣誉，这不也是"公"吗？因而，君主制度从产生之日起就是建立在"公"的基础之上的。在此基础上产生的君主，退一步讲，"虽愚且暴，犹贤于草野之罔据者"②。当一种制度不能为"公"之时，也就得不到天下人的尊奉了，那么它必然会被历史所淘汰，取而代之的是一种更大程度上为"公"的、为人们所推崇的制度。正因人之本性如此，封建制被郡县制取代也是人性之必然。正鉴于此，王夫之呼吁君主"安于其位者习于其道，因而有世及之理"③。

郡县制取代封建制不仅有人性的基础，而且是历史的必然。他说："两端争胜，而徒为无益之论者，辨封建者是也。郡县之制，垂二千年而弗能改矣，合古今上下皆安之，势之所趋，岂非理而能然哉？"④ 郡县制能盛行两千余年必然有其胜于封建制的优长。封建制将权力分予诸侯，结果时日一长，诸侯权力膨胀，以其"小宗"威胁到国之"大宗"，这其实是一种以私犯公的行为，这种行为的结果是王命不行。"如是者数千年而安之矣。疆弱相噬而尽失其故，至于战国，仅存者无几，岂能役九州岛而听命于此数诸侯王哉？"⑤

不仅如此，以宗法血缘为基础建立的封建制还有着从娘胎里

---

① 《读通鉴论》卷一《秦始皇》（万有文库本），商务印书馆1936年版，第1页。
② 同上。
③ 同上。
④ 同上。
⑤ 同上书，第1页。

带来的不足。《读通鉴论·秦始皇》说：

> 古者诸侯世国，而后大夫缘之以世官，势所必滥也。士之子恒为士，农之子恒为农而天之生才也无择，则士有顽而农有秀；秀不能终屈于顽，而相乘以兴，又势所必激也。封建毁而选举行守令席诸侯之权，刺史牧督司方伯之任，虽有元德显功，而无所庇其不令之子孙。势相激而理随以易，意者其天乎！①

封建制下，诸侯的分封，官员的任用都是建立在血缘宗法基础之上的，结果富贵者恒富贵，贫贱者也没有翻身的机会，日久天长必然会激化矛盾。郡县制兴起后，废除了血缘宗法为基础的官员选拔制度，代之以贤良选士，使有才者皆得居郡县之职。"世其位者习其道，法所便也；习其道者任其事，理所宜也。法备于三王，道着于孔子，人得而习之。贤而秀者，皆可以奖之以君子之位而长民。"② 有才之士各得其职，人尽其才，如此则天下之民得治，也算得上是天下之"公"了。"则分之为郡，分之为县，俾才可长民者皆居民上以尽其才，而治民之纪，亦何为而非天下之公乎？……郡县者，非天子之利也，国祚所以不长也；而为天下计，则害不如封建之滋也多矣。"③ 郡县制不是为天子之利而是为天下计而设置，所以其害要比封建制少得多。

但是如同封建制弊端很多一样，郡县制也并非完美无缺的，一旦用人不当，就会出现一些害民之吏，更严重的是郡县制大大强化了皇权专制，致使君王以天下为己私，肆意妄为，秦朝就是

---

① 《读通鉴论》卷一《秦始皇》（万有文库本），商务印书馆1936年版，第1页。
② 同上。
③ 同上。

因此而灭亡的。有人据此得出郡县制亦不可行的结论，王夫之反驳说：

> 圣人之心，于今为烈。选举不慎，而贼民之吏代作，天地不能任咎，而况圣人！未可为郡县咎也。若夫国祚之不长，为一姓言也，非公义也。秦之所以获罪于万世者，私已而已矣。斥秦之私，而欲私其子孙以长存，又岂天下之大公哉！①

出现一些不当之处，并非是因为郡县制有问题，而是因为秦始皇有以天下私一家一姓之心。有鉴于此，王夫之提出了"天下非一姓之私""王者以公天下为心"的思想以矫正皇权专制的弊端。

（二）王者以公天下为心

天下不是一姓之私，因而王夫之否定了"私天下"的做法，认为以天下私一人一姓"岂天下之大公"②。但是历史上鲜有不以天下为私者。"有天下者而有私财，业业然守之以为固。而官天地、府万物之大用，皆若与己不相亲，而任其盈虚……祸切剥床，而求民不已，以自保其私，垂至其亡而为盗资。"③ 以天下为一人，求之无度的结果是亡国破家沦为盗贼，后世之君不可不引以为戒，"君天下者，勿任意见之私"④。王夫之还从"理""势"的角度论述了"公天下"的必然性："理有屈伸以顺乎天，

---

① 《读通鉴论》卷一《秦始皇》（万有文库本），商务印书馆1936年版，第2页。
② 同上。
③ 同上书，第7页。
④ （清）王夫之著；王伯祥校点：《黄书·噩梦》，北京古籍出版社1956年版，第87页。

势有轻重以顺乎人,则非有德者不与。仁莫切于笃其类,义莫大于扶其纪。笃其类者,必公天下而无疑;扶其纪者,必利天下而不吝。"①

在王夫之看来郡县是为天下谋公利而不是为天子谋私利的。"郡县者,非天子之利也,国祚所以不长也;而为天下计。"如果因为"国祚之不长"而归咎于郡县制,那只能是为一姓言,是不符合公义的:"圣人之心,于今为烈。选举不慎,而贼民之吏代作,天地不能任咎,而况圣人!未可为郡县咎也。若夫国祚之不长,为一姓言也,非公义也。"② 可见,"天下者,非一姓之私也"③,一姓的兴亡是"私",为天下万民谋公利才应该是郡县制设立的最高目标:"一姓之兴亡,私也;而生民之生死,公也。"④ 尽管秦始皇实行郡县制的主观出发点是为一己之私,但是客观上却无意中被上天假之以行其大公:"呜呼!秦以私天下之心而罢侯置守,而天假其私以行其大公,存乎神者之不测,有如是夫!"⑤

王夫之认为,只有按照"不以一人疑天下,不以天下私一人"⑥ 的原则,才能达到"循天下之公"的崇高境界。所以心怀天下者必弃一姓之私,以天下为公。"以天下论者,必循天下之

---

① 《尚书引义·立政周官》卷五,中华书局 1976 年版,第 161 页。
② 《读通鉴论》卷一《秦始皇》(万有文库本),商务印书馆 1936 年版,第
③ 《读通鉴论》卷十一《晋武帝》(万有文库本),商务印书馆 1936 年版,第
④ 《读通鉴论》卷十七《梁敬帝》(万有文库本),商务印书馆 1936 年版,第
⑤ 《读通鉴论》卷一《秦始皇》(万有文库本),商务印书馆 1936 年版,第 354 页。
⑥ 《黄书·宰制》,(清)王夫之著;王伯祥校点:《黄书·噩梦》,北京古籍出版社 1956 年版,第 17 页。

公,天下一姓之私也。"① 要做到天下至公还必须明是非。"天下有大公至正之是非为,匹夫匹妇之与知,圣人莫能违也。然而君子之是非,终不与匹夫匹妇争鸣,以口说为名教,故其是非一出而天下莫敢不服。"②

行之有效的做法有如下几点。

其一,要剔除一姓之私心,心怀天下,选贤使能。王夫之说:"以道言之,选贤任能以匡扶社稷者,天下之公也。"③ "治天下者,以天下之禄位,公天下之贤者。"④ 天下之大,仅靠天子一人之力是不行的,所以要选用贤能之士,共商国事。他说:

> 天下之大,田赋之多,人民之众,固不可以一切之法治之也。有王者起,酌腹里边方、山泽肥瘠、民人众寡、风俗淳顽,因其故俗之便,使民自陈之,邑之贤士大夫酌之,良有司裁之,公抑决之,天子制之,可以行之数百年而不敝。⑤

其二,要用人不疑,"任官以诚"。有了贤能之士,还必须信任他。但是有些君主为了一家一姓之私而疑天下之百官、守令,结果只会引起君臣的相互猜忌。"盈天下而无非疑地。以为

---

① 《读通鉴论》卷末《叙论一》(万有文库本),商务印书馆1936年版,第663页。
② 《读通鉴论》卷末《叙论二》(万有文库本),商务印书馆1936年版,第664页。
③ 《读通鉴论》卷五《成帝四》(万有文库本),商务印书馆1936年版,第71页。
④ 《读通鉴论》卷三《汉武帝》(万有文库本),商务印书馆1936年版,第39页。
⑤ 《读通鉴论》卷十六《齐武帝》(万有文库本),商务印书馆1936年版,第318页。

不可疑也，是戈矛填心而肝疱割腕也。以为可疑也……以为疑在此而制以彼也，是忌狸窃雏而间之以狐也。相互猜忌。"① 君臣相互猜忌的结果不仅增长了君主的私心，而且会损害天下之大"公"，招致祸乱。"元气痿，大务阁，民愁闾左，士叹十亩，空于野，金蚀于藏，彼揖此让，晋夷狄而奉之大位，可不痛与！则仁义不立而疑制深也。"②

其三，王夫之虽认为"人不可一日而无君"，但是他也反对君主权力过大，主张将君权分与公卿大臣和地方令守，实行环相而治和分统而治。

在中央一级，王夫之设计了一个"环相为治"的权力制衡机制③。"宰相之用舍听之天子，谏官之予夺听之宰相，天子之得失则举而听之谏官，环相为治，而言乃为功。"④ 在这种制度下天子、百官各司其职。"合刑赏之大权于一人者，天子也，兼进贤退不肖之道，以密赞于坐论者，大臣也，而群工异是。"⑤ 天子的职责是选贤与能，最重要的是选择良相。"天子之职，论相而已矣。论定而后相之，既相而必任之，不能其官，而惟天子进退，舍是而天子无以治天下。"⑥ 宰相是日常行政的中心，如果宰相无权就会导致天下纲常不举，至于像明代那样废除了宰

---

① 《黄书·任官》，（清）王夫之著；王伯祥校点：《黄书·噩梦》，北京古籍出版社1956年版，第24页。

② 同上。

③ 萧萐父、许苏民《王夫之政论发微：集权与分权——政治体制的改革方案》，《船山学刊》2002年第3期。

④ 《宋论》卷四《仁宗》，（清）王夫之著，舒士彦点校：《宋论》，中华书局1964年版，第90页。

⑤ 《读通鉴论》卷八《东汉灵帝》（万有文库本），商务印书馆1936年版，第150页。

⑥ 《宋论》卷四《仁宗》，（清）王夫之著，舒士彦点校：《宋论》，中华书局1964年版，第89页。

相就更不合乎道理了。"宰相无权,则天下无纲,天下无纲而不乱者,未之或有。权者,天子之大用也。而提权以为天下重轻,则唯慎于论相而进退之。相得其人,则宰相之权,即天子之权,挈大纲以振天下,易矣。"①

除了在中央环相而治外,还应该分统而治,授权于天下郡县令守而不越级而治。"天子之令不行于郡,州牧刺史之令不行于县,郡守之令不行于民,此之谓一统。"② 也就是授权于下,分级而治,上级不应该越级发号施令,否则会导致混乱。

> 天下之治,统于天子者也,以天子下统乎天下,则天下乱。故封建之天下,分其统于国;郡县之天下,分其统于州。后世曰道、曰路、曰行省、曰布政使司,皆州之异名也。州牧刺史统其州者也,州牧刺史统一州而一州乱,故分其统于郡。隋、唐曰州,今曰府。郡守统其郡者也,郡守统一郡而一郡乱,故分其统于县。③

封建制下分统于诸侯,郡县制下分统于州县,能分统则天下大治,反之,天子越级而治,则会导致天下大乱,这并不是才智不如令守,而是因为:

> 上统之则乱,分统之则治者,非但智之不及察,才之不及理也。民至卑矣,其识知事力情伪至不齐矣。居尊者下与治之,亵而无威,则民益玩而偷;以威临之,则民恇惧而靡

---

① 《读通鉴论》卷二十六《唐宣宗》(万有文库本),商务印书馆1936年版,第563页。

② 《读通鉴论》卷十六《齐高帝》(万有文库本),商务印书馆1936年版,第313页。

③ 同上。

所骋。故天子之令行于郡而郡乱，州牧刺史之令行于县，郡守之令行于民，而民乱。强者玩焉，弱者震掉失守而困以死。唯县令之卑也而近于民，可以达民之甘苦而悉其情伪。唯郡守近于令，可以察令之贪廉敏拙而督以成功。唯州牧刺史近于守，可以察守之张弛宽猛而节其行政。……上侵焉而下移，则大乱之道也。①

王夫之认为，能够做到以上三点的话，就能实现天下大公了。他还对秦代和宋代过度集权的做法提出了批评，并称之为"孤秦""陋宋"。他说：

> 圣人坚揽定趾以救天地之祸，非大反孤秦、陋宋之为不得延，固以天下为神器，毋凝滞而尽私之。……非与于贞观之道者，亦安足以穷其辞哉！天地之产，聪明材勇，物力丰犀，势足资中区而给其卫。圣人官府之，公天下而私存，因天下用而用天下。故曰："天无私覆，地无私载，王者无私以一人治天下"，此之谓也。今欲宰制之，莫若分兵民而专其治，散列藩辅而制其用。②

秦宋两代的以天下为神器，据为一人所有，是非常自私的，所以要行天下之大公，必须革除秦宋之弊。天地物产丰富，足以供养万民。圣人不会据为己有，而是公之于天下，因之用之，这就是所谓无私以治天下。所以要想实现"循天下之公"，必须抛却一人一姓之私，分统于下。

---

① 《读通鉴论》卷十六《齐高帝》（万有文库本），商务印书馆1936年版，第313页。
② 《黄书·宰制》，（清）王夫之著；王伯祥校点《黄书·噩梦》，北京古籍出版社1956年版，第10—11页。

综上所述，王夫之封建、郡县之论与公私有着密切关系，因而也具有新的历史高度。正如冯天瑜先生在《清人对"封建"的两种评议》中所说的那样："王夫之将秦废封建提升到历史哲学的高度……较之柳宗元以'势'论封建，王夫之则作了深度开拓：于'势'后探'理'……从而在更高层次上揭示'封建——郡县'之辩背后的历史规律性问题。"[①]

---

[①] 冯天瑜：《清人对"封建"的两种评议》，《光明日报》2006年2月14日理论周刊。

# 第九章　近代以来中国社会"公"思想的嬗变

1840年鸦片战争以来，中国的帝国之梦已破碎，在一个残缺的国家共同体里，整个社会发生了巨大的变迁。在帝国主义的野蛮入侵和国内政治的腐朽糟蹋下，旧的社会结构已被解构、社会的价值观念随之而发生深刻的变革，开启了近代以来社会思潮剧变的时代，其中，传统社会关于"公"的思想也在这个洪流中发生很大的变化。太平天国以"均平"为核心的"公"思想开启了近代中国社会对"公"的航船。虽然历史仅仅13年，但对中国社会公平思想的追求是具有里程碑意义的；康有为、梁启超以"大同"为核心的"公"思想开启了近代中国无数的革命先烈孜孜以求地为实现公平、正义、和谐的社会而前仆后继的寻梦之旅；孙中山以"天下为公"为核心的"公"思想开启了近代中国社会变革图强的新篇章。无数的革命先烈、无数的爱国人士、无数的中华儿女在追求公平、公正、正义、和谐的康庄大道上自强不息、迎难而上、奋勇向前，推动中国社会"公"思想的大变迁、大发展。

## 第一节　太平天国关于"公"的思想

太平天国运动是中国历史上农民起义轰轰烈烈的一次运动，它旨在建立一个平等、公平、安乐的理想社会，在这个社会里，无人不保暖、无处不均匀。这种理想本质上是乌托邦性质的，是永不可企及的。虽然太平天国只维系了13年，但却给中国社会变迁带来了巨大的影响，也折射出中国历代农民起义的两大价值取向，即"抱大团以求共生"和追求"平等"的价值取向。有学者指出，"抱大团以求共生"是当个体农民无法以传统的家庭分散生产对抗天灾人祸时，便不得不采取"抱大团"的方式来强制进行原有生存资源的重新分配。这种"抱大团以求共生"活动的最高形式便是农民起义；而追求平等的价值目标实际上就是追求等贵贱、均平富。所谓"等贵贱"，意指散失了原有生存地位的人们在造反组织中不分贵贱地"哥弟相处"，以增强外向抗衡的凝聚力量。所谓"均平富"，归结到一点即平分财产，它体现了作为小私有者的农民试图借助"把私有财产拉平"的手段求得共同生存的愿望。① 中国历代农民"抱大团以求共生"其实是一种自觉的无奈之举，这就注定了其共生是难以长期维系的，这是由统治阶级瓦解和其自身的劣根性注定的。追求平等倒是历代农民追求的根本价值旨归。从太平天国起义可以看出，虽然其追求平等的方式、内容、状态、理想等都存在这样那样的问题，而且它们的结果也是令人遗憾的，但其铿锵有力地醒世世人：中国历代的农民追求平等的努力从来就没有停止过、放弃过。

一 太平天国"公"思想的由来

纵观太平天国的整个运动，都是在"公"的思维体系下运行的，是在以追求天下太平为理想的思想体系下运行的。太平天国"公"思想的来源极为复杂，主要有以下几个方面：一是基

---

① 胡建：《古典式农民战争中的近代意蕴——太平天国革命思想之剖析》，《哲学研究》2003年第6期。

督教的平等思想；二是儒家的均贫富思想；三是中国历代农民起义的均平思想。这三种不同的文化体系所内涵的"公"的思想交织在一起，构成了太平天国这个时代的"公"的思想体系。但是，这三个方面不是自然而然地融合在一起的，有的地方是相悖的，这也就是导致太平天国后期难以践行其初始之公平思想的重要因素之一。

（一）基督教的平等思想

中国历史上的许多农民起义有个共同的特点，那就是以宗教作为思想手段，太平天国运动也不例外。洪秀全以西方基督教的思想体系起家，以拜上帝会为手段，通过宗教来凝聚力量，从而开辟走向太平天国的道路。这里就不得不先考虑这个问题，为什么会以宗教的形式出现？宗教为什么能够成为历史上许多农民起义的思想手段？针对这个问题，国家清史编纂委员会主任、中国人民大学清史研究院戴逸教授作了精辟的论述。

> 因为农民处在封建社会的最底层，担负着供养全社会的重担，但政治和经济地位低下，没有文化知识。当社会矛盾十分尖锐，革命的形式已经成熟，平时存在于民间的一些政治色彩并不浓厚的宗教，也会随着革命下形势而蜕变，变成一种反抗现政权的组织。洪秀全初创拜上帝会也还只是从基督教中吸取了平等的教义，劝人尊拜上帝，行善戒恶，待人平等。由于阶级斗争的推动，拜上帝会迅速地革命化，成为反封建的锐利武器。当革命高潮即将到来的时候，为进一步动员农民参加斗争，必须用农民所能理解的语言和逻辑，来阐明这场斗争的必要性和合理性，阐明这场斗争的目的，阐明它必定会走向胜利。农民缺乏理性思辨的能力，只能用宗教的玄想加以说明；农民一家一户，生活散漫，缺乏凝聚力，只能用宗教纪律，加以组织约束。斗争已到了山雨欲来

风满楼的时刻,但还没有人能科学地说明这场斗争的合理性,也没有人能有效地把农民组织起来,因此,宗教就填补了空白。①

这段话从根源上透析了宗教在农民战争中的作用。在任何时代,宗教的出现和广泛流行有其存在的合理性。换言之,宗教在广大农村具有其广泛的生存空间。历史上,广大农村宗教的广泛传播是由于农民的精神需要(也就是农民缺乏精神食粮),而需要就成为他们信仰宗教的根本动力。众所周知,宗教始终保持着某种神秘性,正是这种超自然力量的神秘性,能够很好地起到规范、引导广大农民行善去恶的作用,进而逐渐成为驾驭广大农民群众思想观念的操控者。

弄清楚了为什么农民战争会以宗教作为手段之后,再来看太平天国以基督教作为精神支柱,也就不难理解了。但是,需要澄清的是,太平天国创始人洪秀全开始信仰基督、创办拜上帝会起初并没有要以基督的思想来建立反抗清政府的组织。因而,可以而且有必要把洪秀全吸取基督教的平等思想分为两个阶段:一是金田起义之间的弘教阶段;二是1851年1月金田起义之后,以平等思想作为反抗统治阶级的阶段。这两个阶段虽然是紧密相联的,但又有着本质的区别。

就第一个阶段而言,洪秀全创办拜上帝会主要是为了"劝人尊拜上帝,行善戒恶,待人平等"。换言之,在某种意义上说,洪秀全的平等思想起初是相对的纯粹基督教的平等思想,主要是积极倡导人生而平等。在洪秀全看来,待人平均即是尊重人的生存权利和平等地位。人的生存权利的平等就是每一个人出生后,来到这个共同的世界,都是平等的,每个人都享有生存的权

---

① 戴逸:《太平天国拜上帝会不是邪教》,《江海学刊》2007年第1期。

利。此所谓"天下总一家,凡间皆兄弟",就是说,天下的人都生活在一个大家庭里,平等对待其生存是人之本性之必然。而倡导平等地位,实质上是每个人在社会共同体中的地位是平等的。"天下多男子,尽是兄弟之辈,天下多女子,尽是姊妹之群。何得存此疆彼界之私,何可起尔吞我并之念。"① 这就强调了人与人的社会平等地位,和谐共生、共处,不能存在你吞并我、我吞并你的邪恶念头。因此,这个阶段的平等思想基本上内含着深厚的人类学意蕴,它强调人、注重人、关心人,具有传统意义上的民本思想。

就第二个阶段而言,随着国际国内形势的变化,尤其是清政府腐朽没落,使得人民对统治阶级极度不满,以及对以英帝国主义入侵的强烈愤慨,激起了普天下中华儿女的爱国热情。在这个背景下,阶级矛盾、民族矛盾交织在一起,给中国人民带来了双重灾难。金田起义的胜利,一方面彰显出了广大农民对摆脱统治者阶级压迫的强烈吁求,另一方面也反映了他们对不平等社会的强烈反抗以及对美好社会孜孜不倦的追求。金田起义后,原来的平等思想已经无法满足阶级斗争的需要,已经无法满足农民革命的需要,这就迫切需要从原来基督教的平等思想蜕变成建立平等社会的梦想,从而使得洪秀全从弘扬基督教的平等思想到以平等旗帜、以平等思想的锐利武器领导广大人民进行残酷的革命斗争。基于这个层面,洪秀全原来倡导的基督教的平等思想已经蜕变为革命的指导思想,从而架构着建立一个太平天国之梦。

(二)儒家文化的均贫富思想

目前,学术界很多学者认为,洪秀全本人是彻底反对儒家文化的。这样的结论不是毫无根据的。有学者就此进行了考察。"太平天国对待以儒家思想为核心的中华民族传统文化,采取了

---

① 罗尔纲编注:《太平天国文选》,上海人民出版社1956年版,第4页。

极其粗暴的排斥、摒弃的态度,对传统文化的精神偶像孔子极端仇视,称'孔子为不通秀才',认为'《论语》一书无可取者',甚至说'推勘妖魔作怪之由,总追究孔丘教人之书多错'。因而宣布,'凡一切孔孟诸子百家妖书邪说者,尽行焚除,皆不准买卖、藏、读也,否则问罪也'。"①并规定"凡一切妖术,如有敢念诵教习者,一概皆斩"②。这些都是证明了当时太平天国对儒家文化极其地排斥、抵制和破坏。

然而,有意思的是,据有关历史资料显示,洪秀全本人先后参加过四次科考,但都以失败而告终。直到1843年科考失败后才开始专心研读基督教的相关著作,尤其是《劝世良言》,这本据说是给予他最大启迪的基督教著作。洪秀全屡次科考失败后逐渐转向传教,并且走向反对儒家学说的道路。这就证明一个问题,洪秀全在接触西方基督教思想之前主要还是受到儒家文化的熏陶,其骨子里已有儒家文化的痕迹。但这也存在这样一个问题,那就是洪秀全为什么要四次参加科考?能够四次参加科考在一定程度上反映出其对儒教文化的认同,至少是不反对的。既然对儒家有文化认同感,为何一下转向其对立面,对儒家文化如此痛恨?这是不得不值得深思的问题。换言之,洪秀全是从一个原来尊重儒家文化、认同儒家文化,并一直接受儒家文化熏陶的人走向后来的彻底的反儒家文化、根除儒家文化的代表人物。从这一端走向另一端,洪秀全的这个巨大的变化,不得不引起我们思考以下几个问题。

洪秀全反儒家文化是由于其自身的经历(科考失败)所造成的?

---

① 李昭醇:《从文化视角看太平天国运动》,《图书馆论坛》2006年12月。
② 《太平天国》编委会:《太平天国》(三),上海人民出版社2000年版,第232页。

洪秀全反儒家文化是因基督教的教义里本身与儒家文化相冲突？

洪秀全反儒家文化仅仅是以基督教文化作为一种工具？

洪秀全反儒家文化初始到底有没有或有多少反封建的阶级思想？

不管如何，要说洪秀全与儒家文化完全没有联系，是难以有说服力的，也是不符合事实的。从洪秀全的成长历程到第四次参加科考，可以看出，洪秀全从小就受到并接受儒家文化的熏陶，虽然后来改信基督教，但其思维方式、理念、观念里都难以彻底根除儒家文化的痕迹。不妨可以从下面的例子可以看出。

洪秀全始终是受到儒家文化的影响。洪秀全指出，"天下凡间人民虽众，总为皇上帝所化所生"[①]。然而在南京定都之后，生活奢靡、腐烂，又回到了封建统治阶级的那一套，尤其是在太平天国后期，洪秀全基本上是按照封建社会的思维方式来治理太平天国，并且用儒家文化中的辈分来捏造一个上帝家族，如"天父上主皇上帝是父亲，耶稣是长子，洪秀全是次子。因耶稣无子，洪秀全就把自己的儿子过继给耶稣，使其'兼祧'两房。洪秀全的妹妹洪宣娇自然是天父之女（六女），她的丈夫萧朝贵也就是'帝婿'了。冯云山、杨秀清、韦昌辉、石达开分别是上帝的第三、第四、第五、第七子"[②]。这些君臣、父子关系的建构，把上帝与儒家文化拼凑起来，变相地为上帝捏造了一个血缘家族，这些都反映出洪秀全骨子里有儒家文化的痕迹。

在这个基础上，再来探讨一下太平天国受儒家文化的等贵贱思想的影响。由于洪秀全始终无法彻底摆脱儒家文化的影响，在

---

[①] 罗尔纲编注：《太平天国文选》，上海人民出版社1956年版，第9—11页。

[②] 伍玉西：《从神灵观看太平天国宗教的演变》，《求索》2007年第10期。

整个起义过程中，都灌输着均平等的思想。孔子曰：不患寡而患不均。这种均贫富的思想已成为太平天国起义的口号和旗帜，也成为太平天国反对反动阶级剥削的旗帜。反对统治阶级的残酷剥削，建立一个平等的太平世界是太平军的梦想，提出建立"天下大家处处平均"的太平天国。随着太平天国运动的发展，洪秀全对儒家文化态度也逐渐发生变化，甚至是前后矛盾的。在太平天国运动中的均等思想，给各级将领、将军、普通士兵、民众等具有深远的影响。在广大人民群众中，包括广西起义的那些群众本身深受着儒家文化的熏陶，对均等思想的企盼也正推动着太平天国运动的发展。

因此，可以这样说，太平天国所提出的平等思想不完全是纯粹的基督教的平等思想，而是在自觉不自觉中汲取了儒家均贫富的思想，尤其是以洪秀全为首的大批领导者中无意识地受到儒家文化均贫富思想的影响。这里就导致一个悖论，一方面，洪秀全以彻底地毁灭、破坏儒家文化，甚至对孔子、孟子进行妖魔化，并以基督教文化来取代儒家文化在广大群众的地位。另一方面，洪秀全等人的思维方式、文化根底、灵魂里始终无法摆脱儒家文化的影子，从而使得洪秀全的思想上经常处在一种游离的状态，甚至把上帝与儒家礼教生搬硬套在一起，从而引起思想上的混乱。这个悖论也是导致太平天国灭亡的重要原因之一。

（三）中国历代农民起义的均平思想

自从黄巾起义以来，农民就有着一种朴素的均平思想，绝对平均思想。许多的农民起义者都怀着这种思想去参加革命，在一个没有政治信仰、政党领导，仅仅靠宗教来左右的农民运动，均平思想就成为极为重要的推动力量。太平天国能够在短时间聚集那么多的群众，除了上帝教会的影响之外，还有一个农民群众本身的内在因素，那就是均平思想的影响，以及对地主阶级剥削的极度仇恨。因此，太平天国的平均思想在一定程度上也继承了中国历代农民起义的均平思想。

二 太平天国的公有思想

太平天国的公有思想自金田起义以来就产生,但这个公有思想随着革命运动的发展逐渐发生微妙的变化。从原来的全部财富交给圣库到逐渐允许个体拥有一小部分的财产等,体现了太平天国的公有思想的变迁痕迹。

(一) 圣库的出现是公有思想正式形成的标志

圣库原来主要是指公共仓库,圣库是金田起义后"公"思想的最大象征。其实,圣库是太平天国建立的一个统一管理天国财富、统一支付太平天国各种费用的一项管理制度,是确保天朝公有财产的制度之一。因而,圣库不仅仅是天朝的公有仓库,更是一种管理制度。太平天国逐渐建立其一切财富归圣库的思想和制度,从而建立公有社会。据史料记载,辛开元年(1851年)闰八月初七天王洪秀全在永安发布诏令:"各军各营众并将,各宜为公莫为私,总要一条草(太平天国称"心"为"草"),跟紧天父兄及朕也。继自今,其令众并将,凡一切杀妖取城所得金宝、绸帛、宝物等项,不得私藏,尽缴归天朝圣库,逆者议罪。"[①]洪秀全这里的诏令主要是针对缴获的财产,一切缴获的财富要归圣库而不得私人占有,否则将要受到惩罚。这里涉及一个问题,洪秀全的这个诏令是一种军事管理制度,还是想建立一种公有社会制度的理想呢?按照一般的常理,任何一个朝代的军事行动过后所得财富是要上交国库,这是一种军事管理制度,这个是毫无异议的。包括当时的曾国藩的部队的士兵在缴获财产时也得上缴。因此,洪秀全颁布这个诏令,如果仅仅停留在军事管理

---

① 吴善中、殷定泉:《太平天国"人无私财"问题辨析》,《扬州大学学报》(社科版)2007年第7期。

制度层面，圣库的建立似乎没有多大的时代价值。充其量不过是一项管理制度而已。如果仅仅停留在这种理解上是远远不够的，这里有必要进一步探讨这个诏书所蕴涵的丰富内容。洪秀全颁布这个诏令并非纯粹的是军事管理命令、制度，而是想通过这个手段来建立一种圣库思想，也就是要建立一种公有社会制度的理想，这种圣库思想就是天朝思想的重要组成部分。

因此，基于这样一个层面，一切财富归圣库却还有另外一层含义，那就是私人财富的问题。虽然有学者指出，金田起义之前后，洪秀全并没有提出要消灭私人财产，也就是说，可以允许个人拥有私人财产。但是，金田起义后不久，消灭私人财产也就成为时代发展之必然，也是建立一个公有社会之必然。洪秀全在这里十分强调圣库，其价值在于通过圣库达到天朝所有的财富归天朝占有，个人没有必要占有私人财富，从而达到一种财富平等、人人平均、无贫富差异的理想社会。圣库思想的建构，代表着太平天国建立平等社会的梦想，也是推进社会平均的重要举措。这个举措在一定时期满足了广大农民均贫富的愿望，从而能够更加推动太平天国运动的发展。

（二）消灭私人财产到允许限定私人财产的思想

消灭私人财产是建立圣库思想的一部分，也是建立平等社会的题中要义。消灭私人财产包括原来拥有的合法财产，也包括后来通过劳动所得之财产，皆归圣库。关于消灭私人财产问题，最早始于洪秀全的诏令，洪秀全于1852年8月10日在长沙颁布诏令："天王诏令：通军大小兵将，自今不得再私藏私带金宝，进归天库，倘再私藏私带，一经察出，斩首示众。"[①] 洪秀全颁布这个诏令，明确军中各大小兵将不再允许私人带财产，从而使得

---

① 吴善中、殷定泉：《太平天国"人无私财"问题辨析》，《扬州大学学报》（社科版）2007年第7期。

所有原来的私人财产都归圣库。也就是说，原来拥有私人合法财产的都必须无条件上缴圣库。这就导致所有的将士都没有任何财产，大家都一样的，均贫富。但是随着太平天国运动的发展，尤其是定都天京之后，这个消灭私人财产的制度（诏令）发生一定的改变。从原来的消灭私人任何财产到允许将士拥有一定的私人财产，允许私人收藏财物等，虽然在对将士拥有私人财富的度上有明确的限制，如限制每个将士的私人财富不能够超过一定的额度，主要是允许个人私藏财富不得超过银五两。此外，有学者考证：

> 除允许拥有"银五两"以外，太平军还有所谓礼拜钱。张德坚《贼情汇纂》卷7《伪文告》中录有一封中四军前营前一卒长覃瑞向后营师帅陈某的禀文：缘明天十九日房宿礼拜之辰，弟统下四两司共带兄弟一百三十五名，内牌面九十八名，每名领钱二十文，共领钱二千零五十八文；牌尾兄弟三十七名，每各领钱十四文，共零钱五百一十八文；二共应领钱两千五百八十六文。又两司马四员，每员领俸钱三十五文，共领钱一百四是文；小弟俸钱七十文。统共实领礼拜前两千七百九十文。理应具禀恳请师帅善人发下，以便与众兄弟同沾天恩，兼办供物。[①]

从这个材料可以看出，太平军出了允许将士拥有银五两之外，还存在着礼拜钱。这就表明，太平天国由原来的消灭私人财产已经逐渐转向允许私人拥有限额财产，从而根本上打破了其原有的公有体系、公有思想等。而且，从上面的材料可以发现在太

---

[①] 转自吴善中、殷定泉《太平天国"人无私财"问题辨析》，《扬州大学学报》（社科版）2007年第7期。

平军里，在允许私人拥有财产的基础上，将士之间的礼拜钱是分等级的，尽管其上面算的数据有出入，但都可以看出将士所拥有的月份钱是不均等的，是有差别的，这就在一定程度上反映出太平军里是存在等级制度，这个等级制度还很森严。天下人人皆兄弟，人人平等、无处不均匀的社会理想已经在某些方面发生变化。承认私人财产、实行等级制度等都表明太平军的公有思想发生了根本性的变化，这个变化也许成为太平天国后期高官奢靡、腐朽的根源之一，也导致太平天国背离其初始的宗旨，其后果是可想而知的。

### 三 太平天国的平均主义思想

太平天国的平均主义思想由来已久，早在金田起义之前，洪秀全在宣传上帝会时强调"人人平等""人无分贵贱"，从而吸引了许许多多的生活在极为苦难、极为不平等社会中的疾苦群众。金田起义之后，洪秀全不断向所有信教群众、将士灌输平均主义思想，从圣库思想的建构可看出太平天国的绝对平均主义思想。

然而，1853年颁布的《天朝田亩制度》是体现太平天国绝对平均主义最重要的纲领性文件，胡绳先生曾经把《天朝田亩制度》称为"平均主义的图案"。平均主义的图案，表征着《天朝田亩制度》彻底成为推进太平天国绝对平均主义的纲领性文件。《天朝田亩制度》规定，"凡天下田，天下人同耕""有田同耕，有饭同食，有衣同穿，有钱同使，无处不均匀，无处不保暖"的理想社会。[①]《天朝田亩制度》倡导的"凡天下田，天下人同耕"满足了广大农民对土地的吁求和长期的愿望。自古以

---

① 中国近代史资料丛刊：《太平天国》（一），上海人民出版社1956年版，第319页。

来，土地是农民的命根子，土地是农民赖以生存的最重要的财富。千百年来，农民对土地的依赖不仅仅因为土地是他们生存的物质基础、财富来源、生产资料的来源，同时，也是他们精神上的关于土地的情结。因此，可以这样说，农民对土地的依赖包括两个方面。

物质层面。土地是农民生存、生产、发展的最根本的物质基础，也是最重要的生产资料。

精神层面。土地始终牵动着农民精神领域的各种情感，土地情结伴随着一个农民的始终，是农民精神满足的重要内容。

而《天朝田亩制度》通过法定的形式规定"有田同耕"，从而从根本上满足了广大农民对土地物质资源的诉求，也满足了他们的精神需要，使广大农民拥有土地也就能够得到农民的支持，这是一条"金规则"。历代的农民战争表明，追求土地私有是其奋斗的重要目标之一，有了土地农民才会有革命的热情，才会推动太平天国运动的发展。此外，《天朝田亩制度》提出的"有饭同食，有衣同穿，有钱同使，无处不均匀，无处不保暖"也反映了广大农民对追求平等的愿望和吁求。尤其是其提出的"无处不均匀，无处不保暖"正是把绝对平均主义推行到了极点，从而彻底打破了原有的封建剥削制度，对推进社会的平等发展具有重要意义，尤其是对传统剥削思想的颠覆具有划时代的意义。但是，遗憾的是，这种绝对平均主义是否真的能够一以贯之，最终能否取得成果？历史证明，这只不过是乌托邦的想象。为此，有学者作出这样的评价。

《天朝田亩制度》以法定形式破除封建土地私有制，具有划时代的积极意义，但又主张绝对平均分配产品，多余财务归公，这就使农民失去拥有土地的意义，抑制了生产积极性，给原本就很落后、脆弱的农民自然经济造成更大破坏。太平军占领苏浙等江南富庶地区后，农业生产力反而不如战争以前，就很能说明问题。……这些实践使广大农民和城市市民对"平均主义"思想日趋冷淡，人心所向已发生逆转，成为太平天国思想文化的"硬伤"。①

简言之，绝对平均主义在太平天国初始阶段能够在一定程度上促进运动的发展，但是后来也逐渐暴露出了其严重弊端。令人遗憾的是，虽然《天朝田亩制度》已经通过法定的形式规定下来，然而，在太平军中根本没有起到多大作用，尤其是奢靡、腐败的高级将领，更没有带头实践《天朝田亩制度》中的平均主义思想，在某种程度上说，反而成为《天朝田亩制度》实践的阻滞力和绊脚石。这不得不说是一个令人心痛的历史悲剧。

### 四　太平天国的公平思想

建立一个公平公正的社会是太平天国的梦想，而要建立一个公平的社会必须要通过消除封建社会的毒瘤，铲除社会的各种妖魔鬼怪，宣传圣库思想，实行绝对平均主义，从而最终实现一个完全公平、没有差别的理想社会。为此，探讨太平天国的公平思想可以从以下三个方面着手：一是建立一个公平的社会是一种目标；二是实现公平社会的手段；三是现实公平社会的效果。

---

①　宦洪云：《太平天国思想文化核心价值述评》，《南京社会科学》2006年第8期。

就建立一个公平社会的目标而言，洪秀全从基督教那里汲取了天国思想，建构了一个太平社会的梦想。建立一个公平的社会是针对现实不公平社会而言的，洪秀全对现实封建剥削阶级实行的各种不平等、不公平的社会制度、体制深恶痛绝，号召所有信仰群众一起来推翻这个现实不平等、不公平的社会，从而建立一个新的社会制度，这个社会制度就是平等的、公平的社会制度。为此，洪秀全在《太平诏书》中说道：上帝是唯一真神，人间帝王、科举制度奉行的鼻祖孔子、满族统治者等统统是妖魔，洪秀全是上帝的儿子，来到人间拯救万民；朝廷推进的剃发以及抽压迫、酗酒、淫邪等都是陋俗，要把社会建成公平正直①。把社会建成公平正直就成为洪秀全的一个梦想和目标。

就实现公平社会的手段而言，洪秀全在《太平诏书》中说道："科举制度奉行的鼻祖孔子、满族统治者等统统是妖魔"，"朝廷推进的剃发以及抽压迫、酗酒、淫邪等都是陋俗。"② 洪秀全通过批判封建社会来建构一种理想社会，其手段显然是，一方面要通过铲除妖魔来实现；另一方面要通过消除社会各种陋习来实现。具体来说，就是要彻底地废除封建科举制度，废除尊儒制度，从而改习基督教的教义。为此，太平军制定了一系列的反对儒家学说的政策，包括焚烧儒家经典书籍、严禁人民藏儒家学说书籍等，一经查出将严厉惩罚。通过推翻清朝政府来消除清朝社会中的酗酒、淫邪等，从而建立一个公平正直的社会。

## 五　《资政新篇》中的公与私

《资政新篇》是太平天国当局者审时度势之施政纲领，在当

---

① 宦洪云：《太平天国思想文化核心价值述评》，《南京社会科学》2006年第8期。

② 同上。

时的历史环境下，只有变革才是富国图强之道。洪仁玕指出：

>  "夫事有常变，理有穷通，故事有今不可行，而可豫定者，为后之福；有今可行，而不可永定者，为后之祸""其理在于审时度势，视乎时势之变通为律，其要在于因时制宜，审视而行而已"。①

《资政新篇》既是审时度势、因地制宜之杰作，也是推进太平天国之改革的宏伟图景。《资政新篇》是近代中国人学习西方的重要改革纲领，其根本精神是学习西方。在经济方面，主张发展资本主义性质的近代工矿、交通、金融、邮政事业，承认并发展私有制；在政治方面，要求改革政治体制，欣赏美国"邦长五年一任，限以俸禄""写票公举"的选举方式，力图消除朋党之弊；在思想文化方面，主张发挥舆论监督作用，设立报馆，发行报纸，创建新式学校，废除八股，革新"夷夏之防"、重本（农业）抑末（工商业）等陈旧观念。显然，从《天朝田亩制度》到《资政新篇》，太平天国的先进思想家由否定私有制到肯定私有制，并且进而提出发展资本主义的私有制，展示出他们在农业文明行将就木的前夕对新兴工业文明的领悟与向往。②

《资政新篇》是中国近代以来最早，也最典型的学习资本主义的施政纲领，如果从公与私的角度来考虑的话，《资政新篇》可以看做是一部推动太平天国公平思想、公私制度变革的统摄性纲领。它从原来的绝对平均主义到发展私有制、公私兼顾，通过以制度的形式确定下来，试图使太平天国从传统的只知有公而废

---

① 《洪仁玕选集》，中华书局1978年版，第3页。
② 胡建：《古典式农民战争中的近代意蕴——太平天国革命思想之剖析》，《哲学研究》2003年第6期。

除私的弊端中走出来,以促进社会经济发展,调动人民的积极性,推行资本主义管理制度。保护个人合法利益,允许私人办报等都表明《资政新篇》具有十分开明的思想,是推动中国近代社会变革的重要方案。简而言之,太平天国从消灭私有制到发展私有制,在一定程度上可以凸显太平天国公私思想、制度的变迁。

遗憾的是,在当时的历史环境下,《资政新篇》终将无法实现,私有制的发展也只能成为一种难以实现的想象。

### 六 太平天国"公"思想的宿命及其难以承担的历史使命

太平天国的"公"思想虽然经历时间不长,但其影响却是十分广泛而深远的,曾经给太平天国运动起到巨大的推动作用,也广泛地深入民心,得到广大人民群众的支持和拥护。遗憾的是,这种公平思想、公有思想、公正思想、平均主义思想随着太平天国政权的覆灭而流产。以洪秀全为首创立的"公"的思想体系也因政权的垮台而解构,这里有两个方面的原因。

其一,太平天国建构的"公"的思想体系本身具有不可调和的内在矛盾,从而使这个体系难以自我消解各种困难,如公平、公正思想与绝对平均主义思想混在一起是极为不妥当和极为不明智的。公平、公正思想本质上来说与绝对平均主义思想是对立的,至少可以说是悖论的。正是这种思想体系的悖论和矛盾重重,导致太平天国整个思想体系的混乱。

其二,太平天国建构的"公"思想体系是一把双刃剑,虽然在太平天国运动初期能够起到积极的推动作用,但是在定都天京之后,这种思想体系,尤其是绝对平均主义,彻底消灭私人制的思想逐渐制约生产力的发展,导致自然经济的衰退,在很大程度上成为社会发展的阻滞力。

从以上两个方面的分析可以看出,太平天国建构的"公"

的思想体系难以承担其历史使命，必然走向覆灭的归宿。探讨中国近代以来的"公"思想的变迁需要重新寻找新的路径，康有为、梁启超等无数革命先贤为近代中国社会公思想的发展作出了积极的探索和不朽的功勋。

## 第二节 康、梁的"公"思想

建立一个大同社会是人类孜孜不倦的追求，也是千百年来中国仁人志士的梦想，从先秦时期到近代中国，无数的爱国人士、革命先烈、农民运动将领等都在为建立大同社会而不懈努力。康有为、梁启超就是其中的典范，他们对推进近代中国社会的变革作出了积极的努力，也取得了具有一定历史高度的思想成果。虽然在统治阶级保守势力的强烈镇压下，百日维新昙花一现，但其对中国近代社会的变迁产生巨大的影响，其变革图强的思想、建立大同社会的思想至今仍然产生影响，其中就包含着他们丰富的"公"思想。康有为以建立大同社会为最大之"公"，试图建立一个世界性的以公养、公教、公恤为核心的公共政府。梁启超在康有为"公"思想的基础上不断推进公、私之间的内涵深入发展，提出"私德外推即公德"之思想等。康有为、梁启超的"公"思想影响深远、意义重大。

### 一 康有为的"公"思想

康有为（1858—1927年），广东南海人，中国近代著名的思想家、改革家。康有为的"公"思想集中体现在其大同学说里。《礼记》曰："大道之行也，天下为公，选贤与能，讲信修睦。故人不独亲其亲，不独子其子。使老有所终，壮有所用，矜寡孤独废疾者皆有所养。男有分，女有归。货恶其弃于地也，不必藏于己，力恶其不出于身也，不必为己。是故谋闭而不兴，盗窃乱贼而不作。故户外而不闭，是为大同。"①康有为的《大同书》是在吸取《礼记》中的大同学说的基础上，融合佛教思想、近代西方社会思想等，并针对当时近代中国的历史环境的巨著。"神明圣王孔子，早虑之，忧之，故立三统三世之法，据乱之后，易以升平、太平，小康之后，进以大同。"②康有为的大同理想是一个去国界、去级界、去形界、去家界、去产界、去乱世界、去类界的理想社会，在大同社会里，人与人之间是完全平等的、自由的、消灭私有财产、建立公共政府、公共产业（包括公农、公商、公工）等。

（一）公政府思想

康有为的大同社会的第一步就是要消除国界、建立世界一国，从而消除纷争。康有为痛批有国之害，只有去除国家之间的界线才能消除国与国之间的战争，才行避免世界人民饱受战争之苦。康有为指出：

> 《易》曰："天造草昧，宜建候而不宁。"盖草昧之世，诸国并立，则强弱相并，大小相争，日役并戈，涂炭生民，最不宁哉！故屯难之生，即继于乾坤既定之后。吁嗟危哉！其险之在前，此则万圣经营所无可如何者也。夫自有人民而成家庭，积家族吞并而成部落，积部落吞并而成邦国，积邦国吞并而成一统大国。凡此吞小为大，皆由无量战争而来，涂炭无量人民而至，然后成今日大地之国势，此皆数千年来万国已然之事。③

---

① 包和平、王学艳编著：《中国传统文化名著展评》，北京图书馆出版社2006年版，第19页。
② 康有为：《大同书》，华夏出版社2002年版。
③ 康有为：《大同书》，华夏出版社2002年版，第73页。

因此，欲去国之害必须要消除国家之间的界线。国界自分而合乃大同之先驱。康有为极力倡导消除国界，建立一个没有国界的世界即去国而世界合一之体，世界人民共同生活在一个国家里，即世界之国。在这个基础上，成立公议政府。总之，"康有为把设置一个世界性的'公议政府'作为走向大同的第一步。第二步是建立'公政府'，通过裁军、消除国家、统一语言等方式促使世界走向统一。世界合并为一国之后，所有人都成为世界公民，选举世界议会代表，建立一个两院制的世界政府。建立'公养、公教、功恤'等公共服务机构"。[1] 在康有为看来，设立公议政府是"大同之始"。关于建立公议政府，康有为设想一个由世界各国共同代表组合而成，指出：

  公议政府执政议事者，其始必从各国选派，或每国一人，或每国数人，或视国之大小为派人之多少如德制。然恐大国益强，此制或未能行也，此为第二三等国言也。
  各国主权甚大，公政府不能设总体，并不能立总理，但立议长，于派遣各员中公举为之，以举者多数充选，如联军之有统帅也。然议长并无权，不过处众人之中，凡两议人相等者，多一人数以决所从耳。自尔之后，公政府体裁坚定。孔子曰："见群龙无首吉""乾元用九，天下治也"。[2]

通过建立公议政府，实现各国交通统一，制定公律，统一各国度量衡之名称、长短、大小轻重等，处理国与国之间的各种利益关系、裁决各国之间的争端等。在设立公议政府的基础上，经

---

  [1] 肖俊：《萧公权眼中的康有为》，《佛山科学技术学院学报》（社科版）2002 年第 4 期。
  [2] 康有为：《大同书》，华夏出版社 2002 年版，第 101 页。

过几十年的运行之后建立公政府。并颁布《公政府大纲》，包括"岁减各国之兵""分大地为十州""禁'国'之文字，改之为'州'或界'""全地数目皆十进之数""全球度量衡皆同，不得有异制异名""全地语言文字皆当同，不得有异言异文""凡定历，皆以地为法"等等。总之，公政府实现的是一个"地既同矣，国既同矣，种既同矣，政治、风俗、礼教、法律、度量、权衡、语言、文字无一不同"①的大同社会。

康有为提出了公通、公辟、公金的建设思想。所谓公通，即"大同之世，铁路、电线、汽船、邮政皆归于一，皆属于公，是时飞船大盛通行，亦公为之。五者皆为大地交通运送之要政，公政府各设专部以经营之"。所谓公辟，即"大同之世，公政府日以开山、通路、变沙漠、浮海为第一大事"②。所谓公金，即"凡全地之金行皆归于公，无有私产。立金行部于公政府，即度支部"③。在康有为看来，铁路、电线等应该由公政府来建设和管理，消灭私产。这是通向大同社会的必经之路，也是必要之手段。因此，在这里，康有为的"公"思想集中体现在天下之公、世界之公的高度。

（二）公农思想

在《大同书》里，康有为详细论述了公农制度，试图建立一个全世界统一的由公政府领导下的农业发展制度，统一调度、统一预算，实行产前预算、产中技术整合、产后销售一体化的公农生产制度。康有为分析了私人农业生产的种种弊端，要求要建立一个统一调度的公农生产制度。他在《独农与公农之比》中指出：

---

① 康有为：《大同书》，华夏出版社2002年版，第105—115页。
② 同上书，第308—309页。
③ 同上书，第315页。

以农业言，独人之营业，则有耕多者，有耕少者，其耕率不均，其老作不均，外售货好恶无常，人之销率多少难定，则耕者亦无从定其自耕之地及种植之宜，无从周知，无从预算，于是少则见乏而失时，多则暴殄天物而劳于无用。合大地之农人数万万，将来则有十百倍于此数者，一人之乏而失时，一人之殄物而枉劳，积之十百万万人，则有时百万万之殄物、失时、枉劳者矣。有十百万万人之殄物、失时、枉劳，则百事失其用，万品失其珍，以大地统计学算之，其所失败，岂恒河沙无量数而已哉！①

康有为详细地阐述了私农的害处，由于个体发展农业，使得农业耕作不均衡，无法预料产品销售等问题，从而容易导致农产品积压浪费，耗费劳动力等现象。为此，康有为在列陈个体生产之不利因素之后，强调世界要形成统一的农业生产制度、预算制度、市场调控制度等，从而发展农业生产。康有为指出：

今欲致大同，必去人之私产而后可；凡农工商之业，必归之公。举天下之田地皆归为公有，人无得私有而私买卖之。政府立农部而总天下之农田，各度界小政府界立农曹而分掌之，数十里皆立农局，数里立农分局。皆置吏以司之②。

康有为的公农思想，旨在消除土地私有制，消灭家庭小农经济的生产方式，实现天下田地归公，由公政府统一设立农部、农曹、农局等不同级别的管理体制统一管理。土地公有思想，在很大程度上反映了康有为的大同社会中的公有思想之基石。

---

① 康有为：《大同书》，华夏出版社 2002 年版，第 278 页。
② 同上书，第 282 页。

(三) 公工思想

康有为的公工思想,主要是公政府掌管天下之工业发展。其核心思想是主张公有,反对私人拥有经营矿产、铁路、海事等方面的资源,这些都应该由公有政府统一管理。他在《独工与公工之比》中抨击独工的各种危害。

> 以工业言之,又工人各自为谋。各地工人多少不同,多则价贱,少则价昂,资本家既苦之。而工人同一操也,而价贱者无以足用;苦其求工不得者,不能谋生,饥寒交迫则为盗贼,其害益甚矣。即大作厂机场之各自为谋,亦不能统算者也。不能统算矣,则各自制物,则必至甲物多而有余,乙物少而不足,或应更新而仍守旧,或已见弃而仍力作。其有余而见弃者则价必贱,不足而更新者价必昂;既有贵贱,则贫富必不均而人格不平,无由致太平之治。且其有余见弃者,必作伪欺人,坏其心术;若机器药物之有诈伪,有腐败,贻害无算。夫凡百什器,皆岂有腐败而欺人哉![1]

康有为这里指出了个体从事工业生产的几种害处。一是工人劳动力的不平衡,有的地方劳动力多,有的地方劳动力少。这就会导致劳动力多的地方工人的劳动力价格贬值,反之亦然。二是独立生产,不能够统筹,产品价格也一样,从而扩大贫富差距。三是容易导致腐败、欺诈等。康有为看到了个体从事工业生产的种种弊端,提出了要建立以公政府主导下的工业生产。为此,他在《公工》一章中指出:

> 大同世之工业,使天下之公必尽归于公,凡百工大小之

---

[1] 康有为:《大同书》,华夏出版社2002年版,第281页。

制造厂、铁道、轮船皆归焉,不许有独人之私也矣。公政府立公部,各部小政府立公曹,察其地形之宜而立工厂,或近水而易运转,或近市而易制和,皆酌其工之宜而行之。①

通过公政府统一管理世界各地的工厂、工业发展,各个小政府设立曹,宏观调控工业生产。废除资本家的私人工厂,消除工业领域中的所有制度,从而实现公有的工业生产。逐渐形成各尽所能,各得其所,人无忧苦,则魂魄交养,德行和乐,其于人道之美,岂不羡哉的社会!

(四) 公商思想

康有为的公商思想主要体现在消灭私人商业行为,消除私人商产,天下所有商产皆归公政府,由政府统一管理、经营。他在《独商与公商之比》一章中指出:

> 以商业言之,商人各自经营,各自开店用伙,无能统一,于一地之人口,所需什器,不能得其统算之实。即能统算,而各店竞利,不能不预储广蓄以待人之取求,所储蓄者,人未必求,人所求者未必储蓄,不独甲店有余而乙店不足,抑且人人皆在有余不足之中。夫有余于此,则必不足于彼,于是同一物也,不足则昂涌,有余则贱退,虽有狡智亿中致富之人,而因此败家失业者多矣。夫既有赢亏,则人产难均,而一切人格治法即不能平,败家失业,则全家之忧患疾病之中,甚且死亡继之而人不能乐。②

私人商业行为会不懂得统筹计算,即使懂得计算也容易产生

---

① 康有为:《大同书》,华夏出版社2002年版,第288页。
② 同上书,第279页。

不良竞争、个体户家业失败、倾家荡产者甚多等悲剧。康有为分析了独商的各种弊端，并与公商比较，阐明公商的益处和优势。

  大同世之商业，不得有私产之商，举全地之商业皆归公政府商部统之。夫物品者，农出之地，工作之人，万货所由成也。商部核全地人口之数，贫富之差，岁月用品几何，既令所宜之地农场、工厂，如额为之，乃分配天下。令各度小政府立曹商。其曹、局、店皆有主、伯、亚、旅、府、史、胥、徒。主者总办也，伯者分司之长也，史者记帐也，胥者巡察者也，徒者各店之执事送货也。商局者，监督各商店者也，商曹者，司商政者也。①

  内此商店，以时而市，过时即闭，店伙散归。商店在市有饭馆、客舍，亦公有之；有戏园乐馆以娱之；有讲道院讲道德之名理、古今之故事及商业之术，以日侵灌教导之。其公室即以客舍为之，其欲取优室者半其费，其宏丽与工人同，其食即在公饭馆，听其所择而自出费。男女皆可为商，皆可同居，其别有屋者听。当太平时，人无私商，皆工人也，其出身皆自商学卒业，其商学即在商店之中，日劳数时而即有读书游乐之暇。②

  康有为通过消除私商，使天下之地商皆归公政府管理，由公政府设立商部统一管辖、统一调配，从而使得天下人皆为工人，学习各种技术、技艺，享受公政府提供的各种社会福利，不断促进人与人、人与社会的和谐发展。康有为的公商思想从根本上排除了长期维系的小农经济活动，从而在体制上破除了旧的商业体

---

① 康有为：《大同书》，华夏出版社2002年版，第292页。
② 同上书，第294页。

制，为走向社会大同奠定坚实的物质基础。

总而言之，通过实现公政府，推进公农、公业、公商的实现，为进入大同社会提供各种物质准备，这是在物质层面上的大同。在此基础上，康有为提出了精神层面上的大同思想，促进人类的平等发展，尤其是要使人去苦从乐，使人消除苦恼，进入一个快乐、幸福的乐园。而这个乐园只有在大同社会里才能真正实现。

（五）人类平等思想

人的本性在于寻乐避苦。"普天之下，有生之徒，皆以求乐免苦而已，无他道矣"[1]，"盖普天之下，全地之上，人人之中，物物之庶，无非忧患苦恼者矣""为人谋者，去苦以求快乐而已，无他道矣"[2]。去苦求乐，就成为人的最重要的价值取向。人的苦难繁多，有人生之苦、天灾之苦、人道之苦、人治之苦、人情之苦、人所尊尚之苦等等，苦是普遍存在的，人来到世上就要经过各种苦难。然而，要消除人面对的各种苦难，就必须了解苦难的根源在哪里？在康有为看来，人的苦难来源于"九界"，所谓九界，就是国界、级界、种界、形界、家界、产界、乱界、类界、苦界等等。要消除人的苦难，就必须首先要去"九界"。"吾救苦之道，即在破除九界而已。""吾采得大同、太平、极乐、长生、不生、不灭、行游诸天、无量、无极之术，欲以度我全世界之同胞而永救其疾苦焉，其惟天予人权、平等独立哉，其惟天予人权、平等独立哉！吾之道早行早乐，迟行迟乐，不行则有苦而无乐。"[3]康有为指出：夫大同太平之世，人类平等，人类大同，此固公理也。然物之不齐，物之情也。凡言平等者，必

---

[1] 康有为：《大同书》，中州古籍出版社1998年版，第38页。
[2] 同上书，第36页。
[3] 同上书，第203页。

其物之才性、知识、形状、体格有可以平等者,乃可以平等行之。① 通过去除"九界"实现人类的平等,如男女平等、不同肤色之间的平等。

在男女平等方面,康有为尤为重视,认为"在明男女平等各自独立之权始矣,此天予人之权也"②。康有为详细分析了妇女的不平等,如不得仕宦、不得科举、不得充议员、不得为公民、不得预公事、不得为学者、不得自立、不得自由等,痛斥封建统治阶级歧视妇女、残害妇女等各种丑恶的行径。

> 夫以男女皆为人类,同属天生,而压抑女子,使不得仕宦,不得科举,不得为议员,不得为公民,不得为学者,乃至不得自立,不得自由,甚至不得出入、交接、宴会、游观,又甚至为囚,为刑,为私,为玩,不平至此,耗矣哀哉!损人权,轻天民,悖公理,失公益,于义不顺,于事不宜。

> 夫以强力凌暴弱质,乃野蛮之举动,岂公理所能许哉!而积习生常,视为当然,仁人义士不垂拯恤,致使数千年无量数之女子永罹囚奴之辱,不齿于人,此亦君子所不忍安也。③

为此,康有为强调要重视人类之平等,男女之平等,革除各种残害妇女的行为、观念、制度,破除各种僵硬的腐朽的社会体制。给妇女选举、应考、为官、为师的权利,允许妇女为独立人之资格,婚姻自由、自行择偶,以及有出入、交接、游观、宴会

---

① 康有为:《大同书》,华夏出版社 2002 年版,第 145 页。
② 康有为:《大同书》,中州古籍出版社 1998 年版,第 203 页。
③ 康有为:《大同书》,华夏出版社 2002 年版,第 177 页。

之权利等等。总之，太平之世，独立自由，衣服瑰异，无损公益，一切听人之所为，其男女如何为衣，仍服故衣亦可；惟当公会礼服，男女皆从同制，不得异色，以归大同。既无形色之分，自无体制之异，如是而后女子之为师，为长，为吏，为君，执职，任事，乃不异视①。

## 二　梁启超的"公"思想

梁启超（1873—1929年），字卓如，号任公，又号饮冰室主人，广东新会人，中国近代著名的政治活动家、思想家。1890年起师从康有为，历时三年，深受康有为思想之影响。1898年与康有为在京发起成立保国会，联合公车上书请废八股。在维新变法中作出突出贡献，是中国近代社会改革派的重量级人物。维新变法失败后，梁启超逃往日本，从而开始其全面学习西方、阐述其理论的新航程。纵观梁启超之巨著，其关于"公"思想集中体现在《论公德》《论私德》《外债平议》《公债政策之先决问题》等著作。概而述之，梁启超关于"公"的思想主要体现在三个方面：一是公德思想；二是公益思想；三是公债思想。

（一）梁启超的公德思想

近代以来，梁启超首次提出的公德思想，对中国近代社会公德观念的形成和发展具有里程碑意义。他在《论公德》一书中详细论述了公德思想。中国传统社会几千年来对公与私关系一直是属于二元对立的状态。梁启超痛批了中国只有私德而无公德。

吾中国道德之发达，不可谓不早，虽然，偏于私德，而公德殆阙如。试观《论语》《孟子》诸书，吾国民之木铎，

---

①　康有为：《大同书》，华夏出版社2002年版，第199页。

而道德所从出者也。其中所教，私德居十之九，而公德不及其一焉。如《皋陶谟》之九德，《洪范》之三德，《论语》所谓"温良恭俭让"，所谓"克己复礼"，所谓"忠信笃敬"，所谓"寡尤寡悔"，所谓"刚毅木讷"，所谓"知命知言"，《大学》所谓"知止慎独""戒欺求慊"，《中庸》所谓"好学力行知耻"，所谓"戒慎恐惧"，所谓"致曲"，《孟子》所谓"存心养性"，所谓"反身强恕"，反此之类，关于私德者，发挥几无余蕴，于养成私人之资格，庶乎备矣。①

梁启超通过对儒家传统经典著作等进行批判，阐明中国古代只懂私德而不知公德。在中国古代社会里，私德已经全民化了，公德却一直被忽略。然而，何为公德？梁启超开创性地提出公德之概念。他认为："人人独善其身者谓之私德，人人相善其群者谓之公德。二者皆人生所不可缺少之具也。无私德则不能立，合无数卑污虚伪残忍愚懦之人，无以为国也；无公德则不能团，虽有无量数束身自好、廉谨良愿之人，仍无以为国也。"② 梁启超这里涉及四个基本问题：一是私德；二是公德；三是公德与私德的关系；四是私德转化公德。

梁启超指出，"私德者，人人之粮，而不可须臾离者也"③。个体拥有私念并非是恶的，而是人之自然，即私心自然。梁启超肯定了个体存在私心的合理性，这是推行公德的基础和前提，没有私德就无所谓公德。他把私德上升到国家层面上，指出"是故欲铸国民，必以培养个人之私德为第一义；欲从事于铸国民

---

① 易鑫鼎编《梁启超选集》下卷，中国文联出版社 2006 年版，第 595 页。
② 同上。
③ 同上书，第 663 页。

者，必以自培养其个人之私德为第一义"①。梁启超这里把私德上升到塑造国民之前提和基础，这就把私德提升到前所未有的高度。而且，梁启超对私德的充分肯定、正名是为后来其衍生公德创造条件。此外，梁启超还揭露了私德堕落的几大原因，包括专制政体之陶铸也；近代霸者之催锄也；屡次战败之挫沮也；生计憔悴之逼迫也；学术匡救之无力也；等等，这些分析一针见血，揭示了封建社会私德堕落的根本原因。

梁启超指出，"我国民所最缺者，公德其一端也。公德者何？人群之所以为群，国家之所以为国，赖此德焉以成立者也"②。公德是群体、国家成立的基础，换言之，公德是立国之本。公德是人民团结、国家团结的基础。这说明梁启超很早就深知公德对国家、社会的重要性，只有全民树立公德意识，才能增强国家的凝聚力和向心力。此外，梁启超对判断公德善恶的标准进行了阐述，指出公德的善、恶源于是否有利于群体、是否有利于国家，"是故公德者，诸德之源也，有益于群者为善，无益于群者为恶，此理放之四海而准，俟诸百世而不惑者也"③。并进一步论述了公德的目的所在。梁启超指出"公德之大目的在于利群"。只有不断培育公德意识才能培养新国民，实现"固吾群、善吾群、进吾群"。故曰："知有公德，而新道德出焉矣，而新民出焉矣。"简言之，梁启超充分阐述了公德的自由、判断标准和目标等，这些对后来推进中国近代社会公德建设起到极为重要的作用，至今仍然是我们推进社会主义精神文明建设的宝贵的精神财富。

私德与公德关系上，梁启超创造性地把它们联系在一起。此

---

① 易鑫鼎编：《梁启超选集》下卷，中国文联出版社2006年版，第652页。

② 同上书，第594页。

③ 同上书，第598页。

所谓"私之云者,公之母也;私之至焉,公之至也"。公德和私德都是人生不可或缺的基本道德素养。正视私德之自然本性,也要重视公德之社会本性。自古以来,公与私之间总存在一定的矛盾,然而,在梁启超看来,"私德与公德,非对待之名词,而相属之名词也""公德私德,本并行不悖者也"。公德与私德其实并非是矛盾的,其本质上是不矛盾的,而是道德的两个不同层面,它们是相互作用、相互依存的。公德、私德观念的改变源于倡导者对公德、私德的偏好。如儒家极力倡导私德,千百年来逐渐成为操控人的道德观念和价值取向。梁启超进一步指出:

且公德与私德,岂尝有一界线焉,区划之为异物哉?德之所由起,起于人与人之有交涉。而对于少数人之交涉,与对于多数人之交涉,对于私人之交涉,与对公人之交涉,其客体虽异,其主体则同。①

这里就道出了公德与私德之间的密切联系,其主体都是相同的,这就为私德向公德转化奠定了基础。"德也者,非一成而不变者也。"私德转化为公德是梁启超又一个创造性观点。那么,私德如何转化为公德?梁启超指出:"公德者私德之推也,知私德而不知公德,所缺只在一推,蔑私德而谬托公德,则并所以推之具而不存也。故养成私德,而德育之事思过半焉矣。"② 梁启超提出了把私德往外推就是公德的路径,指出只要养成了私德,那么公德的建立成功了一半,这就为公德的实现提供了现实之路和实现之路。然而,值得思考的是,公德的养成完全是从私德里往外推就可以实现吗?毕竟公德的实现不仅仅完全是依赖私德来

---

① 易鑫鼎:《梁启超选集》下卷,中国文联出版社2006年版,第652页。
② 同上。

实现的，而是社会各种因素的合力的结果。

（二）公益思想

梁启超在判断公德善恶的标准上实质上提出了他的公益思想，即群体利益、社会利益、国家利益、民族利益。梁启超指出，"故无论泰西泰东之所谓道德，皆谓其有赞于公安公益者云尔。其所谓不德，皆谓其有戕于公安公益者云尔①"。梁启超在提出公益思想之后，指出民族利益是最大的公益，维护民族利益就成为最神圣的公益行为。"各地同种族、同言语、同宗教、同习俗之人，相视如同胞，务独立自治，以谋公益而御他族是也。"② 同一民族的共同体成员必须要团结起来共同抵御外来民族的入侵，捍卫本民族的主权和利益是最大的公益；其次，是国家公益、社会公益。梁启超指出，"政治之正皓，在公益而已"。一个国家的政治的清明、目的、核心都在于公益，因此，必须要以公益为基础，不断完善各种政治体制、政治制度，必须要不断推进政治体制改革，变法图强。而群体公益就是群体的利益，这是公益层次里最底层的公益，就是一个群体为了维护本群体利益的思想和行为。

此外，梁启超还提出公益建设要以自由为本，以法律作为保障、以舆论为监督的思想③。坚持以自由为公益之本，是因为自由是人生而有之的权利，是人的最核心，最重要的权利。他指出"今以自由为公益之本"④。通过立法、社会舆论来推进公益建

---

① 易鑫鼎：《梁启超选集》下卷，中国文联出版社2006年版，第652页。
② 李华兴、吴嘉勋：《梁启超选集》，上海人民出版社1984年版，第209页。
③ 虞文华等：《梁启超的"公益之道"思想探析》，《江西社会科学》2005年第5期。
④ 李华兴、吴嘉勋：《梁启超选集》，上海人民出版社1984年版，第320页。

设，这一大胆设想至今仍然具有很强的现实意义。

（三）公债思想

所谓公债，梁启超指出，"公债者，民以财贷诸国库而取其息也"。梁启超在《外债平议》《公债政策之先决问题》等著作中详细论述了公债思想，指出要充分利用民之财富，既可以推动国家经济建设，也可以化解各种矛盾。梁启超的公债思想虽然不能完全等同于现在的国债发行，但它们之间有着一定的联系。梁启超提出要积极吸纳社会上的各种资金，填充国库，一方面，可以帮助国家度过一定时期的经济危机；另一方面，当把社会各种资金膨胀无用武之地的时候，"其时必赖公债以消纳之，然后鬼有所归而不为厉也"①。梁启超以卓越的眼光，深通金融事务，提出通过发现公债的办法来解决国家的资金困难的问题和社会游闲资金的问题，可谓是一举两得、一箭双雕。

总而言之，梁启超的"公"思想针对当时中国积贫积弱的现实，指出要树立公德观念，固国固民，促进国家强盛。在此基础上不断维护民族利益、国家利益，抵御外来入侵，还提出了通过公债的方式吸纳社会资金，促进国家发展。此外，梁启超还提出了促进富人的高消费、奢靡消费等，抨击富人守财奴的行径，这样有利于国家的经济发展等等。

## 第三节 孙中山的"公"思想

孙中山（1866—1925年），原名孙文，字德明，号日新，广东香山县人。中国近代民主革命的先驱，著名的政治活动家、革命家、思想家。中国国民党的创立者之一。自从1892年"决定

---

① 苏新有：《梁启超公债思想探微》，《中州学刊》2007年第5期。

抛弃医人生涯，而从事于医国事业"[1]以来，就为中华民族之独立、中国革命之胜利鞠躬尽瘁、死而后已。1911年辛亥革命推翻了几千年的封建统治和封建阶级，为中国走向民主、独立、富强的国家作出了卓越功勋。孙中山一生为国为民、心系天下，有着丰富的"公"思想。在其"天下为公"的思想指导下，具体体现在以下几个方面：一是平均地权；二是均权力思想；三是节制私有资本；四是人人平等；五是平等自由服从国家革命之需要。

## 一　平均地权

孙中山指出，"民生主义就是社会主义，又名共产主义，即是大同主义"[2]。土地是民生之本。构建一个大同社会，首先要从土地入手。孙中山的"公"思想的核心在于平均地权。平均地权思想包括两个层次：一是土地公有；二是平等分享。前者为后者奠定基础，后者是前者的价值目标。

早在1903年孙中山就提出"驱除鞑虏、恢复中华，创立民国、平均地权"的思想。他在《中国国民党第一次全国代表大会宣言》上指出："国民党之民生主义，其最要之原则不外二者：一曰平均地权；二曰节制资本。盖酿成经济组织之不平均者，莫大于土地权之为少数人所操纵。"[3]在孙中山看来，平均地权就是要限制少数人操控国家土地权，应当把土地权分给国民。其意义有三：一方面可以消解土地私有制，使失地农民从被地主奴役中解放出来，从而解放社会生产力，使农民真正获得土地，享有基本权力；另一方面可以消灭剥削的衍生，因为一旦少

---

[1] 许师慎：《国父革命缘起祥注》，正中书局1947年版，第6页。
[2] 《孙中山全集》第9卷，中华书局1986年版，第355页。
[3] 《孙中山选集》，人民出版社1981年版，第93页。

数人操控土地,随着土地市价的上涨就会使许多操控土地者不劳而获,造成剥削的再生产,导致社会不公;此外,避免将来因土地而再爆发流血牺牲的暴力革命或冲突。为此,孙中山指出,"土地倘不收为社会公有,而归地主私有,则将来大地主必为大资本家,三十年后又将酿成欧洲革命流血之惨剧。故今日之主张社会主义,实为子孙造福计也"①。孙中山高瞻远瞩,实行平均地权之政策,利国利民、化解社会上因土地纷争的矛盾。

"平均地权"一直成为孙中山思想发展重要内容之一,是"三民主义"的重要内容。在《军政府宣言》中提出要平均地权,"土地国有""文明之福祉,国民平等以享之"②。实行土地公有,就是通过国家按市价逐渐从地主阶级、集团等收购愿意出售的私有土地。收购的土地实行国家统一管理、统一调控,平等分配土地给无地农民和受压迫者。1924年孙中山提出:"农民问题真正完全解决,是要'耕者有其田',那才算是我们对于农民问题的最终结束。"③孙中山提出平均地权、"耕者有其田"的思想,是促进社会平等发展的基础,但是,要实现"耕者有其田"却是一个艰难而曲折的过程,甚至在一定程度上也暴露出其乌托邦之痕迹。历史证明,在中国古代的许多农民战争中都为实现"耕者有其田"而奋斗,但其结果都是以失败而告终。孙中山提出这个伟大梦想在很大程度上也是难以实现的。

二 节制私有资本

节制资本是孙中山的重要思想之一。孙中山的节制资本实质上是节制私有资本,以防私人资本控制国家的经济命脉、控制国

---

① 《孙中山选集》,人民出版社1981年版,第78页。
② 《孙中山全集》第1卷,中华书局1981年版,第297页。
③ 《孙中山全集》第9卷,中华书局1986年版,第399页。

家的重大民生工程等。他指出,"凡本国人及外国人之企业,或有独占的性质,或规模过大为私人之力所不能办者,如银行、铁道、航路之属,由国家经营管理之,使私有资本不能操纵国民之生机,此则节制资本之要旨也。"①节制资本包括节制国外资本和国内资本两种。孙中山提出的是节制资本,但没有说抵制私有资本,这就透露出了孙中山具有运用私人资本、外国资本来推进国家各项事业建设的思想。这里就涉及孙中山的公有资本与私有资本的关系问题。

在孙中山看来,公有资本,即那些涉及国家经济命脉、重大民生工程,如银行、铁道、航路等,必须要国家资本起主导性作用,也就是坚持公有资本的主导作用。换言之,国家要坚持公有制占主导地位。同时,可以利用私有资本、外国资本来推进国家经济建设,尤其是那些不影响国家经济命脉的项目中可以大胆利用,但是要控制其额度,保持公有资本与私有资本的合理张力。从这里可以看出,孙中山早就提出了运用私有资本的思想,这对推进近代中国社会的发展具有重要意义。

### 三 均权思想

孙中山的均权思想始终贯穿着西方的民主思想。他非常注重民国政府权力的合理使用,合理分配以及全面共享的问题。均权思想主要体现在两个方面:一是民国政府之国民均可以平等地参政议政;二是建立合理的中央与地方的权力关系,建立司法独立。就第一个方面而言,在《军政府宣言》中提到民权主义时指出:"今者由平民革命以建民国政府,凡为国民皆平等而有参政权。"② 民国政府的一切权力属于人民,人民平等享有参政的

---

① 《孙中山选集》,人民出版社1981年版,第93页。
② 《孙中山全集》第1卷,中华书局1981年版,第297页。

权利，民国政府是平民百姓的政府，他们都平等享有参政、议政的权利。

就第二个方面而言，就是要合理分配中央与地方的权力。有学者指出，孙中山"均权主义思想的核心是以事物的性质作为划分中央与地方管理权限的基本标准和基本原则。它不是权力关系上的平均主义，不是把权力在中央与地方之间进行'平均'分配，而是依据事物的性质，对其管辖权进行科学、合理的划分。均权主义思想的提出，使中央与地方不再单纯以自身获得更多权力为目标，能够消除彼此之间的壁垒，使各自有其应有的权力，各自尽其应有的职责，既不偏上，也不偏下，这就为跳出'专制—割据—专制'的怪圈奠定了基础"①。从这里可以看出，孙中山的均权思想具有西方民主的色彩，其目的就是为了防止专制社会的再现，从而使国家运行进入一个民主化过程。此外，孙中山还对西方国家实行的三权独立十分欣赏，因而也倡导司法独立，建立独立的司法系统从而保证国家的民主进程、社会民主进步。

四 人人平等思想

尊重人的生存和发展的权利、人人平等、民族平等是孙中山人权思想的核心。在《同盟会革命方略》中也明确规定："所谓国民革命者……一国之人皆有自由平等博爱之精神，即皆负革命之责任""国人相视皆伯叔兄弟诸姑姐妹，一切平等，无有贵贱之差。贫富之别。"② 孙中山深受西方的人权思想影响，人生而平等，每一个人都是平等自由的，世界上所创造的物质财富和精神财富应该有全世界人民共享。就一国而已，一个国家所创造的

---

① 李明强：《论孙中山的均权主义》，《江汉论坛》2003年第6期。
② 《孙中山全集》第1卷，中华书局1981年版，第310页。

物质财富和精神财富都应该为所有国民共享,人人都有享有社会发展成果的权利,"设立公共养老院,收养老人,供给丰美,俾之愉快,而终其天年"。在孙中山看来,民国政府就是要使原来人人不平等的社会转变为人人平等的社会,人人平等是社会文明进步的重要标志,也是民主进步的尺度。同盟会新《总章》规定:(一)完成行政统一,促进地方自治;(二)实行种族同化;(三)采用国家社会政策;(四)普及义务教义;(五)主张男女平等权。① 孙中山对封建社会男女不平等的制度深恶痛绝,极力制定各种制度根除封建社会遗留下来的陋习,从制度上、法律上保证男女平等。

此外,孙中山极力倡导民族平等,各民族不分大小、强弱一律平等。《中国国民党第一次全国代表大会宣言》规定:"中国境内各民族一律平等。"《临时约法》第二章《人民》中规定:"中华民国人民一律平等,无种族、阶级、宗教之区别。"② 维护民族平等是国民革命胜利之基石,只有实行民族平等政策才是真正的人人平等;只有实行民族平等政策,才能调动少数民族积极参与革命,为争取自由权力而努力奋斗。

### 五 平等自由服从国家革命之需要

在孙中山那个特殊的年代,革命战争遭受严重失败的情况下,孙中山对平等自由思想进行了深刻的反思。孙中山对西方国家的平等自由总体来说是认同和赞赏的,也是其推进革命的重要口号和奋斗目标。但是,在革命失败的反思中,孙中山慢慢地领悟到了完全照搬西方国家的平等自由模式并不能解决中国的实际问题,根本无法取得革命的胜利。这里就存在理想与现实的差距

---

① 《孙中山全集》第 2 卷,中华书局 1982 年版,第 160—161 页。
② 宋春主:《中国国民党史》,吉林文史出版社 1990 年版,第 69 页。

问题,理想与现实的悖论问题。为此,他在总结革命失败的教训时深刻指出:"以前革命之失败,是由于各位同志讲错了平等、自由,从今后,要革命成功,便要各位同志改正从前的错误,结成一个大团体,牺牲个人的平等、自由,才能达到目的。"[①] 从这里可以看出,孙中山晚期对西方国家的平等自由更具有一种批判的眼光,指出对平等自由的使用范畴需要依据国情,而不能盲目照搬,需要用辩证的眼光看问题。不管如何,孙中山关于"公"的思想对近代中国革命的发展、社会的进步、民主的进程都起到巨大的促进作用,其影响是十分深远的。孙中山本人为中国革命之事业、中国社会之进步、中华民族之崛起、中华儿女之幸福等作出了卓越的贡献和不朽的功勋,其功绩永垂青史。

---

① 罗耀九:《孙中山的自由平等观》,《商丘师范学院学报》2000年第3期。

# 第十章 "五四"运动以来中国社会"公"思想的发展

"五四"运动开启了现代中国社会革命的新篇章,"标志着中国人民的反抗斗争达到了一个新的起点""是中国社会伟大变革的历史篇章中一部绚丽的青春史诗,是中华民族伟大复兴的交响乐中一部雄浑的青春乐章"①。在以共产党为领导的整个无产阶级革命运动过程中,中国社会"公"思想的发展具有了质的飞跃。马克思主义经典作家有着丰富的公与私思想,在中国长期的革命和建设过程中这些思想的传入,为中国社会"公"思想的发展注入新的血液。"五四"运动以来"公"思想的变迁有以下几个特点:一是中国社会"公"的发展是以实现共产主义为最大价值取向;二是中国社会"公"思想全面吸收了马克思主义经典作家的公与私思想;三是中国社会"公"思想的发展是以社会主义公制度作保障;四是中国社会"公"思想是在改革开放三十年的经济腾飞过程中不断跨越发展。诚然,"五四"运动以来"公"思想的发展仍然继承了中国传统的公与私思想的合理成分,成为当代中国社会"公"思想发展的重要构成性资源。

---

① 《江泽民文选》第3卷,人民出版社2006年版,第480—481页。

## 第一节 毛泽东的"公"思想

毛泽东（1898—1776年），湖南人，是中国伟大的政治家、革命家、思想家，中国共产党的缔造者之一，中国新民主主义革命的开拓者和领导者，中国社会主义建设的拓荒者。毛泽东一生以实现共产主义为最高理想和最终奋斗目标，其"公"思想系统全面，主要涉及公与私的对立统一关系、社会公平、政治公平、经济公平等领域，成为社会主义"公"思想的重要内容。

### 一 毛泽东"公"思想的溯源

毛泽东"公"思想既坚持以马克思主义关于公私的指导思想，又批判地继承了中华传统文化中的公私思想，并在中国革命实践和社会主义建设中创造性地发展了公私思想，成为社会主义公私思想的重要内容，毛泽东本人也成为社会主义公私思想的重要开拓者和先驱。

毛泽东坚持以马克思主义关于公与私的思想为指导。马克思、恩格斯等经典作家创造性地提出了无产阶级的公私思想，对毛泽东"公"思想的形成有很大影响。马克思、恩格斯在《共产党宣言》中提出"共产党人可以把自己的理论概况为一句话：消灭私有制"①。消灭私有制，建立一个自由人的联合体。实现共产主义是无产阶级的奋斗目标，也是无产阶级政党的奋斗目标，是"公"的最高形态。此外，恩格斯还从哲学的角度分析平等。他说："平等的观念，无论以资产阶级的形式出现，还是以无产阶级的形式出现，本身都是一种历史的产物，这一观念的形成，需要一定的历史条件，而这种历史条件本身又以长期的以

---

① 《马克思恩格斯选集》第1卷，人民出版社1995年版，第286页。

往的历史为前提。"①在恩格斯看来，平等是历史条件的产物，它不存在"永恒的真理"。他进一步指出，"平等应当不仅是表面的，不仅在国家的领域中实行，它还应当是实际的，还应当在社会的、经济的领域中实行"②。为此，无产阶级提出的平等就不仅仅是形式上的平等，"无产阶级所提出的平等要求有双重意义。或者它是对明显的社会不平等，对富人和穷人之间、主人和奴隶之间、骄奢淫逸和饥饿者之间的对立的自发反应"③。无产阶级追求的平等就是"一切人，或至少是一个国家的一切公民，或一个社会的一切成员，都应当有平等的政治地位和社会地位"④。恩格斯这里就明确提出了无产阶级的社会公平思想、政治公平思想、经济公平思想等，这些思想对毛泽东"公"思想的形成具有很大的影响。

毛泽东批判地继承了中华传统文化中的公与私的思想。中华传统文化自古以来就蕴涵着丰富的公与私的思想，早在先秦时期，儒家学说就提出大同思想、以公待私思想、平均思想等。如儒家的"以公灭私，民其允怀""不患寡而患不均，不患贫而患不安。盖均无贫，和无寡，安无倾"，以及墨家的"举公义，辟私怨""不以私利害公义"等等，都深刻地提出了公与私的思想。毛泽东精通中华传统文化，深刻了解其公与私之间的辩证关系。尤其是儒家的大同思想、平均思想对毛泽东影响较大。

此外，毛泽东在领导中国革命实践和社会主义建设中创造性地发展了公与私思想。在中国长期的革命战争中，毛泽东根据当时当地的革命战争形势，开始在军队里实行官兵平等思想，在军队里不管是军官还是士兵一律平等，给士兵在政治上的平等，并

---

① 《马克思恩格斯选集》第3卷，人民出版社1995年版，第448页。
② 同上。
③ 同上。
④ 同上书，第444页。

严禁打骂士兵等。尤其是在毛泽东的"三大纪律,八项注意"里,提出"缴获东西要交公""不拿群众一针一线""买卖公平"等等,都充分体现了毛泽东在军队里实行的"公"思想。此外,在分配制度上,毛泽东根据当时战争的特殊情况,提出实行军事共产主义,实现配给制度,平均分配。这些都是在井冈山革命战争时期创造出来的公与私的思想。此外,在中国社会主义伟大实践探索中,毛泽东也提出了一系列的公与私的思想,在《论十大关系》里就是很好的体现。总而言之,毛泽东的"公"思想,既汲取了马克思主义经典作家的营养,又充分汲取了中华传统文化的精髓,并在领导中国革命和建设中创造性地提出了许多关于公与私的思想,成为社会主义"公"思想的宝贵财富。

## 二 公与私的对立统一关系

关于"公"的问题,毛泽东从哲学的高度进行了分析,指出了公与私是对立统一关系,从而打破了传统"以公灭私"或"以私灭公"的思想,这就是说,打破了传统的只知道公与私是对立的思想,而不知道统一的思想。毛泽东创造性地提出了公与私既是对立的又是统一的思想。毛泽东指出:"公是对私来说的,私是对公来说的。公和私是对立的统一,不能有公无私,也不能有私无公。我们历来讲公私兼顾,早就说过没有什么大公无私,又说过先公后私。个人是集体的一分子,集体利益增加了,个人利益也随着改善了。"[①] 毛泽东这里表达了以下几层含义:一是公与私是相互依存的。公的存在是以私的存在而存在,反之亦然。没有公就没有私,没有私也就没有公,因此,公与私是始终是同构,不可分离的,它们的存在和消失都是同时性的。为此,毛泽东分析了公与私的相互依存关系,从而为正确处理公与

---

[①] 《毛泽东文集》第 8 卷,人民出版社 1999 年版,第 134 页。

私之间的关系奠定基础；二是公与私是对立统一的。众所周知，公与私是矛盾的，是对立的，这个思想在古已有之，这也是古代的贤仁志士提出"以公灭私"的依据之一。然而，毛泽东却看到公与私不仅仅有对立的一面，还存在统一的一面，从而将公与私的问题提高到辩证法的高度。三是必须公私兼顾。毛泽东本人对"大公无私"的这种想法是持批判的态度，认为要公私兼顾，不能只讲公而不讲私。四是在方法论上，毛泽东提出了通过增加集体的利益来增进个人的利益。也就是"集体利益增加了，个人利益也随着改善了"。此外，毛泽东对公与私的性质提出论说，指出公与私又是相对的，而不是绝对的。他指出，公道是相对的，没有完全的、永恒的。1956年9月，毛泽东在中国共产党第八次全国代表大会预备会议第二次全体会议上讲话时指出："这个世界就是这么个世界，要那么完全公道是不可能的，现在不可能，永远也不可能。我是这么看，也许我比较悲观。"[1] 毛泽东的"公"思想对其后来阐述社会公平、政治公平、教育公平、文化公平、经济公平等具有重要的指导意义。

### 三 毛泽东的政治公平思想

恩格斯指出，"一切人，或至少是一个国家的一切公民，或一个社会的一切成员，都应当有平等的政治地位和社会地位"[2]。追求政治上的民主、自由、平等是毛泽东领导中国革命和建设的坚定不移的政治主张。毛泽东对封建统治阶级、国民党统治阶级的专制、打压舆论自由等表示极为愤慨。早在抗日战争时期，毛泽东就提出了一系列的民主思想，包括国民政府的民主思想，也包括共产党内部的民主思想等，他在《为争取千百万群众进入

---

[1] 《毛泽东文集》第7卷，人民出版社1999年版，第106—107页。
[2] 《马克思恩格斯选集》第3卷，人民出版社1995年版，第444页。

抗日民族统一战线而斗争》中指出,"对于抗日任务,民主也是新阶段中最本质的东西,为民主即是为抗日。抗日与民主互为条件,同抗日与和平、民主与和平互为条件一样。民主是抗日的保证,抗日能给予民主运动发展以有利条件"。毛泽东深刻阐述了民主在抗日战争的重要性,同时也痛斥国民党一党专政,他指出:

> 中国必须立即开始实行下列两方面的民主改革。第一方面,将政治制度上国民党一党派一阶级的反动独裁政体,改变为各党派各阶级合作的民主政体。这方面,应从改变国民大会的选举和召集上违反民主的办法,实行民主的选举和保证大会的自由开会做起,直到制定真正的民主宪法,召集真正的民主国会,选举真正的民主政府,执行真正的民主政策为止。只有这样做,才能真正地巩固国内和平,停止国内的武装敌对,增强国内的团结,以便举国一致抗御外敌。可能有这种情况发生,不待我们改革完毕,日本帝国主义的进攻就到来了。因此,为着随时能够抵抗日本的进攻并彻底地战胜之,我们必须迅速地进行改革,并准备在抗战的过程中进到彻底改革的程度。全国人民及各党派的爱国分子,必须抛弃过去对于国民大会和制定宪法问题的冷淡,而集中力量于这一具体的带着国防意义的国民大会运动和宪法运动,严厉地批判当权的国民党,推动和督促国民党放弃其一党派一阶级的独裁,而执行人民的意见。今年的几个月内,全国必须发起一个广大的民主运动,这运动的当前目标,应当放在国民大会和宪法的民主化的完成上。第二方面,是人民的言论、集会、结社自由。没有这种自由,就不能实现政治制度的民主改革,就不能动员人民进入抗战,取得保卫祖国和收复失地的胜利。当前几个月内,全国人民的民主运动,必须

争取这一任务的某种最低限度的完成,释放政治犯、开放党禁等等,都包括在内。政治制度的民主改革和人民的自由权利,是抗日民族统一战线纲领上的重要部分,同时也是建立真正的坚实的抗日民族统一战线的必要条件。[1]

毛泽东的政治公平思想就是要实现国家的民主、自由、平等,社会各团体积极参与国家政府的管理。而推进民主改革就是最终的政治公平。毛泽东指出,推进民主改革,就是要改变国民党一党专政的体制形态,推翻国民党的反动独裁政府,召开真正的民主国会,建立一个"各党派各阶级合作的民主政体",使得社会上各个阶层都可以参加民主决策、参与民主政府管理,实现一切权力归人民。然而,要实现政府的民主改革,必须要通过言论、集会、结社自由等途径来实现。政府必须给予民众充分的言论自由、集会自由、结社自由等,让广大人民真正享有自由的权利。在毛泽东看来,"人民的言论、出版、集会、结社、思想、信仰和身体这几项自由,是最重要的自由"[2]。因此,要实现自由也就要进行民主改革,它们是相互自由、相互影响的。毛泽东进一步指出,自由不是天生恩赐的,或是天赋的,自由是需要广大人民群众斗争争取的。他指出"自由是人民争来的,不是什么人恩赐的"。因此,人民的自由需要人民来争取,不是依赖于国民党的恩赐。从这里就可以看出,毛泽东重视民主、自由的重要性,更加可贵的是,他明确指出了人民的民主、自由是需要争取的。

## 四 毛泽东的经济公平思想

在经济方面,毛泽东的平等思想极为复杂,而且有的地方还

---

[1] 《毛泽东选集》第1卷,人民出版社1991年版,第256—257页。
[2] 《毛泽东选集》第3卷,人民出版社1991年版,第1070页。

是前后矛盾的。一方面，毛泽东在革命战争时期提出了一套平均思想，这种平均思想，在一定程度上是平均主义的；而后在军队里又实行具有共产主义色彩的配给制度。另一方面，毛泽东在一段时间承认按劳分配制度，多劳多得，少劳少得；并允许私有资本的存在，甚至出现某种意义上的"国家资本主义"。尽管这种国家资本主义与资本主义有着很大的区别，但也折射出其经济平等思想的微妙变化。而且，毛泽东提出的平等思想，在一定时期演变为吃"大锅饭"的平均主义，导致人民的积极性下降，阻碍了社会生产力的发展。

（一）生产资料公有制

消灭私有制，建立社会主义公有制是无产阶级革命的重要目标，也是重要使命。在革命战争时期，消灭封建剥削的土地制度就成为组织农民革命的重要推动力量，从打土豪分田地开始，消灭私有制就成为革命的最重要的内容之一。毛泽东指出：

> 中国土地法大纲规定，在消灭封建性和半封建性剥削的土地制度、实行耕者有其田的土地制度的原则下，按人口平均分配土地。这是最彻底地消灭封建制度的一种方法，这是完全适合于中国广大农民群众的要求的。为着坚决地彻底地进行土地改革，乡村中不但必须组织包括雇农、贫农、中农在内的最广泛群众性的农会及其选出的委员会，而且必须首先组织包括贫农雇农群众的贫农团及其选出的委员会，以为执行土地改革的合法机关，而贫农团则应当成为一切农村斗争的领导骨干。我们的方针是依靠贫农，巩固地联合中农，消灭地主阶级和旧式富农的封建的和半封建的剥削制度。①

---

① 《毛泽东选集》第4卷，人民出版社1991年版，第1205页。

消灭封建剥削制度是消灭私有制的第一步。按照毛泽东的想法，先把地主的土地分给农民，然后在推进农业合作社从而彻底消灭私有制，建立公有制。毛泽东在读苏联《政治经济学教科书》的谈话中就指出，我们写政治经济学应该先写生产资料私有制变革为生产资料公有制，把官僚资本主义私有制和民族资本主义私有制变为社会主义公有制；把地主土地私有制变为个体农民私有制，再变为社会主义集体所有制；把个体的手工业变为社会主义集体所有制①。从而逐渐建立社会主义公有制。然而，遗憾的是，社会主义农业合作化的速度进行得太快，在操作的过程中带来许多不利因素，尤其是在共产风风靡阶段，农业公有制逐渐演变成为吃"大锅饭"的平均主义，从而阻碍社会生产力的发展。

（二）批评平均主义思想

早在革命战争时期毛泽东就批评了党内的绝对平均主义。1929年毛泽东在为红四军第九次代表大会写的决议中指出："红军中的绝对平均主义，有一个时期发展得很厉害……绝对平均主义的来源，和政治上的极端民主化一样，是手工业和小农经济的产物，不过一则见之于政治生活方面，一则见之于物质生活方面罢了。""应指出绝对平均主义不但在资本主义没有消灭的时期，只是农民小资产者的一种幻想；就是在社会主义时期，物质的分配也要按照'各尽所能按劳取酬'的原则和工作的需要，决无所谓绝对的平均。"② 在批判绝对平均主义的基础上，毛泽东进一步批评了平均主义。

1959年郑州会议提出"必须首先检查和纠正自己的两种倾向，即平均主义倾向和过分集中倾向。所谓平均主义倾向，即是

---

① 王槐生：《毛泽东公平思想初探》，《毛泽东思想研究》2006年第6期。
② 《毛泽东选集》第1卷，人民出版社1991年版，第91页。

否认各个生产队和个人的收入应当有所差别。而否认这种差别，就是否认按劳分配、多劳多得的社会主义原则。所谓过分集中倾向，即否认生产队的私有制，否认生产队应有的权利，任意把生产队的财产上调到公社来。同时，许多公社和县从生产队抽取的积累太多，公社的管理费又包括很大的浪费"[1]。毛泽东本人反对平均主义，并对那些误解按劳分配的人进行批判，他指出，"他们误认社会主义为共产主义，误认按劳分配为按需分配，误认为集体私有制为全面私有制。因此，他们在许多地方否认价值法则，否认等价交换。因此，他们在公社范围内，实行贫富拉平，平均分配，对生产队的某些财产无代价地上调，银行方面也把许多农村中的贷款一律收回。一平、二调、三收款，引起广大农民的很大恐慌"[2]。毛泽东进一步指出："公社在一九五八年秋季成立之后，刮起了一阵'共产风'。主要内容有三条：一是穷富拉平。二是积累太多，义务劳动太多。三是'共'各种'产'。所谓'共'各种'产'，其中有各种不同情况。有些是应当归社的，如大部分自留地。有些是不得不借用的，如公社公共事业所需要的部分房屋、桌椅板凳和食堂所需要的刀锅碗筷等。有些是不应当归社而归了社的，如鸡鸭和部分的猪归社而未作价。这样一来，'共产风'就刮起来了。即是说，在某种范围内，实际上造成了一部分无偿占有别人劳动成果的情况。当然，这里面不包括公共积累、集体福利、经全体社员同意和上级党组织批准的某些统一分配办法，如粮食供给制等，这些都不属于无偿占有性质。无偿占有别人劳动的情况，是我们所不许可[3]。"

可见，毛泽东反对平均主义，反对贫富拉平，要求克服平均

---

[1] 《毛泽东文集》第8卷，人民出版社1999年版，第11页。
[2] 同上书，第10页。
[3] 同上书，第12页。

主义。指出"目前我们的任务，就是要向广大干部讲清道理，经过充分的酝酿和讨论，使他们得到真正的了解，然后我们和他们一起，共同妥善地坚决地纠正这些倾向，克服平均主义，改变权力、财力、人力过分集中于公社一级的状态①"。毛泽东清醒地认识到，反对平均主义是对的，但是要把握这个度，过犹不及。毛泽东指出，"反对平均主义，是正确的；反过头了，会发生个人主义。过分悬殊也是不对的，我们的提法是既反对平均主义，也反对过分悬殊"②。毛泽东反对贫富差距拉大，反对过分悬殊，就为其共同富裕的思想奠定基础。

（三）共同富裕思想

实现共同富裕是毛泽东经济平等思想的重要价值取向。共同富裕是社会主义的奋斗目标，在农业合作化时期就提出了要使农民走向共同富裕的道路。1953年党中央发布的《关于农业生产合作社决议》就指出："逐步实行农业社会主义改造，使农业能够由落后的小规模生产的个体经济变为先进的大规模生产的合作经济，以便逐步克服工业和农业这两个经济部门发展不相适应的矛盾，并使农民能够逐步完全摆脱贫困的状况而取得共同富裕和普遍繁荣的生活。"③ 实现共同富裕，在当时的历史环境下，就是要推进占国家80%人口的农民逐步实现共同富裕，这是最基础、最核心的事情。因此，毛泽东指出："现在我们实行这么一种制度，这么一种计划，是可以一年一年走向更富更强的，一年一年可以看到更富更强些。而这个富，是共同的富，这个强，是共同的强，大家都有份，也包括地主阶级。"④ 从这里可以看出，毛泽东的共同富裕已经走出了原来的

---

① 《毛泽东文集》第8卷，人民出版社1999年版，第11页。
② 同上书，第130页。
③ 《毛泽东文集》第6卷，人民出版社1999年版，第442页。
④ 同上书，第495页。

阶级局限,而是覆盖到所有人的共同富裕,这就为整个社会走向共同富裕奠定理论基础。

五 毛泽东的社会公平思想

毛泽东的社会公平思想主要包括妇女平等、民族平等、教育平等等方面内容。而妇女解放、妇女平等是推进民族平等、教育平等的前提和基础。

(一) 妇女平等思想

毛泽东在《湖南农民运动考察报告》中揭露封建社会的男女极为不平等,"至于女子,除了受上述三种权利的支配外,还受男子的支配(夫权)。这四种权利——政权、族权、神权、夫权,代表了全部封建宗法思想和制度,是束缚中国人民特别是农民的四条极大的绳索"①。在三纲五常的封建伦理束缚下,广大妇女没有自由,难以平等享受和男人一样的公平待遇。毛泽东痛批这些封建社会的不平等现象的同时,对妇女平等给予了高度的重视。要实现妇女之平等就必须要解放妇女。毛泽东把妇女解放上升到社会解放运动的高度,他指出:"妇女解放运动应成为社会解放运动的一个组成部分存在着。离开了社会解放运动,妇女解放运动是得不到的;同时,没有妇女运动,社会解放也是不可能的。因此,要真正求得社会解放,就必须发动广大的妇女群众来参加;同样,要真正求得妇女自身的解放,妇女们就一定要参加社会解放的斗争"②。因此,妇女解放是社会解放的一部分,社会解放需要妇女的积极参与,它们之间是相互作用、相互促进、不可分割的。毛泽东从革命的角度、社会解放的高度来阐述妇女自由的重要性。这足以证明毛泽东把妇女的问题提高到一个

---

① 《毛泽东选集》第1卷,人民出版社1991年版,第31页。
② 《毛泽东文集》第2卷,人民出版社1993年版,第169页。

前所未有的高度。这也正反映出毛泽东的哲学智慧和作为一名政治家的战略眼光。

毛泽东指出,要"妇女问题解决,打破轻视妇女侮辱妇女的社会歧视与社会压迫,使妇女能得到自由与平等"[①]。"什么叫做女子有自由、有平等?就是女子有办事之权,开会之权,讲话之权,没有这些权利,就谈不上自由平等"[②]。在毛泽东看来,所谓实现妇女之平等,最关键的几个要素是办事之权,开会之权,讲话之权。妇女享有办事权,就是妇女具有参加社会活动的各种权利,妇女走出了在家中相夫教子的观念囚笼,以独立人格的姿态展现在社会各种活动中去,实现她们的人生价值和社会价值;开会之权,主要是针对妇女的政治地位而言的,换言之,妇女享受参政议政的权利,妇女具有选举的权利,妇女具有在国家、社会、家族等会议中投票的权利;而讲话之权,实质上就是话语权的问题,具体来说,就是妇女享受社会一定的话语权利。而话语权的问题,是体现妇女平等自由的最关键问题。实现这些自由之后,毛泽东进一步终结了封建妇女婚姻的不平等问题,毛泽东指出要实现婚姻自由。他指出:要求保护青年、妇女、儿童的利益,救济失学青年,并使青年、妇女组织起来,以平等地位参加有益于抗日战争和社会进步的各项工作,实现婚姻自由,男女平等,使青年和儿童得到有益的学习;要求改善国内少数民族的待遇,允许各少数民族有民族自治的权利[③]。婚姻自由是妇女享受社会公平权利的最重要体现,也是从根本上推动妇女平等自由发展的最重要内容之一。

此外,毛泽东还描绘了未来真正实现男女平等的条件,他

---

① 《毛泽东文集》第2卷,人民出版社1993年版,第170页。
② 同上书,第171页。
③ 《毛泽东选集》第3卷,人民出版社1991年版,第1064页。

指出：

> 将来女同志的比例至少要和男同志一样，各占百分之五十。如果女同志的比例超过了男同志，也没有什么坏处。这个目标只能在全世界不打仗了，都进入了社会主义社会，那时生产有了高度的发展，人民的文化、教育水平有了很大的提高，才可以完全实现。不尊重妇女权利的情况，是在阶级社会产生后才开始的。在阶级社会出现以前，有一个女权时代，妇女是占统治的地位，听说那时候她们不需要打扮，而相反地男人却要打扮，以获得她们的欢喜。只有当阶级社会不存在了，笨重的劳动都自动化了，农业也都机械化了的时候，才能真正实现男女平等。①

在毛泽东看来，只有到了阶级消灭的社会里，生产力高度发达的社会里，才能真正实现男女平等。毛泽东的男女平等观，为推动我国妇女解放、男女平等、推动妇女参与革命、建设等都具有重要意义。

（二）教育平等思想

毛泽东的教育平等思想主要包括教育不分性别；入学升学唯才是举，英雄不问出身；各地区的中小学师资力量要相对平衡，不断解决农民子女上学难的问题，实现教育大众化等。重视男女享受平等的教育机会是毛泽东早期的教育平等思想。在1920年11月，毛泽东在《大公报》上发表的《女子教育经费与男子教育经费》中指出："尽起纳税的义务来，女子和男子一样的'尽'；享起教育的权利来，女子止当得男子二十二分之一。男

---

① 《毛泽东文选》第7卷，人民出版社1999年版，第151页。

子们啊！你们也太忍心了呵！"① 毛泽东这里揭露了旧社会男女教育的不平等现象，对旧社会女子只有纳税的义务，却难以享有受教育的权利极为不满。毛泽东倡导男女平等，其中很重要的内容之一就是教育平等。所谓教育平等，就是不管是男子还是女子，都有权利享受一定的教育，都有平等享受教育的权利。

毛泽东非常重视党内的教育问题，在毛泽东看来，党内的教育问题直接反映社会的教育问题。他指出：

> 红军党内最迫切的问题，要算是教育的问题。为了红军的健全与扩大，为了斗争任务之能够负荷，都要从党内教育做起。不提高党内政治水平，不肃清党内各种偏向，便决然不能健全并扩大红军，更不能负担重大的斗争任务。因此，有计划地进行党内教育，纠正过去之无计划的听其自然的状态，是党的重要任务之一。②

要使党承担其历史使命必须要重视党内的教育，而重视党内的教育是推进社会教育的基础，因此，重视党内的教育平等（包括政治教育）是社会教育平等的基础。

毛泽东强调教育要唯才是举，英雄不问出身，反对贵族化。不管是资产阶级，还是无产阶级的家庭子女都平等享受教育机会。"至于入学、助学金、入团和戴红领巾这些问题，要一视同仁，只看条件如何，不要看家庭出身。"③ 针对农民子女入学难的问题，毛泽东提出了要通过助学金来推动教育大众化，让广大

---

① 《毛泽东早期文稿》，转引自卢卫红《毛泽东论教育普及和教育公平》，《毛泽东邓小平研究》2008年第11期。

② 《毛泽东文选》第1卷，人民出版社1993年版，第94页。

③ 转引卢卫红《毛泽东论教育普及和教育公平》，《毛泽东邓小平研究》2008年第11期。

农民子女都享有受教育的机会和权利。他指出:"助学金现在是多少?助学金应该加以调整。农村合作社要搞好,还得三年到五年,现在大多数地区合作化只有一年的历史,去年副业搞得很少,农民收入增加不多,生活还是苦的,子女入学不容易解决吃饭问题。按照当前的经济情况,准备两三年内将助学金扩大一些,使百分之七八十的农家子女能享受助学金,帮助农民解决一些困难。经过三年,农业合作社的困难减少了或者没有了,助学金就可以逐渐减少。当前,助学金应按照学生困难情况发给,不能作为奖学金的性质"。① 通过助学金来解决农民子女难以上学的问题。同时,毛泽东反对教育贵族化,反对教育私立学校,指出要政府接管私有学校。1952年6月,据北京市委报告称:"目前干部子弟学校中,学生所得待遇极不一致,一是学校之间伙食费和津贴费的标准高低不同,二是同一学校之内又有大灶和中灶之分。干部子弟入普通学校的设有公费生,其公费补助按家长革命历史和职位分为三等。上述差别对干部子弟和一般学生都影响极坏,应该改变。"毛泽东针对这种情况指出:"(一)如有可能,应全部接管私立中小学。(二)干部子弟学校,第一步应划一待遇,不得再分等级;第二步,废除这种贵族学校,与人民子弟合一。"② 毛泽东这里提出了要接管私立中小学,废除贵族学校,这些都充分显示了毛泽东的教育平等思想。

此外,由于各地方的教学水平、师资力量有很大差别,为了让广大农村子女享受平等教育,毛泽东提出了在师资力量上实行"抽肥补瘦,抽多补少"原则。他指出:"中学办在农村是先进经验,农民子弟可以就近上学,毕业后可以回家生产。如果说教师比较差,可以从好的中学抽调一部分来支援,抽肥补瘦,抽多

---

① 《毛泽东文选》第7卷,人民出版社1999年版,第246页。
② 《毛泽东文选》第6卷,人民出版社1999年版,第232页。

补少。"① 通过"抽肥补瘦，抽多补少"从而不断使各地方的师资力量达到相对平衡，使农民子弟尽可能地享受好的教育，这些都体现了毛泽东的教育平等思想。

（三）民族平等思想

民族平等包括汉族与少数民族的平等，少数民族之间的平等。民族平等是毛泽东民族理论的基石。毛泽东历来非常重视民族平等问题，早在长征的时候就实行民族政策，防止伤害少数民族群众的利益。在对待汉族与少数民族关系问题上，毛泽东明确指出，"对于汉族和少数民族的关系，我们的政策是比较稳当的，是比较得到少数民族赞成的。我们着重反对大汉族主义。地方民族主义也要反对，但是那一般地不是重点"②。毛泽东在对待民族关系问题上提出"两个反对"，反对大汉族主义是重点，由于历史上少数民族饱受汉族统治者的压迫、歧视、驱赶，严重侵害少数民族群众的利益，严重伤害少数民族的情感，严重破坏了汉族与少数民族之间的友好关系。他指出："各个少数民族对中国的历史都作过贡献。汉族人口多，也是长时期内许多民族混血形成的。历史上的反动统治者，主要是汉族的反动统治者，曾经在我们各民族中间制造种种隔阂，欺负少数民族。这种情况所造成的影响，就在劳动人民中间也不容易很快消除。所以我们无论对干部和人民群众，都要广泛地持久地进行无产阶级的民族政策教育，并且要对汉族和少数民族的关系经常注意检查。早两年已经作过一次检查，现在应当再来一次。如果关系不正常，就必须认真处理，不要只口里讲。"③ 基于历史原因，毛泽东首先强调要反对大汉族主义。同时也要反对地方民族主义，尤其要反对

---

① 《毛泽东文选》第7卷，人民出版社1999年版，第245页。
② 同上书，第33页。
③ 同上书，第33—34页。

极端民族主义,讲究民族平等。追求民族平等、团结、互助是毛泽东民族理论的重要内容,平等始终是第一位的。因此,新中国成立初期毛泽东就提出一个有利于促进民族平等的方案,那就是培养大批的民族干部。他指出:"在一切工作中坚持民族平等和民族团结政策外,各级政权机关均应按各民族人口多少,分配名额,大量吸收回族及其他少数民族能够和我们合作的人参加政府工作。"① 培养大批的民族干部是建设社会主义,通过民族干部宣传党的政策、维护民族群众的利益,这是促进民族平等的实现之路、有效之路和健康之路。

### 六 毛泽东的国家平等思想

毛泽东的国家理论内涵丰富,其中就包括国家平等思想。1954年,毛泽东同缅甸总理吴努的谈话中指出:"国家不应该分大小。我们反对大国有特别的权利,因为这样就把大国和小国放在不平等的地位。大国高一级,小国低一级,这是帝国主义的理论。一个国家不论多么小,即使它的人口只有几十万或者甚至几万,这同另外一个有几万万人口的国家,也应该是完全平等的。""无论大国小国,互相之间都应当是平等的、民主的、友好的和互助互利的关系,而不是不平等的和互相损害的关系。"② 毛泽东国家平等思想包括以下几个方面:一是国家与国家之间不存在大国、小国之分,不存在某种特别的权利,它们之间都是完全平等;二是反对帝国主义理论;三是各国无论大小都应该是平等的、民主的、友好的、互助互利的关系,而非相反。毛泽东的国家平等思想一方面透露出了企盼世界上的所有国家能够和平相处、平等相待,甚至是完全平等。另一方面也透露出了毛泽

---

① 《毛泽东文选》第6卷,人民出版社1999年版,第20页。
② 同上书,第378页。

东对帝国主义的反对。在毛泽东看来，要实现国家之间的平等需要世界各国的努力争取，尤其要反对帝国主义、霸权主义。毛泽东指出："今天世界上鬼不少。西方世界有一大群鬼，就是帝国主义。在亚洲、非洲、拉丁美洲也有一大群鬼，就是帝国主义的走狗、反动派。"[①] 毛泽东形象地把帝国主义比喻为鬼，甚至是魔鬼，也就是邪恶的东西。在非洲，他也提出了反对帝国主义的言论，他说"整个非洲的任务是反对帝国主义，反对跟着帝国主义走的人，而不是反对资本主义，不是建立社会主义……非洲当前的革命是反对帝国主义，搞民族解放运动，不是共产主义问题，而是民族解放问题"[②] "世界人民反对帝国主义斗争的胜利结局，已经确定无疑了。这是不以帝国主义和各国反动派的主观愿望为转移的历史发展的客观规律。帝国主义和各国反动派正在采取和准备采取各种穷凶极恶的手段，以图挽救他们的灭亡"[③]。毛泽东把反对帝国主义作为实现国家与国家之间平等的重要路径。毛泽东的国家平等思想至今仍然具有很强的现实意义，这对世界人民反对霸权主义国家具有一定的参考价值。

总而言之，毛泽东关于"公"的思想代表了一个特定历史时代的思想和价值观。以毛泽东为核心的第一代中国共产党人在带领中国人民长期的革命战争和曲折建设中，形成具有鲜明时代特色的"公"思想。这些思想是中国思想文化领域的宝贵财富，在当代中国，在中国特色社会主义伟大建设中仍然具有一定的借鉴意义。

---

① 《毛泽东文集》第8卷，人民出版社1999年版，第51页。
② 同上书，第7页。
③ 同上书，第196页。

## 第二节　邓小平的"公"思想

　　邓小平的"公"思想既继承了中国革命和建设中形成的一系列关于平等、公平等方面的思想，但又突破了传统，形成了具有时代特征（改革开放）的公私思想、效率与公平思想等。邓小平的"公"思想主要体现在以下几个方面：一是公有与私有思想；二是效率与公平思想；三是共同富裕思想。

　　十一届三中全会胜利召开，标志着党的执政理念、执政方式、执政思路发生根本性的改变。它彻底结束了以阶级斗争为纲的政治路线，改为以经济建设为中心，从而使党的重心由阶级斗争转移到经济建设上，并对什么叫社会主义进行重新诠释。邓小平指出：

　　　　国家这么大，这么穷，不努力发展生产，日子怎么过？我们人民的生活如此困难，怎么体现出社会主义的优越性？"四人帮"叫嚷要搞"穷社会主义""穷共产主义"，胡说共产主义主要是精神方面的，简直是荒谬之极！我们说，社会主义是共产主义的第一阶段。落后国家建设社会主义，在开始的一段很长时间内生产力水平不如发达的资本主义国家，不可能完全消灭贫穷。所以，社会主义必须大力发展生产力，逐步消灭贫穷，不断提高人民的生活水平。否则，社会主义怎么能战胜资本主义？到了第二阶段，即共产主义高级阶段，经济高度发展了，物资极大丰富了，才能做到各尽所能，按需分配。不努力搞生产，经济如何发展？社会主义、共产主义的优越性如何体现？我们干革命几十年，搞社会主义三十多年，截至一九七八年，工人的月平均工资只有四五十元，农村的大多数地区仍处于贫困状态。这叫什么社会主义优越性?[1]

如何体现社会主义的优越性？最关键的在于如何理解社会主义？这不仅仅是一个认识论的问题，更是一个描述论的问题。不同的国家对社会主义的描述往往存在许多的不同，甚至是相悖的。就我国而言，十一届三中全会以前，在过去很长的一段时间里，我们对社会主义的理解有偏误，甚至在一定程度上照搬苏联的模式，用苏联的建设模式来建设中国的社会主义，从而导致了在社会主义建设道路中的曲折，思想僵化、迷雾重重。只有理解什么是社会主义，才能知道如何发展社会主义，如何体现社会主义的优越性。为此，邓小平指出：

> 什么叫社会主义，什么叫马克思主义？我们过去对这个问题的认识不是完全清醒的。马克思主义最注重发展生产力。我们讲社会主义是共产主义的初级阶段，共产主义的高级阶段要实行各尽所能、按需分配，这就要求社会生产力高度发展，社会物质财富极大丰富。所以社会主义阶段的最根本任务就是发展生产力，社会主义的优越性归根到底要体现在它的生产力比资本主义发展得更快一些、更高一些，并且在发展生产力的基础上不断改善人民的物质文化生活。如果说我们建国以后有缺点，那就是对发展生产力有某种忽略。社会主义要消灭贫穷。贫穷不是社会主义，更不是共产主义[2]。

要体现社会主义的优越性就是要消灭贫穷，要消灭贫穷，就

---

[1] 《邓小平文选》第3卷，人民出版社1993年版，第10—11页。
[2] 同上书，第63—64页。

必须解放生产力和发展生产力。革命是解放生产力,改革也是解放生产力,而解放生产力就首先要打破平均主义,打破原来吃大锅饭的社会状态。"过去搞平均主义,吃'大锅饭',实际上是共同落后,共同贫穷,我们就是吃了这个亏。改革首先要打破平均主义,打破'大锅饭'。"① 搞平均主义是行不通的,过去搞平均主义极大地伤害了人民的积极性和创造性。在邓小平看来,社会主义必须要解放生产力和发展生产力,"贫穷不是社会主义,社会主义要消灭贫穷。不发展生产力、不提高人民的生活水平,不能说是符合社会主义要求的"②。共同贫穷、共同落后并不是社会主义的本质要求,必须要摒弃"文革"时期落后的发展观念,即必须要并且宁要社会主义的草,不要资本主义的苗的落后观念。解放和发生社会生产力,调动人民的积极性,不断提高生产效率,创造经济财富改善人民的物质生活和精神生活。

一 邓小平的公有与私有思想

不改革就没有出路,这是毋庸置疑的。然而,问题在于,要改革,要发展生产,就不可能同步发展。在一个国家这么大、人口这么多,地区发展极为不平衡的社会状况下,要实现同步发展是不可能的。因此,就必须要让一部分人先富裕起来,也就是要允许社会主义存在适当的贫富差距,也就是要拉开人们的收入差距,不搞平均主义。为此,邓小平指出,"要让一部分地方先富裕起来,搞平均主义不行。这是个大政策,大家要考虑"③。"农村、城市都要允许一部分人先富裕起来,勤劳致富是正当的。一部分人先富裕起来,一部分地区先富裕起来,是大家都拥护的新

---

① 《邓小平文选》第 3 卷,人民出版社 1993 年版,第 155 页。
② 《邓小平文选》第 2 卷,人民出版社 1991 年版,第 107 页。
③ 《邓小平文选》第 3 卷,人民出版社 1993 年版,第 52 页。

办法,新办法比老办法好"①。让一部分人先富裕起来,在人们当中适当拉开距离,这里就折射出了要发展私有财产。贫富差距的显现不在于社会公有,而在于个体私有。要允许一部分人先富裕起来,就是要大胆地承认私人劳动所得,发展私有财产、保护私有财产。这是邓小平的公与私思想的基石。

邓小平的改革首先从农村入手,在农村实现家庭联产承包责任制。这是由于中国绝大部分人口仍然在农村,"对内经济搞活,首先从农村着手。中国有百分之八十的人口在农村。中国社会是不是安定,中国经济能不能发展,首先要看农村能不能发展,农民生活是不是好起来"。他们仍然生活在贫困当中,广大农民对原来的大锅饭、对原来的高度合作化越来越失去兴趣,企盼有种新的体制来取代。1978年,从安徽省凤阳县的小岗村农民冒着极大风险进行土地大包干的改革就可以看出广大农民对农村改革的强烈愿望。改革从农村开始正是顺应民意、顺应民心之壮举。农村实行家庭联产承包责任制,用简单的话来概况,那就是:包干到户、独立生产经营,交够国家、留足集体的,剩下的都是自己的。包干到户,实行单干,就是把土地按一定的程序分给农民,允许农民自由经营,最初实行30年不变。从而使农民有生产的自主权,能够充分发挥广大农民的聪明才智,极大地促进生产力的发展。邓小平指出:

> 农村政策放宽以后,一些适宜搞包产到户的地方搞了包产到户,效果很好,变化很快。安徽肥西县绝大多数生产队搞了包产到户,增产幅度很大。"凤阳花鼓"中唱的那个凤阳县,绝大多数生产队搞了大包干,也是一年翻身,改变面貌。有的同志担心,这样搞会不会影响集体经济。我看这种

---

① 《邓小平文选》第3卷,人民出版社1993年版,第23页。

担心是不必要的。我们总的方向是发展集体经济。实行包产到户的地方,经济的主体现在也还是生产队。这些地方将来会怎么样呢?可以肯定,只要生产发展了,农村的社会分工和商品经济发展了,低水平的集体化就会发展到高水平的集体化,集体经济不巩固的也会巩固起来。关键是发展生产力,要在这方面为集体化的进一步发展创造条件。①

生产力的高度发展,既促进的国家财富的增加(即公),也促进私有财富的增加,而后者增加的速度远远超过前者,这是一个利公利私的大战略。

交够国家、留足集体的,剩下的都是自己的。这就是说,农民多劳多得,少劳少得,不劳动不得收获,只要够足国家、集体的税收,剩下的不管多少都是自己的,个体可以自由支配自己的私人财富。个体财富的增加就促进农村私有财富的增加,私有财富的增加反过来又能够促进农村生产力的发展,农村生产力的发挥又促进国家税收的增加。因此,在家庭联产承包责任制中的公与私问题既相对分开,承认私有财富,鼓励发展私有财富,但又相互促进,相互作用。

邓小平指出:这几年进行的农村的改革,是一种带革命意义的改革。随着农村改革的深入发展,并取得一定的成就,改革的视阈就已经突破了乡村,城市经济体制改革也紧锣密鼓地进行着,这又是邓小平的公有与私有思想发展的大实践。企业改革在坚持公有制为主体的前提下,大力发展"三资"企业,大力发展个体经济、私营经济。邓小平指出:"我们允许个体经济发展,还允许中外合资经营和外资独营的企业发展,但是始终以社

---

① 《邓小平文选》第 2 卷,人民出版社 1994 年版,第 315 页。

会主义公有制为主体。"① 深圳、珠海、汕头等经济特区的设立，以及沿海、沿江的开放城市的不断增加，中国城市经济体制进入了一个全新的历史阶段。

随着城市经济改革的不断扩大，许多人因此而批评中国的改革是走资本主义道路，也就形成了一个姓"资"还是姓"社"的争论。然而，这个姓氏的争论实质上是公有制还是私有制的争论。为了突破这个争论的迷雾，他指出"计划多一点还是市场多一点，不是社会主义与资本主义的本质区别。计划经济不等于社会主义，资本主义也有计划；市场经济不等于资本主义，社会主义也有市场。计划和市场都是经济手段"②。邓小平从计划经济与市场经济入手，巧妙地化解了这场姓氏争论，也极大地发展了社会主义的公与私的思想。深圳的改革实践也给那些担心中国走资本主义道路的人最好的回应。因此，邓小平总结改革经验时说：

> 对办特区，从一开始就有不同意见，担心是不是搞资本主义。深圳的建设成就，明确回答了那些有这样那样担心的人。特区姓"社"不姓"资"。从深圳的情况看，公有制是主体，外商投资只占四分之一，就是外资部分，我们还可以从税收、劳务等方面得到益处嘛！多搞点"三资"企业，不要怕。只要我们头脑清醒，就不怕。我们有优势，有国营大中型企业，有乡镇企业，更重要的是政权在我们手里。有的人认为，多一分外资，就多一分资本主义，"三资"企业多了，就是资本主义的东西多了，就是发展了资本主义。这些人连基本常识都没有。我国现阶段的"三资"企业，按

---

① 《邓小平文选》第 3 卷，人民出版社 1993 年版，第 110 页。
② 同上书，第 373 页。

照现行的法规政策，外商总是要赚一些钱。但是，国家还要拿回税收，工人还要拿回工资，我们还可以学习技术和管理，还可以得到信息、打开市场。因此，"三资"企业受到我国整个政治、经济条件的制约，是社会主义经济的有益补充，归根到底是有利于社会主义的。①

邓小平精辟的论述，鲜明地阐述了社会主义经济体制改革是成功的，社会主义公有制的主体地位没有改变，并且在这个基础上，充分发挥市场配置资源的优势，大力发展"三资"企业成为社会主义公有制经济的有益补充。

二　邓小平的效率与公平思想

效率与公平是社会主义发展的两个核心要素。邓小平的效率与公平思想源于其对社会主义本质的理解。邓小平指出："社会主义的本质就是解放生产力、发展生产力，消灭剥削，消除两极分化，最终达到共同富裕。"② 社会主义的本质论透露出了某种信息，那就是社会主义的效率与公平是辩证统一的。邓小平讲效率最核心的是生产力的效率，讲公平最核心的是共同富裕。这是邓小平效率与公平的精髓。

社会主义的优越性的充分体现，就是要使社会主义的生产力发展得比资本主义快，换言之，就是社会主义的生产效率要比资本主义的高。邓小平指出："社会主义的优越性归根到底要体现在它的生产力比资本主义发展得更快一些、更高一些，并且在发展生产力的基础上不断改善人民的物质文化生活。"③ 要实现社

---

① 《邓小平文选》第3卷，人民出版社1993年版，第372—373页。
② 同上书，第373页。
③ 同上书，第63页。

会主义的生产效率比资本主义的高,那就要统一指挥、凝聚力量,充分调动广大人民的积极性,同时推进政治体制改革,不断消解机构臃肿的"怪病",从而提升办事效率,审批效率等,为推动生产力的快速发展提供有利条件。

实现社会公平,就是要防止社会造成两极分化,实现共同富裕。邓小平指出:"社会主义的目的就是要全国人民共同富裕,不是两极分化,如果我们的政策导致两极分化,我们就彻底失败了;如果产生了什么新的资产阶级,那我们就真的走了邪路了。"①"我们允许一些地区、一些人先富起来,是为了最终达到共同富裕,所以要防止两极分化。这就叫社会主义。"② 从这里可以看出,邓小平的社会公平思想主要还是经济上的公平。就是要实现共同富裕,防止贫富差距过分拉大,造成两极分化。实现社会公平就是要坚持以按劳分配为基本原则,并且需要争取理解按劳分配,防止误解,如把按劳分配理解为按需分配等,避免历史上的错误重演。这里邓小平就已经把按劳分配作为解决社会公平的重要路径。

在效率与公平的关系问题上,邓小平始终持效率优先,兼顾公平的策略。邓小平的效率优先原则是在具有特殊的历史背景下实行的,面对"文革"后的千疮百孔,经济建设就成为全党全国人民的重中之重。这也是十一届三中全会之后形成的建设思想。然而,就社会主义的本质属性而言,效率与公平如同车之两轨,应该同步进行的,不可以一块一慢的。邓小平的效率优先、兼顾公平的原则,在很大程度上是实现共同富裕道路上的"权宜之计"。何时可以把效率与公平平衡发展,这需要研究,需要依赖于中国特色社会主义事业的不断发展。

---

① 《邓小平文选》第 3 卷,人民出版社 1993 年版,第 149 页。
② 同上书,第 110—111 页。

### 三 邓小平的共同富裕思想

邓小平指出:"一个公有制占主体,一个共同富裕,这是我们所必须坚持的社会主义的根本原则。"①"共同致富,我们从改革以开始就讲,将来总有一天要成为中心课题。"② 实现共同富裕是全国各族人民的共同理想,也是社会主义的本质要求。邓小平在多种场合下对共同富裕进行论述,诸如"社会主义的本质,是解放生产力,发展生产力,消灭剥削,消除两极分化,最终达到共同富裕""我们坚持走社会主义道路,根本目标是实现共同富裕,然而平均发展是不可能的"③"社会主义最大的优越性就是共同富裕,这是体现社会主义本质的东西"④"我们提倡一部分地区先富裕起来,是为了激励和带动其他地区也富裕起来,并且使富裕起来的地区帮助落后的地区更好的发展,达到共同富裕。提倡人民中有一部分人先富裕起来,也是同样的道理"⑤ 等等。共同富裕是一个目标,它不仅仅是一个公平的目标,更是一个社会的奋斗目标。共同富裕既是手段也是目的,是合目的性与合规律性的统一。邓小平的这些共同富裕的论述阐明以下几个观点:一是共同富裕是社会主义的本质要求;二是共同富裕最根本上来说依赖于社会生产力的高度发展;三是共同富裕是一个长期的过程,在这个过程中要允许一部分人、一部分地区先富裕起来,先富带动后富,最终达到共同富裕;四是在实现共同富裕的道路上要允许私有财富的不断增加,但又要合理调控,防止两极分化,两极分化是共同富

---

① 《邓小平文选》第3卷,人民出版社1993年版,第111页。
② 同上书,第364页。
③ 同上书,第155页。
④ 同上书,第195页。
⑤ 同上书,第111页。

裕的天敌。总之，邓小平的共同富裕思想内涵丰富、论述精辟，对全面建设小康社会、构建社会主义和谐社会都具有很强的指导作用。

## 第三节　江泽民的"公"思想

党的十七大报告指出：改革开放伟大事业，是以江泽民同志为核心的党的第三代中央领导集体带领全党全国各族人民继承、发展并成功推向21世纪的。从十三届四中全会到十六大，受命于重大历史关头的党的第三代中央领导集体，高举邓小平理论伟大旗帜，坚持改革开放、与时俱进，在国内外政治风波、经济风险等严峻考验面前，依靠党和人民，捍卫中国特色社会主义，创建社会主义市场经济新体制，开创全面开放新局面，推进党的建设新的伟大工程，创立"三个代表"重要思想，继续引领改革开放的航船沿着正确方向破浪前进①。这一评价是极为正确的，也是实事求是的。江泽民受命于危难之际，带领党和国家继续把中国特色社会主义事业推向前进。在深化社会主义市场经济体制改革、扩大开放、全面推进党的建设的伟大工程、全面建设小康社会等一系列重大战略思想中作出卓越的贡献和不朽的功勋。从党的十三届四中全会到十六大期间，江泽民形成了丰富的"公"思想，主要体现在这几个方面：一是提出公平的标准；二是把反对平均主义与两极分化结合起来；三是坚持公有制为主体，大力发展私营企业；四是按劳分配与按要素分配相结合；五是实现共同富裕。

---

① 胡锦涛：《高举中国特色社会主义伟大旗帜为夺取全面建设小康社会新胜利而奋斗》，人民出版社2007年版，第8页。

## 一 公平标准的提出

追逐公平是社会的长久梦想,然而什么是公平?用什么标准来衡量社会是否公平?随着社会主义市场经济的不断发展,这是一个亟待解决的重要议题。江泽民对社会公平的标准作了详细的阐述,他指出"以平等权利为基础的社会公平要受到社会经济文化发展的制约……衡量社会公平的标准,必须看是否有利于社会生产力发展和社会进步"①。这里就指出了判断公平的标准,从根本上来说要看是否有利于社会生产力的发展和社会进步。这里涉及两个方面:一是生产力的发展;二是社会进步。

一般而言,一个社会是否公平在于是否能够解放和发展生产力,江泽民把发展生产力作为公平的判断标准,一方面彰显了我们的党代表先进生产力的发展要求,另一方面也突出了只有发展生产力才有公平的根本体现。江泽民指出:"我们党所以赢得人民的拥护,是因为我们党在革命、建设、改革的各个历史时期,总是代表着中国先进生产力的发展要求,代表着中国先进文化的前进放心,代表着中国最广大人民的根本利益,并通过制度正确的路线方针政策,为实现国家和人民的根本利益而不懈奋斗。"②始终做到"三个代表",就是要代表先进的社会生产力发展要求,代表先进文化的前进方向,代表最广大人民的根本利益。为此,江泽民指出:"我们党是代表先进生产力的发展要求,所以全党同志的一切奋斗,归根到底都是为了解放和发展生产力,党的一切方针政策都要最终促进生产力的不断发展,促进国家经济实力的不断增强。"③ 从这里可以看出,江泽民始终把发展社会

---

① 《江泽民文选》第1卷,人民出版社2006年版,第48页。
② 《江泽民文选》第3卷,人民出版社2006年版,第2页。
③ 同上书,第2页。

生产力作为重中之重,始终放在第一位。这符合社会主义的基本要求,不发展生产力社会将停滞不前,历史上的大锅饭、搞平均主义束缚了生产力的发展就是一个很好的佐证。公平的社会是正当、有序的社会,是有利于社会生产力发展的社会,而不是相反。因此,江泽民敏锐地洞察到了只有促进生产力的发展才是判断公平的根本标准。此外,历史雄辩证明:公平有利于促进社会进步,相反,不公平将极大地阻碍社会进步。

二 把反对平均主义与两极分化结合起来

十一届三中全会以来,邓小平就多次论述了要反对平均主义,阐述了平均主义之危害,同时也提醒了两极分化将造成严重后果,最终违反了社会主义的本质要求。十三届四中全会以来,江泽民秉持这一意志,强调要反对平均主义,防止两极分化。他说,"平均主义不是社会主义,两极分化也不是社会主义"①。江泽民把平均主义与两极分化的相互关系结合起来阐述。在他看来,平均主义和两极分化是相互作用、相互影响的。"平均主义和收入差距过大也是相互影响的。我们要克服平均主义,但分配差距过大恰恰妨碍了收入差距的合理拉开。因为收入差距过大会打破社会公平,涣散人心,特别是在新旧体制并存的情况下,往往会助长不是比贡献而是比收入的消极攀比和平均主义倾向,造成在更高收入水平上的大锅饭。"② 适当拉开收入差距是合理的,但是贫富差距过大会破坏社会公平,容易造成新的大锅饭、新的平均主义。为此,江泽民反复强调以下三个方面。

第一,要反对平均主义,防止收入悬殊。他说,"坚持效率优先,兼顾公平,既要提倡奉献精神,又要落实分配政策;既要

---

① 《江泽民文选》第2卷,人民出版社2006年版,第256页。
② 《江泽民文选》第1卷,人民出版社2006年版,第55页。

反对平均主义，又要防止收入悬殊①。"这是一个方针大政，要把调节个人收入分配、防止两极分化，作为全局性的大事来抓。

第二，要采取措施调节过高收入，取缔非法收入，防止收入悬殊。他说，"采取相应的政策措施，保护合法收入，调节过高收入，取缔非法收入，防止收入分配上的过分悬殊，把广大干部群众的积极性充分调动起来"② "要区分不同情况，采取有针对性的措施，保护合法收入，取缔非法收入，调节过高收入，保障低收入者的基本生活"③。调节过高收入一般通过税收的政策来实现，通过再次分配来实现。同时要依法取缔各种非法收入，依法处理各种不正当的收入，促进社会公平正义。

第三，要千方百计地提高广大人民群众的收入，逐渐形成一个"橄榄球"形状的收入模型。即要"逐步形成一个高收入人群和低收入人群占少数、中间收入人群占大多数的'两头小、中间大'的分配格局使人民共享经济繁荣成果"④。这是防止两极分化的最有效的手段。

三　坚持公有制为主体，大力发展私营企业

江泽民非常重视公有制经济的主体地位，并把它提升到党的执政地位和政权的巩固的高度。他指出："我们必须坚持社会主义公有制作为社会主义经济制度的基础，同时需要在公有制为主体的条件下发展多种私有制经济，这有利于促进我国经济的发展。社会主义公有制的主体地位绝不能动摇，否则我们党的执政

---

① 《江泽民文选》第3卷，人民出版社2006年版，第550页。
② 《江泽民论有中国特色社会主义（专题摘编）》，中央文献出版社2002年版，第58页。
③ 《江泽民文选》第1卷，人民出版社2006年版，第470页。
④ 《江泽民论有中国特色社会主义（专题摘编）》，中央文献出版社2002年版，第59页。

地位和我们社会主义的国家政权就很难巩固和加强。"① 在江泽民看来，公有制的主体地位直接关涉到党的执政地位，直接关涉到国家政权的巩固和加强。一旦动摇了主体地位，社会主义将面临极大的挑战和风险，因此，公有制的主体地位只能加强不能削弱，这是毫无疑义的。

在坚持公有制的主体地位的基础上，江泽民也非常重视非公有制经济的快速发展，江泽民指出："非公有制经济是我国改革开放的产物。二十多年来，非公有制经济发展很快，在国民经济中占了不小比重。目前，非公有制经济大多是中小企业，但也出现了一批颇具规模和实力的大企业，还涌现出一批生机勃勃的高新技术企业。非公有制经济在发展生产力、增加就业、满足人民生活多样化的需要等方面发挥了重要作用。实践证明，我们在加强公有制经济的主体地位和发挥国有经济的主导作用的同时，实行鼓励积极发展非公有制经济的政策是完全正确的，必须继续贯彻执行。"② 非公有制经济的快速发展极大地促进了国民经济的发展，在国民经济中所占的比重也越来越大。此外，非公有制经济的快速发展也给社会创造许多的就业机会，推动社会生产力的发展，在许多地区非公有制企业逐渐成为容纳就业大军的主要场域，促进社会就业，就等于促进社会稳定、促进社会发展。

但是，非公有制经济的快速发展也带来了许多经济问题，江泽民清醒地认识到，要从制度上加以完善，规范全国市场，建立现代企业制度，等等。毕竟盲目的中小企业发展，导致恶性竞争、恶性循环等事件屡见不鲜，为了避免市场导致的某些盲目状态，政府必须给予必要的宏观调控，建立新型的企业管理制度，完善企业发展机制，因此，他说："公有制为主体、多种私有制

---

① 《江泽民文选》第3卷，人民出版社2006年版，第72页。
② 同上书，第206页。

经济共同发展的格局需要进一步从制度上加以完善……政府的管理体制和允许机制……都需要通过深化改革,进一步健全和完善。"① 从而有利于公有制经济的发展,也有利于非公有制经济的发展。党的十六大报告进一步指出:要"充分发挥个体、私营等非公有制经济在促进经济增长、扩大就业和活跃市场等方面的重要作用。放宽国内民间资本的市场准入领域,在投融资、税收、土地和对外贸易等方面采取措施,实现公平竞争。依法加强监督和管理,促进非公有制经济健康发展。完善保护私人财产的法律制度"②。江泽民的这些思想对进一步深化企业改革,促进非公有制经济的快速发展都具有重要的指导意义。

四　把按劳分配与按生产要素分配有机结合

按劳分配是社会主义的基本分配制度,但是按劳分配不是社会主义唯一的分配方式,要把按劳分配与按生产要素分配有机结合起来。江泽民指出:要坚持"按劳分配为主体、多种分配方式并存,发展社会主义市场经济"③ "实行按劳分配为主,并同按生产要素分配结合起来,必然会在社会成员的收入上产生差距"④。在过去相当长的一段时间里,我国的分配制度总是重视按劳分配,而相对忽视其他分配方式,即使提到多种分配方式也只是轻描淡写,没有多种分配适当的社会地位,从而难以调动生产的积极性,难以凝聚社会各生产要素共同推进社会主义经济建设。按生产要素参与分配在过去一直被忽视,甚或说一直没有真正提出来,江泽民创造性地提出了按生产要素参与分配,这样就

---

①　《江泽民文选》第3卷,人民出版社2006年版,第65页。
②　同上书,第549页。
③　同上书,第220页。
④　《江泽民论有中国特色社会主义(专题摘编)》,中央文献出版社2002年版,第58页。

丰富和发展了多种分配方式的思想。江泽民在党的十六大报告指出：要"调整和理顺国家、企业和个人的分配关系。确立劳动、资本、技术和管理等生产要素按贡献参与分配的原则，完善按劳分配为主体、多种分配方式并存的分配制度"①。十六大报告更加具体、更加明确地提出了要把劳动、资本、技术和管理等生产要素参与社会分配，从而使社会分配更加丰富多彩，形式更加多样。但是，在江泽民看来，积极推动劳动、资本、技术和管理等生产要素参与社会分配是极为重要的，也是极为必要的，但是不能够忽视按劳分配，要始终坚持"按劳分配和按生产要素分配相结合的分配制度"②。

五 实现共同富裕

新时期，江泽民继承和发扬了毛泽东、邓小平等老一辈无产阶级革命家提出的共同富裕思想。对他们提出的共同富裕的思想和道路也是一以贯之，毫不懈怠。江泽民指出："社会主义制度保证人民当家作主，坚持公有制为主体，解放和发展生产力，消灭剥削制度，消除两极分化，推动物质文明和精神文化协调发展，最终实现全体人民共同富裕。"③江泽民在继承邓小平的经济共同富裕的基础上，开创性地提出了精神层面的共同富裕。换言之，过去毛泽东、邓小平虽然强调反对平均主义和两极分化，最终实现共同富裕，但是他们谈共同富裕更多偏重于物质文明，随着人民物质生活水平的不断提高，对精神生活的需要也不断提高，提出了物质文明要与精神文化协调发展，在实现物质层面的共同富裕的同时，也要实现精神层面上的共同富裕。

---

① 《江泽民文选》第3卷，人民出版社2006年版，第550页。
② 同上书，第65页。
③ 同上书，第217页。

在物质层面上，江泽民继承了邓小平的两个大局思想和允许一部分先富起来的思想，他说："我们必须坚持允许和鼓励一部分地区一部分人先富起来，最终实现共同富裕的政策。要在发展经济的基础上，逐步增加城乡居民收入。"① 此外，"要引导他们把个人富裕与全体人民共同富裕结合起来。允许鼓励一部分地区、一部分人先富起来，通过先富带后富、先富帮后富，逐步达到全体人民共同富裕，是我们党和国家为推进经济社会发展而实施的一项大政策。要注意教育和引导先富起来的非公有制经济人士，不忘共同富裕这个社会主义的大目标，不要只满足于一己之富，而应该致富思源、富而思进，报效祖国，奉献社会"②。这是江泽民对邓小平共同富裕实现路径上的丰富和发展。

在精神层面上，江泽民非常重视物质文明和精神文明的协调发展，重视社会主义精神文明建设，提出了一系列关于社会文化发展的新思路。党的十六大报告指出："坚持和完善支持文化公益事业发展的政策措施，扶持党和国家重要的新闻媒体和社会科学研究机构，扶持体现民族特色和国家水准的重大文化项目和艺术院团，扶持对重要文化遗产和优先民间艺术的保护工作，扶持老少边穷地区和中西部地区的文化发展。加强文化基础设施建设，发展各类群众文化。"③ 不断让广大人民群众享受社会发展的精神文明成果，在精神领域上走向共同富裕。这是江泽民对共同富裕内涵的丰富和发展。

## 六　政务公开

随着经济体制改革的快速发展以及其取得的巨大成就，政治

---

① 《江泽民文选》第1卷，人民出版社2006年版，第470页。
② 《江泽民文选》第3卷，人民出版社2006年版，第206页。
③ 同上书，第561页。

体制改革也就提上议程。江泽民非常重视政治体制改革，发展民主政治是社会主义建设小康社会的重要目标，江泽民指出，"政治体制改革是社会主义政治制度的自我完善和发展。推进政治体制改革要有利于增强党和国家的活力，发挥社会主义制度的特定和优势，充分调动人民群众的积极性和创造性，维护国家统一、民族团结和社会稳定，促进经济发展和社会全面进步"[①]。而政务公开是政治体制改革的重要内容，建立政务公开体制，促进民主执政、民主管理、民主决策，从而使广大人民群众共同参与国家的大政方针的制定。按照他的思路，政务公开制度要从基础抓起，在基层实现民主、公开的政治体制改革。他说"我们不断加强城乡基层民主建设，在农村进行村民委员会直接选集，健全城镇居民委员会组织，坚持和实行企业职工代表大会制度，实行政务公开、厂务公开、村务公开、扩大人民群众民主选集、民主决策、民主管理、民主监督的权利"[②]。推进基层的民主建设和政务公开，对全面促进社会进步、全面建设小康社会都具有重大的战略意义和价值。

## 第四节　十六大以来关于"公"内涵的新拓展

党的十六大以来，对"公"的内涵不断进行深化和发展。以胡锦涛为核心的党中央第四代中央领导集体把社会公平正义放到更加突出的位置。把公平提高到构建和谐社会的高度，十六届六中全会提出要"按照民主法治、公平正义、诚信友爱、充满活力、安定有序、人与自然和谐相处"的总要求来构建社会主义和谐社会，这就把社会公平公正作为构建社会主义和谐社会的

---

① 《江泽民文选》第3卷，人民出版社2006年版，第553页。
② 同上书，第234页。

内容，也作为构建社会主义和谐社会的基石。这是对"公"思想的一个重大突破。此外，对长期以来的效率与公平的问题解决有了新思路，打破了"效率优先，兼顾公平"的传统思维，而把效率与公平辩证统一起来，充分认识到公平是效率的根本动力，更加注重社会的公平。这标志着党的政策从原来注重效率逐渐向注重公平的重大转向。这是对"公"思想的又一个重大突破。

一 更加注重公平正义

2005年2月19日，胡锦涛在《在省部级主要领导干部提高构建社会主义和谐社会能力专题研讨班上的讲话》中指出："在促进发展的同时，把维护和实现社会公平和正义放到更加突出的位置；""依法逐步建立以权利公平、机会公平、规则公平、分配公平为主要内容的社会公平保障体系；""维护和实现社会公平和正义，涉及最广大人民的根本利益，是我们党坚持立党为公、执政为民的必然要求，也是我国社会主义制度的本质要求。"[①] 胡锦涛这里提出了关于公平的几个思想：一是要把公平放到更加突出的位置；二是公平正义是党执政为民的基本要求；三是提出了实现公平正义的路径。

胡锦涛提出要把公平正义放到更加突出的位置，这个更加突出的位置，实际上就对社会发展的一种价值回归。社会主义制度最基本、最根基的在于社会公平正义。但是，在改革开放之前，面对一个千疮百孔的国家，发展经济是第一要务，并且只有发展经济才是解决一切问题的关键，公平在一定程度上让位于效率。然而，改革开放三十多年来，中国社会主义建设取得了巨大成就，有能力着力解决社会公平问题。

---

[①] 胡锦涛：《在省部级主要领导干部提高构建社会主义和谐社会能力专题研讨班上的讲话》，新华网（www.xinhuanet.com）2005 - 06 - 27。

同时，改革开放三十多年来，也带来了前所未有的贫富差距。据中国社会科学院朱庆芳研究院介绍："2003年我国基尼系数已扩大到0.5左右，城乡收入差距扩大到3.23倍，东、西部GDP比例扩大到2.52倍，行业最高与最低工资比例扩大到6.1倍。"[①] 在这种情况下，再不下大决心解决社会公平问题，将面临不堪想象的后果。因此，把公平正义摆在更加突出的位置，在某种意义上是对传统建设没有把公平正义放到适当位置的一种反思。

公平正义是党执政为民的基本要求。立党为公、执政为民，就是要代表最广大人民的根本利益，就是要实现最广大人民的根本利益，就是要为最广大人民谋福祉，就是要使最广大人民共享社会发展成果，在共建中共享，在共享中共建。

使全体人民共享改革发展成果。要使全体人民共享改革发展的成果，真正享受改革开放带来的实惠，就必须要坚持公平正义，必须要把公平正义成为解决社会问题、维护社会稳定的重中之重。

此外，胡锦涛还提出要建立以权利公平、机会公平、规则公平、分配公平为主要内容的社会公平保障体系，来促进社会公平公正。建立权利公平机制、机会公平机制、分配公平机制等来建构一种新的社会公平体系，确保社会公平公正。当前，最首要的是机会平等，而机会平等最首要的是就业机会的平等。在金融危机的冲击下，失业问题异常突出。一般情况下，就业的确是民生问题，然而，在这个特殊的局势下，就业问题就不仅仅是民生问题，而是重大的政治问题，它是关系到整个社会的稳定问题，关涉到人民对党的执政满意度问题，关涉到广大失业人员的信心问题。在这种情况下，就要更加突出地注重就业机会的公平问题。

---

[①] 转引自赵慧歆《构建社会主义和谐社会要正确处理效率与公平的关系》，《天津职业院校联合学报》2006年第6期。

简言之,在当前经济危机下,就业机会公平尤为重要。为此,2005年10月11日中国共产党第十六届中央委员会第五次全体会议通过的《中共中央关于制订国民经济和社会发展第十一个五年规划的建议》提出:"注重社会公平,特别要关注就业机会和分配过程的公平。"这里一语中的,揭示了就业机会公平的社会深层次意蕴。

二 效率与公平同步进行

在一定的社会时期,效率优先,兼顾公平有利于调动人民的积极性和创造性,推动社会生产力发展,促进社会主义经济又快又好发展。历史经验证明,"文革"结束后,随着党的十一届三中全会的胜利召开,发展经济就成为党和国家的第一要务,坚持效率优先、兼顾公平的原则,极大地调动了广大人民的积极性,从农村到城市,掀起了建设社会主义经济的浪潮也一浪高过一浪,从而使得三十年来,我国的年均GDP都在8%以上,国民经济总量位居世界第四位,并且总体上实现小康社会。这是效率优先、兼顾公平带来的积极效益。但是,当国家的经济发展到一定的程度之后,尤其是社会生产力发展到一定历史阶段的时候,效率优先就会带来一系列的社会问题,甚至会从原来的促进生产力发展和社会进步的功能转向阻碍生产力发展和社会进步。这不是效率优先本身的善与恶,而是经济社会发展到一定阶段的必然结果。因此,可以这样说,在这个历史阶段,公平就成为促进生产力发展和社会进步的强大动力。

坚持效率与公平的辩证统一、同步进行,共同前进,共同发展才是促进社会生产力发展和社会进步的新需要,也是构建社会主义和谐社会的必然。党的十七大报告指出:"合理的收入分配制度是社会公平的重要体现。要坚持和完善按劳分配为主体、多种分配方式并存的分配制度,健全劳动、资本、技术、管理等生产要素按贡献参与分配的制度,初次分配和再分配都要处理好效率和公平的关系,再分配更加注重公平。"① 这里就提出了"初次分配和再分配都要处理好效率和公平的关系",从而彻底改变初次分配注重效率,再分配都要注重公平的传统思维。在未来的社会发展中,资本(包括虚拟资本)、技术、管理等生产要素对社会的贡献会越来越大,参与分配的比重也就越来越大。此外,还免除农业税收,终结了几千年来农民种田缴"皇粮"的政策,在社会公平方面迈上了新的台阶。

### 三 教育公平新发展

党的十七大报告指出:"教育是民族振兴的基石,教育公平是社会公平的重要基础。"②《中华人民共和国国民经济和社会发展第十一个五年规划纲要》中提出:"促进教育公平,公共教育资源要向农村、中西部地区、贫困地区、民族地区以及薄弱学校、贫困家庭学生倾斜。"③ 十六大以来,中共高度重视教育公平问题,采取了一系列的政策、措施不断地推动教育公平,并取得了重大成果。有关资料提及:"从2001年开始,国家对贫困地区家庭经济困难的中小学生进行免费提供教科书的试点。2006年,在对西部地区和部分中部地区农村义务教育阶段5200万名学生全部免除学杂费的同时,对农村地区3730万名家庭经济困难学生免费提供教科书,对其中的780万名寄宿学生补助生活费;""2006年,率先对西部农村义务教育实行了免费的政策,2007年进一步扩展到全国农村的义务教育学校,惠及1.5亿农

---

① 胡锦涛:《高举中国特色社会主义伟大旗帜为夺取全面建设小康社会新胜利而奋斗》,人民出版社2007年版,第38—39页。
② 同上书,第37页。
③ 《中华人民共和国国民经济和社会发展第十一个五年规划纲要》,人民出版社2006年版,第54页。

村学生。农民的教育负担得到切实减轻,平均每年每个小学生家庭减负140元、初中学生家庭减负180元。""2006年底,我国实现'两基'地区的人口覆盖率提高到98%。小学学龄儿童净入学率提高到99.2%,初中阶段毛入学率达到97%。全国青壮年文盲率下降到4%以下。"① 目前,全国全面实行了义务教育免费政策,在教育公平上大踏步前进。

与此同时,社会主义政治体制改革进入新阶段,社会主义民主法治建设取得新进展,政务公开、厂务公开、村务公开等方面取得重大进展。非公有制经济发展的空间不断扩大,国家"允许非公有制经济进入法律法规未禁止的行业和领域,鼓励和支持非公有制经济参与国有企业改革,进入金融服务、公用事业、基础设施等领域"②。从而给非公有制经济带来新的活力,它们将在社会主义公有制为主体的基础上不断得到新的发展和壮大,不断为社会主义公与私的思想发展添砖加瓦。

---

① 中共教育部党组:《努力保障人民群众接受良好教育的机会——十六大以来我国促进教育公平的重大举措》,《求是》2007年第19期。

② 《中华人民共和国国民经济和社会发展第十一个五年规划纲要》,人民出版社2006年版,第59页。

# 参考文献

一　原典文献

1. 朱熹：《四书集注》，齐鲁书社 1992 年版。
2. 黎翔凤校注，梁运华整理：《管子校注》，中华书局 2004 年版。
3. （清）王先谦撰，沈啸寰、王星贤点校《荀子集解》，中华书局 1988 年版。
4. （清）孙诒让著，孙以楷点校《墨子闲诂》，中华书局 1986 年版。
5. （清）苏舆撰，钟哲点校《春秋繁露义证》，中华书局 1992 年版。
6. 王弼：《老子注》，载楼宇烈校释《王弼集校释》，中华书局 1980 年版。
7. 蒋礼鸿撰：《商君书锥指》，中华书局 1986 年版。
8. 钱熙祚校：《慎子》，中华书局 1986 年版。
9. 郭庆藩：《庄子集释》，中华书局 1988 年版。
10. 陈奇猷校注：《韩非子集释》，中华书局 1958 年版。
11. （汉）陆贾撰，庄大钧校点《新语》，辽宁教育出版社 1988 年版。
12. 贾谊：《贾谊集》，上海人民出版社 1976 年版。

13. （清）孙希旦撰，沈啸寰、王星贤点校《礼记集解》，中华书局1989年版。

14. 班固：《汉书》，中华书局1962年版。

15. 严可均：《全上古三代秦汉三国六朝文》，商务印书馆1999年版。

16. （汉）王符著，（清）汪继培笺，彭铎校正《潜夫论笺校正》，中华书局1985年版。

17. 王明：《太平经合校》，中华书局1960年版。

18. 殷翔、郭全芝注：《嵇康集注》，黄山书社1986年版。

19. 马其昶校注，马茂元整理《韩昌黎文集校注》附录，上海古籍出版社1986年版。

20. 柳宗元：《柳河东全集》，中国书店1991年版。

21. 李觏：《李觏集》卷二十九，中华书局1981年版。

22. 周敦颐：《周濂溪集》卷一，中华书局1985年版。

23. 张载：《张载集》，中华书局1978年版。

24. 程颐、程颢：《二程集》，中华书局1981年版。

25. 朱熹：《朱子语类》，中华书局1986年版。

26. 《陈亮集》（增订本）卷二，中华书局1987年版。

27. 张建业主编：《李贽文集》，社会科学文献出版社2000年版。

28. （明）吕坤著，王国轩、王秀梅校注《呻吟语》，学苑出版社1993年版。

29. （清）唐甄撰，《潜书》注释组注《潜书注》，四川人民出版社1984年版。

30. 沈善洪主编：《黄宗羲全集》，浙江古籍出版社1985年版。

31. 傅云龙、吴克主编：《船山遗书》，北京出版社1999年版。

32.《顾亭林诗文集》，中华书局 1983 年版。

33. 王佩诤校：《龚自珍全集》，上海人民出版社 1975 年版。

34. 张品兴主编：《梁启超全集》，北京出版社 1999 年版。

35. 梁启超：《清代学术概论》，上海古籍出版社 1998 年版。

36. 中国近代史资料丛刊：《太平天国》，上海人民出版社 2000 年版。

37.《洪仁玕选集》，中华书局 1978 年版。

38. 康有为：《大同书》，中州古籍出版社 1998 年版。

39. 李华兴、吴嘉勋：《梁启超选集》，上海人民出版社 1984 年版。

40. 罗尔纲编注《太平天国文选》，上海人民出版社 1956 年版。

41.《孙中山全集》，中华书局 1981 年版。

42. 许师慎：《国父革命缘起祥注》，正中书局 1947 年版。

43. 宋春主编：《中国国民党史》，吉林文史出版社 1990 年版。

44.《毛泽东文集》，人民出版社 1999 年版。

45.《马克思恩格斯选集》第 1—4 卷。

二　研究著作

1. 刘泽华：《公私观念与中国社会》，中国人民大学出版社 2003 年版。

2. 朱贻庭：《中国传统伦理思想史》，华东师范大学出版社 2003 年版。

3. 王处辉：《中国社会思想史》，中国人民大学出版社 2002 年版。

4. 唐凯麟、陈科华：《中国古代经济伦理思想史》，人民出版社 2004 年版。

5. 沈善洪、王凤贤:《中国伦理学说史》,浙江人民出版社 1988 年版。

6. 沈善洪、王凤贤:《中国伦理思想史》,人民出版社 2005 年版。

7. 张立文:《中国哲学范畴发展史》(人道篇),中国人民大学出版社 1988 年版。

8. 葛晋荣:《中国哲学范畴通论》,首都师范大学出版社 2001 年版。

9. 王正平:《中国传统伦理道德论探微》,三联书店 2004 年版。

10. 吴根友:《中国社会思想史》,武汉大学出版社 1997 年版。

11. 万江红:《中国历代社会思想》,社会科学文献出版社 2005 年版。

12. 萧公权:《中国政治思想史》,辽宁教育出版社 2001 年版。

13. 黄俊杰、江宜桦编:《公私领域新探:东亚与西方观点之比较》,华东师范大学出版社 2008 年版。

14. 王齐彦:《儒家群己观研究》,中国社会科学出版社 2006 年版。

15. 张国钧:《先义与后利——中国人的义利观》,云南人民出版社 1999 年版。

16. [德]哈贝马斯:《公共领域》,汪晖、陈燕谷:《文化与公共性》,三联书店 2005 年版。

17. 侯外庐:《中国古代社会史论》,人民出版社 1955 年版。

18. 冯友兰:《中国哲学史》,华东师范大学出版社 2001 年版。

19. 冯友兰著,涂又光译:《中国哲学简史》,北京大学出版社1996年版。

20. 吕思勉：《先秦学术概论》，中国大百科全书出版社1985年版。

21. 唐君毅：《中国哲学原论·导论篇》，中国社会科学出版社2005年版。

22. 黄钊：《中国道德文化》，湖北人民出版社2000年版。

23. 徐复观：《中国人性论史·先秦篇》，三联书店2001年版。

24. 梁启超：《先秦政治思想史》（民国学术经典文库），东方出版社1996年版。

25. 韩德民：《荀子与儒家的社会理想》，齐鲁书社2001年版。

26. 夏甄陶：《论荀子的哲学思想》，上海人民出版社1979年版。

27. 胡子宗：《墨子思想研究》，人民出版社2007年版。

28. 蔡尚思：《十家论墨》，上海人民出版社2004年版。

29. 童书业：《先秦七子思想研究》，中华书局2006年版。

30. 武树臣：《法家思想与法家精神》，中国广播电视出版社1998年版。

31. 周俊敏：《管子经济伦理思想研究》，岳麓书社2003年版。

32. 孙实明：《韩非思想新探》，湖北人民出版社1990年版。

33. 金春峰：《汉代思想史》，中国社会科学出版社1987年版。

34. 程宏宇：《荀悦治道思想研究》，中山大学出版社2005年版。

35. 牟宗三：《才性与玄理》，广西师范大学出版社2006年版。

36. 许建良：《魏晋玄学伦理思想研究》，人民出版社 2003 年版。

37. 张立文：《宋明理学研究》，人民出版社 2002 年版。

38. 刘象斌：《二程理学基本范畴研究》，河南大学出版社 1987 年版。

39. 姜柱国：《李觏思想研究》，中国社会科学出版社 1984 年版。

40. 萧萐父，许苏民：《明清启蒙学术流变》，辽宁教育出版社 1995 年版。

41. 张师伟：《民本的极限——黄宗羲政治思想新论》，中国人民大学出版社 2004 年版。

三　硕博论文

1. 张林祥：《〈商君书〉研究》，西北师范大学博士论文，2006 年版。

2. 施穗钰：《公与私——魏晋士群的角色定位与自我追寻》，国立成功大学博士论文，2008 年版。

3. 孙长虹：《传统公私观念与现代中国社会》，福建师范大学硕士论文，2006 年版。

4. 杨海军：《从所有制看先秦时期公私观念的变化》，陕西师大硕士论文，2005 年版。

5. 李光辉：《墨子和谐社会思想研究》，首都师范大学博士论文，2007 年版。

6. 杨飞：《墨子"义"论发微》，河北大学硕士论文，2006 年版。

7. 邓怡舟：《唐太宗的法律思想》，云南师范大学硕士论文，2004 年版。

8. 杨圣琼：《论唐太宗的治国思想》，湘潭大学硕士论文，

2004年版。

9. 吴春梅：《吴兢〈贞观政要〉研究》，广西民族大学硕士论文，2007年版。

10. 王帆：《张载哲学体系》，山东大学博士论文，2007年版。

11. 允春喜：《黄宗羲民本思想研究》，吉林大学博士论文，2008年版。

12. 李海兵：《黄宗羲政治哲学初探》，湖南师范大学硕士论文，2005年版。

13. 张继兰：《黄宗羲政治思想研究》，大连理工大学硕士学位论文，2005年版。

四 期刊论文

1. 刘畅：《中国公私观念研究综述》，《南开学报》（哲社版）2003年第4期。

2. ［日］沟口雄三著，汪婉译：《中国公私概念的发展》，《国外社会科学》1998年第1期。

3. 胡发贵：《中国古代"公天下"思想溯源》，《寻根》2006年第5期。

4. 刘志琴：《公私观念与人文启蒙》，载刘泽华等《公私观念与中国社会》。

5. 陈先初：《公私观念与中国历史的演进》，载刘泽华等《公私观念与中国社会》。

6. 张分田：《公天下、家天下与私天下》，载刘泽华等《公私观念与中国社会》。

7. 陆建猷：《公与私是中国社会运行的基本支点》，载《公私观念与中国社会》。

8. 葛荃：《公私观三境界析论》，载刘泽华等《公私观念与中国社会》。

9. 刘中建：《崇公抑私简论》，载刘泽华等《公私观念与中国社会》。

10. 王中江：《中国哲学中的"公私之辨"》，《中州学刊》1997年第5期。

11. 王四达：《从"天下为公"到"天下徇君"——中国古代公私观念的演变及其社会后果》，《人文杂志》2003年第6期。

12. 袁祖社：《中国传统社会的"伦理本位"特质与民众"公共精神"的缺失》，《陕西师范大学学报》（哲社版）2007年第5期。

13. 蒋昌荣：《中国文化的公私观》，《西南民族学院学报》（哲社版）1998年第4期。

14. 陈弱水：《中国历史上"公"的观念及其现代变形——一个类型的与整体的考察》，原刊于《政治与社会哲学评论》第七期（2003年12月）。二〇〇四年八月微幅修订。又载：许纪霖主编：《知识分子论丛——公共性与公民观》第五辑，江苏人民出版社2006年版。

15. 范德茂、吴蕊：《关于"厶"字的象意特点及几个证明》，《文史哲》2002年第3期。

16. 刘畅：《〈关于"厶"字的象意特点及几个证明〉商略》，《史学集刊》2004年第1期。

17. 董楚平：《〈说文〉"公"字的训诂问题》，《浙江学刊》1985年第6期。

18. 刘畅：《自环为私，背私为公辨析》，《内蒙古大学学报》2004年第2期。

19. 宋金兰：《"私（厶）"字的语源及嬗变——兼论"私"所引发的先秦思想观念之变革》，《汉字文化》2008年第2期。

20. 刘若男：《春秋战国公私观念的内在矛盾》，《太原师院学报》（社科版）2008年第6期。

21. 李振宏：《先秦时期"社会公正"思想探析》，《广东社会科学》2005年第6期。

22. 李振宏：《先秦诸子平均思想研究》，《北方论丛》2005年第2期。

23. 李大华：《论先秦中国社会的公平观念》，《哲学研究》2004年第10期。

24. 崔大华：《儒学的一种缺弱：私德与公德》，《文史哲》2006年第1期。

25. 郭齐勇：《原始儒家的正义——以〈孟子〉为中心的讨论》，郭齐勇先生新浪博客。

26. 林桂榛：《论孟子的义利观：〈孟子〉义利学说考察》《合肥联合大学学报》2001年第1期。

27. 冯兵：《论荀子的义政思想——以荀子礼、法制度的制度伦理蕴涵为中心》，《河南大学学报》（社科版）2008年第2期。

28. 冯兵：《荀子义利观新探》，《长江论坛》2008年第2期。

29. 陈光连：《荀子义利观及其现代转换》，《新疆社会科学》2007年第2期。

30. 张晓芒：《孔墨公私观的不同走向》，载刘泽华等《公私观念与中国社会》。

31. 张晓芒：《墨子的公私观及对其思维方式的影响》，《中州学刊》2006年第4期。

32. 曾振宇：《简论墨子的公平观》，《山东社会科学》1989年第2期。

33. 郭墨兰：《孔、墨义利观比较论》，《齐鲁学刊》1995年第 3 期。

34. 罗安宪：《儒道人性论之基本差异》，《河北学刊》2007年第 4 期。

35. 张树卿：《简论儒、释、道的义利观》，《松辽学刊》（哲社版）2003 年第 5 期。

36. 杜毅漫、宋雪莲：《自然与自私——道家与法家人性论的比较》，《陕西广播电视大学学报》2006 年第 3 期。

37. 许青春、朱友刚：《先秦道家义利观探微》，《济南大学学报》2003 年第 5 期。

38. 陈戈寒、梅珍生：《论道家正义观的内在因素》，《江汉论坛》2006 年第 11 期。

39. 李霞：《道家平等思想及其现实意义》，《安徽大学学报》（哲社版）2001 年第 4 期。

40. 罗安宪：《道家性本论刍议》，《东方论坛》2007 年第 1 期。

41. 赖华明：《试论道家人性论与无为而治的关系》，《西南民族大学学报》2003 年第 9 期。

42. 刘白明：《略论老子的公正思想》，《求索》2008 年第 10 期。

43. 廖明：《论商鞅的人性自利说及其对法律思想的影响》，《贵州社会科学》2005 年第 4 期。

44. 卿希泰：《道教生态伦理思想及其现实意义》，《四川大学学报》2002 年第 1 期。

45. 吴付来：《废私立公——法家公私观的道德价值取向》，《安徽师范大学学报》（人文社科版）1999 年第 1 期。

46. 任远：《论先秦法家的政治理论及政治秩序构建》，《中州大学学报》2007 年第 4 期。

47. 李玲芬：《先秦儒法两家"义利之辨"探微》，《山西高等学校社科学报》2001年第9期。

48. 安文、何晓晴：《贫富有度 社会和谐——〈管子〉贫富有度思想初探》，《常州工学院学报》（社科版）2005年第3期。

49. 郝云：《论〈管子〉的公正观》，《上海财经大学学报》2003年第1期。

50. 刘捷宸：《论〈管子〉公私之辨》，《管子学刊》1987年第1期。

51. 郭丽：《论〈管子〉的社会和谐思想》，《山东理工大学学报》（社科版）2008年第4期。

52. 吕星星：《管仲的社会公正观——分配公正》，《重庆交通大学学报》2008年第4期。

53. 王敬华：《〈管子〉的"道、法"观刍议》，《商丘师范学院学报》2008年第5期。

54. 李增：《〈管子〉法思想》，《管子学刊》2001年第1期。

55. 于霞：《韩非以"公"为根本内核的仁义观》，《学术研究》2005年第2期。

56. 朱健华：《韩非义利观简论》，《贵州大学学报》1989年第3期。

57. 李振宏：《两汉时期的社会公正思想》，《东岳论丛》2005年第3期。

58. 王俊梅：《董仲舒义利观辨析》，《衡水师专学报》2003年第3期。

59. 陈霞：《道教公平思想与可持续发展的社会公平》，《宗教学研究》2000年第1期。

60. 朱枝富：《论司马迁的义利观》，《中国社会科学院研究生学报》1985年第6期。

61. 杨华星：《司马迁的经济伦理思想探析》，《西南师大学报》（人文社科版）2003年第5期。

62. 张菊样：《客观求实，秉笔直书——司马迁及其〈史记〉对新闻工作者的启示》，《宁夏大学学报》（人文社科版）2003年第6期。

63. 陈福滨、林朝成：《魏晋士人的公私之辨：以〈释私论〉为中心的诠释》，儒道国际学术研讨会论文，2007年4月14日。

64. 张秀娟、王光照：《嵇康之"公""私"观初探》，《广西社会科学》2006年第11期。

65. 李清凌：《通儒达道政乃升平：论傅玄的政治思想》，《宁夏师院学报》2007年第2期。

66. 皮元珍：《纯美生命的人格建构：嵇康〈释私论〉探微》，《广东社会科学》2001年第6期。

67. 丁柏传：《〈贞观政要〉中的君臣治国思想》，《中共中央党校学报》2003年第3期。

68. 刘毓航：《〈贞观政要〉的领导伦理思想探析》，《中国浦东干部管理学院学报》2008年第1期。

69. 叶赋桂：《韩愈之道：社会政治与人生的统一》，《清华大学学报》1996年第1期。

70. 刘真伦：《韩愈的义利观及其历史影响》，《平顶山学院学报》2007年第1期。

71. 刘真伦：《相生相养：论韩愈的社会和谐思想》，《周口师院学报》2009年第1期。

72. 刘宁：《韩愈"博爱之谓仁"说发微——兼论韩愈思想格局的一些特点》，《中国典籍与文化》2006年第3期。

73. 蒋龙祥：《韩愈道统思想的政治哲学解析》，《理论探索》2006年第6期。

74. 郭振香：《宋明儒学公私观之初探》，《江淮论坛》2003年第6期。

75. 罗冰：《公私之辨与理欲演变的内在逻辑》，《西南师大学报》（社科版）2004 年第 2 期。

76. 陈会林：《理学公利主义论》，《郧阳师范高等专科学校学报》2002 年第 4 期。

77. 赖井洋：《李觏平土思想简论》，《韶关学院学报》（社科版）2004 年第 5 期。

78. 赖井洋：《李觏功利主义思想简论》，《韶关学院学报》（社科版）2005 年第 8 期。

79. 李楠：《宋代李觏田制思想述评》，2005 年中国经济学年会参会论文。

80. 杨亚利：《论张载的社会和谐思想》，《学习论坛》2007 年第 9 期。

81. 刘天杰：《张载的民胞物与论及其现代意蕴》，《江西社会科学》2007 年第 4 期。

82. 张俊相：《析周敦颐的"无欲"观》，《黄山学院学报》2004 年第 4 期。

83. 付长珍：《周敦颐境界哲学的视野》，《齐鲁学刊》2005 年第 6 期。

84. 王育济：《论二程的天理人欲之辨》，《山东大学学报》（哲社版）1991 年第 2 期。

85. 林德安：《评二程"灭私欲，明天理"的伦理价值》，《河南大学学报》1990 年第 3 期。

86. 徐远和：《略论二程的理欲观》，《中州学刊》1982 年第 3 期。

87. 朱瑞熙：《论朱熹的公私观》，《上海师范大学学报》（社科版）1995 年第 4 期。

88. 朱瑞熙：《朱熹和陈亮"义利之辨"的启示》，《上海师大学报》（社科版）1998 年第 3 期。

89. 杨达荣：《朱熹的天理人欲辨析》，《上海师大学报》

（社科版）1998年第3期。

90. 马继武：《论朱熹理学中的"理欲"与"义利"》，《潍坊学院学报》2003年第1期。

91. 马继武：《朱熹论"义"》，《潍坊学院学报》2004年第1期。

92. 赵懿梅：《朱熹义利观探微》，《黄山学院学报》2006年第6期。

93. 黎昕：《朱熹理欲观评析》，《福建论坛》1990年第5期。

94. 余龙生：《朱熹经济伦理思想述评》，《江西社会科学》2006年第9期。

95. 李士金：《朱熹关于"存天理、灭人欲"的理论思考——对"义利"关系的深刻认识》，《新疆大学学报》（社科版）2004年第2期。

96. 李经元：《朱熹义利观评述》，《晋阳学刊》1993年第1期。

97. ［日］土田健次郎著，杨儒宾译：《朱子学的"公"之观念与现代》，《台湾哲学研究》1982年第四期。

98. 杨翠兰：《中国17世纪前后公私观念的新变化》，《湖南大学学报》2001年第1期。

99. 王中江：《明清之际"私"的彰显及其社会史关联》，载刘泽华等《公私观念与中国社会》，中国人民大学出版社2003年版。

100. 王世光：《清代公私观念的嬗变》，《广东社会科学》2008年第2期。

101. 林存阳：《清初诸儒正和公私观的一种体认》，载刘泽华等《公私观念与中国社会》。

102. 肖永明：《试论明清之际的人性平等观》，《唐都学刊》

199 年第 2 期。

103. 朱义禄：《论明清之际启蒙学者对"家天下"的批判——中国政治文化研究之四》，《同济大学学报》（社科版）2003 年第 2 期。

104. 王远义：《试论黄宗羲政治思想的历史意义：中西公私观念的一个比较》，《台大历史学报》2006 年 12 月第 38 期。

105. 彭国翔：《公议社会的建构：黄宗羲民主思想的真正精华——从〈原君〉到〈学校〉的转换》，《求是学刊》2006 年第 4 期。

106. 刘云红：《变"一家之法"，行"天下之法"——论黄宗羲的法治观》，《东南大学学报》（哲社版）2003 年第 4 期。

107. 罗华庆：《略谈黄宗羲"公其非是于学校"的思想》，《华中师院学报》1984 年第 5 期。

108. 允春喜：《在"治法"与"治人"之间——黄宗羲"有治法而后有治人"思想研究》，《华南农业大学学报》（社会科学版）2009 年第 1 期。

109. 周可真：《顾炎武的公私观》，《中国社会科学院研究生院学报》1999 年第 4 期。

110. 叶建：《顾炎武"寓封建之意于郡县之中"思想浅析》，《中州学刊》2007 年第 1 期。

111. 王利民：《王船山政治哲学中的"公私之辨"》，《衡阳师范学院学报》2009 年第 1 期。

112. 朱义禄：《船山公私观发微——兼论船山与中国传统文化》，《船山学刊》1993 年第 2 期。

113. 陆宏英：《晚明至清代前期儒家政治制度改革的理想以顾、黄、王、袁等人为例》，《孔子研究》2006 年第 6 期。

114. 王泽应：《王夫之义利观探析》，《衡阳师专学报》1992 年第 1 期。

115. 黄南珊、李倩：《倩寓理于欲，以理导欲》，《广西师院学报》（哲社版）1999年第2期。

116. 高瑞泉：《近代价值观变革与晚清知识分子》，《华东师范大学学报》2004年第1期。

117. 黄克武：《从追求正道到认同国族：明末至清末中国公私观念的重整》，载黄克武等编《公与私：近代中国个体与群体的重建》，中央研究院近代史研究所2000年。

118. 陈永森：《公私观念与和谐社会的建构》，《广东社会科学》2006年第6期。

119. 胡建：《古典式农民战争中的近代意蕴——太平天国革命思想之剖析》，《哲学研究》2003年第6期。

120. 戴逸：《太平天国拜上帝会不是邪教》，《江海学刊》2007年第1期。

121. 李昭醇：《从文化视角看太平天国运动》，《图书馆论坛》2006年第12期。

122. 伍玉西：《从神灵观看太平天国宗教的演变》，《求索》2007年第10期。

123. 吴善中、殷定泉：《太平天国"人无私财"问题辨析》，《扬州大学学报》2007年第7期。

124. 宦洪云：《太平天国思想文化核心价值述评》，《南京社会科学》2006年第8期。

125. 肖俊：《萧公权眼中的康有为》，《佛山科学技术学院学报》（社科版）2002年第4期。

126. 虞文华等：《梁启超的"公益之道"思想探析》，《江西社会科学》2005年第5期。

127. 苏新有：《梁启超公债思想探微》，《中州学刊》2007年第5期。

128. 李明强：《论孙中山的均权主义》，《江汉论坛》2003

年第 6 期。

129. 罗耀九：《孙中山的自由平等观》，《商丘师范学院学报》2000 年第 3 期。

130. 王槐生：《毛泽东公平思想初探》，《毛泽东思想研究》2006 年第 6 期。

131. 卢卫红：《毛泽东论教育普及和教育公平》，《毛泽东邓小平研究》2008 年第 11 期。